:10 :10 :10 :10

**Erde**
Durchmesser: 12756 km
Oberfläche: ca. 510 100 000 $km^2$

**Mensch**
ca. 100 Billionen Körperzellen,
ca. 25 Billionen Blutkörperchen,
ca. 100 Milliarden Nervenzellen im Gehirn,
Nervenstränge: Gesamtlänge über 100 000 km

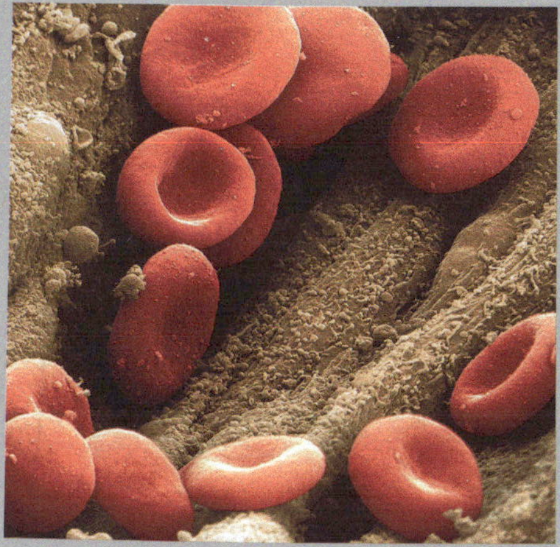

**Rote Blutkörperchen**
Durchmesser: $8 \cdot 10^{-6}$ m = 8 µm

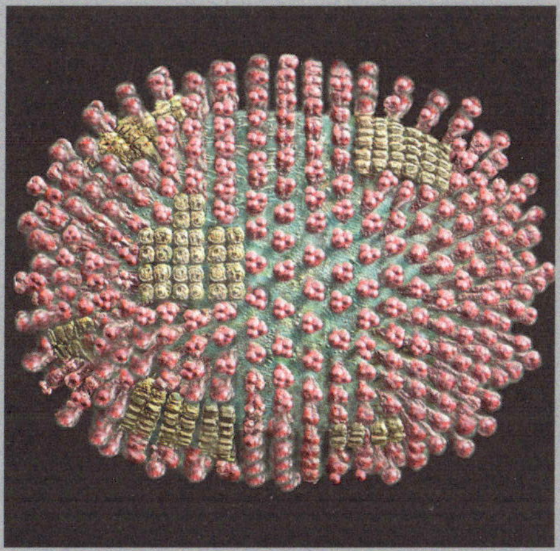

**Grippevirus**
Durchmesser: 0,1 µm = 100 nm = $100 \cdot 10^{-9}$ m

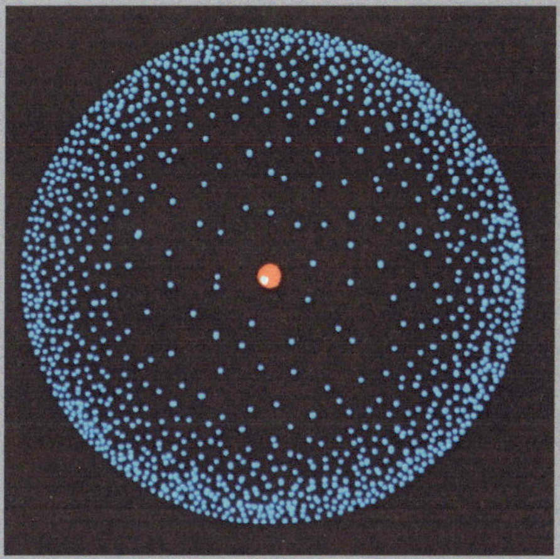

**Wasserstoffatom**
Durchmesser: 0,1 nm = $0{,}1 \cdot 10^{-9}$ m

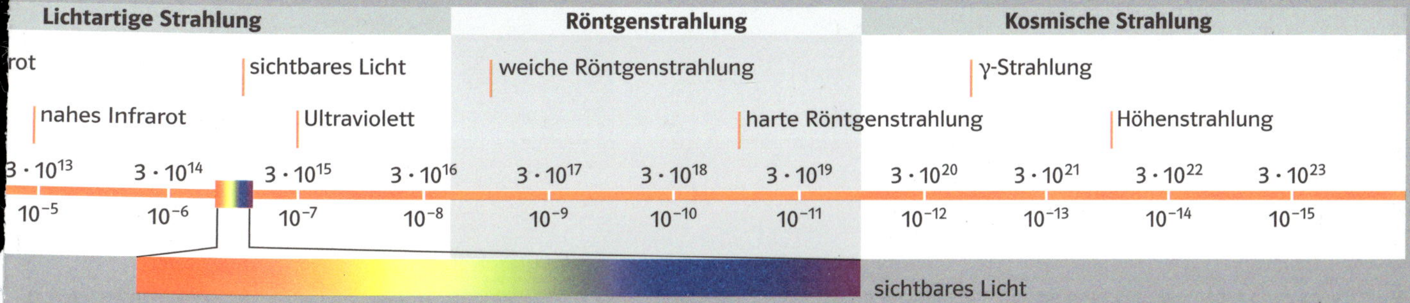

Gymnasium

# Tafelwerk

## Mathematik, Physik, Astronomie, Chemie, Biologie, Informatik

## Formeln · Daten · Tabellen

erarbeitet von
Hans-Jerg Dorn
Tilo Fischer
Hans Freudigmann
Silke Friedemann
Manfred Herbst
Klaus Laitenberger
Günther Reinelt
Nadja Schellhorn-Pintat
Manfred Schwier
Sven Stötzer
Ferdinand Winhard

Ernst Klett Verlag
Stuttgart · Leipzig

**Bildquellen:**
**U1.1:** Getty Images (Minden Pictures/Wu), München – **S. 1.1 – 1.2:** Avenue Images GmbH (Digital Vision), Hamburg; – **S. 1.3 – 1.4:** FOCUS (Juergen Berger/SPL/ Russell Kightley), Hamburg – **S. 1.5:** Okapia, Frankfurt – **S. 128:** GFZ, Potsdam – **S. 154.1:** Astrofoto (Koch), Sörth – **S. 154.2:** Astrofoto (SOHO/EIT/NASA), Sörth – **S. 154.3 – 154.7:** Astrofoto (NASA), Sörth – **S. 154.8:** Astrofoto, Sörth – **S. 154.9 – 154.10:** Astrofoto (NASA), Sörth – **S. 154.11:** Astrofoto (Kohle), Sörth – **U 3.1:** ESA/ESOC, Darmstadt – **U 3.2:** Okapia (NAS/Chris Bjornberg), Frankfurt – **U 3.3:** Klett-Archiv, Stuttgart – **U 3.4:** Okapia (Mantis Wildlife Films/OSF), Frankfurt



**1. Auflage** 1 8 7 6 5 4 | 2017 16 15 14 13

Alle Drucke dieser Auflage sind unverändert und können im Unterricht nebeneinander verwendet werden.
Die letzte Zahl bezeichnet das Jahr des Druckes.


**Autoren**: Hans-Jerg Dorn, Dr. Tilo Fischer, Hans Freudigmann, Silke Friedemann, Manfred Herbst, Dr. Klaus Laitenberger, Dr. Günther Reinelt, Nadja Schellhorn-Pintat, Dr. Manfred Schwier, Sven Stötzer, Ferdinand Winhard
**Berater**: Dr. Thomas Bitter, Detlef Eckebrecht, Dr. Jacob Nill, Dr. Michael Wagner

**Redaktion**: Ronald Bonk, Herbert Rauck

**Gestaltung**: Simone Glauner; Satzkiste GmbH, Stuttgart
**Umschlaggestaltung**: KOMA AMOK, Stuttgart
**Illustrationen**: Annette Liese, Dortmund; Alfred Marzell, Schwäbisch Gmünd; topset Computersatz, Nürtingen; Jürgen Wirth, Offenthalr
**Satz**: Satzkiste GmbH, Stuttgart
**Druck**: Stürtz GmbH. Würzburg

Printed in Germany
ISBN 978-3-12-718512-6

9 783127 185126

# Mathematik

## Mit Zahlen und Termen rechnen



## Gleichungen und Ungleichungen lösen



## Funktionen und ihre Graphen



## Ebene Figuren und geometrische Sätze

## Körper berechnen und darstellen



## Analysis – ableiten und integrieren



## Analytische Geometrie – mit Vektoren rechnen



## Stochastik – Daten und Zufall beschreiben

## Mengen

### Element

| Schreibweise | Sprechweise |
|---|---|
| a ∈ M | a ist ein Element der Menge M. |
| b ∉ M | b ist kein Element der Menge M. |

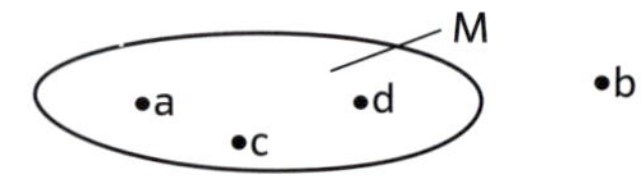


M = {a; c; d}

### Leere Menge

Die leere Menge enthält kein Element. Schreibweise: { } oder ∅

### Teilmenge

| Schreibweise | Sprechweise | Bedeutung |
|---|---|---|
| A = M | A und M sind gleich. | A und M haben dieselben Elemente. |
| A ⊆ M | A ist Teilmenge von M. | Jedes Element von A ist auch Element von M. |
| A ⊂ M | A ist echte Teilmenge von M. | A ist Teilmenge von M und es gibt mindestens ein Element von M, das nicht Element von A ist. |

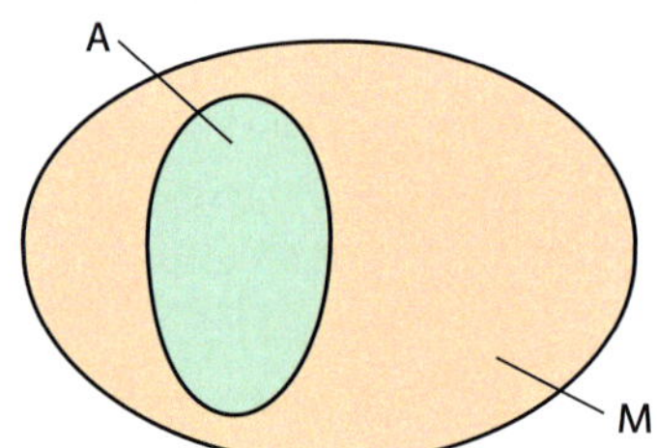


### Vereinigungsmenge

Die Vereinigungsmenge A ∪ B (sprich: A vereinigt B) zweier Mengen A und B enthält alle Elemente, die Element von A oder Element von B sind:

$A \cup B = \{x \mid x \in A \text{ oder } x \in B\}$

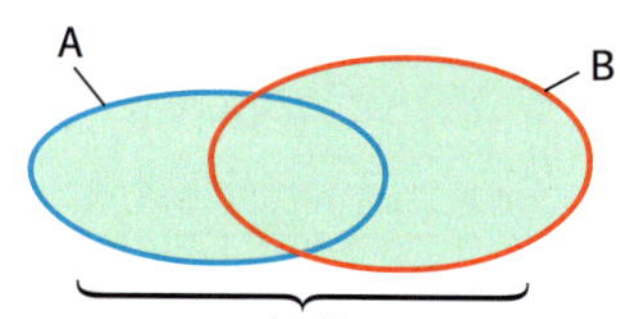


### Schnittmenge

Die Schnittmenge A ∩ B (sprich: A geschnitten B) zweier Mengen A und B enthält alle Elemente, die Element von A und Element von B sind:

$A \cap B = \{x \mid x \in A \text{ und } x \in B\}$

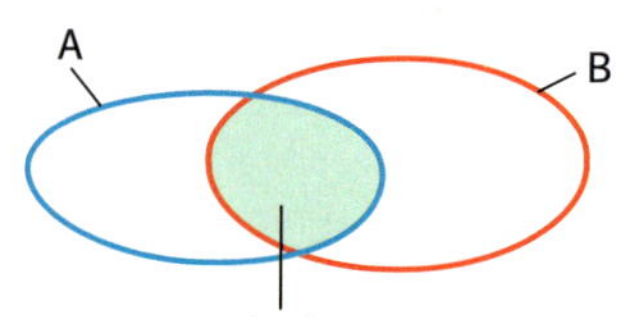


### Differenzmenge

Die Differenzmenge A \ B (sprich: A ohne B) zweier Mengen A und B enthält alle Elemente, die Element von A aber nicht Element von B sind:

$A \setminus B = \{x \mid x \in A \text{ und } x \notin B\}$

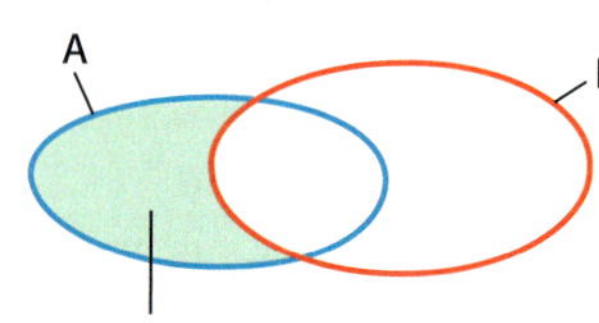


### Komplementmenge (Komplementärmenge)

Ist A Teilmenge einer Grundmenge M, dann enthält die Komplementmenge $\overline{A}$ (sprich: Komplement von A bezüglich M) alle Elemente von M, die nicht Element von A sind:

$\overline{A} = \{x \mid x \in M \text{ und } x \notin A\}$

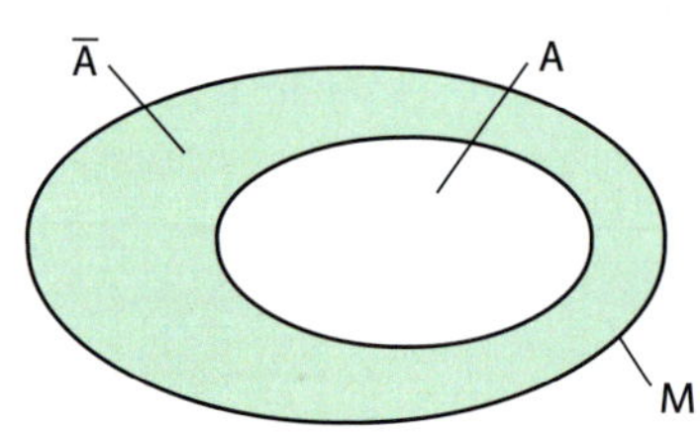

## Mengen

**Produktmenge** (Kartesisches Produkt)

Die Produktmenge $A \times B$ (sprich: A kreuz B) zweier Mengen A und B enthält als Elemente alle Paare (a; b) mit $a \in A$ und $b \in B$.

$A \times B = \{(a; b) \mid a \in A \text{ und } b \in B\}$.

Die Menge $A^n = \{(a_1; a_2; \ldots; a_n) \mid a_1, a_2, \ldots, a_n \in A\}$ heißt Menge der n-Tupel mit Elementen aus A.

## Zahlenmengen

**Natürliche Zahlen $\mathbb{N}$**

$\mathbb{N} = \{0; 1; 2; 3; 4; \ldots\}$ bezeichnet die Menge der natürlichen Zahlen; $\mathbb{N}^* = \mathbb{N} \setminus \{0\} = \{1; 2; 3; 4; \ldots\}$.

**Primzahlen**

Eine natürliche Zahl größer als 1, die nur durch sich selbst und durch 1 teilbar ist, heißt Primzahl.
Jede natürliche Zahl größer als 1 kann man (abgesehen von der Reihenfolge der Faktoren) eindeutig als Produkt von Primzahlen darstellen (***Primfaktorzerlegung***).

Primzahlen: 2, 3, 5, 7, 11, 13, 17… Primfaktorzerlegung: $60 = 2 \cdot 2 \cdot 3 \cdot 5$

**Ganze Zahlen $\mathbb{Z}$**

$\mathbb{Z} = \{\ldots; -4; -3; -2; -1; 0; 1; 2; 3; 4; \ldots\}$ bezeichnet die Menge der ganzen Zahlen.
Die Menge der natürlichen Zahlen ist eine echte Teilmenge der Menge der ganzen Zahlen: $\mathbb{N} \subset \mathbb{Z}$.

**Rationale Zahlen $\mathbb{Q}$** (Bruchzahlen)

$\mathbb{Q} = \left\{\frac{a}{b} \mid a \in \mathbb{Z} \text{ und } b \in \mathbb{Z} \setminus \{0\}\right\}$ bezeichnet die Menge der rationalen Zahlen.

Die rationalen Zahlen lassen sich als abbrechende oder als periodische ***Dezimalzahlen*** schreiben.

Die Menge der natürlichen und die Menge der ganzen Zahlen sind Teilmengen der Menge der rationalen Zahlen:

$\mathbb{N} \subset \mathbb{Z} \subset \mathbb{Q}$

$\mathbb{Q}^+ = \{q \in \mathbb{Q} \mid q > 0\}$ bezeichnet die Menge der positiven rationalen Zahlen; $\mathbb{Q}_0^+ = \{q \in \mathbb{Q} \mid q \geq 0\}$.

**Reelle Zahlen $\mathbb{R}$**

Die Menge der reellen Zahlen enthält die rationalen Zahlen und die irrationalen Zahlen, wie z. B. $\sqrt{2}$, e, $\pi$.
Die irrationalen Zahlen lassen sich nicht als abbrechende oder periodische Dezimalzahlen schreiben.
Die Menge der rationalen Zahlen ist eine Teilmenge der Menge der reellen Zahlen: $\mathbb{N} \subset \mathbb{Z} \subset \mathbb{Q} \subset \mathbb{R}$

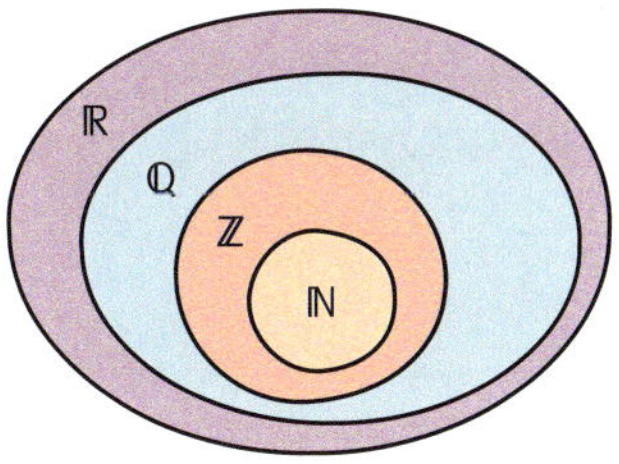


$\mathbb{R}^+ = \{r \in \mathbb{R} \mid r > 0\}$; $\mathbb{R}_0^+ = \{r \in \mathbb{R} \mid r \geq 0\}$

$\mathbb{R}^- = \{r \in \mathbb{R} \mid r < 0\}$; $\mathbb{R}_0^- = \{r \in \mathbb{R} \mid r \leq 0\}$

**Zahlengerade**

Der Punkt, der einer Zahl a entspricht, liegt auf der Zahlengeraden links von dem Punkt, der einer Zahl b entspricht, genau dann, wenn $a < b$.

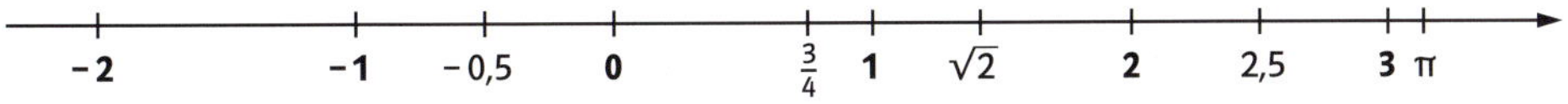

## Zahlenmengen

### Intervalle

Abgeschlossenes Intervall: $[a; b] = \{x \in \mathbb{R} \mid a \leq x \leq b\}$

Offenes Intervall: $(a; b) = \{x \in \mathbb{R} \mid a < x < b\}$

Linksseitig halboffenes Intervall: $(a; b] = \{x \in \mathbb{R} \mid a < x \leq b\}$

Rechtsseitig halboffenes Intervall: $[a; b) = \{x \in \mathbb{R} \mid a \leq x < b\}$

Unbeschränkte Intervalle: $[a; +\infty) = \{x \in \mathbb{R} \mid x \geq a\}$

$(a; +\infty) = \{x \in \mathbb{R} \mid x > a\}$

$(-\infty; a] = \{x \in \mathbb{R} \mid x \leq a\}$

$(-\infty; a) = \{x \in \mathbb{R} \mid x < a\}$

### Gegenzahl

Zu einer Zahl a heißt die Zahl $-a$ Gegenzahl von a. Die Punkte, die der Zahl und Gegenzahl entsprechen, haben auf der Zahlengeraden denselben Abstand von der Nullmarke. Die Summe von Zahl und Gegenzahl ist 0, d.h.: $a + (-a) = 0$.

### Betrag einer Zahl

Für den Betrag $|a|$ einer reellen Zahl a gilt:

$$|a| = \begin{cases} a, \text{ falls } a > 0 \\ 0, \text{ falls } a = 0 \\ -a, \text{ falls } a < 0 \end{cases}$$

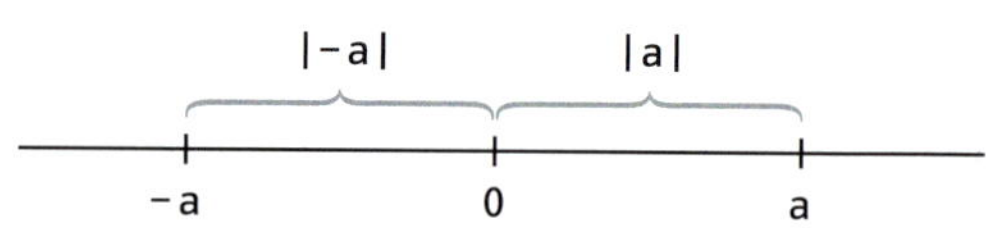


Die Punkte, die Zahlen mit demselben Betrag entsprechen, sind auf der Zahlengeraden gleich weit von der Nullmarke entfernt.

## Bruchrechnen

### Erweitern

Erweitern eines Bruches heißt: Der Zähler a und der Nenner b werden mit derselben Zahl $z \neq 0$ multipliziert.

Es gilt: $\frac{a}{b} = \frac{a \cdot z}{b \cdot z}$

### Kürzen

Kürzen eines Bruches $\frac{a}{b}$ heißt: Der Zähler a und der Nenner b werden durch dieselbe Zahl $z \neq 0$ dividiert.

Es gilt: $\frac{a}{b} = \frac{a : z}{b : z}$

### Addieren, Subtrahieren, Multiplizieren, Dividieren

| | Bei gleichen Nennern | Bei verschiedenen Nennern | Sonderfall |
|---|---|---|---|
| **Addieren** | $\frac{a}{b} + \frac{c}{b} = \frac{a + c}{b}$ | $\frac{a}{b} + \frac{c}{d} = \frac{a \cdot d + b \cdot c}{b \cdot d}$ | $a + \frac{b}{c} = \frac{a}{1} + \frac{b}{c} = \frac{ac + b}{c}$ |
| **Subtrahieren** | $\frac{a}{b} - \frac{c}{b} = \frac{a - c}{b}$ | $\frac{a}{b} - \frac{c}{d} = \frac{a \cdot d - b \cdot c}{b \cdot d}$ | $a - \frac{b}{c} = \frac{a}{1} - \frac{b}{c} = \frac{ac - b}{c}$ |

| | | Sonderfall |
|---|---|---|
| **Multiplizieren** | $\frac{a}{b} \cdot \frac{c}{d} = \frac{a \cdot c}{b \cdot d}$ | $\frac{1}{a} \cdot b = \frac{b}{a}$; $a \cdot \frac{b}{c} = \frac{ab}{c}$ |
| **Dividieren** | $\frac{a}{b} : \frac{c}{d} = \frac{a}{b} \cdot \frac{d}{c} = \frac{a \cdot d}{b \cdot c}$ | $a : b = \frac{a}{b}$ |

## Bruchrechnen

### Gleichheit

Zwei Brüche $\frac{a}{b}$ und $\frac{c}{d}$ stellen genau dann dieselbe Zahl dar, wenn $a \cdot d = b \cdot c$ gilt.

### Kehrbruch

Zu einem Bruch $\frac{a}{b}$ mit $a, b \neq 0$ heißt die Zahl $\frac{b}{a}$ Kehrbruch.
Das Produkt von Bruch und Kehrbruch ist 1: $\frac{a}{b} \cdot \frac{b}{a} = 1$

### Gemischte Schreibweise

Eine Zahldarstellung wie $3\frac{1}{2}$ heißt gemischte Schreibweise. Bedeutung: $3\frac{1}{2} = 3 + \frac{1}{2} = \frac{7}{2}$

## Rechengesetze

**Rechenarten** (Bezeichnungen und Sprechweisen)

| Rechenart | | Der Term heißt | a heißt | b heißt | definiert für a, b ∈ ℝ und |
|---|---|---|---|---|---|
| Addition | $a + b$ | Summe | Summand | Summand | |
| Subtraktion | $a - b$ | Differenz | Minuend | Subtrahend | |
| Multiplikation | $a \cdot b$ | Produkt | Faktor | Faktor | |
| Division | $a : b$ $\left(\text{oder } \frac{a}{b}\right)$ | Quotient | Dividend | Divisor | $b \neq 0$ |
| Potenzieren (⟶ S. 13) | $a^b$ | Potenz | Basis oder Grundzahl | Exponent oder Hochzahl | $a > 0$ oder $a \geq 0$ und $b > 0$ |
| Radizieren (⟶ S. 13) | $\sqrt[b]{a}$ | b-te Wurzel | Radikand | Wurzelexponent | $a \geq 0$ und $b \in \mathbb{N} \setminus \{0; 1\}$ |

**Kommutativgesetz**

$a + b = b + a$ (der Addition) $a \cdot b = b \cdot a$ (der Multiplikation)

**Assoziativgesetz**

$a + (b + c) = (a + b) + c$ (der Addition) $a \cdot (b \cdot c) = (a \cdot b) \cdot c$ (der Multiplikation)

**Distributivgesetz**

$a \cdot (b + c) = a \cdot b + a \cdot c$ $(a + b) : c = a : c + b : c$

**Ausklammern**

$ab + ac - ad = a(b + c - d)$ $-b + c - d = -(b - c + d)$

**Multiplizieren von Summen**

$(a + b) \cdot (c + d) = ac + ad + bc + bd$

**Ausmultiplizieren**

$a(-u + v - w) = -au + av - aw$ $-(-u + v - w) = u - v + w$

## Rechengesetze

### Kehrzahl

Zu einer Zahl $a \in \mathbb{R}$ mit $a \neq 0$ heißt $\frac{1}{a}$ die Kehrzahl. Das Produkt von Zahl und Kehrzahl ist 1.

### Binomische Formeln

$(a+b)^2 = a^2 + 2ab + b^2$  $(a-b)^2 = a^2 - 2ab + b^2$  $(a-b)(a+b) = a^2 - b^2$

### Binomischer Lehrsatz

$(a+b)^n$ kann man für $n \geq 1$ mithilfe des Pascal'schen Dreiecks als Summe schreiben:

| | Pascal'sches Dreieck | $(a+b)^n$ |
|---|---|---|
| | 1 | |
| n = 1 | 1 1 | $(a+b)^1 = a + b$ |
| n = 2 | 1 2 1 | $(a+b)^2 = a^2 + 2ab + b^2$ |
| n = 3 | 1 3 3 1 | $(a+b)^3 = a^3 + 3a^2b + 3ab^2 + b^3$ |
| n = 4 | 1 4 6 4 1 | $(a+b)^4 = a^4 + 4a^3b + 6a^2b^2 + 4ab^3 + b^4$ |
| . | 1 . . . . 1 | … = . . . . . . . . . . . . |
| . | . . . . . . . | usw. |

Jede Zahl der jeweils nächsten Zeile erhält man als Summe der beiden darüber stehenden Zahlen.

Die Koeffizienten sind die Zahlen in der entsprechenden Zeile des Pascal'schen Dreiecks; dabei ist die Summe nach abnehmenden Potenzen von a geordnet.

### Weitere binomische Formeln

$(a-b)^3 = a^3 - 3a^2b + 3ab^2 - b^3$

$a^3 + b^3 = (a+b)(a^2 - ab + b^2)$

$a^3 - b^3 = (a-b)(a^2 + ab + b^2)$

$(a-b)^4 = a^4 - 4a^3b + 6a^2b^2 - 4ab^3 + b^4$

$a^4 - b^4 = (a^2 - b^2)(a^2 + b^2)$

### Mehrgliedrige Ausdrücke

$(a+b+c)^2 = a^2 + b^2 + c^2 + 2ab + 2ac + 2bc$

$(a+b+c)^3 = a^3 + b^3 + c^3 + 3(a^2b + a^2c + b^2a + b^2c + c^2a + c^2b) + 6abc$

### Proportionalität

Die Zuordnung zwischen zwei Größen x und y nennt man Proportionalität, wenn dem 2-, 3-, …, k-fachen der einen Größe das 2-, 3-, …, k-fache der anderen Größe entspricht.

Für proportionale Größen x und y gilt:

$y = k \cdot x$ bzw. $\frac{y}{x} = k$ mit einer konstanten Zahl k, dem ***Proportionalitätsfaktor***.

### Umgekehrte Proportionalität

Die Zuordnung zwischen zwei Größen x und y nennt man eine umgekehrte Proportionalität, wenn dem 2-, 3-, …, k-fachen der einen Größe das $\frac{1}{2}$-, $\frac{1}{3}$-, …, $\frac{1}{k}$-fache der anderen Größe entspricht.

Für umgekehrt proportionale Größen x und y gilt:

$y = k \cdot \frac{1}{x}$ bzw. $x \cdot y = k$ mit einer konstanten Zahl k.

### Fakultät

$n! = 1 \cdot 2 \cdot 3 \cdot \ldots \cdot n$ heißt n-Fakultät. Es ist festgelegt: $0! = 1$

## Prozentrechnen

### Prozent

$1\,\% = \frac{1}{100}$; $p\,\% = \frac{p}{100}$

### Promille

$1\,‰ = \frac{1}{1000}$; $p\,‰ = \frac{p}{1000}$

| Zahl | $\frac{1}{100}$ | $\frac{1}{50}$ | $\frac{1}{25}$ | $\frac{1}{20}$ | $\frac{1}{10}$ | $\frac{1}{8}$ | $\frac{1}{5}$ | $\frac{1}{4}$ | $\frac{1}{3}$ | $\frac{2}{3}$ | $\frac{3}{4}$ | 1 | $1\frac{1}{4}$ | 1,5 |
|---|---|---|---|---|---|---|---|---|---|---|---|---|---|---|
| Prozent | 1 % | 2 % | 4 % | 5 % | 10 % | 12,5 % | 20 % | 25 % | $33\frac{1}{3}\,\%$ | $66\frac{2}{3}\,\%$ | 75 % | 100 % | 125 % | 150 % |

### Begriffe

| 12 % | von | 300 km | sind | 36 km |
|---|---|---|---|---|
| **Prozentsatz** p % | von | **Grundwert** G | sind | **Prozentwert** W |

Der Grundwert entspricht stets 100 %. Die Zahl p heißt Prozentzahl.

### Prozentwert berechnen

Gegeben sind der Grundwert G und der Prozentsatz p %; gesucht ist der Prozentwert W.

| Dreisatz | Formel | Direkte Berechnung |
|---|---|---|
| 100 % entspricht G<br>1 % entspricht $\frac{G}{100}$<br>p % entspricht $W = \frac{G}{100} \cdot p$ | Aus $\frac{G}{100} = \frac{W}{p}$<br>$W = \frac{G}{100} \cdot p$ | p % von G sind $\frac{p}{100} \cdot G$ |

### Prozentsatz berechnen

Gegeben sind der Grundwert G und der Prozentwert W; gesucht ist der Prozentsatz p %.

| Dreisatz | Formel | Direkte Berechnung |
|---|---|---|
| G entspricht 100 %<br>1 entspricht $\frac{100}{G}\,\%$<br>W entspricht $p\,\% = \frac{100}{G} \cdot W\,\%$ | Aus $\frac{G}{100} = \frac{W}{p}$<br>$p = \frac{100}{G} \cdot W$<br>$p\,\% = \frac{100}{G} \cdot W\,\%$ | Berechnung des Quotienten W : G<br>und Multiplikation mit 100<br>$p\,\% = \frac{W}{G} \cdot 100\,\%$ |

### Grundwert berechnen

Gegeben sind der Prozentwert W und der zugehörige Prozentsatz p %; gesucht ist der Grundwert G.

| Dreisatz | Formel | Direkte Berechnung |
|---|---|---|
| p % entspricht W<br>1 % entspricht $\frac{W}{p}$<br>100 % entspricht $G = \frac{W}{p} \cdot 100$ | Aus $\frac{G}{100} = \frac{W}{p}$<br>$G = \frac{W}{p} \cdot 100$ | Berechnung des Quotienten W : p<br>und Multiplikation mit 100 |

## Zins, Renten und Tilgung

### Zinsrechnung

| 4 % | von | 300 € | sind | 12 € |
|---|---|---|---|---|
| **Zinssatz** p % | | **Kapital** K | | **Zins** Z |

Das Kapital entspricht stets 100 %. p heißt Zinszahl. Der Zinssatz bezieht sich stets auf 1 Jahr.

Es entspricht

der **Zinssatz p %** dem **Prozentsatz**

das **Kapital K** dem **Grundwert**

der **Zins Z** dem **Prozentwert**

### Tageszins

Zins Z für ein Kapital K mit einem Zinssatz von p % (pro Jahr) nach i Tagen mit i ≦ 360: $Z = K \cdot \frac{p}{100} \cdot \frac{i}{360}$

### Zinseszins

Wird ein Kapital $K_0$ mit einem gleich bleibenden Zinssatz von p % über n Jahre verzinst, so beträgt das Kapital $K_n$ nach n Jahren:

| **n** | 1 | 2 | 3 | … | n |
|---|---|---|---|---|---|
| $K_n$ | $K_0 \cdot \left(1 + \frac{p}{100}\right)$ | $K_0 \cdot \left(1 + \frac{p}{100}\right)^2$ | $K_0 \cdot \left(1 + \frac{p}{100}\right)^3$ | … | $K_0 \cdot \left(1 + \frac{p}{100}\right)^n$ |

### Rentenrechnung

Zu Beginn eines Jahres wird jeweils eine Rate R eingezahlt und am Jahresende wird das Gesamtkapital mit p % verzinst (***vorschüssige Rente***):

| Kapital $K_n$ nach n Jahren ohne Anfangskapital | Kapital $K_n$ nach n Jahren mit Anfangskapital $K_0$ |
|---|---|
| $K_n = R \cdot \left(1 + \frac{p}{100}\right) \cdot \frac{\left(1 + \frac{p}{100}\right)^n - 1}{\frac{p}{100}}$ | $K_n = K_0 \cdot \left(1 + \frac{p}{100}\right)^n + R \cdot \left(1 + \frac{p}{100}\right) \cdot \frac{\left(1 + \frac{p}{100}\right)^n - 1}{\frac{p}{100}}$ |

Zum Ende eines Jahres wird jeweils eine Rate R eingezahlt und am Jahresende wird das Gesamtkapital mit p % verzinst (***nachschüssige Rente***):

| Kapital $K_n$ nach n Jahren ohne Anfangskapital | Kapital $K_n$ nach n Jahren mit Anfangskapital $K_0$ |
|---|---|
| $K_n = R \cdot \frac{\left(1 + \frac{p}{100}\right)^n - 1}{\frac{p}{100}}$ | $K_n = K_0 \cdot \left(1 + \frac{p}{100}\right)^n + R \cdot \frac{\left(1 + \frac{p}{100}\right)^n - 1}{\frac{p}{100}}$ |

…

## Zins, Renten und Tilgung

### Tilgungsrechnung

Ein Kredit $K_0$ werde zu Beginn des Jahres 1 zu einem Zinssatz von p % aufgenommen. $K_0$ soll in einem Zeitraum von n Jahren getilgt werden. Dazu erfolgt am Ende jeden Jahres eine gleich bleibende Rückzahlung R, auch ***Annuität*** genannt. Die Annuität R besteht aus dem fälligen ***Zinsanteil*** Z und dem ***Tilgungsanteil*** T.

- Der Kredit $K_0$ wird am Ende der Laufzeit nach n Jahren zusammen mit den angefallenen Zinsen mit einer Annuität R getilgt:

  $$R = K_0 \cdot \left(1 + \frac{p}{100}\right)^n$$

- Der Kredit $K_0$ wird am Ende der Laufzeit (nach n Jahren) zusammen mit einer Annuität R zurückgezahlt. Die am Ende eines Jahres anfallenden Zinsen werden sofort beglichen:

  Zinszahlung je Jahr: $R_i = Z_i = K_0 \cdot \frac{p}{100}$ für $i = 1, 2, \ldots, n-1$

  Schlusstilgung: $R = K_0 \cdot \left(1 + \frac{p}{100}\right)$

- Ein aufgenommener Kredit $K_0$ soll in n Jahren durch regelmäßige gleich bleibende jährliche Zahlungen R getilgt sein. Dann beträgt die Höhe der Rate:

  $$R = K_0 \cdot \left(1 + \frac{p}{100}\right)^n \cdot \frac{\frac{p}{100}}{\left(1 + \frac{p}{100}\right)^n - 1}$$

## Potenzen, Wurzeln und Logarithmen

### Potenzen

$a^n = \underbrace{a \cdot a \cdot a \cdot \ldots \cdot a}_{n \text{ Faktoren}}$; $a \in \mathbb{R}$ heißt ***Basis*** oder ***Grundzahl***, $n \in \mathbb{N} \setminus \{0\}$ ***Exponent*** oder ***Hochzahl***.

$a^0 = 1$; $0^0$ kann nicht definiert werden; $a^{-n} = \frac{1}{a^n}$ für $a \neq 0$

### Wurzeln

$\sqrt{a}$ ist diejenige positive Zahl b, für die gilt: $b^2 = a$ Dabei ist $a > 0$.

$\sqrt[n]{a}$ ist diejenige positive Zahl b, für die gilt: $b^n = a$ Dabei ist $n \geqq 2$ und $a > 0$.

Für $n = 2$ schreibt man statt $\sqrt[2]{a} = \sqrt{a}$.

Es ist $\sqrt[n]{0} = 0$ für $n \geqq 2$.

### Zusammenhang zwischen Wurzeln und Potenzen

Im Folgenden wird vorausgesetzt, dass alle Potenzen und Wurzeln existieren:

$\sqrt[n]{a} = a^{\frac{1}{n}}$; $\sqrt[n]{a^m} = a^{\frac{m}{n}}$; $(\sqrt[n]{a^m}) = a^{\frac{m}{n}}$

### Multiplizieren und Dividieren von Potenzen

| bei gleicher Basis | bei gleichem Exponenten |
|---|---|
| $a^p \cdot a^q = a^{p+q}$ | $a^p \cdot b^p = (a \cdot b)^p$ |
| $\frac{a^p}{a^q} = a^{p-q}$ | $\frac{a^p}{b^p} = \left(\frac{a}{b}\right)^p$ |
| $(a^m)^n = a^{m \cdot n}$ | |

## Potenzen, Wurzeln und Logarithmen

### Rechnen mit Wurzeln

Zum Rechnen schreibt man die Wurzeln in Potenzen um.

Es gilt: $\sqrt[n]{a} \cdot \sqrt[n]{b} = \sqrt[n]{a \cdot b}$; $\frac{\sqrt[n]{a}}{\sqrt[n]{b}} = \sqrt[n]{\frac{a}{b}}$

### Potenzen und Logarithmen

Die Hochzahl x in der Gleichung $a^x = b$ heißt ***Logarithmus von b zur Basis a***. Dabei ist $a > 0, a \neq 1$.

Schreibweise: $x = \log_a(b)$ mit $a > 0, a \neq 1$ und $b > 0$.

Damit sind die Gleichungen $a^x = b$ und $x = \log_a(b)$ äquivalent.

Es ist $\log_a(1) = 0$, $\log_a(a) = 1$.

### Zehnerlogarithmus

Der Logarithmus zur Basis $a = 10$ heißt Zehnerlogarithmus:

$\log_{10}(b) = \lg(b)$

$\lg(1000) = 3$, da $10^3 = 1000$

### natürlicher Logarithmus

Der Logarithmus zur Basis $a = e$ mit $e = \lim\limits_{n \to \infty}\left(1 + \frac{1}{n}\right)^n = 2{,}71828\ldots$ heißt natürlicher Logarithmus:

$\log_e(b) = \ln(b)$

$\ln\left(\frac{1}{e}\right) = -1$, da $e^{-1} = \frac{1}{e}$

### Rechnen mit Logarithmen

Für das Rechnen mit Logarithmen gilt:

$(u > 0,\ v > 0,\ a > 0,\ a \neq 1,\ p \in \mathbb{R})$

$\log_a(u \cdot v) = \log_a(u) + \log_a(v)$

$\log_a\left(\frac{u}{v}\right) = \log_a(u) - \log_a(v)$

$\log_a(u^p) = p \cdot \log_a(u)$

Weitere Beziehungen:

$\log_a(\sqrt[n]{u}) = \frac{1}{n}\log_a(u)$

$a^{\log_a(u)} = u$

$\log_a(a^u) = u$

$\log_a(u) = \frac{\log_c(u)}{\log_c(a)}$ mit $c > 0,\ c \neq 1,\ a > 0,\ a \neq 1$

**Zehnerlogarithmus** (Basis 10)

$\lg(u \cdot v) = \lg(u) + \lg(v)$

$\lg\left(\frac{u}{v}\right) = \lg(u) - \lg(v)$

$\lg(u^p) = p \cdot \lg(u)$

Weitere Beziehungen:

$\lg(\sqrt[n]{u}) = \frac{1}{n}\lg(u)$

$10^{\lg(x)} = x$

$\lg(10^x) = x$

$\log_a(x) = \frac{\lg(x)}{\lg(a)}$ mit $a > 0,\ a \neq 1$ (*)

**natürlicher Logarithmus** (Basis e)

$\ln(u \cdot v) = \ln(u) + \ln(v)$

$\ln\left(\frac{u}{v}\right) = \ln(u) - \ln(v)$

$\ln(u^p) = p \cdot \ln(u)$

Weitere Beziehungen:

$\ln(\sqrt[n]{u}) = \frac{1}{n}\ln(u)$

$e^{\ln(x)} = x$

$\ln(e^x) = x$

$\log_a(x) = \frac{\ln(x)}{\ln(a)}$ mit $a > 0,\ a \neq 1$ (*)

Der Logarithmus von Zahlen zu jeder beliebigen Basis kann wegen (*) aus dem Zehnerlogarithmus oder aus dem natürlichen Logarithmus berechnet werden.

## Komplexe Zahlen

### Definition der komplexen Zahlen

Ein Ausdruck der Form $\mathbf{z = a + b \cdot i}$ mit $a, b \in \mathbb{R}$ und $i^2 = -1$ heißt ***komplexe Zahl***.

a heißt ***Realteil*** von z (Re z), b ***Imaginärteil*** von z (Im z), i heißt ***imaginäre Einheit***. Wegen $i^2 = -1$ gilt: $i^3 = -i$, $i^4 = 1$ usw.

Die Menge $\mathbb{C}$ aller komplexen Zahlen enthält die Menge $\mathbb{R}$ der reellen Zahlen $(b = 0)$.

Alle komplexen Zahlen mit $a = 0$ heißen ***imaginäre Zahlen***.

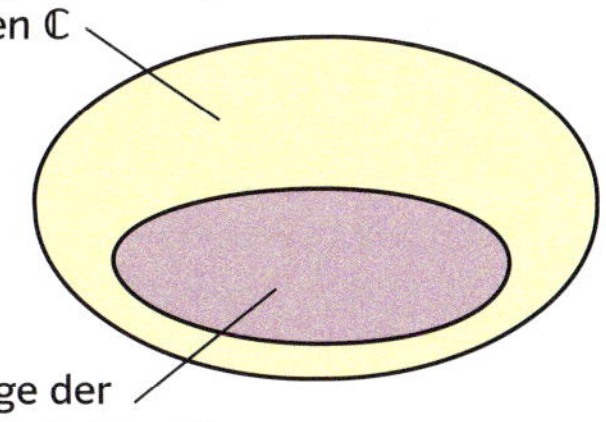


### Darstellung und Veranschaulichung komplexer Zahlen

Eine komplexe Zahl $z = a + b \cdot i$ kann in der Ebene als Punkt veranschaulicht werden.

Eine komplexe Zahl kann in ***Polarform*** dargestellt werden:

$z = r \cdot (\cos(\alpha) + \sin(\alpha) \cdot i)$ mit $r \geqq 0$ und $0 \leqq \alpha \leqq 360°$

Dabei ist $r = \sqrt{a^2 + b^2}$ und $\tan(\alpha) = \frac{b}{a}$,

wobei α die Bedingungen erfüllen muss: $\cos(\alpha) = \frac{a}{r}$ und $\sin(\alpha) = \frac{b}{r}$

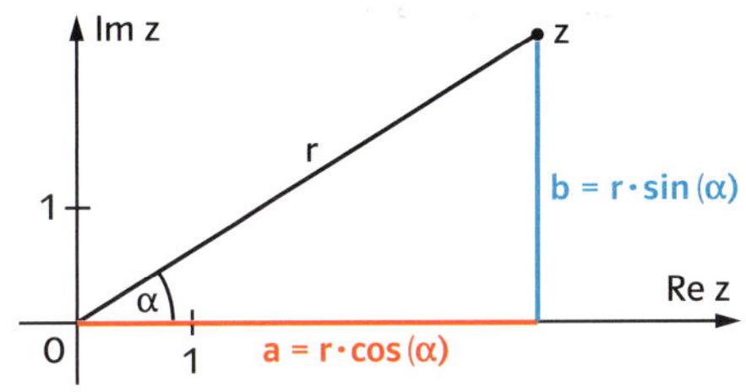


### Rechnen mit komplexen Zahlen in Normalform

Gegeben: $z_1 = a_1 + b_1 \cdot i$ und $z_2 = a_2 + b_2 \cdot i$

$$z_1 + z_2 = (a_1 + a_2) + (b_1 + b_2) \cdot i$$

$$z_1 - z_2 = (a_1 - a_2) + (b_1 - b_2) \cdot i$$

$$z_1 \cdot z_2 = (a_1 a_2 - b_1 b_2) + (a_1 b_2 + a_2 b_1) \cdot i$$

$$z_1 : z_2 = \frac{a_1 a_2 + b_1 b_2}{a_2^2 + b_2^2} + \frac{b_1 a_2 - a_1 b_2}{a_2^2 + b_2^2} \cdot i \quad \text{für } z_2 \neq 0 + 0i$$

Betrag: $|z_1| = \sqrt{a_1^2 + b_1^2}$

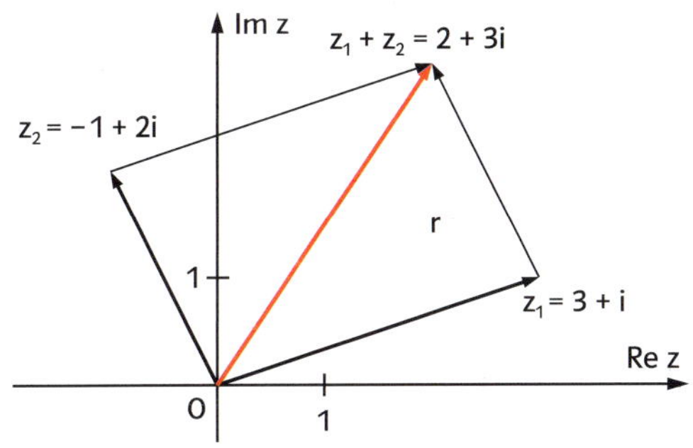


### Rechnen mit komplexen Zahlen in Polarform

Gegeben: $z_1 = r_1 \cdot (\cos(\alpha_1) + \sin(\alpha_1) \cdot i)$ und $z_2 = r_2 \cdot (\cos(\alpha_2) + \sin(\alpha_2) \cdot i)$

$$z_1 + z_2 = (r_1 \cos(\alpha_1) + r_2 \cos(\alpha_2)) + (r_1 \sin(\alpha_1) + r_2 \sin(\alpha_2)) \cdot i$$

$$z_1 - z_2 = (r_1 \cos(\alpha_1) - r_2 \cos(\alpha_2)) + (r_1 \sin(\alpha_1) - r_2 \sin(\alpha_2)) \cdot i$$

$$z_1 \cdot z_2 = r_1 r_2 \cdot [\cos(\alpha_1 + \alpha_2) + \sin(\alpha_1 + \alpha_2) \cdot i]$$

$$z_1 : z_2 = \frac{r_1}{r_2} \cdot [\cos(\alpha_1 - \alpha_2) + \sin(\alpha_1 - \alpha_2) \cdot i] \quad \text{für } z_2 \neq 0 + 0i$$

Betrag: $|z_1| = r_1$

### Exponentialform

$z = r \cdot e^{i\varphi}$ mit $e^{i\varphi} = \cos(\varphi) + i\sin(\varphi)$

Dann gilt für $z_1 = r_1 \cdot e^{i\varphi_1}$ und $z_2 = r_2 \cdot e^{i\varphi_2}$:

$z_1 \cdot z_2 = r_1 \cdot r_2 \cdot e^{i(\varphi_1 + \varphi_2)}$, $\frac{z_1}{z_2} = \frac{r_1}{r_2} \cdot e^{i(\varphi_1 - \varphi_2)}$ und

$z^n = r^n \cdot e^{i \cdot n\varphi} = r^n \cdot (\cos(n\varphi) + i\sin(n\varphi))$ ***(Moivre'sche Formel)***

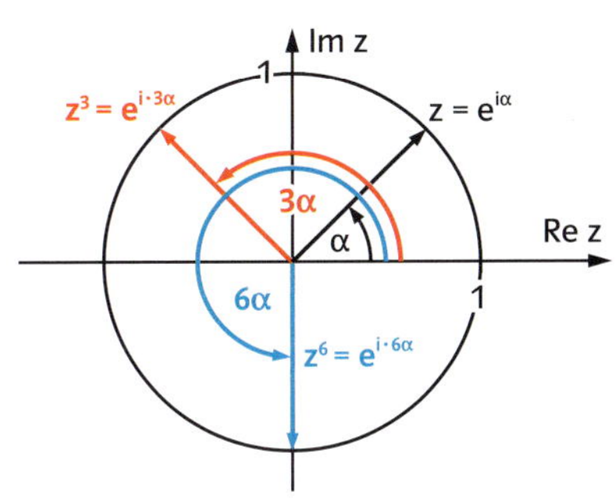

## Gleichung

### Term

Terme sind mathematisch sinnvolle Ausdrücke, die aus Zahlen, Zeichen und Variablen bestehen.

$2x + 5$; $(b - 156)^2$; $|z| + 32$

Werden für die Variable Zahlen eingesetzt, dann kann jeweils der ***Wert des Terms*** berechnet werden. Die Menge aller Zahlen, für die es einen Wert des Terms gibt, ist die maximale ***Definitionsmenge*** des Terms.

Wert von $2x + 5$ für $x = 2$:
$2 \cdot 2 + 5$, also 9

### Gleichung

Werden zwei Terme durch ein Gleichheitszeichen verbunden, dann entsteht eine Gleichung. Sie ist über der Schnittmenge der beiden Definitionsmengen definiert.

$T_1$: $3x + 5$; $T_2$: $7 - 2x$
$3x + 5 = 7 - 2x$

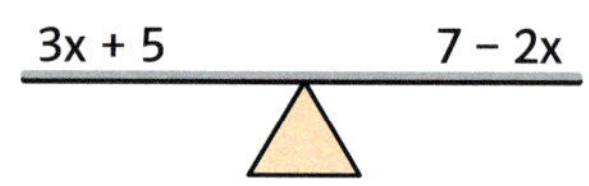


### Lösung, Lösungsmenge

Gleichungen werden über einer Grundmenge G auf Lösbarkeit untersucht. Zahlen aus G, die beim Einsetzen die Gleichung erfüllen (beim Einsetzen in die Gleichung zu einer wahren Aussage führen), heißen Lösungen der Gleichung.

Die Menge aller Lösungen einer Gleichung ist deren Lösungsmenge $\mathbb{L}$.

$2x + 5 = 9$; $G = \mathbb{N}$
2 erfüllt die Gleichung
(d.h. $2 \cdot 2 + 5 = 9$ ist wahr),
also ist 2 Lösung der Gleichung: $\mathbb{L} = \{2\}$.

### Lösbarkeit einer Gleichung

Eine Gleichung heißt bezüglich einer Grundmenge G

- unlösbar, wenn $\mathbb{L} = \{\,\}$,
- lösbar, wenn $\mathbb{L} \neq \{\,\}$,
- allgemein gültig, wenn $\mathbb{L} = G$.

$x + \frac{1}{2} = 2$ ist unlösbar bei $G = \mathbb{N}$.

$x + \frac{1}{2} = 2$ ist lösbar bei $G = \mathbb{Q}$.

$\frac{x + 1}{2x + 2} = \frac{1}{2}$ ist allgemein gültig bei $G = \mathbb{N}$.

### Äquivalenz von Gleichungen

Zwei Gleichungen heißen bezüglich einer Grundmenge äquivalent, wenn sie für diese Grundmenge die gleiche Lösungsmenge besitzen.

$3x + 5 = 14$ und $12 - x = 3 + 2x$ sind bezüglich $G = \mathbb{N}$ äquivalent, da beide die Lösungsmenge $\mathbb{L} = \{3\}$ besitzen.

### Äquivalenzumformungen

Addition oder Subtraktion gleicher Terme auf beiden Seiten der Gleichung:

$$T_1 = T_2 \quad | +T \qquad\qquad T_1 = T_2 \quad | -T$$
$$T_1 + T = T_2 + T \qquad\qquad T_1 - T = T_2 - T$$

Multiplikation oder Division beider Seiten der Gleichung mit einem Term $T \neq 0$:

$$T_1 = T_2 \quad | \cdot T \qquad\qquad T_1 = T_2 \quad | :T$$
$$T_1 \cdot T = T_2 \cdot T \qquad\qquad T_1 : T = T_2 : T$$

## Gleichungsarten

### Lineare Gleichungen

| | Anzahl der Variablen | |
|---|---|---|
| | eine | zwei |
| **Allgemeine Form** | $a \cdot x + b = 0$ (a, b = konst.; $a \neq 0$) | $a \cdot x + b \cdot y = c$ (a, b, c = konst.; $a, b \neq 0$) |
| **Lösungsmenge** | $\mathbb{L} = \left\{-\frac{b}{a}\right\}$ | $\mathbb{L} = \left\{(x; y) \mid x \in \mathbb{R} \text{ und } y = -\frac{a}{b}x + \frac{c}{b}\right\}$ |

### Quadratische Gleichungen

#### Allgemeine Form

Jede quadratische Gleichung kann stets in folgender Form dargestellt werden:

$ax^2 + bx + c = 0$ (a, b, c konst.; $a \neq 0$)

Man nennt diese Form allgemeine Form einer quadratischen Gleichung.

Die Anzahl der Lösungen hängt ab von der ***Diskriminante*** D mit

$D = b^2 - 4ac$

Die Gleichung hat für
$D = 0$ genau eine Lösung (Doppellösung)
$x_1 = x_2 = -\frac{b}{2a}$,

$D > 0$ zwei Lösungen $x_1 = \frac{-b + \sqrt{b^2 - 4ac}}{2a}$ und

$x_2 = \frac{-b - \sqrt{b^2 - 4ac}}{2a}$

$D < 0$ keine Lösung im Bereich der reellen Zahlen.

#### Normalform

Dividiert man die allgemeine Form einer quadratischen Gleichung durch a, dann erhält man die Normalform der quadratischen Gleichung:
$x^2 + px + q = 0$ (p, q konst.)

Die ***Diskriminante*** D der Normalform ist

$D = \frac{p^2}{4} - q$

Die Gleichung hat für
$D = 0$ die Doppellösung
$x_1 = x_2 = -\frac{p}{2}$,

$D > 0$ zwei Lösungen $x_1 = -\frac{p}{2} + \sqrt{\frac{p^2}{4} - q}$ und

$x_2 = -\frac{p}{2} - \sqrt{\frac{p^2}{4} - q}$

$D < 0$ keine Lösung im Bereich der reellen Zahlen.

#### Der Satz von Vieta

Für die Lösungen einer quadratischen Gleichung gilt:
$x_1 + x_2 = -\frac{b}{a}$ und $x_1 \cdot x_2 = \frac{c}{a}$

$x_1 + x_2 = -p$ und $x_1 \cdot x_2 = q$

#### Zerlegung in Linearfaktoren

Mit den Lösungen $x_1$, $x_2$ der Gleichung ist eine Zerlegung möglich:
$ax^2 + bx + c = 0 \iff a(x - x_1)(x - x_2) = 0$

$x^2 + px + q = 0 \iff (x - x_1)(x - x_2) = 0$

## Gleichungsarten

### Biquadratische Gleichungen

Gleichungen vierten Grades der Form $ax^4 + bx^2 + c = 0$ bzw. $x^4 + px^2 + q = 0$ heißen biquadratische Gleichungen und können durch die Substitution $x^2 = z$ auf eine quadratische Gleichung zurückgeführt werden. Hat diese Gleichung die nichtnegativen Lösungen $z_1$ und $z_2$, so sind

$x_{1,2} = \pm\sqrt{z_1}$ und $x_{3,4} = \pm\sqrt{z_2}$

die Lösungen der zugehörigen biquadratischen Gleichung.

### Gleichungen höheren Grades

Eine Gleichung, die durch äquivalente Umformungen auf die Form
$a_n x^n + a_{n-1} x^{n-1} + \ldots + a_2 x^2 + a_1 x + a_0 = 0$
mit $a_{n-1}$ …; $a_2$; $a_1$; $a_0 \in \mathbb{R}$ und $a_n \in \mathbb{R}\setminus\{0\}$
gebracht werden kann, heißt Gleichung n-ten Grades.

Der linke Term der Gleichung heißt (reelles) ***Polynom*** n-ten Grades $P_n(x)$. Die Lösungen der Gleichung heißen auch ***Nullstellen des Polynoms***.

Eine Gleichung n-ten Grades hat in der Menge der reellen Zahlen höchstens n Lösungen. Ist n ungerade, dann existiert wenigstens eine Lösung, bei geradem n kann die Lösungsmenge auch leer sein.

Kennt man eine Lösung $x_1$ von $P_n(x)$, so kann durch ***Polynomdivision*** der Grad des Polynoms um 1 reduziert werden:

$$\frac{P_n(x)}{(x - x_1)} = P_{n-1}(x).$$

Sind $x_1; x_2; x_3; \ldots; x_n$ die Lösungen von $P_n(x)$, dann nennt man $(x - x_i)$, $i = 1; 2; 3; \ldots; n$, ***Linearfaktoren*** von $P_n(x)$.

$P_n(x)$ kann dann in Linearfaktoren zerlegt und als Produkt dieser Linearfaktoren geschrieben werden:

$P_n(x) = a_n \cdot (x - x_1) \cdot (x - x_2) \cdot \ldots \cdot (x - x_n)$

$3x^3 + 6x^2 - 3x - 6 = 0 \quad x_1 = 1$

$$\begin{array}{l}
(3x^3 + 6x^2 - 3x - 6) : (x - 1) = 3x^2 + 9x + 6 \\
\underline{-(3x^3 - 3x^2)} \\
\quad 9x^2 - 3x \\
\quad \underline{-(9x^2 - 9x)} \\
\qquad 6x - 6 \\
\qquad \underline{-(6x - 6)} \\
\qquad\quad 0
\end{array}$$

$x_2 = -1; x_3 = -2$
$3x^3 + 6x^2 - 3x - 6 = 3(x - 1)(x + 1)(x + 2)$

### Bruchgleichungen

Gleichungen, bei denen Brüche vorkommen und dabei die Variable im Nenner auftritt, werden Bruchgleichungen genannt. Durch Multiplikation mit dem Hauptnenner werden sie auf lineare Gleichungen oder auf Gleichungen höheren Grades zurückgeführt. Nach erfolgter Lösung dieser Gleichung ist zu prüfen, ob die Lösungen auch die Bruchgleichung erfüllen.

$$\frac{2}{3} + \frac{5}{x} = \frac{16}{x}$$

$$\frac{5}{3x} - 2{,}5 = \frac{2x^2}{(5 - 2x)}$$

### Wurzelgleichungen

Gleichungen, bei denen Variable im Radikanden von Wurzeln auftreten, heißen Wurzelgleichungen.
In einfachen Fällen kann die Wurzel durch Quadrieren beseitigt und die danach entstehende Gleichung gelöst werden.
Achtung: Quadrieren ist keine äquivalente Umformung, die Probe ist deshalb unbedingt erforderlich.

$$2 + \sqrt{x + 3} = x$$

$$\sqrt{x + 13} = 2\sqrt{x + 1}$$

## Gleichungsarten

### Exponentialgleichungen

Gleichungen, bei denen die Variable im Exponenten einer Potenz auftritt, heißen Exponentialgleichungen.

$9^x = 243$

Methode zum Lösen von Exponentialgleichungen:
- Logarithmieren der Gleichung
- Isolieren der Variablen

$$\lg(9^x) = \lg(243)$$
$$x \cdot \lg(9) = \lg(243) \quad |:\lg(9)$$
$$x = \frac{\lg(243)}{\lg(9)} = \frac{5 \cdot \lg(3)}{2 \cdot \lg(3)} = \frac{5}{2}$$

### Logarithmusgleichungen

Gleichungen, bei denen die Variable im Argument eines Logarithmus auftritt, heißen Logarithmusgleichungen.

$\lg(x + 1) = 3$

Eine Methode zum Lösen von Logarithmusgleichungen ist das Anwenden der Beziehung $10^{\lg(x)} = x, \quad x > 0$.

$$10^{\lg(x+1)} = 10^3$$
$$x + 1 = 1000 \quad |-1$$
$$x = 999$$

### Trigonometrische Gleichungen

Gleichungen, bei denen die Variable im Argument von Winkelfunktionen auftritt, heißen trigonometrische Gleichungen.

$2\sin(x) = 0{,}6$
$3\tan(x) = \cos(2x)$

Trigonometrische Gleichungen können mithilfe des GTR gelöst werden. Meist handelt es sich dabei um Näherungslösungen. Zu beachten ist außerdem, dass wegen der Periodizität trigonometrischer Funktionen unendlich viele Lösungen auftreten können.

## Lineare Gleichungssysteme

### Lineares Gleichungssystem aus m Gleichungen in n Variablen

Durch Äquivalenzumformungen kann ein lineares Gleichungssystem aus m Gleichungen in n Variablen $x_1, \ldots, x_n$ immer so umgeformt werden, dass es die Gestalt

$$\begin{aligned} a_{11}x_1 + a_{12}x_2 + \ldots + a_{1n}x_n &= b_1 \\ a_{21}x_1 + a_{22}x_2 + \ldots + a_{2n}x_n &= b_2 \\ \\ a_{m1}x_1 + a_{m2}x_2 + \ldots + a_{mn}x_n &= b_m \end{aligned}$$

hat.

***Matrix des linearen Gleichungssystems*** (LGS)

$$\left(\begin{array}{cccc|c} a_{11} & a_{12} & \ldots & a_{1n} & b_1 \\ a_{21} & a_{22} & \ldots & a_{2n} & b_2 \\ \ldots & & \ldots & \ldots & \ldots \\ a_{m1} & a_{m2} & \ldots & a_{mn} & b_m \end{array}\right)$$

$a_{ik}$ sind die Koeffizienten des Gleichungssystems.

## Lineare Gleichungssysteme

### Äquivalenzumformungen für lineare Gleichungssysteme

Folgende Umformungen verändern die Lösungsmenge eines linearen Gleichungssystems nicht:

1) Vertauschen von Gleichungen,
2) Multiplizieren einer Gleichung mit einer Zahl $c \neq 0$,
3) Addition einer Gleichung (oder seiner Vielfachen) zu einer anderen Gleichung.

Äquivalenzumformungen von Gleichungssystemen entsprechen Zeilenumformungen in der Matrix.

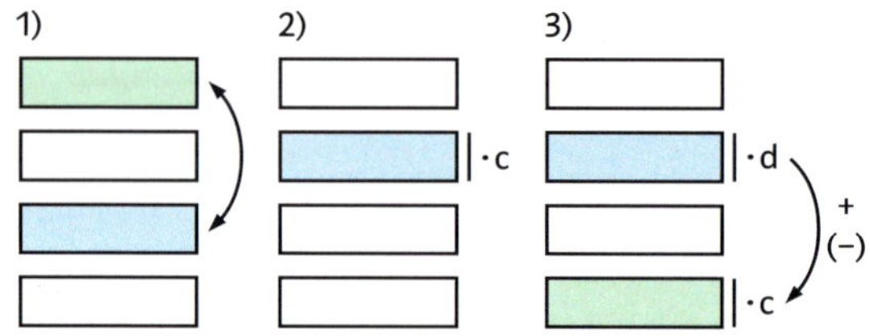


### Lösen eines linearen Gleichungssystems mit genau einer Lösung

Ein n-Tupel $(c_1, c_2, \ldots, c_n)$ heißt Lösung des linearen Gleichungssystems aus m Gleichungen in n Variablen, wenn $c_1, \ldots, c_n$ alle m Gleichungen erfüllen.

Jedes lineare Gleichungssystem hat entweder keine, genau eine oder unendlich viele Lösungen.

Jedes lineare Gleichungssystem kann durch äquivalente Umformung auf

**Stufenform**

LGS

$$\begin{cases} x_1 + 2x_2 - x_3 = -3 \\ \quad\quad x_2 + 3x_3 = 3 \\ \quad\quad\quad\quad x_3 = 2 \end{cases}$$

Matrix des LGS

$$\left(\begin{array}{ccc|c} 1 & 2 & -1 & -3 \\ 0 & 1 & 3 & 3 \\ 0 & 0 & 1 & 2 \end{array}\right)$$

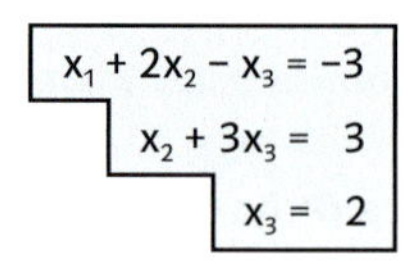


bzw.

**reduzierte Stufenform** gebracht werden.

$$\begin{cases} x_1 = 5 \\ x_2 = -3 \\ x_3 = 2 \end{cases}$$

$$\left(\begin{array}{ccc|c} 1 & 0 & 0 & 5 \\ 0 & 1 & 0 & -3 \\ 0 & 0 & 1 & 2 \end{array}\right)$$

Nach dem ***Gauß'schen Lösungsverfahren*** wird das lineare Gleichungssystem

zuerst durch äquivalente Umformung auf Stufenform gebracht,
dann wird die letzte Gleichung gelöst.
Nun werden durch Einsetzen in die vorherigen Gleichungen schrittweise die anderen Variablen bestimmt.

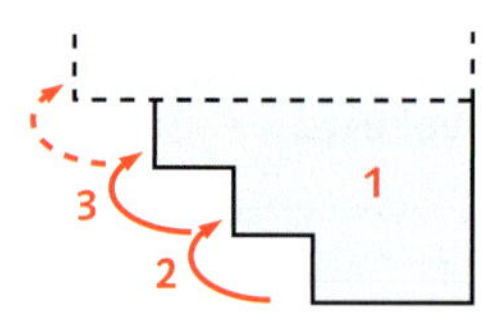

## Lineare Gleichungssysteme

### Lösungsmenge eines linearen Gleichungssystems

| genau eine Lösung | keine Lösung | unendlich viele Lösungen |
|---|---|---|
| $\begin{aligned} x_1 - 2x_2 + 5x_3 &= 12 \\ x_2 - 2x_3 &= -4 \\ x_3 &= 3 \end{aligned}$ | $\begin{aligned} x_1 + 3x_2 &= 2 \\ -7x_2 &= -4 \\ 0x_3 &= -1 \end{aligned}$ | $\begin{aligned} x_1 - \quad 5x_3 &= 7 \\ x_2 - 3x_3 &= -5 \end{aligned}$ |
| $\left(\begin{array}{ccc\|c} 1 & -2 & 5 & 12 \\ 0 & 1 & -2 & -4 \\ 0 & 0 & 1 & 3 \end{array}\right)$ | $\left(\begin{array}{cc\|c} 1 & 3 & 2 \\ 0 & -7 & -4 \\ 0 & 0 & -1 \end{array}\right)$ | $\left(\begin{array}{ccc\|c} 1 & 0 & -5 & 7 \\ 0 & 1 & -3 & -5 \end{array}\right)$ |
| Die Stufenform enthält in der letzten Zeile nur eine Variable. Aus der reduzierten Stufenform lässt sich die Lösung direkt ablesen. | Bei der Umformung entsteht eine Gleichung, die nicht lösbar ist. | In der letzten Zeile bleibt mehr als eine Variable stehen. Ersetzt man eine Variable durch einen Parameter (z. B. $x_3 = t$) erhält man die Lösungen für die anderen Variablen in Abhängigkeit von diesem Parameter. |
| $L = \{(1; 2; 3)\}$ | $L = \{\,\}$ | $L = \{(5t + 7;\ 3t - 5;\ t), t \in \mathbb{R}\}$ |

### Lineare Gleichungssysteme aus zwei Gleichungen mit zwei Variablen

Ein lineares Gleichungssystem der Form

$a_1x + b_1y = c_1$

$a_2x + b_2y = c_2 \quad (a_1, a_2, b_1, b_2, c_1, c_2 \in \mathbb{R})$

hat für $a_1b_2 - a_2b_1 \neq 0$ die Lösung $(x; y)$ mit $x = \frac{c_1b_2 - c_2b_1}{a_1b_2 - a_2b_1}$ und $y = \frac{a_1c_2 - a_2c_1}{a_1b_2 - a_2b_1}$.

Ein lineares Gleichungssystem aus zwei Gleichungen in zwei Variablen kann grafisch gelöst werden. Dazu wird jede Gleichung als analytischer Ausdruck einer linearen Funktion aufgefasst und es werden die Graphen der Funktionen in ein Koordinatensystem gezeichnet.

| Die Geraden schneiden sich in S. | Die Geraden sind zueinander parallel. | Die Geraden sind identisch. |
|---|---|---|
| $\mathbb{L} = \{(x_s; y_s)\}$ | $\mathbb{L} = \{\,\}$ | $\mathbb{L} = \left\{(x; y) \mid y = -\frac{a_1}{b_1}x + \frac{c_1}{b_1}, x \in \mathbb{R}\right\}$ |
| genau eine Lösung | keine Lösung | unendlich viele Lösungen |

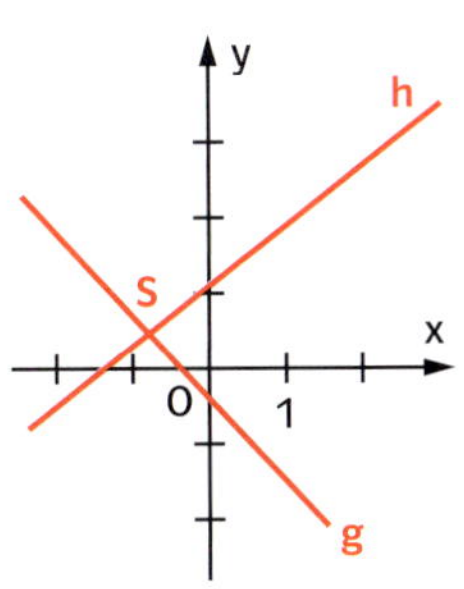


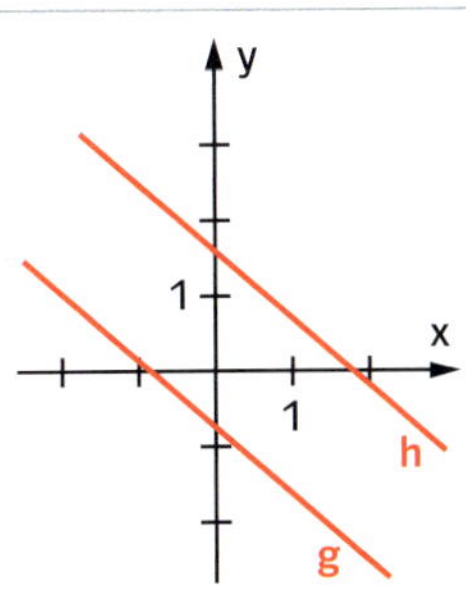


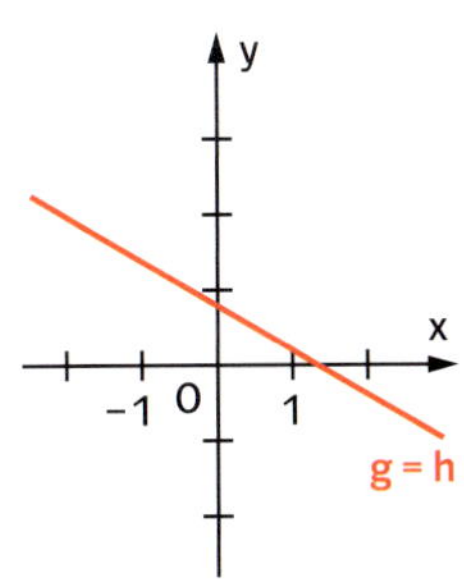

## Lineare Gleichungssysteme

### Determinanten eines linearen Gleichungssystems

Den Koeffizienten eines linearen Gleichungssystems aus n Gleichungen und n Variablen kann eine reelle Zahl, die Determinante D, zugeordnet werden.

$$\begin{aligned} a_{11}x_1 + a_{12}x_2 &= b_1 \\ a_{21}x_1 + a_{22}x_2 &= b_2 \end{aligned} \qquad D = \begin{vmatrix} a_{11} & a_{12} \\ a_{21} & a_{22} \end{vmatrix} = a_{11}a_{22} - a_{21}a_{12}$$

$$\begin{aligned} a_{11}x_1 + a_{12}x_2 + a_{13}x_3 &= b_1 \\ a_{21}x_1 + a_{22}x_2 + a_{23}x_3 &= b_2 \\ a_{31}x_1 + a_{32}x_2 + a_{33}x_3 &= b_3 \end{aligned} \qquad D = \begin{vmatrix} a_{11} & a_{12} & a_{13} \\ a_{21} & a_{22} & a_{23} \\ a_{31} & a_{32} & a_{33} \end{vmatrix} = a_{11}\begin{vmatrix} a_{22} & a_{23} \\ a_{32} & a_{33} \end{vmatrix} - a_{12}\begin{vmatrix} a_{21} & a_{23} \\ a_{31} & a_{33} \end{vmatrix} + a_{13}\begin{vmatrix} a_{21} & a_{22} \\ a_{31} & a_{32} \end{vmatrix}$$

$$= a_{11}a_{22}a_{33} - a_{11}a_{23}a_{32} - a_{12}a_{21}a_{33} + a_{12}a_{23}a_{31} + a_{13}a_{21}a_{32} - a_{13}a_{22}a_{31}$$

### Cramer'sche Regel

Für ein lineares Gleichungssystem aus drei Gleichungen in drei Variablen gilt:

$$\mathbb{L} = \left\{\left(\frac{D_1}{D}; \frac{D_2}{D}; \frac{D_3}{D}\right)\right\}$$

$$D = \begin{vmatrix} a_{11} & a_{12} & a_{13} \\ a_{21} & a_{22} & a_{23} \\ a_{31} & a_{32} & a_{33} \end{vmatrix}; \; D_1 = \begin{vmatrix} b_1 & a_{12} & a_{13} \\ b_2 & a_{22} & a_{23} \\ b_3 & a_{32} & a_{33} \end{vmatrix}; \; D_2 = \begin{vmatrix} a_{11} & b_1 & a_{13} \\ a_{21} & b_2 & a_{23} \\ a_{31} & b_3 & a_{33} \end{vmatrix}; \; D_3 = \begin{vmatrix} a_{11} & a_{12} & b_1 \\ a_{21} & a_{22} & b_2 \\ a_{31} & a_{32} & b_3 \end{vmatrix}$$

## Ungleichungen

### Äquivalenzumformungen

Die Lösungsmenge einer Ungleichung $T_1 < T_2$ ändert sich nicht, wenn auf beiden Seiten
- dieselbe Zahl d addiert oder subtrahiert wird,
- mit derselben positiven Zahl c multipliziert
- oder durch dieselbe positive Zahl c dividiert wird.

$T_1 < T_2$

$T_1 \pm d < T_2 \pm d$

$c > 0$: $T_1 \cdot c < T_2 \cdot c$; $T_1 : c < T_2 : c$

Werden beide Seiten mit einer negativen Zahl c multipliziert oder durch dieselbe negative Zahl c dividiert, bleibt die Lösungsmenge nur erhalten, wenn die Richtung des Ungleichheitszeichens umgekehrt wird.

$c < 0$: $T_1 \cdot c > T_2 \cdot c$; $T_1 : c > T_2 : c$

### Lineare Ungleichungen mit zwei Variablen

Eine Ungleichung der Form $a_1x + a_2y \leqq b_1$ hat als Lösungsmenge alle geordneten Paare (x; y), die die Ungleichung erfüllen.

Die Lösungsmenge kann als Menge aller Punkte gedeutet werden, die in der entsprechenden Halbebene liegen, die durch die Gerade

$y = -\frac{a_1}{a_2}x + \frac{b_1}{a_2}$ festgelegt wird.

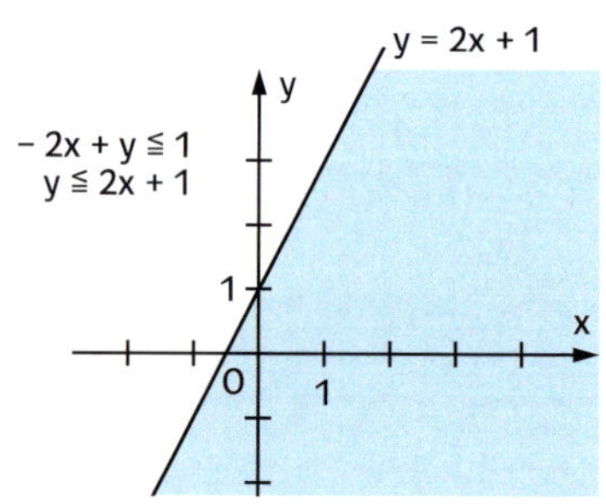

## Ungleichungen

### Systeme von Ungleichungen in zwei Variablen

Grafisch löst man ein System von Ungleichungen in zwei Variablen, indem man für jede Ungleichung die entsprechende Halbebene kennzeichnet. Der Bereich B, der allen gemeinsam ist, bestimmt die Lösungsmenge des Systems der Ungleichungen.

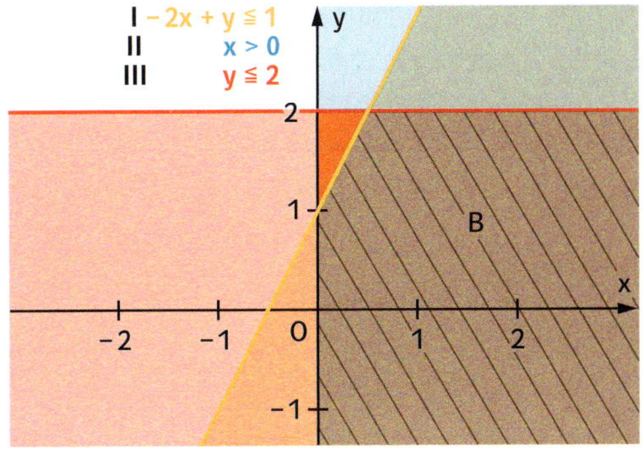


## Matrizen

### Matrix, Zeilenvektor, Spaltenvektor

Ein rechteckiges System von $m \cdot n$ Zahlen, die in m Zeilen und n Spalten angeordnet sind, heißt $(m \times n)$-Matrix:

$$\begin{pmatrix} a_{11} & a_{12} & \dots & a_{1n} \\ a_{21} & a_{22} & \dots & a_{2n} \\ \dots & \dots & \dots & \dots \\ a_{m1} & a_{m2} & \dots & a_{mn} \end{pmatrix}.$$

Zwei Matrizen sind genau dann gleich, wenn sie gleiche Zeilen- und Spaltenzahl haben und wenn alle einander entsprechenden Elemente gleich sind.
Die Elemente einer Zeile, etwa der 2. Zeile, bilden den so genannten 2. Zeilenvektor $(a_{21} \; a_{22} \; \dots \; a_{2n})$.
Ein Zeilenvektor ist also eine $(1 \times n)$-Matrix.

Die Elemente einer Spalte, etwa der 3. Spalte, bilden einen Spaltenvektor $\begin{pmatrix} a_{13} \\ a_{23} \\ \dots \\ a_{m3} \end{pmatrix}$.

Ein Spaltenvektor ist also eine $(m \times 1)$-Matrix.

### Rang einer Matrix

Eine $(m \times n)$-Matrix hat den Rang r, wenn die Anzahl der linear unabhängigen Zeilenvektoren r ist.
Hat eine Matrix den Rang r, so ist auch die Anzahl der linear unabhängigen Spaltenvektoren r.

### Transponierte und quadratische Matrix, Diagonalmatrix, Einheitsmatrix

Vertauscht man in einer $(m \times n)$-Matrix die Zeilen mit den entsprechenden Spalten, so entsteht eine $(n \times m)$-Matrix $A^T$. Sie heißt transponierte Matrix.
Stimmen in einer Matrix Zeilenzahl m und Spaltenzahl n überein, so heißt die Matrix quadratisch.

**Diagonalmatrix**

$$\begin{pmatrix} d_{11} & 0 & \dots & 0 \\ 0 & d_{22} & \dots & 0 \\ \dots & \dots & \dots & \dots \\ 0 & 0 & \dots & d_{nn} \end{pmatrix}$$

**Einheitsmatrix**

$$\begin{pmatrix} 1 & 0 & \dots & 0 \\ 0 & 1 & \dots & 0 \\ \dots & \dots & \dots & \dots \\ 0 & 0 & \dots & 1 \end{pmatrix}$$

## Matrizen

### Addieren von Matrizen

Man kann Matrizen A und B nur dann addieren bzw. subtrahieren, wenn sie in ihrer Zeilen- und ihrer Spaltenzahl übereinstimmen.

Beim Addieren bzw. Subtrahieren werden die an der jeweils entsprechenden Stelle stehenden Elemente addiert bzw. subtrahiert:

$$\begin{pmatrix} a_{11} & a_{12} & \dots & a_{1n} \\ a_{21} & a_{22} & \dots & a_{2n} \\ \dots & \dots & \dots & \dots \\ a_{m1} & a_{m2} & \dots & a_{mn} \end{pmatrix} \pm \begin{pmatrix} b_{11} & b_{12} & \dots & b_{1n} \\ b_{21} & b_{22} & \dots & b_{2n} \\ \dots & \dots & \dots & \dots \\ b_{m1} & b_{m2} & \dots & b_{mn} \end{pmatrix} = \begin{pmatrix} a_{11} \pm b_{11} & a_{12} \pm b_{12} & \dots & a_{1n} \pm b_{1n} \\ a_{21} \pm b_{21} & a_{22} \pm b_{22} & \dots & a_{2n} \pm b_{2n} \\ \dots & \dots & \dots & \dots \\ a_{m1} \pm b_{m1} & a_{m2} \pm b_{m2} & \dots & a_{mn} \pm b_{mn} \end{pmatrix}$$

### Multiplikation einer Matrix mit einer reellen Zahl

Bei der Multiplikation einer Matrix mit einer reellen Zahl r werden alle Elemente mit r multipliziert:

$$r \cdot \begin{pmatrix} a_{11} & a_{12} & \dots & a_{1n} \\ a_{21} & a_{22} & \dots & a_{2n} \\ \dots & \dots & \dots & \dots \\ a_{m1} & a_{m2} & \dots & a_{mn} \end{pmatrix} = \begin{pmatrix} r \cdot a_{11} & r \cdot a_{12} & \dots & r \cdot a_{1n} \\ r \cdot a_{21} & r \cdot a_{22} & \dots & r \cdot a_{2n} \\ \dots & \dots & \dots & \dots \\ r \cdot a_{m1} & r \cdot a_{m2} & \dots & r \cdot a_{mn} \end{pmatrix}$$

### Multiplizieren von Matrizen

Zwei Matrizen können nur dann miteinander multipliziert werden, wenn die Spaltenzahl von A mit der Zeilenzahl von B übereinstimmt.
Multiplikation einer $(1 \times n)$-Matrix (Zeilenvektor) mit einer $(n \times 1)$-Matrix (Spaltenvektor):

$$(a_{11}\ a_{12}\ \dots\ a_{1n}) \cdot \begin{pmatrix} b_{11} \\ b_{21} \\ \dots \\ b_{n1} \end{pmatrix} = a_{11} \cdot b_{11} + a_{12} \cdot b_{21} + \dots + a_{1n} \cdot b_{n1}$$

Multiplikation einer $(m \times n)$-Matrix mit einer $(n \times p)$-Matrix:

$$\begin{pmatrix} a_{11} & a_{12} & \dots & a_{1k} & \dots & a_{1n} \\ a_{21} & a_{22} & \dots & a_{2k} & \dots & a_{2n} \\ \dots & \dots & \dots & \dots & \dots & \dots \\ a_{i1} & a_{i2} & \dots & a_{ik} & \dots & a_{in} \\ \dots & \dots & \dots & \dots & \dots & \dots \\ a_{m1} & a_{m2} & \dots & a_{mk} & \dots & a_{mn} \end{pmatrix} \cdot \begin{pmatrix} b_{11} & b_{12} & \dots & b_{1k} & \dots & b_{1p} \\ b_{21} & b_{22} & \dots & b_{2k} & \dots & b_{2p} \\ \dots & \dots & \dots & \dots & \dots & \dots \\ b_{i1} & b_{i2} & \dots & b_{ik} & \dots & b_{ip} \\ \dots & \dots & \dots & \dots & \dots & \dots \\ b_{n1} & b_{n2} & \dots & b_{nk} & \dots & b_{np} \end{pmatrix} = \begin{pmatrix} c_{11} & c_{12} & \dots & c_{1k} & \dots & c_{1p} \\ c_{21} & c_{22} & \dots & c_{2k} & \dots & c_{2p} \\ \dots & \dots & \dots & \dots & \dots & \dots \\ c_{i1} & c_{i2} & \dots & c_{ik} & \dots & c_{ip} \\ \dots & \dots & \dots & \dots & \dots & \dots \\ c_{m1} & c_{m2} & \dots & c_{mk} & \dots & c_{mp} \end{pmatrix}$$

Dabei berechnet man das Element in der i-ten Zeile und der k-ten Spalte folgendermaßen:
$c_{ik} = a_{i1} \cdot b_{1k} + a_{i2} \cdot b_{2k} + \dots + a_{in} \cdot b_{nk}$ $(i = 1, 2, \dots m;\ k = 1, 2, \dots, p)$.

Unter der n-ten **Potenz** $\mathbf{A^n}$ $(n \in \mathbb{N})$ einer quadratischen Matrix A versteht man das n-fache Produkt von A mit sich selbst: $A^n = A \cdot A \cdot \dots \cdot A$

## Matrizen

### Gleichungssysteme und Matrizen

Ein Gleichungssystem von m Gleichungen mit n Variablen kann in Matrixschreibweise dargestellt werden:

$$\begin{array}{llll} a_{11}x_1 & + a_{12}x_2 & + \ldots & + a_{1n}x_n = b_1 \\ a_{21}x_1 & + a_{22}x_2 & + \ldots & + a_{2n}x_n = b_2 \\ \ldots & & & \\ a_{m1}x_1 & + a_{m2}x_2 & + \ldots & + a_{mn}x_n = b_m \end{array}$$

$$\begin{pmatrix} a_{11} & a_{12} & \ldots & a_{1n} \\ a_{21} & a_{22} & \ldots & a_{2n} \\ \ldots & \ldots & \ldots & \ldots \\ a_{m1} & a_{m2} & \ldots & a_{mn} \end{pmatrix} \cdot \begin{pmatrix} x_1 \\ x_2 \\ \ldots \\ x_n \end{pmatrix} = \begin{pmatrix} b_1 \\ b_2 \\ \ldots \\ b_m \end{pmatrix}$$

**Koeffizientenmatrix**

$$\begin{pmatrix} a_{11} & a_{12} & \ldots & a_{1n} \\ a_{21} & a_{22} & \ldots & a_{2n} \\ \ldots & \ldots & \ldots & \ldots \\ a_{m1} & a_{m2} & \ldots & a_{mn} \end{pmatrix}$$

**Erweiterte Matrix**

$$\left(\begin{array}{cccc|c} a_{11} & a_{12} & \ldots & a_{1n} & b_1 \\ a_{21} & a_{22} & \ldots & a_{2n} & b_2 \\ \ldots & \ldots & \ldots & \ldots & \ldots \\ a_{m1} & a_{m2} & \ldots & a_{mn} & b_m \end{array}\right)$$

## Mehrstufige Prozesse

### Bedarfsmatrix

Zur Herstellung zweier Produkte $P_1$ und $P_2$ werden jeweils die drei Stoffe $S_1$, $S_2$ und $S_3$ benötigt. Wie groß der Bedarf an Stoffen für das Produkt $P_1$ ist, ist in dem Diagramm durch die Zahlen $a_{11}$, $a_{12}$ und $a_{13}$ angegeben. Entsprechendes gilt für das Produkt $P_2$. Sollen von $P_1$ die Menge $x_1$ und von $P_2$ die Menge $x_2$ produziert werden, so gilt für die Menge $y_1, y_2, y_3$ der dazu benötigten Stoffe:

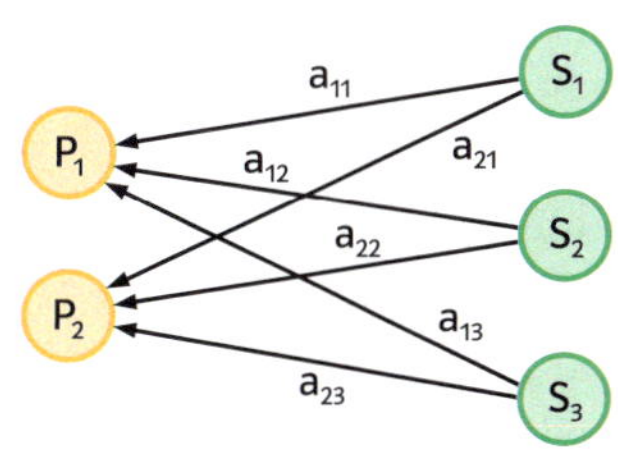


$$\begin{pmatrix} y_1 \\ y_2 \\ y_3 \end{pmatrix} = \begin{pmatrix} a_{11} \cdot x_1 + a_{21} \cdot x_2 \\ a_{12} \cdot x_1 + a_{22} \cdot x_2 \\ a_{13} \cdot x_1 + a_{23} \cdot x_2 \end{pmatrix} = \begin{pmatrix} a_{11} & a_{21} \\ a_{12} & a_{22} \\ a_{13} & a_{23} \end{pmatrix} \cdot \begin{pmatrix} x_1 \\ x_2 \end{pmatrix}$$

### Übergangsmatrix

Im Diagramm stellen $Z_1$, $Z_2$ und $Z_3$ drei Zustände dar in Abhängigkeit von der Zeit. Nach einer Zeiteinheit wechselt der Zustand $Z_1$ in den Zustand $Z_1$ mit der Wahrscheinlichkeit $p_{11}$, $Z_1$ in $Z_2$ mit der Wahrscheinlichkeit $p_{12}$, $Z_1$ in $Z_3$ mit der Wahrscheinlichkeit $p_{13}$, usw.

Sind zu einem Zeitpunkt die Anzahlen der sich in den Zuständen $Z_1$, $Z_2$ und $Z_3$ befindenden Individuen jeweils $z_1, z_2, z_3$, so gilt für die entsprechenden Anzahlen $y_1, y_2, y_3$ nach einer Zeiteinheit:

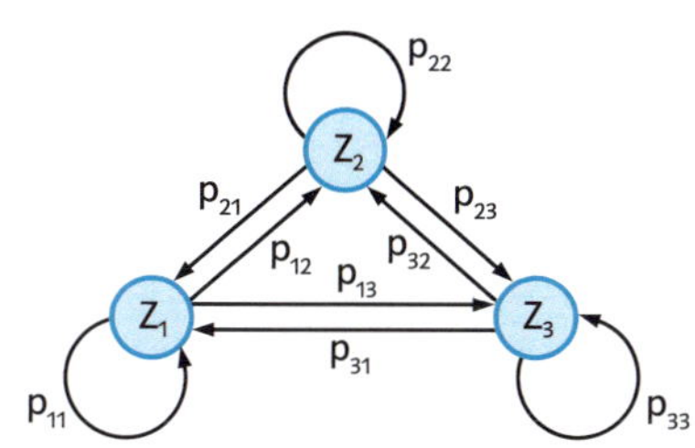


$$\begin{pmatrix} y_1 \\ y_2 \\ y_3 \end{pmatrix} = \begin{pmatrix} p_{11} & p_{21} & p_{31} \\ p_{12} & p_{22} & p_{32} \\ p_{13} & p_{23} & p_{33} \end{pmatrix} \cdot \begin{pmatrix} z_1 \\ z_2 \\ z_3 \end{pmatrix}$$

Die zu dem Diagramm gehörende Matrix heißt Übergangsmatrix. Sie ist stets eine quadratische Matrix. Es stimmen also die Zeilenzahl und die Spaltenzahl überein.

### Stationärer Zustand, zyklischer Prozess

In einem mehrstufigen Prozess heißt ein Zustand $\vec{x}$ ***stationär*** oder ***stabil***, wenn er durch die Übergangsmatrix A nicht verändert wird. In diesem Fall gilt: $A \cdot \vec{x} = \vec{x}$.

Ein mehrstufiger Prozess heißt ***zyklisch***, wenn es eine natürliche Zahl $n > 1$ gibt, sodass für jeden beliebigen Zustand $\vec{x}$ gilt: $A^n \cdot \vec{x} = \vec{x}$. Dabei ist A die zum Prozess gehörige Matrix und $A^n = A \cdot A \cdot \ldots \cdot A$ ihre n-te Potenz.

Ein mehrstufiger Prozess ist genau dann zyklisch, wenn $A^n$ die Einheitsmatrix ist.

Eine Übergangsmatrix mit nichtnegativen Elementen beschreibt einen ***Markov'schen Prozess***, wenn in jeder Spalte die Summe der Spaltenelemente 1 ist.

## Grundbegriffe

### Funktion f

Eine Funktion f ordnet jedem Element x (Argument) aus einer Menge $D_f$ ***(Definitionsmenge von f)*** eindeutig ein Element y (Bild) zu.

| | | |
|---|---|---|
| **Schreibweisen:** | f: $x \mapsto y$ mit $y = f(x)$, $x \in D_f$, | $x \mapsto -0{,}5x^2 + x + 1$, $x \in \mathbb{R}$ |
| | f: $x \mapsto f(x)$, $x \in D_f$, | $-0{,}5x^2 + x + 1$ |
| | f: $x \mapsto y = f(x)$, $x \in D_f$. | $y = -0{,}5x^2 + x + 1$ |
| **Funktionsterm:** | $f(x)$ | |
| **Funktionsgleichung:** | $y = f(x)$ | |

### Wertetabelle

In der Wertetabelle werden x-Werte und zugehörige Funktionswerte dargestellt.

$f(x) = -0{,}5x^2 + x + 1$

| **x** | −2 | 0 | 1 | … |
|---|---|---|---|---|
| **y = f(x)** | −3 | 1 | 1,5 | … |

### Graph oder Schaubild von f

Jedem Paar (x;y) mit $y = f(x)$ kann ein Punkt $P(x\,|\,y)$ in einem kartesischen Koordinatensystem zugeordnet werden.
Die Menge aller Punkte $P(x\,|\,y)$ mit $x \in D_f$ heißt Graph von f.

Die x-Koordinate eines Punktes heißt ***Abszisse***, die y-Koordinate ***Ordinate***.

Das kartesische Koordinatensystem zerlegt die Ebene in vier ***Quadranten***.

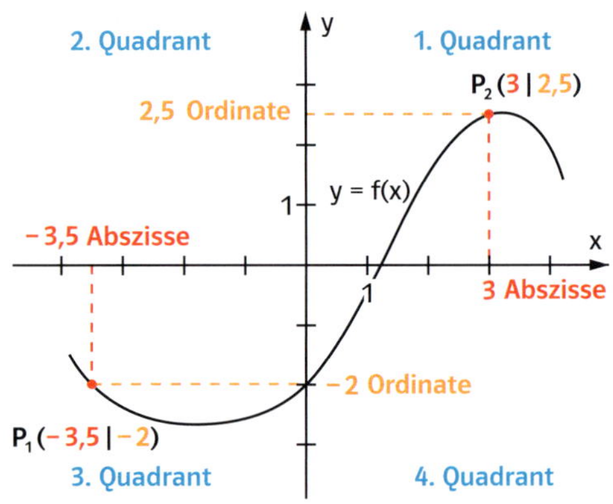


### Wertemenge

Die Wertemenge $W_f$ besteht aus allen Funktionswerten einer Funktion:

$W_f = \{y\,|\,y = f(x) \text{ mit } x \in D_f\}$

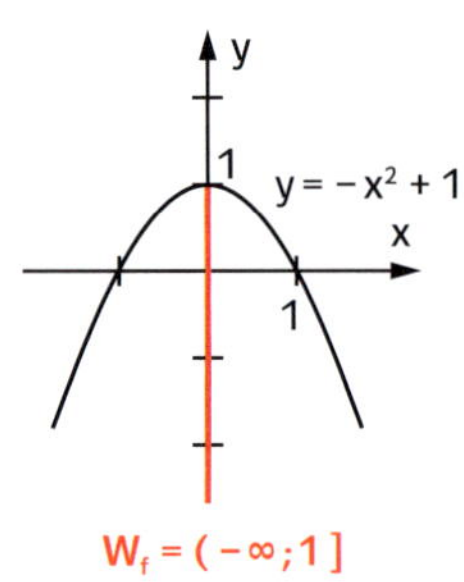


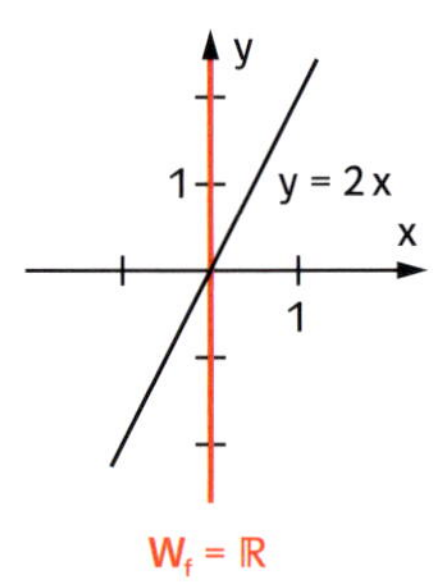


### Schnitt- und Berührungspunkte mit den Koordinatenachsen

(Kurvenuntersuchung → S. 59)

Gilt $f(x_0) = 0$, dann heißt $x_0$ ***Nullstelle*** von f.

Der Graph von f schneidet oder berührt die x-Achse im Punkt $N(x_0\,|\,0)$;
Schnittpunkt S mit der y-Achse: $S(0\,|\,f(0))$.

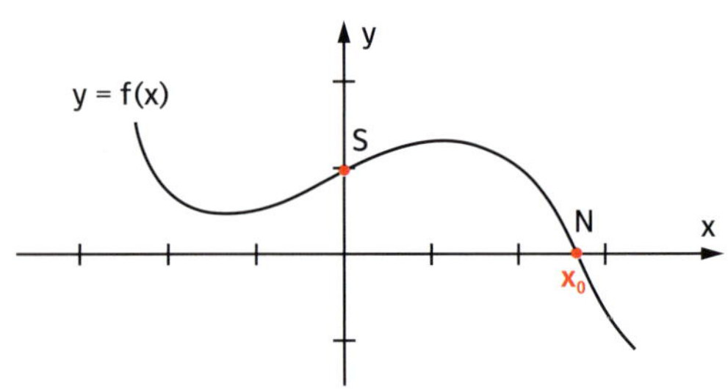

## Grundbegriffe

### Funktionenschar

Menge von Funktionen, die sich mithilfe der Funktionsgleichung $y = f_a(x)$ beschreiben lässt, die neben den Variablen x und y noch einen ***Scharparameter*** a enthält.

Für jeden Wert des Scharparameters a beschreibt $f_a$: $x \mapsto f_a(x)$, $x \in D_{f_a}$ eine Funktion.

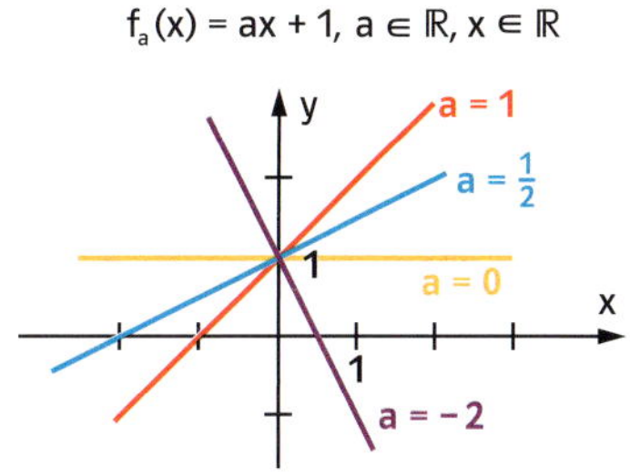


### Symmetrie von Graphen

(Kurvenuntersuchung → S. 59)

Symmetrie zur y-Achse:
Der Graph der Funktion f ist genau dann symmetrisch zur y-Achse, wenn gilt:

$f(-x) = f(x)$ für alle $x \in D_f$,
f heißt ***gerade Funktion***.

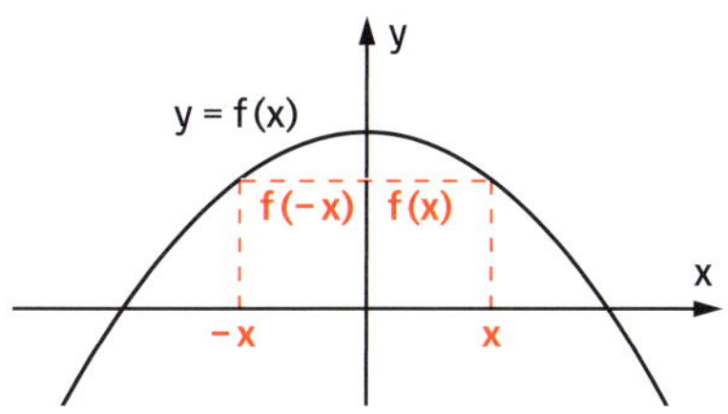


Symmetrie zum Koordinatenursprung:
Der Graph der Funktion f ist genau dann punktsymmetrisch zum Koordinatenursprung, wenn gilt:

$f(-x) = -f(x)$ für alle $x \in D_f$,
f heißt ***ungerade Funktion***.

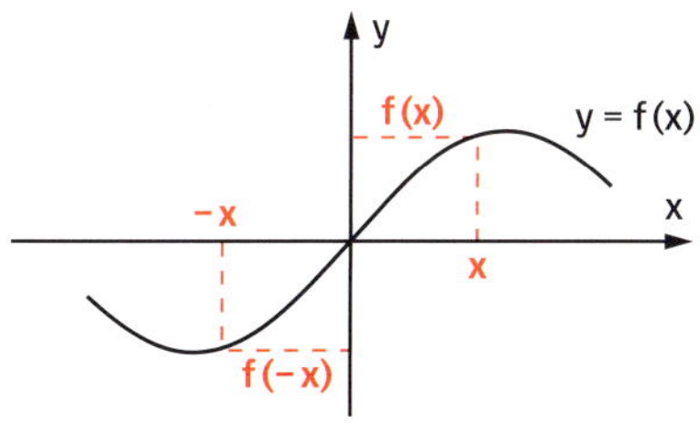


## Lineare Funktionen, Geraden

### Lineare Funktion

| | |
|---|---|
| Funktionsgleichung: | $y = mx + n$ |
| Definitionsmenge: | $\mathbb{R}$ |
| Graph: | Gerade |
| Steigung des Graphen: | m |
| y-Achsenabschnitt: | n |
| Steigungswinkel: | $\alpha$ |
| Es gilt: | $\tan(\alpha) = m$ |
| Nullstelle: | $x_0 = -\frac{n}{m}$, wenn $m \neq 0$ |

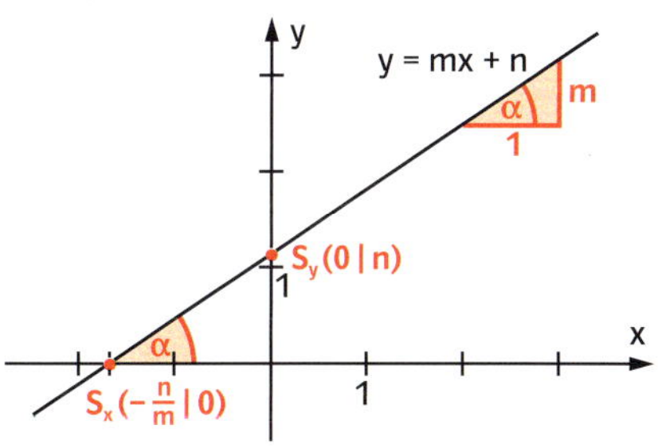


### Bestimmen von Geradengleichungen

Steigung m der Geraden g durch $P_1(x_1 | y_1)$ und $P_2(x_2 | y_2)$:

$$m = \frac{y_2 - y_1}{x_2 - x_1}, \text{ wenn } x_1 \neq x_2$$

Gleichung der Geraden g mit Steigung m durch $P_1(x_1 | y_1)$:
$y = m(x - x_1) + y_1$

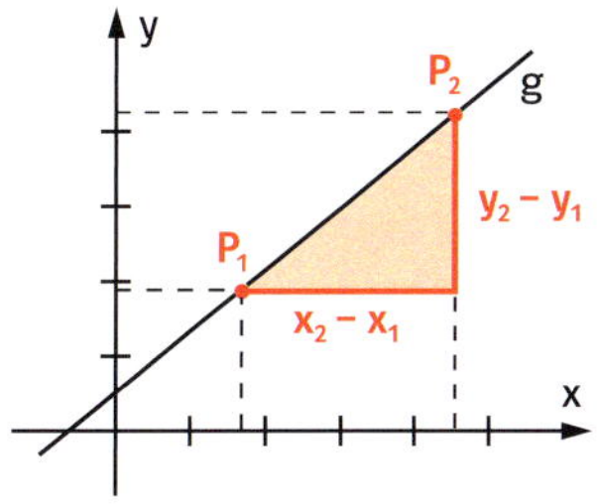

## Lineare Funktionen, Geraden

### Ursprungsgerade

Geradengleichung: $\mathbf{y = mx}$, d.h. $c = 0$.

$m = 0$: $y = 0$; Gleichung der x-Achse
$m = 1$: $y = x$; Gleichung der 1. Winkelhalbierenden
$m = -1$: $y = -x$; Gleichung der 2. Winkelhalbierenden

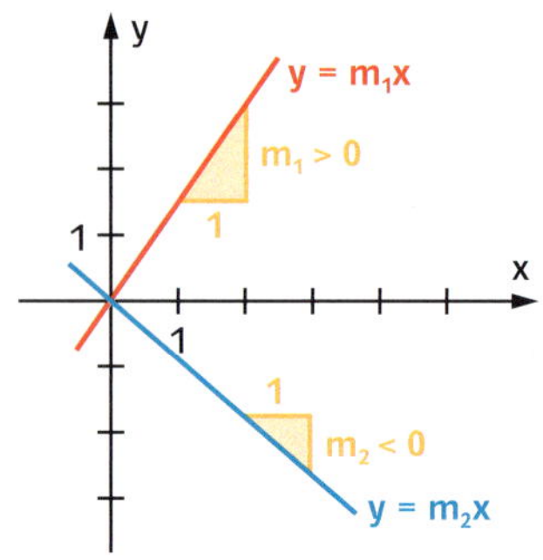


### Orthogonale Geraden

Zwei Geraden mit den Steigungen $m_1$ bzw. $m_2$ sind genau dann orthogonal, wenn gilt: $\mathbf{m_1 \cdot m_2 = -1}$

### Parallele zur x-Achse

Geradengleichung: $\mathbf{y = n}$, d.h. $m = 0$
Gleichung der x-Achse: $y = 0$

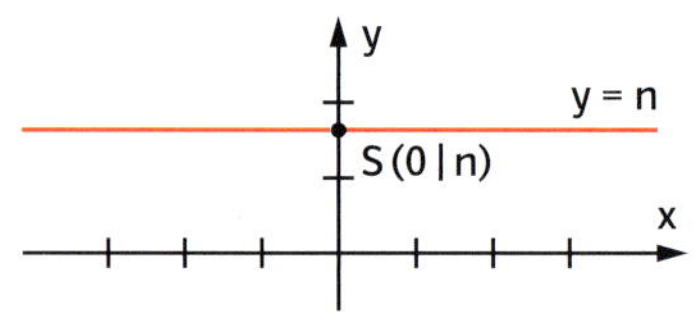


### Parallele zur y-Achse

Eine Parallele zur y-Achse ist kein Funktionsgraph und kann daher nicht in der Form $y = mx + n$ dargestellt werden.
Gleichung der Parallele zur y-Achse durch den Punkt $S(x_0 \mid 0)$:
$\mathbf{x = x_0}$

Gleichung der y-Achse: $x = 0$.

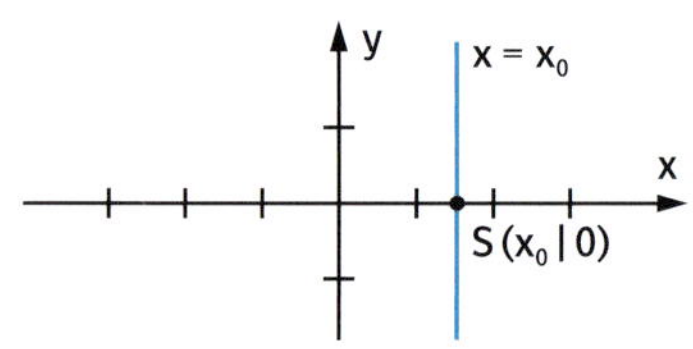


### Allgemeine Form der Geradengleichung

$Ax + By + C = 0$, wobei A und B nicht gleichzeitig null sind. Jede Gerade kann in dieser Form dargestellt werden.

## Quadratische Funktionen, Parabeln

### Allgemeine Form

Funktionsgleichung: $\mathbf{y = ax^2 + bx + c}$
Definitionsmenge: $\mathbb{R}$
Graph: **Parabel**
Diskriminante: $D = b^2 - 4ac$

**Scheitelpunkt:** $S\left(-\frac{b}{2a} \,\middle|\, -\frac{D}{4a}\right)$

**Scheitelpunktform:** $y = a\left(x + \frac{b}{2a}\right)^2 - \frac{D}{4a}$

Nullstellen: $x_{1,2} = \frac{-b \pm \sqrt{D}}{2a}$, wenn $D \geq 0$

Wertemenge: $\left[-\frac{D}{4a}; +\infty\right)$, wenn $a > 0$

$\left(-\infty; -\frac{D}{4a}\right]$, wenn $a < 0$

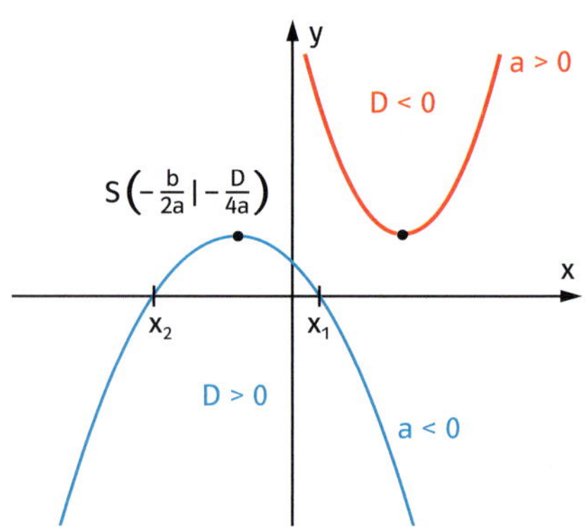

## Quadratische Funktionen, Parabeln

**Sonderfall:** $b = c = 0$

Funktionsgleichung: $\mathbf{y = a x^2}$
Scheitelpunkt: $S(0 \mid 0)$

a bestimmt die ***Öffnung der Parabel***:
$a > 0$: nach oben offen
$a < 0$: nach unten offen
$|a| > 1$: schmaler als Normalparabel
$|a| < 1$: weiter als Normalparabel

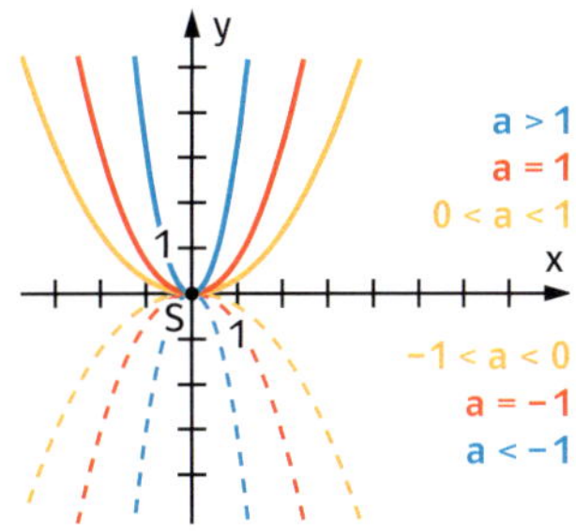


**Sonderfall:** $b = 0, c \neq 0$

Funktionsgleichung: $\mathbf{y = a x^2 + c}$
Scheitelpunkt: $S(0 \mid c)$

c bestimmt die ***Verschiebung der Parabel*** mit der Gleichung $y = a x^2$ in y-Richtung:
$c > 0$: in positive y-Richtung
$c < 0$: in negative y-Richtung

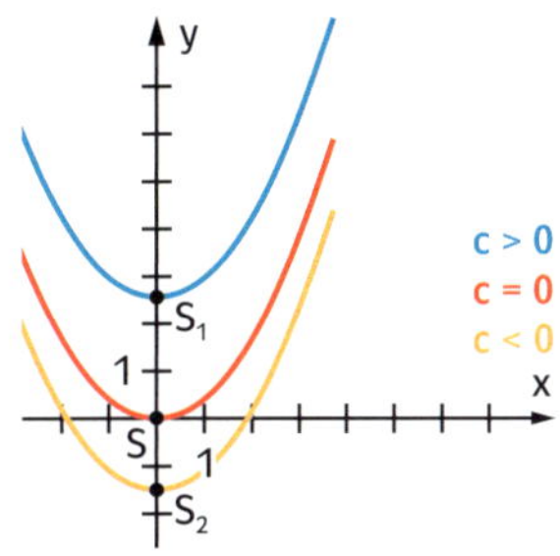


**Sonderfall:** $a = 1$

Funktionsgleichung: $\mathbf{y = x^2 + b x + c}$;
Graph: **Normalparabel**

Diskriminante: $D = \left(\frac{b}{2}\right)^2 - c$

Scheitelpunkt: $S\left(-\frac{b}{2} \middle| -D\right)$

Scheitelpunktform: $y = \left(x + \frac{b}{2}\right)^2 - D$

Nullstellen: $x_{1,2} = -\frac{b}{2} \pm \sqrt{D}$, wenn $D \geq 0$

Wertemenge: $[-D \mid +\infty)$

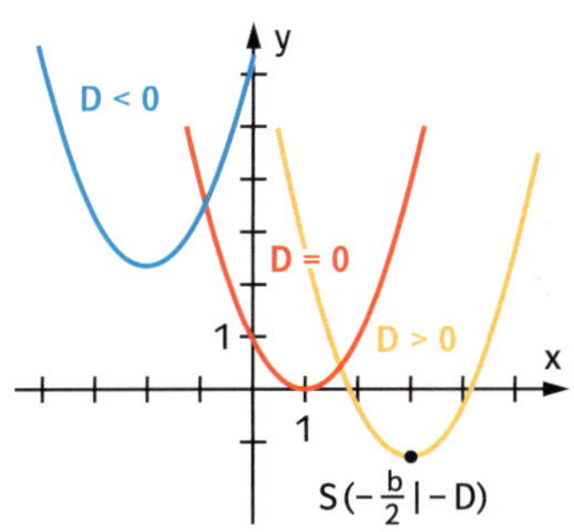


### Potenzfunktionen mit ganzzahligen Exponenten größer als 1

Funktionsgleichung: $\mathbf{y = x^n,\ n \in \mathbb{N},\ n > 1}$
Definitionsmenge: $\mathbb{R}$
Wertemenge: $\mathbb{R}_0^+$, wenn n gerade ist
$\mathbb{R}$, wenn n ungerade ist
Graphen: **Parabel n-ten Grades**
Nullstellen: $x_0 = 0$
Symmetrie: Der Graph ist achsensymmetrisch zur y-Achse, wenn n gerade ist; punktsymmetrisch zum Ursprung, wenn n ungerade ist.

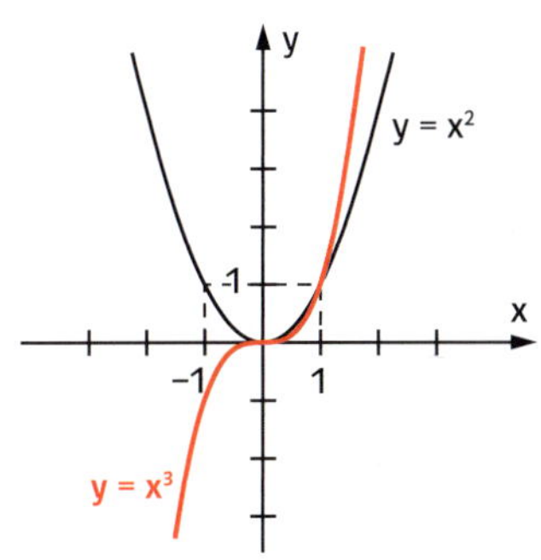

### Potenzfunktionen mit ganzzahligen Exponenten größer als 1

Funktionsgleichung: $\mathbf{y = x^{-n}}$, $\mathbf{n \in \mathbb{N}^*}$
Definitionsmenge: $\mathbb{R} \setminus \{0\}$
Wertemenge: $\mathbb{R}^+$, wenn n gerade ist
$\mathbb{R} \setminus \{0\}$, wenn n ungerade ist
Graphen: **Hyperbeln**
Nullstellen: keine
Symmetrie: Der Graph ist achsensymmetrisch zur y-Achse, wenn n gerade ist; punktsymmetrisch zum Ursprung, wenn n ungerade ist.

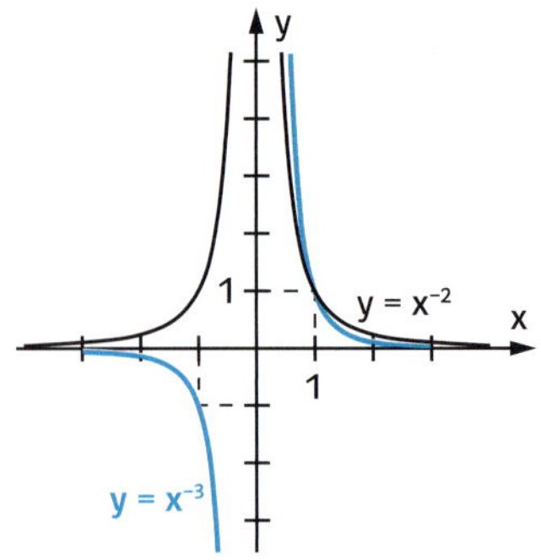


## Wurzelfunktionen

### Wurzelfunktionen

Funktionsgleichung: $\mathbf{y = \sqrt[n]{x} = x^{\frac{1}{n}}}$, $\mathbf{n \in \mathbb{N}}$, $\mathbf{n \geq 2}$
Definitionsmenge: $\mathbb{R}_0^+$
Wertemenge: $\mathbb{R}_0^+$
Graph: An der 1. Winkelhalbierenden gespiegelter Parabelast der Parabel $y = x^n$, $x \geq 0$
Nullstellen: $x_0 = 0$
Sonderfall für n = 2: $y = \sqrt{x} = x^{\frac{1}{2}}$

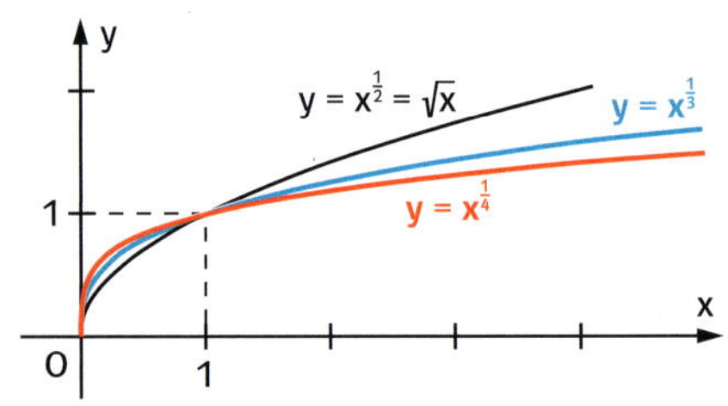


### Wurzelfunktion als Umkehrfunktion

(Umkehrfunktion → S. 55)

Die Potenzfunktion mit $y = x^n$, $n \in \mathbb{N}^*$ und eingeschränkter Definitionsmenge $\mathbb{R}_0^+$ ist umkehrbar.
Funktionsgleichung der Umkehrfunktion:

1. Funktionsgleichung nach x auflösen:
   $y = x^n \iff y^{\frac{1}{n}} = (x^n)^{\frac{1}{n}} \iff y^{\frac{1}{n}} = x$
2. Variablen vertauschen: $x^{\frac{1}{n}} = y$

Graph der Umkehrfunktion: Spiegelung des Graphen der Ausgangsfunktion an der 1. Winkelhalbierenden

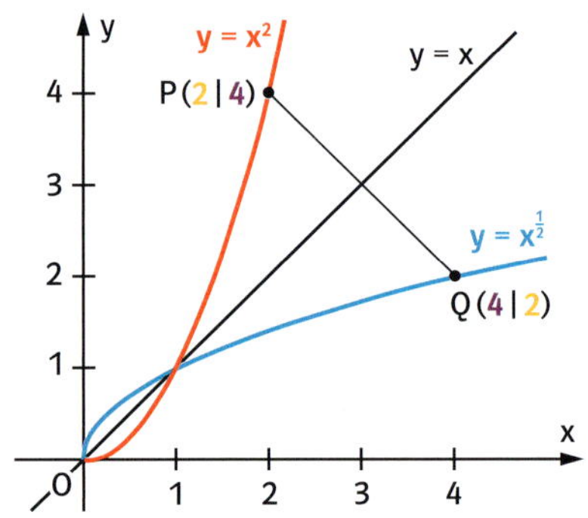


## Exponential- und Logarithmusfunktion

### Exponentialfunktion

Funktionsgleichung: $\mathbf{y = a^x}$
$a \in \mathbb{R}^+$, $a \neq 1$
Definitionsmenge: $\mathbb{R}$
Wertemenge: $\mathbb{R}^+$
Graph: Gemeinsamer Punkt der Graphen aller Exponentialfunktionen: S (0|1)
Nullstellen: keine
Spezialfälle: $y = e^x$ $(e \approx 2{,}71)$
$y = 10^x$
$y = 2^x$

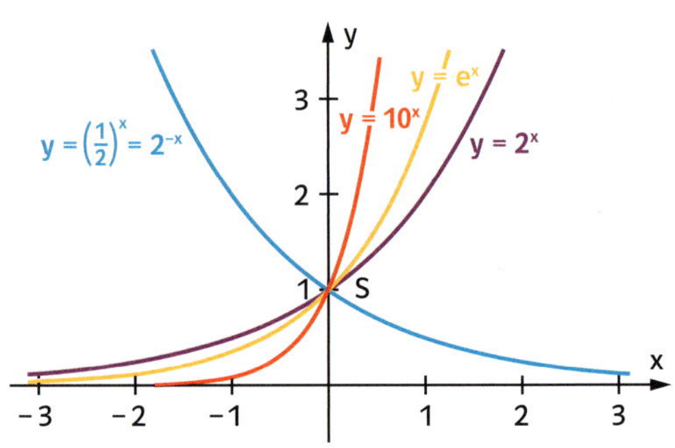

## Exponential- und Logarithmusfunktion

### Logarithmusfunktion

Funktionsgleichung: $y = \log_a(x)$
$a \in \mathbb{R}^+,\ a \neq 1$
Definition Logarithmus: $y = \log_a(x) \iff a^y = x$
Definitionsmenge: $\mathbb{R}^+$
Wertemenge: $\mathbb{R}$
Graph: Gemeinsamer Punkt der Graphen aller Logarithmusfunktionen ist N(1|0)
Nullstelle: $x_0 = 1$
Sonderfälle: $y = \ln(x) = \log_e(x)$
$y = \lg(x) = \log_{10}(x)$
$y = \mathrm{lb}(x) = \log_2(x)$

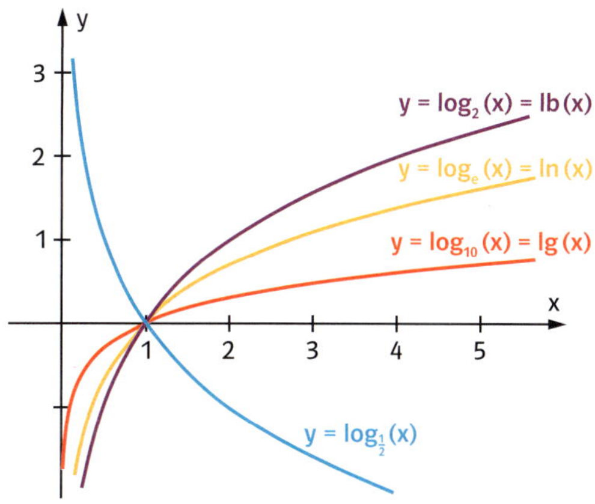


### Logarithmusfunktion als Umkehrfunktion

(Umkehrfunktion → S. 55)

Die Exponentialfunktion mit $y = a^x$ ($a \in \mathbb{R}^+,\ a \neq 1$) ist umkehrbar.

Funktionsgleichung der Umkehrfunktion:

1. Funktionsgleichung nach x auflösen:
   $y = a^x \iff \log_a(y) = x$
2. Variablen vertauschen: $\log_a(x) = y$

Graph der Umkehrfunktion: Spiegelung des Graphen der Ausgangsfunktion an der 1. Winkelhalbierenden

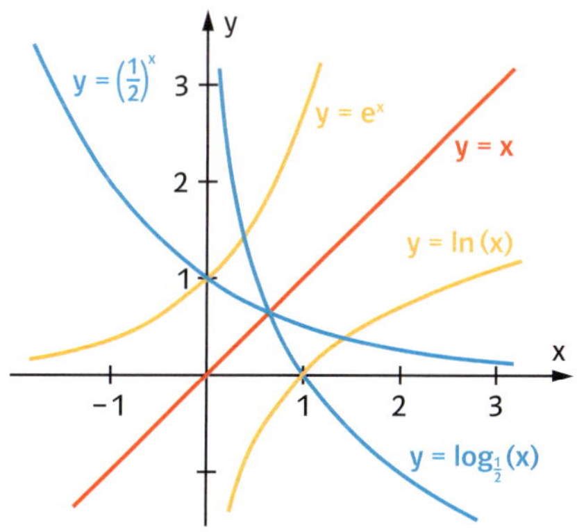


## Sinus, Kosinus, Tangens und Kotangens

### Definition am rechtwinkligen Dreieck

$0° < \alpha < 90°$

Sinus: $\sin(\alpha) = \dfrac{\text{Gegenkathete}}{\text{Hypotenuse}} = \dfrac{a}{c}$

Kosinus: $\cos(\alpha) = \dfrac{\text{Ankathete}}{\text{Hypotenuse}} = \dfrac{b}{c}$

Tangens: $\tan(\alpha) = \dfrac{\text{Gegenkathete}}{\text{Ankathete}} = \dfrac{a}{b}$

Kotangens: $\cot(\alpha) = \dfrac{\text{Ankathete}}{\text{Gegenkathete}} = \dfrac{b}{a}$

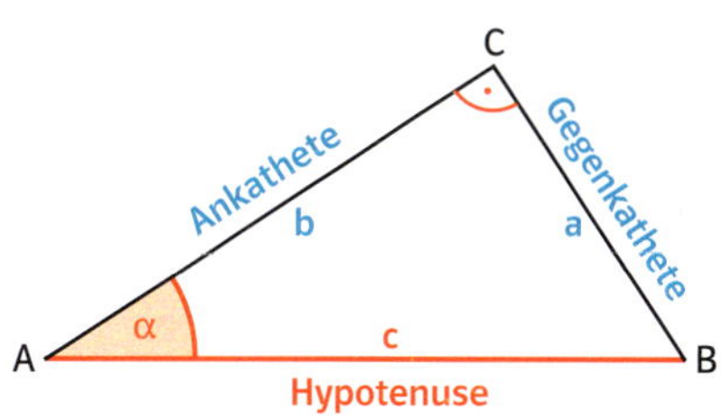

## Sinus, Kosinus, Tangens und Kotangens

### Definition am Einheitskreis

Liegt Punkt P(x | y) auf dem Einheitskreis um den Ursprung und ist $\alpha$ der Winkel $\sphericalangle$ SOP, dann gilt:

$\sin(\alpha) = y$

$\cos(\alpha) = x$

$\tan(\alpha) = \frac{y}{x}$, wenn $x \neq 0$

$\cot(\alpha) = \frac{x}{y}$, wenn $y \neq 0$

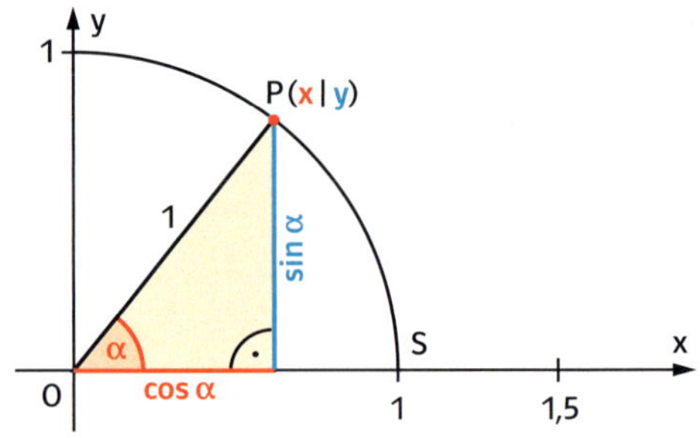


### Veranschaulichung am Einheitskreis

1. Quadrant

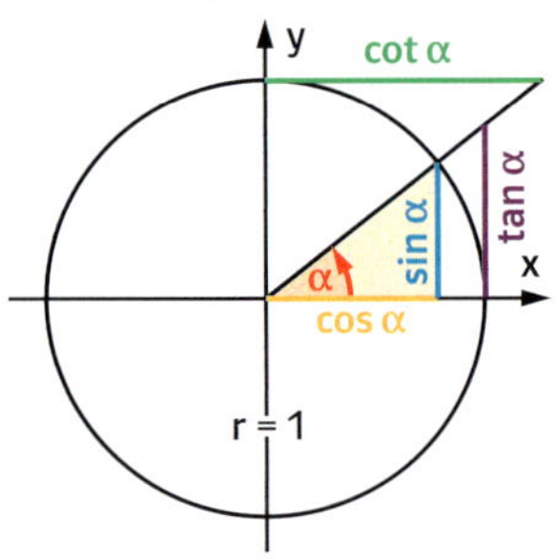


$\sin(\alpha) > 0$
$\cos(\alpha) > 0$
$\tan(\alpha) > 0$
$\cot(\alpha) > 0$

2. Quadrant

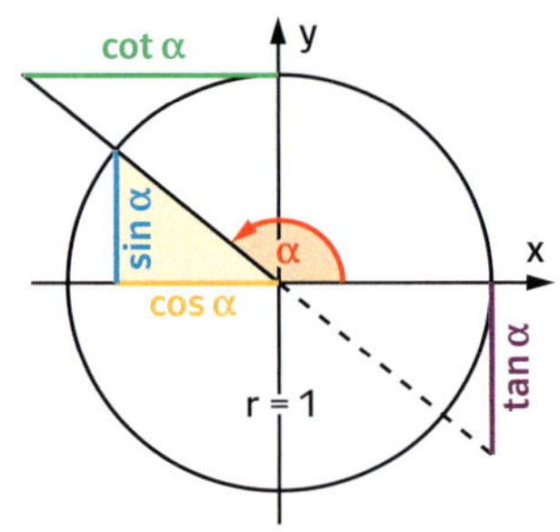


$\sin(\alpha) > 0$
$\cos(\alpha) < 0$
$\tan(\alpha) < 0$
$\cot(\alpha) < 0$

3. Quadrant

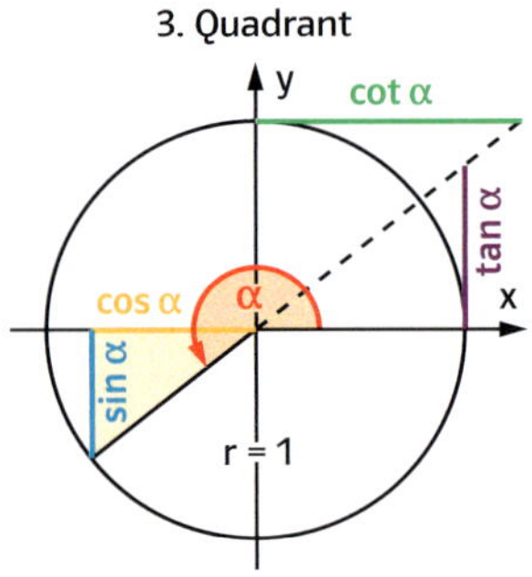


$\sin(\alpha) < 0$
$\cos(\alpha) < 0$
$\tan(\alpha) > 0$
$\cot(\alpha) > 0$

4. Quadrant

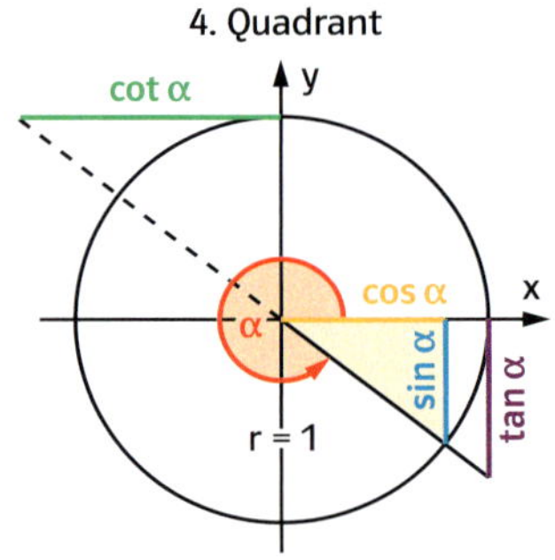


$\sin(\alpha) < 0$
$\cos(\alpha) > 0$
$\tan(\alpha) < 0$
$\cot(\alpha) < 0$

### Werte für spezielle Winkel, Vorzeichen

**Werte für spezielle Winkel**

| | 0° | 30° | 45° | 60° | 90° |
|---|---|---|---|---|---|
| sin (α) | 0 | $\frac{1}{2}$ | $\frac{1}{2}\sqrt{2}$ | $\frac{1}{2}\sqrt{3}$ | 1 |
| cos (α) | 1 | $\frac{1}{2}\sqrt{3}$ | $\frac{1}{2}\sqrt{2}$ | $\frac{1}{2}$ | 0 |
| tan (α) | 0 | $\frac{1}{3}\sqrt{3}$ | 1 | $\sqrt{3}$ | – |
| cot (α) | – | $\sqrt{3}$ | 1 | $\frac{1}{3}\sqrt{3}$ | 0 |

**Vorzeichen in den vier Quadranten**

| | I | II | III | IV |
|---|---|---|---|---|
| sin (α) | + | + | – | – |
| cos (α) | + | – | – | + |
| tan (α) | + | – | + | – |
| cot (α) | + | – | + | – |

## Sinus, Kosinus, Tangens und Kotangens

### Reduktionsformeln

| | $90° \pm \alpha$ | $180° \pm \alpha$ | $270° \pm \alpha$ | $360° \pm \alpha$ | $-\alpha$ |
|---|---|---|---|---|---|
| **sin** | $+\cos(\alpha)$ | $\mp\sin(\alpha)$ | $-\cos(\alpha)$ | $\pm\sin(\alpha)$ | $-\sin(\alpha)$ |
| **cos** | $\mp\sin(\alpha)$ | $-\cos(\alpha)$ | $\pm\sin(\alpha)$ | $+\cos(\alpha)$ | $+\cos(\alpha)$ |
| **tan** | $\mp\cot(\alpha)$ | $\pm\tan(\alpha)$ | $\mp\cot(\alpha)$ | $\pm\tan(\alpha)$ | $-\tan(\alpha)$ |
| **cot** | $\mp\tan(\alpha)$ | $\pm\cot(\alpha)$ | $\mp\tan(\alpha)$ | $\pm\cot(\alpha)$ | $-\cot(\alpha)$ |

### Beziehungen zwischen Sinus, Kosinus, Tangens und Kotangens

$\sin^2(\alpha) + \cos^2(\alpha) = 1$

$\tan(\alpha) = \frac{\sin(\alpha)}{\cos(\alpha)}$ $\qquad$ $\cot(\alpha) = \frac{\cos(\alpha)}{\sin(\alpha)}$ $\qquad$ $\tan(\alpha) \cdot \cot(\alpha) = 1$

$1 + \tan^2(\alpha) = \frac{1}{\cos^2(\alpha)}$ $\qquad$ $1 + \cot^2(\alpha) = \frac{1}{\sin^2(\alpha)}$

### Additionstheoreme

$\sin(\alpha + \beta) = \sin(\alpha)\cos(\beta) + \cos(\alpha)\sin(\beta)$

$\sin(\alpha - \beta) = \sin(\alpha)\cos(\beta) - \cos(\alpha)\sin(\beta)$

$\cos(\alpha + \beta) = \cos(\alpha)\cos(\beta) - \sin(\alpha)\sin(\beta)$

$\cos(\alpha - \beta) = \cos(\alpha)\cos(\beta) + \sin(\alpha)\sin(\beta)$

$\tan(\alpha + \beta) = \frac{\tan(\alpha) + \tan(\beta)}{1 - \tan(\alpha)\tan(\beta)}$

$\tan(\alpha - \beta) = \frac{\tan(\alpha) - \tan(\beta)}{1 + \tan(\alpha)\tan(\beta)}$

### Funktionen des doppelten und halben Winkels

$\sin(2\alpha) = 2\sin(\alpha)\cos(\alpha)$

$\cos(2\alpha) = \cos^2(\alpha) - \sin^2(\alpha) = 2\cos^2(\alpha) - 1 = 1 - 2\sin^2(\alpha)$

$\tan(2\alpha) = \frac{2\tan(\alpha)}{1 - \tan^2(\alpha)}$

$\sin^2\left(\frac{\alpha}{2}\right) = \frac{1}{2}(1 - \cos(\alpha))$

$\cos^2\left(\frac{\alpha}{2}\right) = \frac{1}{2}(1 + \cos(\alpha))$

$\tan^2\left(\frac{\alpha}{2}\right) = \frac{1 - \cos(\alpha)}{1 + \cos(\alpha)}$

### Umformung einer Summe oder Differenz in ein Produkt

$\sin(\alpha) + \sin(\beta) = 2\sin\left(\frac{\alpha + \beta}{2}\right)\cos\left(\frac{\alpha - \beta}{2}\right)$

$\sin(\alpha) - \sin(\beta) = 2\cos\left(\frac{\alpha + \beta}{2}\right)\sin\left(\frac{\alpha - \beta}{2}\right)$

$\cos(\alpha) + \cos(\beta) = 2\cos\left(\frac{\alpha + \beta}{2}\right)\cos\left(\frac{\alpha - \beta}{2}\right)$

$\cos(\alpha) - \cos(\beta) = -2\sin\left(\frac{\alpha + \beta}{2}\right)\sin\left(\frac{\alpha - \beta}{2}\right)$

### Umformung eines Produkts in eine Summe oder Differenz

$2\sin(\alpha)\sin(\beta) = \cos(\alpha - \beta) - \cos(\alpha + \beta)$

$2\cos(\alpha)\cos(\beta) = \cos(\alpha - \beta) + \cos(\alpha + \beta)$

$2\sin(\alpha)\cos(\beta) = \sin(\alpha - \beta) + \sin(\alpha + \beta)$

## Bogen- und Gradmaß

### Bogenmaß

Ein Winkel mit der Größe ein Grad (1°) ist der 360. Teil des Vollwinkels.

Das zum Winkel $\alpha$ gehörende Verhältnis $\frac{b}{r}$ heißt Bogenmaß des Winkels $\alpha$.
Das Bogenmaß 1 heißt auch 1 Radiant (1 rad).

Im ***Einheitskreis***, dem Kreis mit Radius 1, ist das Bogenmaß eines Winkels gleich der Maßzahl der zugehörigen Bogenlänge.

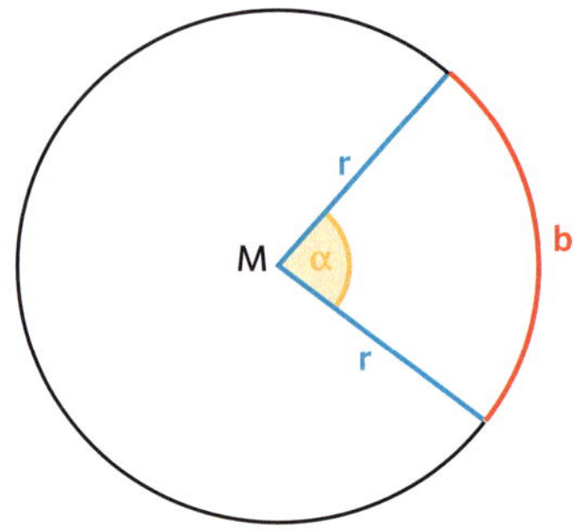


### Umrechnungen Grad-, Bogenmaß

Bezeichnet man die Winkelgröße im Gradmaß mit $\alpha$ und im Bogenmaß mit x, so gilt:

$$\frac{\alpha}{180°} = \frac{x}{\pi}$$

$x = \frac{\alpha}{180°} \cdot \pi$ $\qquad 1° \approx 0{,}01745\,\text{rad}$

$\alpha = \frac{x}{\pi} \cdot 180°$ $\qquad 1\,\text{rad} \approx 57{,}30°$

| **Gradmaß** | 0° | 15° | 30° | 45° | 60° | 90° |
|---|---|---|---|---|---|---|
| Bogenmaß | 0 | $\frac{\pi}{12}$ | $\frac{\pi}{6}$ | $\frac{\pi}{4}$ | $\frac{\pi}{3}$ | $\frac{\pi}{2}$ |
| **Gradmaß** | **135°** | **180°** | **225°** | **270°** | **315°** | **360°** |
| Bogenmaß | $\frac{3}{4}\pi$ | $\pi$ | $\frac{5}{4}\pi$ | $\frac{3}{2}\pi$ | $\frac{7}{4}\pi$ | $2\pi$ |

## Winkelfunktionen

| | **Sinusfunktion** | **Kosinusfunktion** |
|---|---|---|
| **Funktionsgleichung** | $y = \sin(x)$ | $y = \cos(x)$ |
| **Definitionsmenge** | $\mathbb{R}$ | $\mathbb{R}$ |
| **Wertemenge** | $[-1; 1]$ | $[-1; 1]$ |
| **Nullstellen** | $x_k = k\pi,\ k \in \mathbb{Z}$ | $x_k = (2k+1)\frac{\pi}{2},\ k \in \mathbb{Z}$ |
| **Periode** | $2\pi$<br>$\sin(x + 2\pi) = \sin(x)$ | $2\pi$<br>$\cos(x + 2\pi) = \cos(x)$ |
| **Symmetrie** | Punktsymmetrie zum Koordinatenursprung:<br>$\sin(-x) = -\sin(x)$ | Achsensymmetrie zur y-Achse:<br>$\cos(-x) = \cos(x)$ |

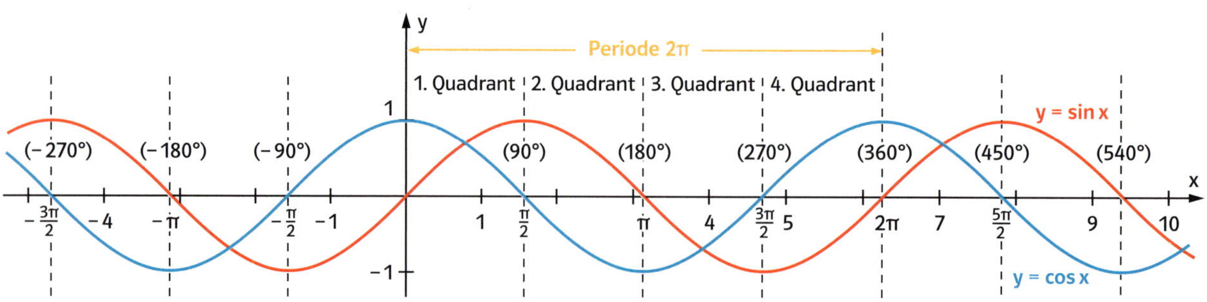

## Winkelfunktionen

**$y = a\sin(bx + c)$**, $a \neq 0$, $b \neq 0$

Wertemenge: $[-|a|; |a|]$

Nullstellen: $x_k = \frac{k\pi - c}{b}$, $k \in \mathbb{Z}$

Periodenlänge: $\frac{2\pi}{|b|}$

Sonderfall: $y = a\sin(x)$
a: Graph von $y = \sin(x)$ wird in y-Richtung mit Faktor a gestreckt.

Sonderfall: $y = \sin(x + c)$
c: Graph von $y = \sin(x)$ wird in x-Richtung um $-c$ verschoben.

Sonderfall: $y = \sin(bx)$
b: Graph von $y = \sin(x)$ wird in x-Richtung mit Faktor $\frac{1}{b}$ gestreckt.

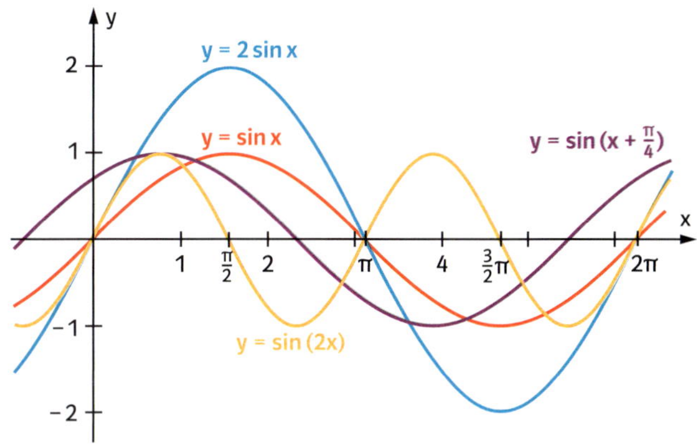


| | Tangensfunktion | Kotangensfunktion |
|---|---|---|
| **Funktionsgleichung** | $y = \tan(x) = \frac{\sin(x)}{\cos(x)}$ | $y = \cot(x) = \frac{\cos(x)}{\sin(x)}$ |
| **Definitionsmenge** | $\mathbb{R} \setminus \{(2k+1)\frac{\pi}{2} \mid k \in \mathbb{Z}\}$ | $\mathbb{R} \setminus \{k\pi \mid k \in \mathbb{Z}\}$ |
| **Wertemenge** | $\mathbb{R}$ | $\mathbb{R}$ |
| **Nullstellen** | $x_k = k\pi$, $k \in \mathbb{Z}$ | $x_k = (2k+1)\frac{\pi}{2}$, $k \in \mathbb{Z}$ |
| **Periode** | $\pi$<br>$\tan(x + \pi) = \tan(x)$ | $\pi$<br>$\cot(x + \pi) = \cot(x)$ |
| **Symmetrie** | Punktsymmetrie zum Koordinatenursprung:<br>$\tan(-x) = -\tan(x)$ | Punktsymmetrie zum Koordinatenursprung:<br>$\cot(-x) = -\cot(x)$ |

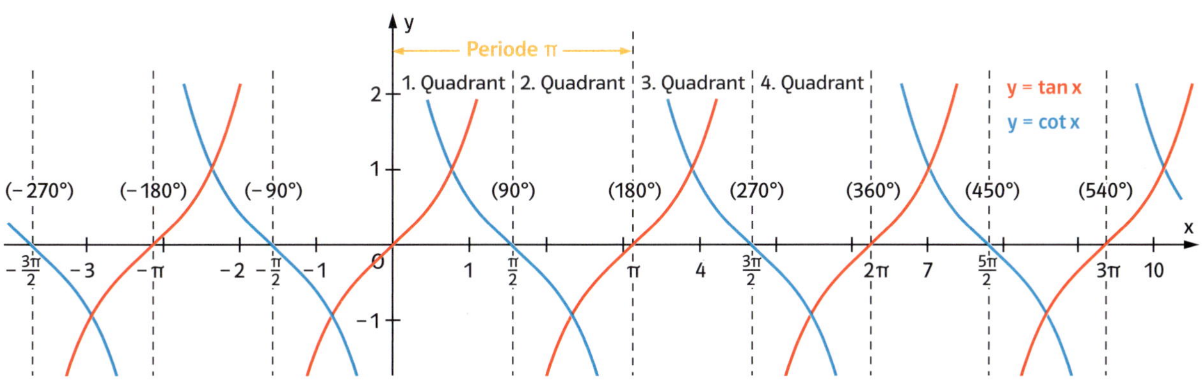


**Periodizität von Funktionen**

Eine Funktion f heißt periodisch, wenn es eine Zahl $p > 0$ gibt, so dass
$f(x + p) = f(x)$ für alle $x \in D_f$ gilt.

Die kleinste Zahl p, für die dies zutrifft, heißt ***Periode*** p von f.

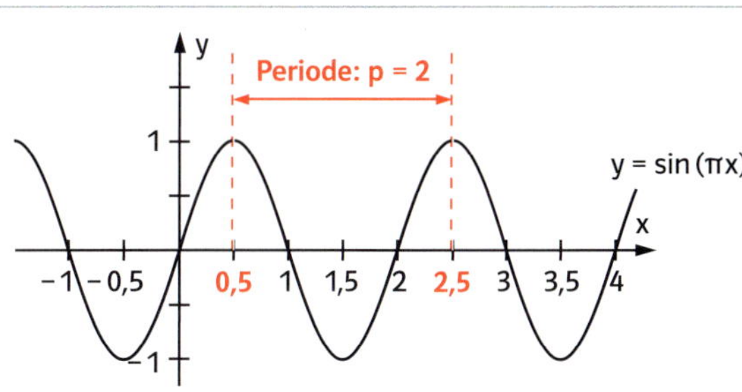

## Winkel und Abstände

### Winkel

Winkel kann man mit zwei Halbgeraden oder mit drei Punkten festlegen.

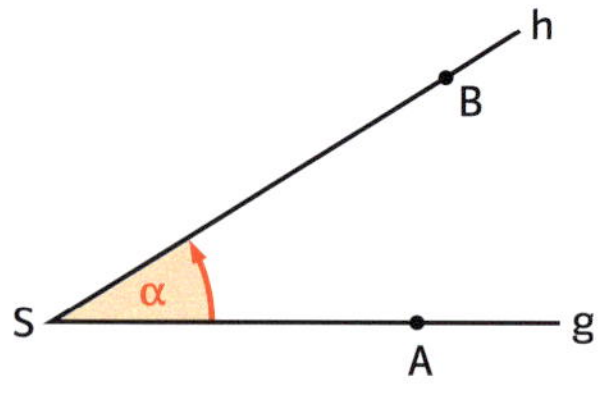


$\sphericalangle (g, h) = \sphericalangle ASB = \alpha$

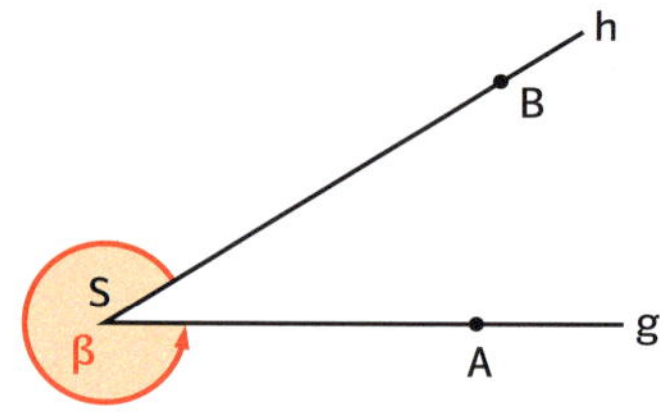


$\sphericalangle (h, g) = \sphericalangle BSA = \beta$

### Winkelgrößen

(Bogenmaß → S. 34)

Winkelgrößen werden im Gradmaß angegeben.
Es gilt: $1° = 60$ Minuten $(= 60')$; 1 Minute = 60 Sekunden $(= 60'')$

**Spitzer Winkel**

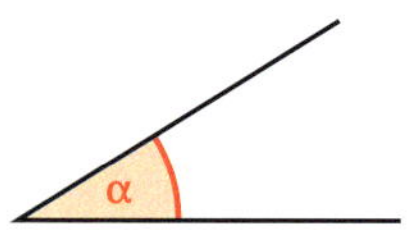


$0° < \alpha < 90°$

**Rechter Winkel**

$\alpha = 90°$

**Stumpfer Winkel**

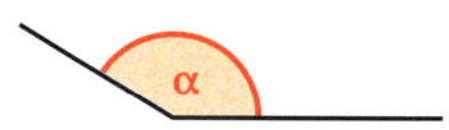


$90° < \alpha < 180°$

**Überstumpfer Winkel**

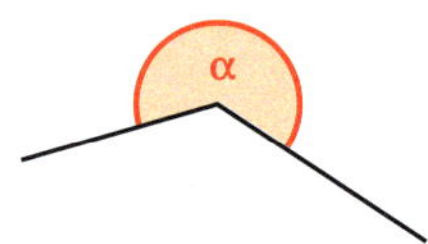


$180° < \alpha < 360°$

Ein ***gestreckter Winkel*** entspricht 180°; ein ***Vollwinkel*** entspricht 360°.

### Winkel an sich schneidenden Geraden

**Scheitelwinkel** sind gleich weit:
$\alpha = \beta$

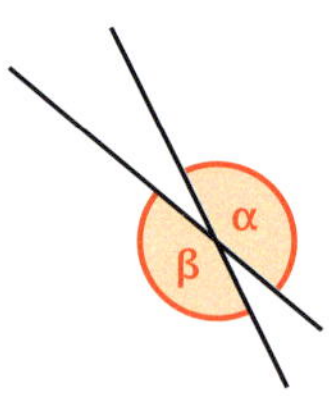


**Nebenwinkel** ergeben zusammen 180°:
$\alpha + \beta = 180°$

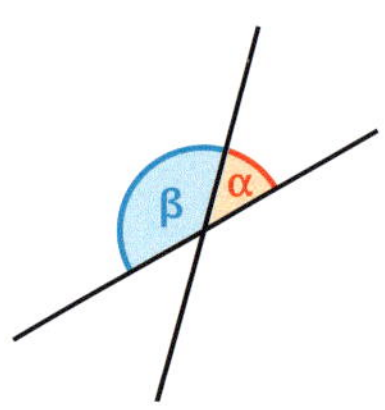


**Stufenwinkel** $\alpha = \beta$ und $\gamma = \delta$ genau dann, wenn $g \parallel h$

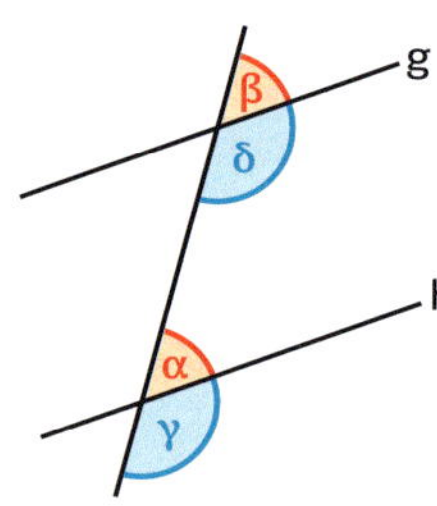


**Wechselwinkel** $\alpha = \beta$ und $\gamma = \delta$ genau dann, wenn $g \parallel h$

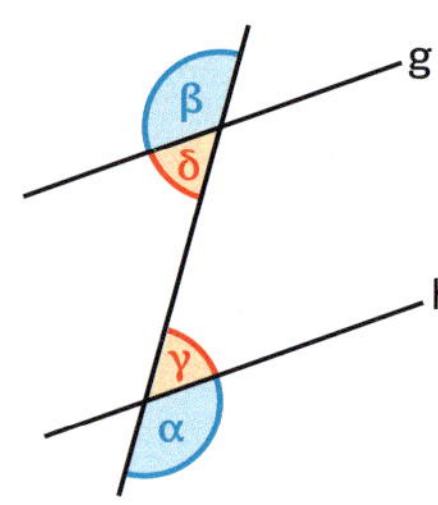


### Orthogonale (senkrechte) und parallele Geraden

Zwei Geraden g und h heißen orthogonal (senkrecht) zueinander, wenn ihr Schnittwinkel 90° beträgt.
Schreibweise: $g \perp h$

Zwei Geraden j und k heißen parallel, wenn sie keinen Schnittpunkt haben oder gleich (identisch) sind.
Schreibweise: $j \parallel k$

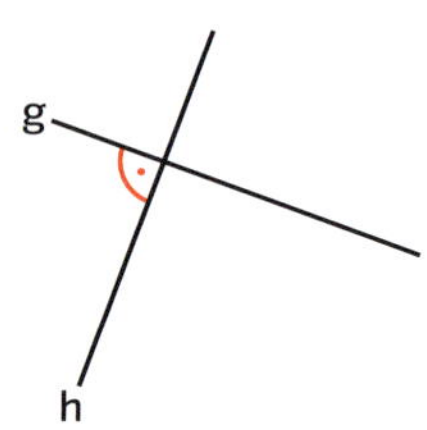


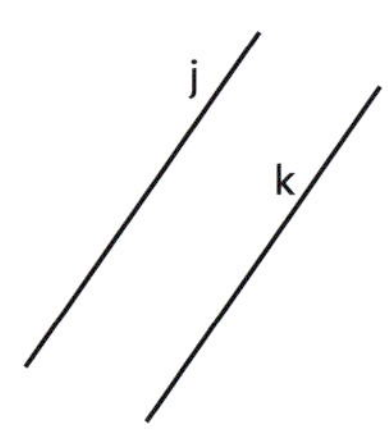

## Winkel und Abstände

### Abstand

Der Abstand d bedeutet die kürzeste Entfernung.

Abstand **Punkt–Punkt**

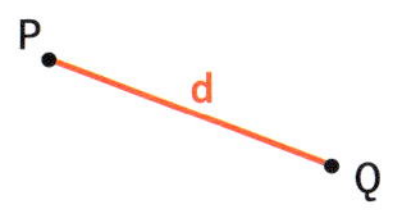


Abstand **Punkt–Gerade**

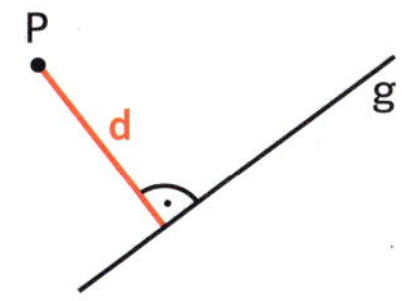


Abstand **paralleler Geraden**

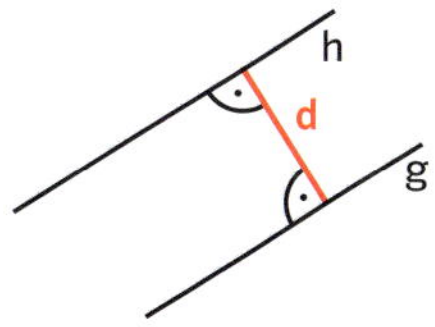


### Mittelsenkrechte

Die Mittelsenkrechte $m_{AB}$ zu einer Strecke $\overline{AB}$ geht durch den Mittelpunkt M von $\overline{AB}$ und ist orthogonal zu $\overline{AB}$.

Wenn ein Punkt P auf der Mittelsenkrechten von $\overline{AB}$ liegt, dann ist der Abstand von P zu A und von P zu B gleich. Wenn der Abstand eines Punktes P zu A und zu B gleich ist, dann liegt P auf der Mittelsenkrechten von $\overline{AB}$.

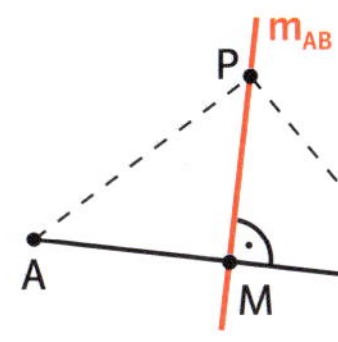


### Winkelhalbierende

Die Winkelhalbierende $w_\alpha$ eines Winkels α geht durch den Scheitel S von α und halbiert α.

Wenn ein Punkt P auf der Winkelhalbierenden von α liegt, dann ist der Abstand d von P zu beiden Schenkeln von α gleich. Wenn der Abstand eines Punktes P zu beiden Schenkeln von α gleich ist, dann liegt dieser Punkt auf der Winkelhalbierenden von α.

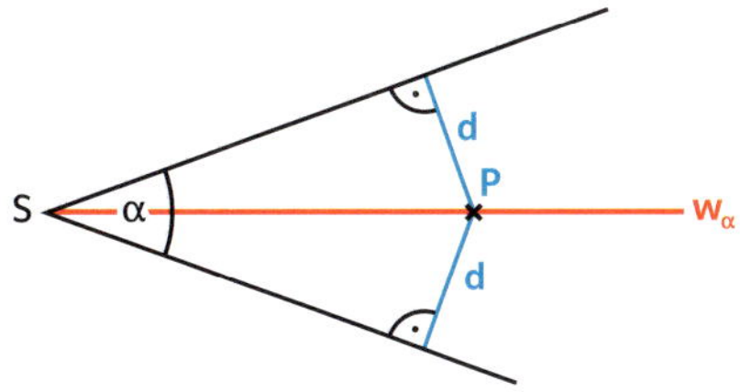


## Dreiecke

### Bezeichnungen

Eckpunkte A, B, C; Seiten a, b, c; Winkel α, β, γ.

### Winkelsumme

(→ Winkelsumme beim n-Eck, S. 41)

Summe der Innenwinkel: $\alpha + \beta + \gamma = 180°$

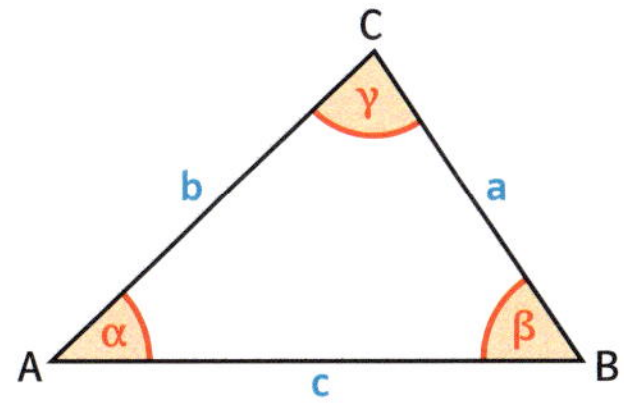


### Flächeninhalt

$A = \frac{1}{2} g \cdot h$ (Grundseite g; Höhe h zur Grundseite g)

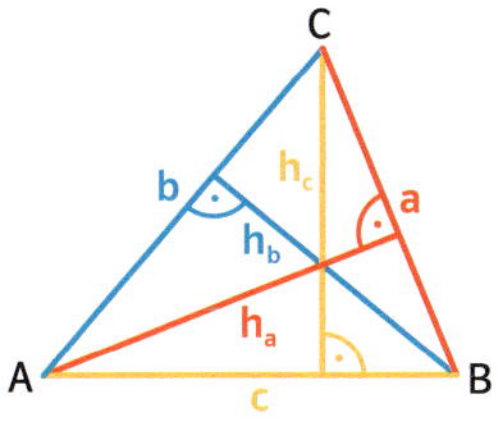


$A = \frac{1}{2} a \cdot h_a$ oder

$A = \frac{1}{2} b \cdot h_b$ oder

$A = \frac{1}{2} c \cdot h_c$

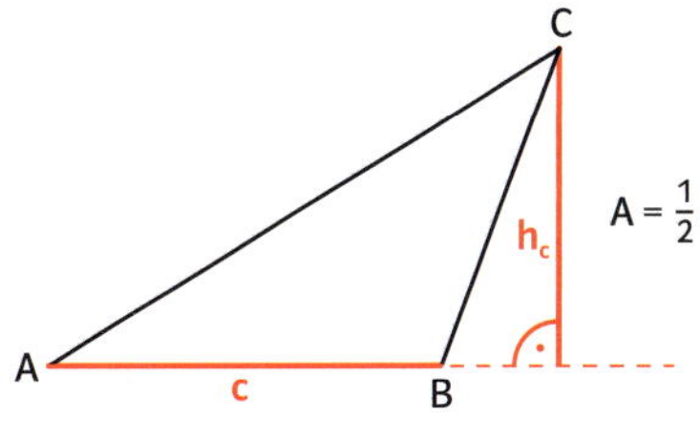

## Dreiecke

### Umkreismittelpunkt

Die drei Mittelsenkrechten $m_a$, $m_b$, $m_c$ schneiden sich in einem Punkt.
Dieser Punkt heißt Umkreismittelpunkt U.
U hat zu den drei Eckpunkten A, B, C den gleichen Abstand. Der Umkreis geht durch alle drei Eckpunkte.

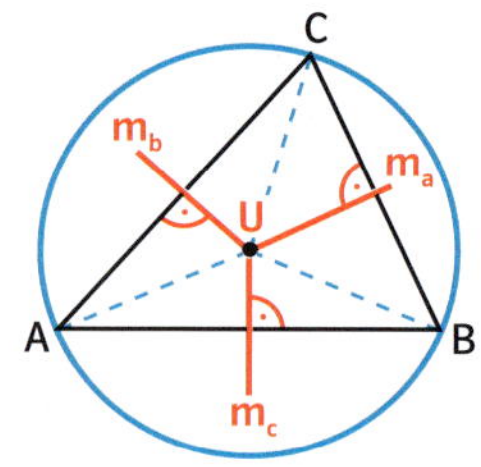


### Inkreismittelpunkt

Die drei Winkelhalbierenden $w_\alpha$, $w_\beta$, $w_\gamma$ schneiden sich in einem Punkt.
Dieser Punkt heißt Inkreismittelpunkt I.
I hat von allen Seiten a, b, c den gleichen Abstand. Der Inkreis berührt alle drei Seiten.

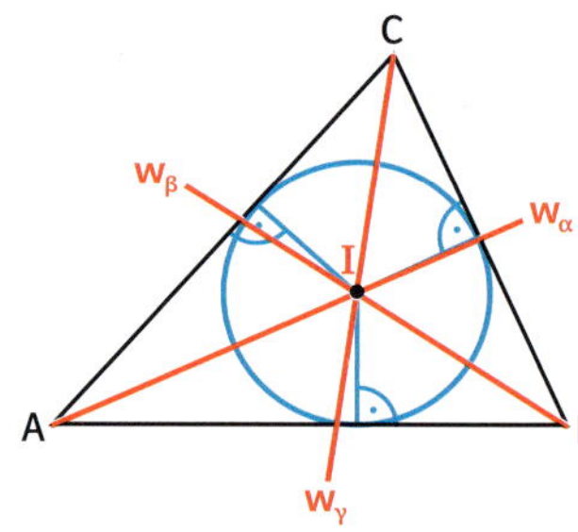


### Schwerpunkt

Die Strecken vom Mittelpunkt einer Seite zum gegenüberliegenden Eckpunkt heißen Seitenhalbierende $s_a$, $s_b$, $s_c$. Die drei Seitenhalbierenden schneiden sich in einem Punkt. Dieser Punkt heißt Schwerpunkt S.

Der Schwerpunkt S teilt jede Seitenhalbierende im Verhältnis 2 : 1 vom Eckpunkt in Richtung Seitenmitte.

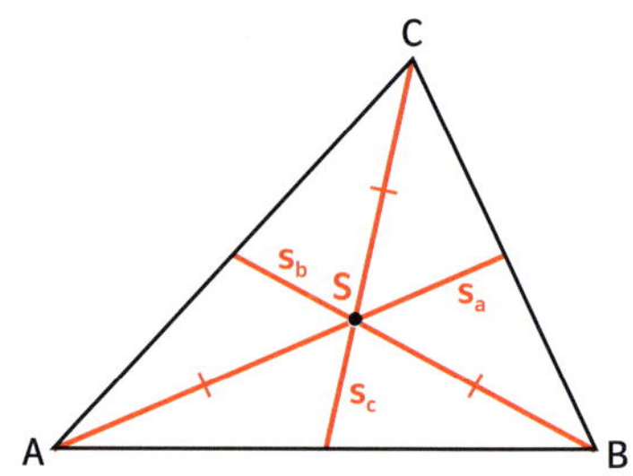


### Höhenschnittpunkt

Die drei Höhen (bzw. ihre Verlängerungen) schneiden sich in einem Punkt. Dieser Punkt heißt Höhenschnittpunkt.

### Gleichschenkliges Dreieck

Zwei Seiten (die Schenkel) sind gleich lang: $a = b$
Die dritte Seite heißt Basis.

Die Basiswinkel sind gleich weit: $\alpha = \beta$

Die Höhe zur Basis hat die Länge: $h_c = \sqrt{a^2 - \left(\frac{c}{2}\right)^2}$

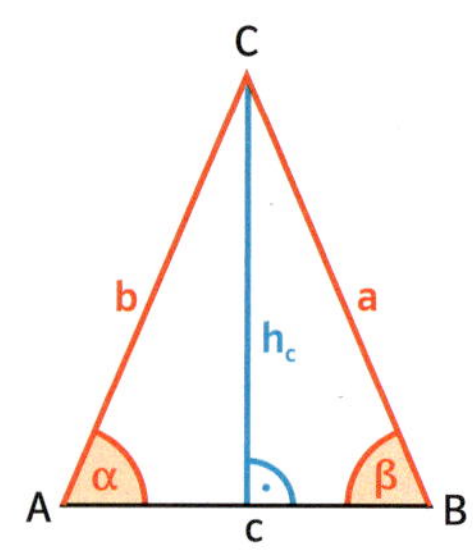


### Gleichseitiges Dreieck

Alle Seiten sind gleich lang: $a = b = c$

Alle Winkel haben die Weite 60°: $\alpha = \beta = \gamma = 60°$

Alle Höhen sind gleich lang: $h = \frac{a}{2}\sqrt{3}$

Für den Flächeninhalt gilt: $A = \frac{a^2}{4}\sqrt{3}$

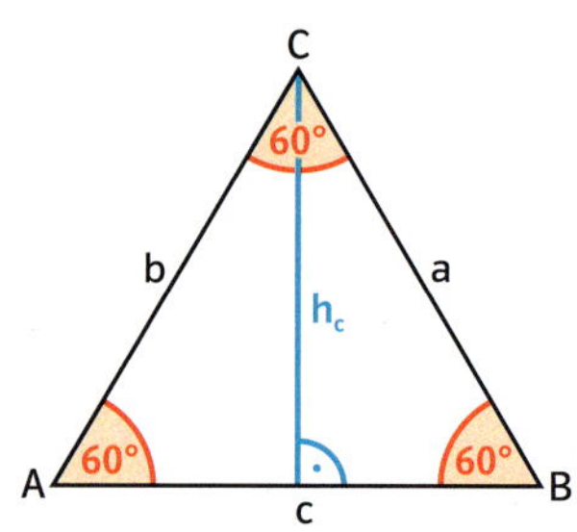

## Dreiecke

### Rechtwinkliges Dreieck

(→ Satz des Thales, S. 42)

Die dem rechten Winkel (90°) gegenüberliegende Seite heißt Hypotenuse.

Die beiden anderen Seiten heißen Katheten.
Ist $\gamma = 90°$, dann gilt für den Flächeninhalt
$A = \frac{1}{2} a \cdot b$ oder auch $A = \frac{1}{2} c \cdot h_c$.

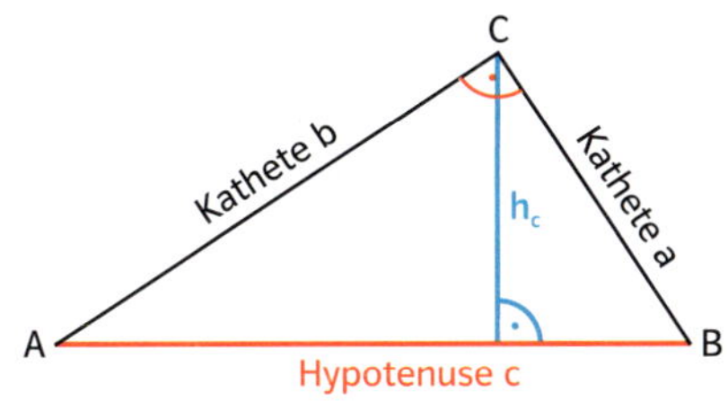


### Sinus, Kosinus und Tangens

(→ Trigonometrische Funktionen S. 19; Einheitskreis S. 32)

Für die spitzen Winkel im rechtwinkligen Dreieck gilt:

Sinus $\sin(\alpha) = \frac{\text{Gegenkathete}}{\text{Hypotenuse}} = \frac{a}{c}$; $\sin(\beta) = \frac{b}{c}$;

Kosinus $\cos(\alpha) = \frac{\text{Ankathete}}{\text{Hypotenuse}} = \frac{b}{c}$; $\cos(\beta) = \frac{a}{c}$;

Tangens $\tan(\alpha) = \frac{\text{Gegenkathete}}{\text{Ankathete}} = \frac{a}{b}$; $\tan(\beta) = \frac{b}{a}$.

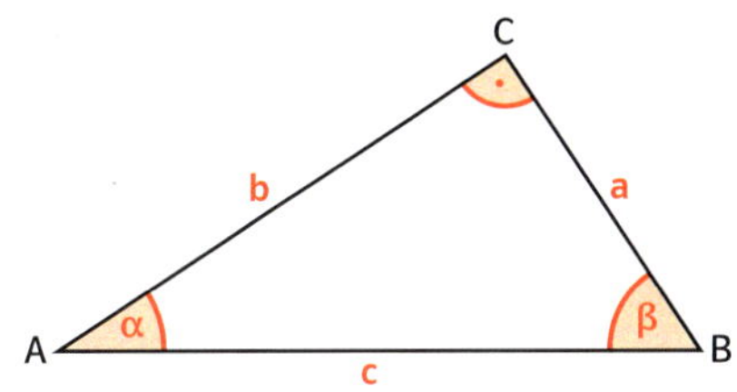


### Satz des Pythagoras

Im rechtwinkligen Dreieck ist das Quadrat über der Hypotenuse gleich der Summe der Quadrate über den beiden Katheten:

$a^2 + b^2 = c^2$

Gilt bei einem Dreieck $a^2 + b^2 = c^2$, dann ist das Dreieck rechtwinklig.

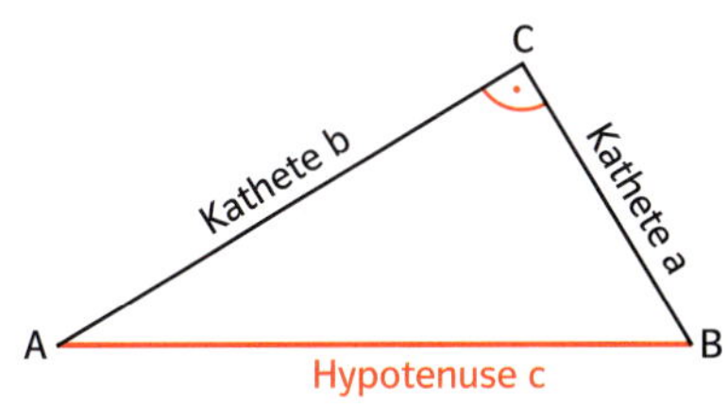


### Höhensatz

Ist ein Dreieck rechtwinklig mit $\gamma = 90°$, dann gilt: $h^2 = p \cdot q$

### Kathetensatz

Ist ein Dreieck rechtwinklig mit $\gamma = 90°$,
dann gilt: $a^2 = c \cdot p$ und $b^2 = c \cdot q$.

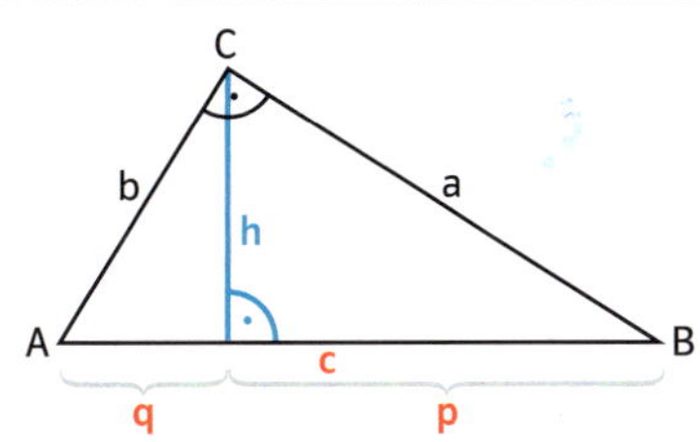


### Sinussatz

In einem beliebigen Dreieck gilt: $\frac{a}{\sin(\alpha)} = \frac{b}{\sin(\beta)} = \frac{c}{\sin(\gamma)}$

### Kosinussatz

In einem beliebigen Dreieck gilt: $c^2 = a^2 + b^2 - 2ab\cos(\gamma)$

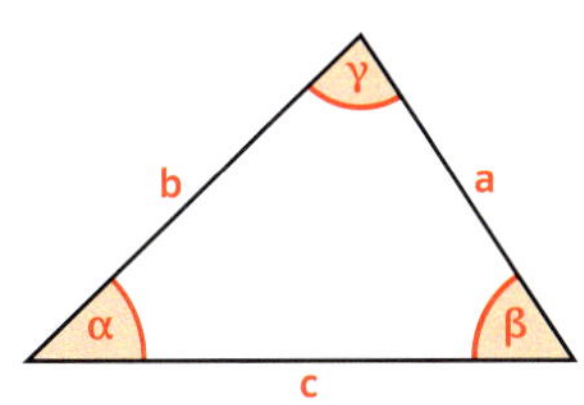


## Vierecke

### Bezeichnungen

Eckpunkte A, B, C, D; Seiten a, b, c, d;
Winkel α, β, γ, δ; Diagonalen e, f mit Schnittpunkt S.

### Winkelsumme

Summe der Innenwinkel: $\alpha + \beta + \gamma + \delta = 360°$

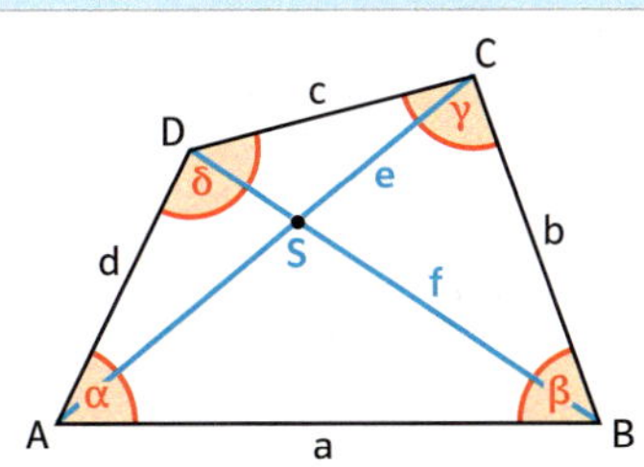

## Vierecke

| | **Quadrat** | **Rechteck** | **Raute** |
|---|---|---|---|
| **Definierende Eigenschaften** | $\alpha = \beta = \gamma = \delta = 90°$ und $a = b = c = d$ 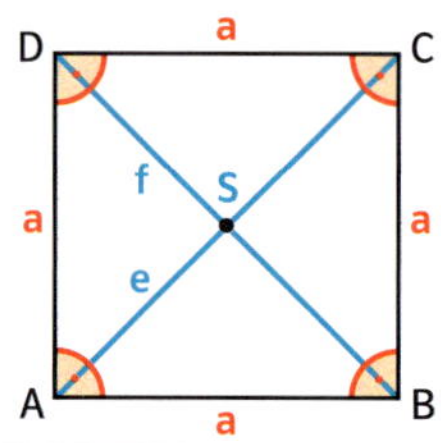 | $\alpha = \beta = \gamma = \delta = 90°$ 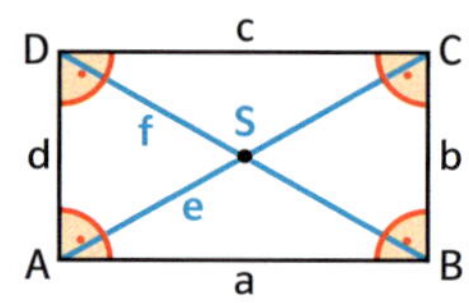 | $a = b = c = d$ 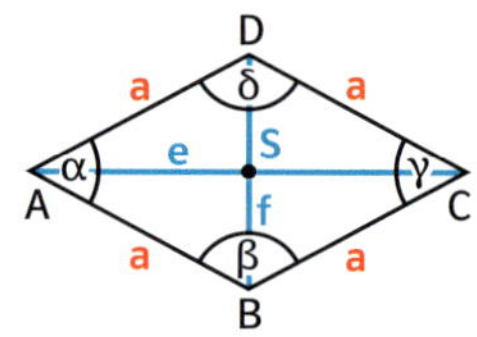 |
| **Flächeninhalt** | $A = a^2$ | $A = a \cdot b$ | $A = \frac{1}{2} e \cdot f$ |
| **Umfang** | $U = 4a$ | $U = 2(a + b)$ | $U = 4a$ |
| **Diagonalen** | $e = f = a\sqrt{2}$; $e \perp f$; e und f halbieren einander | $e = f$; e und f halbieren einander | $e \perp f$; e und f halbieren einander |
| **weitere Eigenschaften** | vier Symmetrieachsen; Punktsymmetrie zu S | $a = c$ und $b = d$; Punktsymmetrie zu S; zwei Symmetrieachsen | $\alpha = \gamma$ und $\beta = \delta$; $\alpha + \beta = \gamma + \delta = 180°$; Punktsymmetrie zu S |

| | **Parallelogramm** | **Drachenviereck** | **Trapez** |
|---|---|---|---|
| **Definierende Eigenschaften** | $a \parallel c$ und $b \parallel d$ 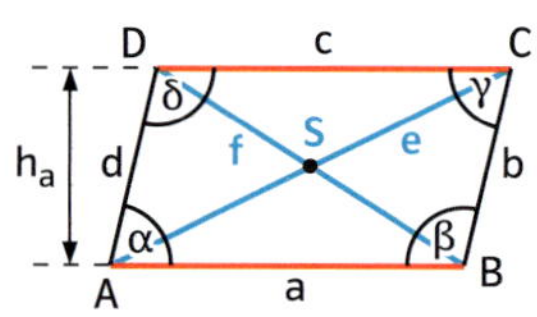 | Eine Diagonale ist Symmetrieachse. 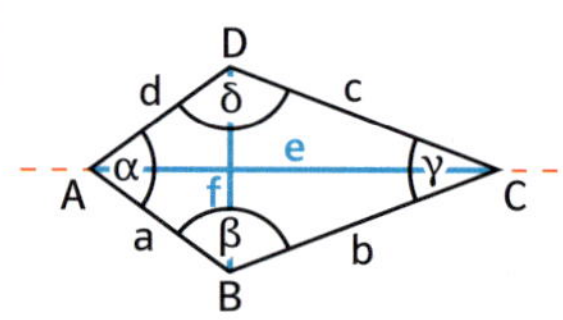 | Mindestens zwei Seiten sind parallel. 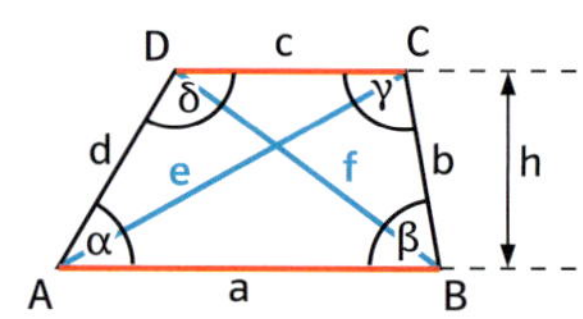 |
| **Flächeninhalt** | $A = a \cdot h_a = b \cdot h_b$ | $A = \frac{1}{2} e \cdot f$ | $A = \frac{1}{2}(a + c) \cdot h = m \cdot h$ |
| **Umfang** | $U = 2(a + b)$ | $U = 2(a + b)$ | $U = a + b + c + d$ |
| **Diagonalen** | e und f halbieren einander | $e \perp f$; Eine Diagonale wird halbiert. | |
| **weitere Eigenschaften** | Punktsymmetrie zu S; $\alpha = \gamma$; $\beta = \delta$; $a = c$; $b = d$ Benachbarte Winkel haben die Summe 180° | $a = d$; $b = c$ | $\alpha + \delta = 180°$; $\beta + \gamma = 180°$ |

**Sehnenviereck**

Die vier Eckpunkte liegen auf einem Kreis, dem Umkreis des Vierecks. Die vier Seiten sind Sehnen dieses Kreises.

Ein Viereck besitzt genau dann einen Umkreis, wenn die Summe gegenüberliegender Winkel 180° beträgt: $\alpha + \gamma = 180°$ und $\beta + \delta = 180°$.
Das Viereck heißt dann Sehnenviereck.

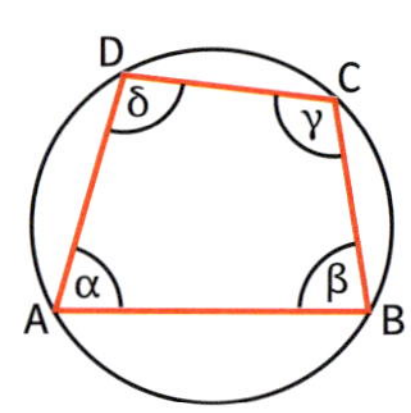

## Vierecke

### Tangentenviereck

Ein Viereck besitzt genau dann einen Inkreis, wenn die Summe gegenüberliegender Seitenlängen gleich ist:
$a + c = b + d$

Das Viereck heißt dann Tangentenviereck.

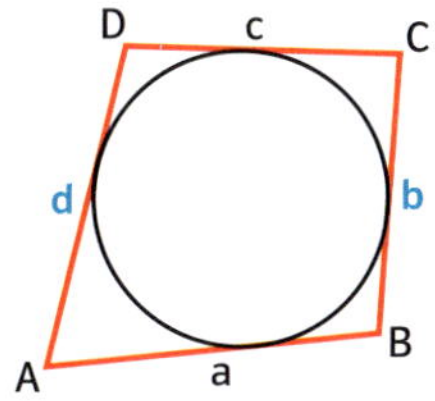


## Vielecke

### Winkelsumme

Hat ein Vieleck die Eckenzahl n, dann beträgt die Summe der Innenwinkel $(n-2) \cdot 180°$:

$\alpha_1 + \alpha_2 + \ldots + \alpha_n = (n-2) \cdot 180°$

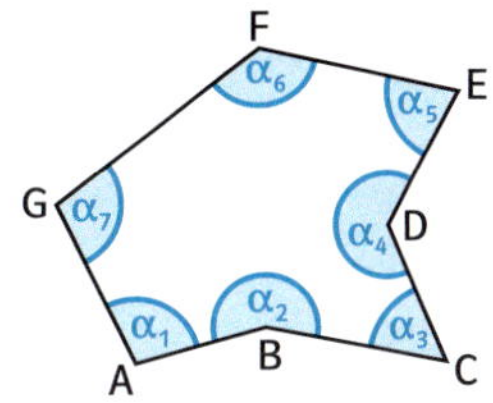


### Regelmäßiges Vieleck

Ein Vieleck heißt regelmäßig, wenn alle Seiten die gleiche Länge s haben und alle Innenwinkel gleich sind.

Alle Mittelpunktswinkel haben die gleiche Weite α.
Alle Höhen $h_s$ der Teildreiecke sind gleichlang.

a)
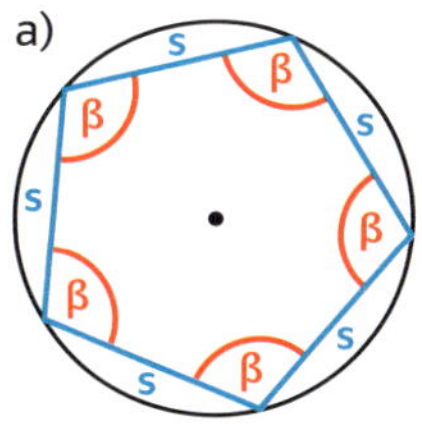


b)
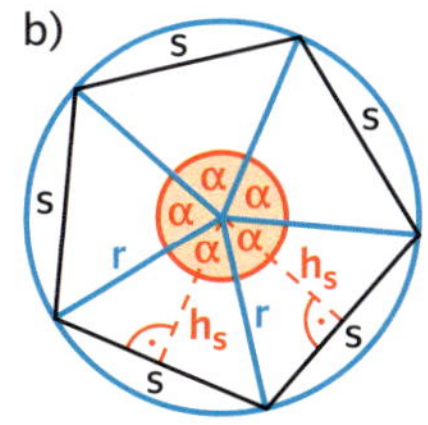


| Anzahl der Ecken | Mittelpunkts-Winkel α | Innenwinkel β = 180° − α | Seitenlänge in Abhängigkeit von r | Flächeninhalt in Abhängigkeit von r |
|---|---|---|---|---|
| n = 3 **Regelmäßiges Dreieck** (Gleichseitiges Dreieck) | $\alpha = 120°$ | $\beta = 60°$ | $s = r\sqrt{3}$ | $A = \frac{3}{4} r^2 \sqrt{3}$ |
| n = 4 **Regelmäßiges Viereck** (Quadrat) | $\alpha = 90°$ | $\beta = 90°$ | $s = r\sqrt{2}$ | $A = 2r^2$ |
| n = 5 **Regelmäßiges Fünfeck** (Pentagramm) | $\alpha = 72°$ | $\beta = 108°$ | $s = \frac{r}{2}\sqrt{10 - 2\sqrt{5}}$ | $A = \frac{5}{8} r^2 \sqrt{10 + 2\sqrt{5}}$ |
| n = 6 **Regelmäßiges Sechseck** | $\alpha = 60°$ | $\beta = 120°$ | $s = r$ | $A = \frac{3}{2} r^2 \sqrt{3}$ |
| n = 10 **Regelmäßiges Zehneck** | $\alpha = 36°$ | $\beta = 144°$ | $s = \frac{r}{2}(\sqrt{5} - 1)$ | $A = \frac{5}{4} r^2 \sqrt{10 - 2\sqrt{5}}$ |
| | **Angaben in Abhängigkeit von n** | | **von n und r** | |
| **Regelmäßiges n-Eck** | $\alpha = \frac{360°}{n}$ | $\beta = \frac{(n-2)}{n} \cdot 180°$ | $s = 2r \cdot \sin\left(\frac{180°}{n}\right)$ | $A = \frac{nr^2}{2} \sin\left(\frac{360°}{n}\right)$ |

## Vielecke

### Rekursionsformel

Aus der Seitenlänge $s_n$ eines regelmäßigen n-Ecks kann man die Seitenlänge $s_{2n}$ des demselben Kreis einbeschriebenen 2n-Ecks bestimmen:

$$s_{2n} = \sqrt{2r^2 - r\sqrt{4r^2 - s_n^2}}\,.$$

## Kreis und Kreisteile

Bezeichnungen

***Kreiszahl π***, mit $\pi \approx 3{,}14159$.

Der ***Kreisdurchmesser d*** hat die doppelte Länge des ***Kreisradius r***.

Eine ***Sehne*** verbindet zwei Punkte der Kreislinie.
Eine Gerade heißt ***Tangente***, wenn sie mit dem Kreis genau einen Punkt B gemeinsam hat. Eine Tangente ist orthogonal zum Radius MB.

Eine Gerade heißt ***Sekante***, wenn sie die Kreislinie in zwei Punkten schneidet.

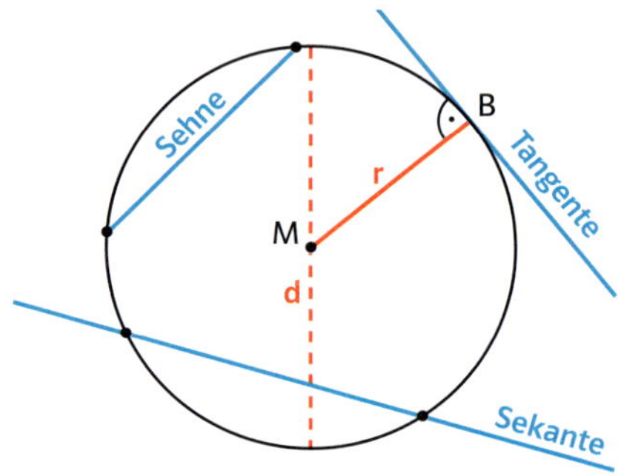


| | **Kreis** | **Kreisausschnitt** (Sektor) | **Kreisabschnitt** (Segment) |
|---|---|---|---|
| | 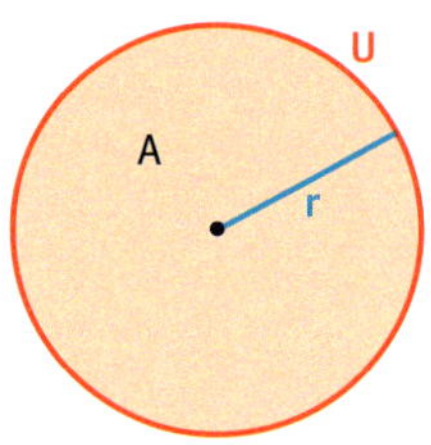  | 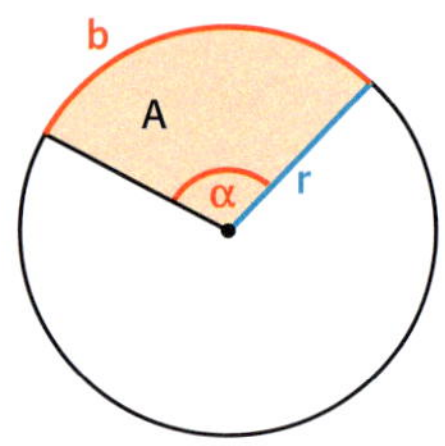  | 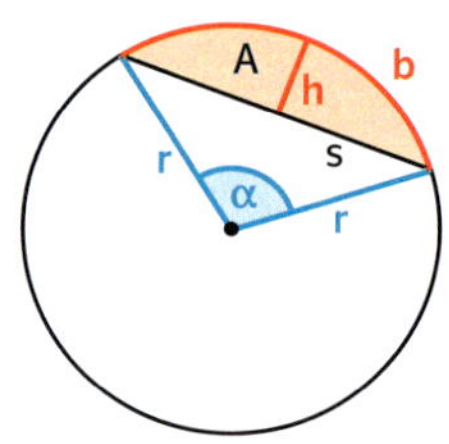  |
| **Umfang** | $U = 2\pi r = 2\pi \cdot \frac{d}{2}$ | | |
| **Bogenlänge** | | $b = 2\pi r \frac{\alpha}{360°}$ | $b = 2\pi r \frac{\alpha}{360°}$ |
| **Sehnenlänge** | | | $s = 2r \cdot \sin\left(\frac{\alpha}{2}\right) = 2\sqrt{2hr - h^2}$ |
| **Flächeninhalt** | $A = \pi r^2 = \pi \frac{d^2}{4}$ | $A = \pi r^2\ \frac{\alpha}{360°} = \frac{1}{2} b \cdot r$ | $A = \frac{r^2}{2}\left(\pi \frac{\alpha}{180°} - \sin(\alpha)\right)$ |

### Satz des Thales

Liegt der Punkt C eines Dreiecks ABC auf dem Halbkreis über der Strecke $\overline{AB}$, dann ist der Winkel bei C ein rechter Winkel: $\gamma = 90°$.

Umkehrung: Hat ein Dreieck bei C einen rechten Winkel, dann liegt der Punkt C auf dem Halbkreis über der Strecke $\overline{AB}$.

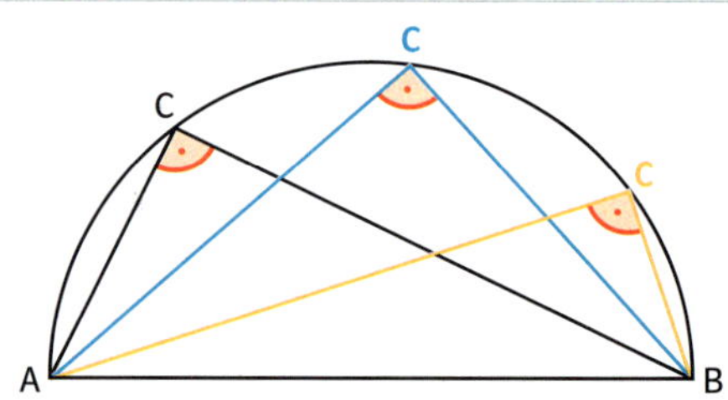

## Kreis und Kreisteile

**Satz vom Umfangswinkel**

Alle Umfangswinkel β über derselben Sehne sind gleich weit und es gilt: $\beta = \frac{\alpha}{2}$

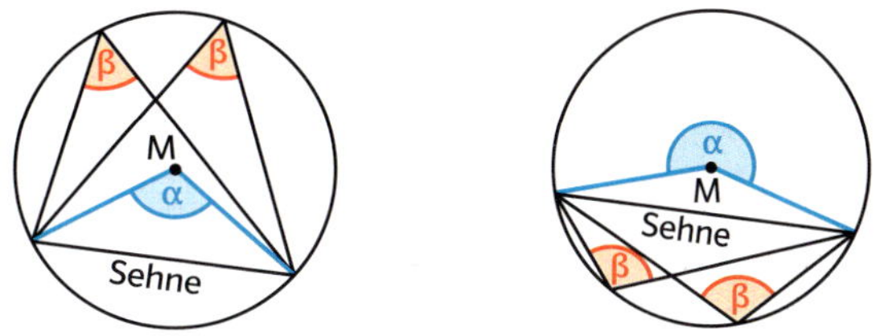


**Sehnensatz**

Schneiden sich zwei Sehnen in einem Punkt S, dann gilt:

$\overline{SA} \cdot \overline{SB} = \overline{SC} \cdot \overline{SD}$

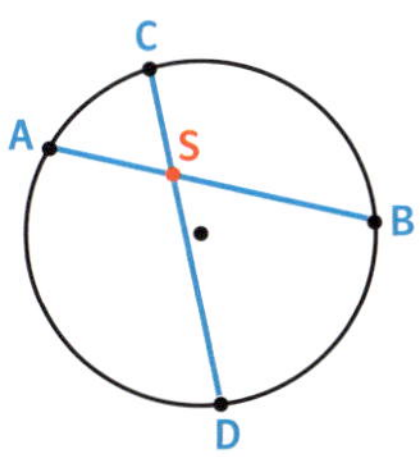


**Sekantensatz**

Schneiden sich zwei Sekanten in einem Punkt S außerhalb des Kreises, dann gilt:

$\overline{SA} \cdot \overline{SB} = \overline{SC} \cdot \overline{SD}$

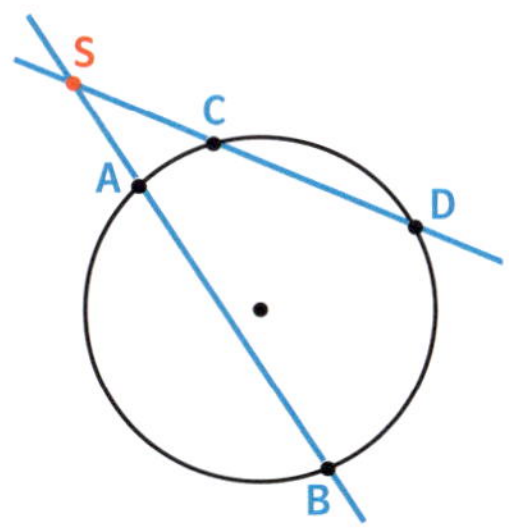


**Sekanten-Tangentensatz**

Schneiden sich eine Tangente und eine Sekante in einem Punkt S außerhalb des Kreises, dann gilt:

$\overline{SA} \cdot \overline{SB} = \overline{SC}^2$

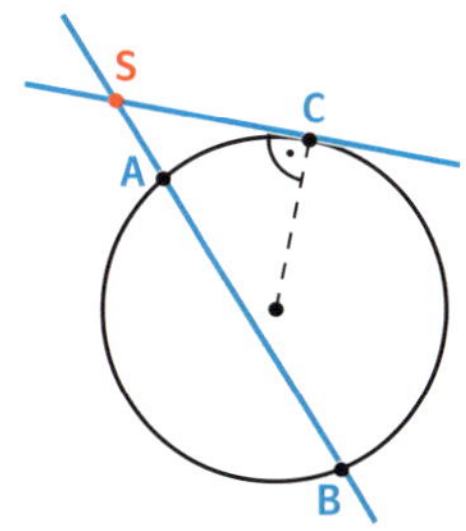


## Kongruenz und Ähnlichkeit

**Kongruenzabbildungen**

Achsenspiegelung (Geradenspiegelung), Punktspiegelung, Drehung und Verschiebung sind Kongruenzabbildungen.

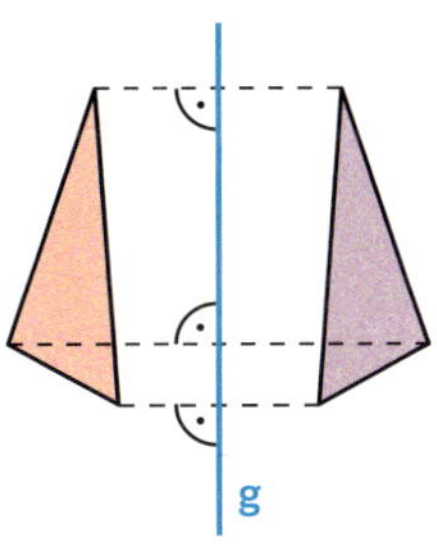


**Spiegelachse g**

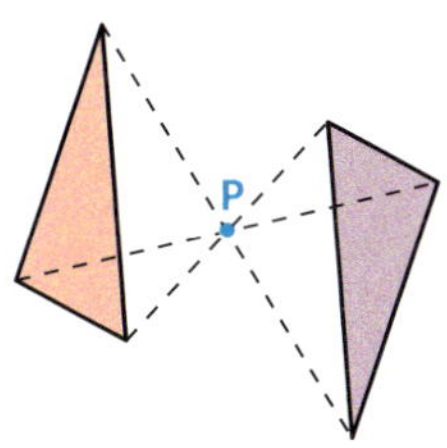


**Spiegelzentrum P**

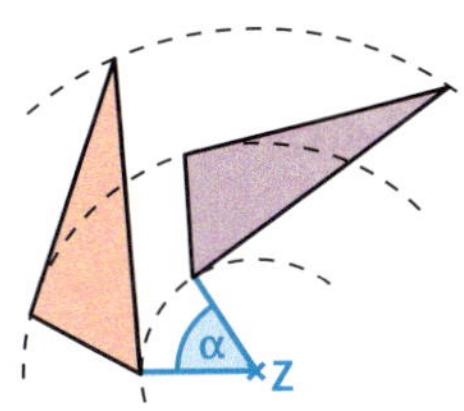


**Drehzentrum Z**
**Drehwinkel α**

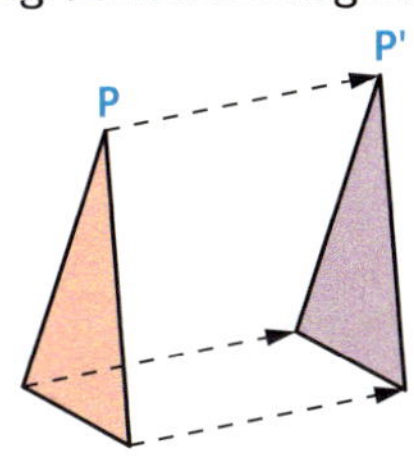


**Verschiebungspfeil von P nach P'**

Eine Hintereinanderausführung (Verkettung) von Kongruenzabbildungen ist wieder eine Kongruenzabbildung.

**Kongruente Figuren**

Zwei Figuren heißen kongruent (deckungsgleich), wenn man die eine Figur durch Kongruenzabbildungen auf die andere Figur abbilden kann.

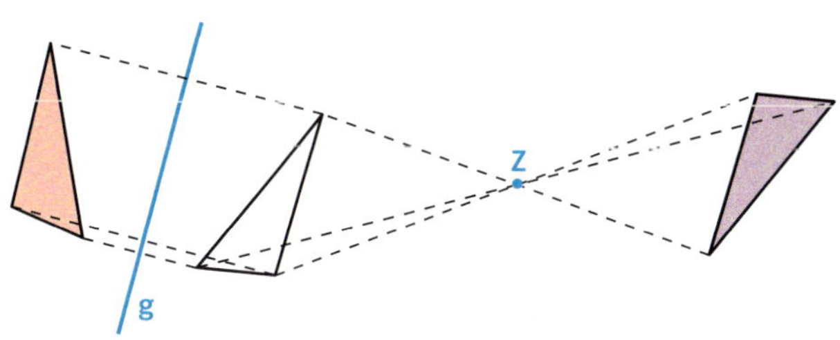

## Kongruenz und Ähnlichkeit

### Winkel, Strecken und Flächeninhalte bei kongruenten Figuren

Wenn zwei Figuren kongruent sind, dann sind alle entsprechenden Strecken gleich lang und alle entsprechenden Winkel gleich weit. Der Flächeninhalt kongruenter Figuren ist gleich.

### Kongruenzsätze für Dreiecke

Zwei Dreiecke sind kongruent (deckungsgleich), wenn eine der vier Bedingungen erfüllt ist:

*Kongruenzsatz sss:* Die Dreiecke stimmen in drei entsprechenden Seiten überein.

*Kongruenzsatz sws:* Die Dreiecke stimmen in zwei entsprechenden Seiten überein und die von diesen Seiten jeweils eingeschlossenen Winkel sind gleich weit.

*Kongruenzsatz Ssw*: Die Dreiecke stimmen in zwei entsprechenden Seiten überein und die Gegenwinkel der jeweils längeren Seite sind gleich weit.

*Kongruenzsatz wsw* oder ***wws***: Die Dreiecke stimmen in einer Seite und zwei entsprechend gleichliegenden Winkeln überein.

### Zentrische Streckung

Eine zentrische Streckung ist durch das Streckzentrum Z und den Streckfaktor k festgelegt.

Für eine zentrische Streckung gilt:
- das Bild einer Geraden ist wieder eine Gerade,
- Originalwinkel und Bildwinkel sind gleich weit,
- das Bild eines Parallelenpaares ist wieder ein Parallelenpaar,
- wird die Originalstrecke durch einen Punkt P im Verhältnis a : b geteilt, dann wird die Bildstrecke vom Bildpunkt von P im gleichen Verhältnis geteilt.

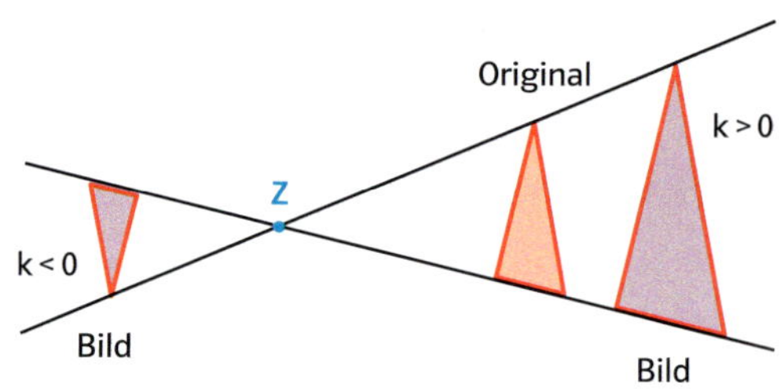


Eine zentrische Streckung ist nur für $k = 1$ oder $k = -1$ eine Kongruenzabbildung.

### Ähnlichkeitsabbildungen; ähnliche Figuren

Zentrische Streckungen, Kongruenzabbildungen und die Hintereinanderausführung (Verkettung) dieser Abbildungen sind Ähnlichkeitsabbildungen.

Zwei Figuren heißen ähnlich, wenn man die eine Figur mit Ähnlichkeitsabbildungen auf die andere Figur abbilden kann.

### Winkel, Strecken und Flächeninhalte bei ähnlichen Figuren

Wenn zwei Figuren ähnlich sind, dann sind alle entsprechenden Winkel gleich weit und für die Längen von Originalstrecke a und Bildstrecke a′ gilt: $a' = k \cdot a$ mit einer festen Zahl k.

Der Flächeninhalt A′ der Bildfigur ergibt sich aus dem Flächeninhalt A der Originalfigur mit $A' = k^2 \cdot A$.

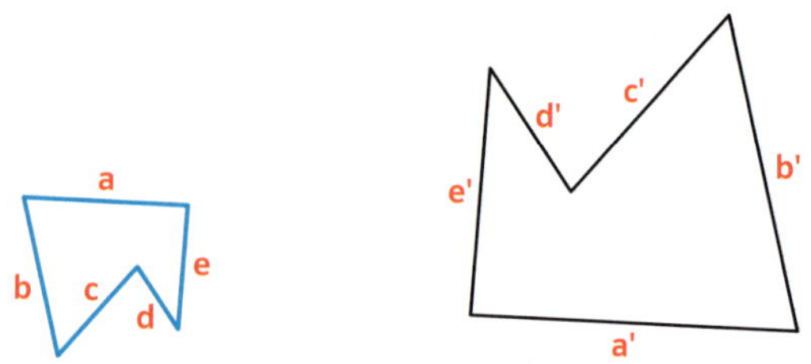

## Kongruenz und Ähnlichkeit

### Ähnlichkeitssätze für Dreiecke

Zwei Dreiecke sind bereits dann ähnlich, wenn eine der vier Bedingungen erfüllt ist:

- Die Dreiecke stimmen in zwei Winkeln überein.
- Das Verhältnis der Seitenlängen in einem Dreieck ist gleich dem Verhältnis entsprechender Seitenlängen im anderen Dreieck.
- Die Dreiecke stimmen in einem Winkel überein und das Längenverhältnis der diesem Winkel anliegenden entsprechenden Seiten ist gleich.
- Die Dreiecke stimmen im Längenverhältnis zweier Seiten überein und die Gegenwinkel der jeweils längeren Seiten sind gleich weit.

## Strahlensätze

### Teilverhältnis

Jeder Punkt T (mit $T \neq B$) auf einer Strecke $\overline{AB}$ legt ein Teilverhältnis t mit $t = \frac{\overline{AT}}{\overline{TB}}$ fest.

Es gilt: $\overline{AT} = t \cdot \overline{TB}$

Die Strahlensätze gelten nur in einer Strahlensatzfigur. Diese besteht aus zwei sich schneidenden Geraden g und h und aus einem Parallelenpaar, das g und h schneidet.

### Erster Strahlensatz

Entsprechende Längen auf g verhalten sich wie entsprechende Längen auf h.

$\frac{x+y}{y} = \frac{u+v}{v}$; $\frac{x}{y} = \frac{u}{v}$ $\qquad$ $\frac{a}{d} = \frac{c}{b}$; $\frac{a}{c} = \frac{d}{b}$

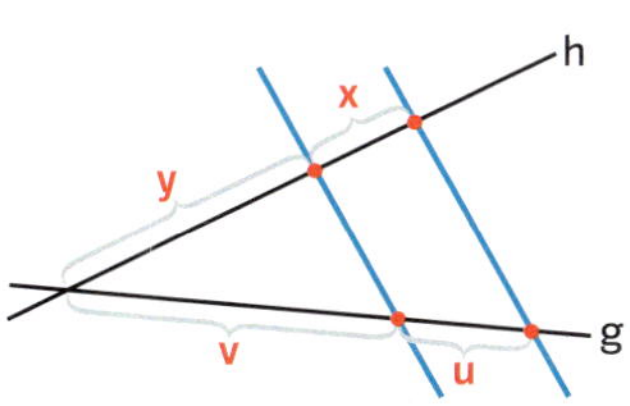


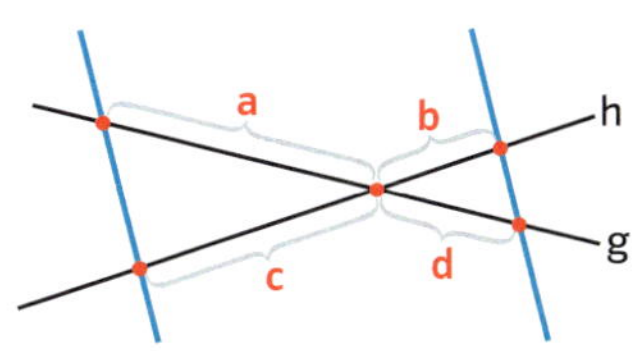


### Zweiter Strahlensatz

Entsprechende Längen auf g bzw. h verhalten sich wie entsprechende Parallelenabschnitte.

$\frac{x+y}{p} = \frac{y}{q}$; $\frac{p}{q} = \frac{x+y}{y}$ $\qquad$ $\frac{a}{b} = \frac{c}{d}$; $\frac{a}{c} = \frac{b}{d}$

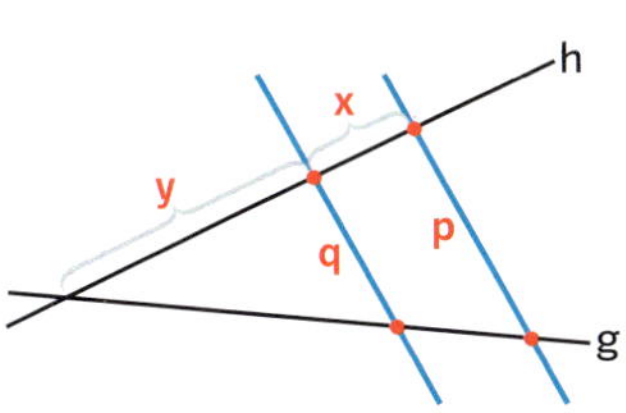


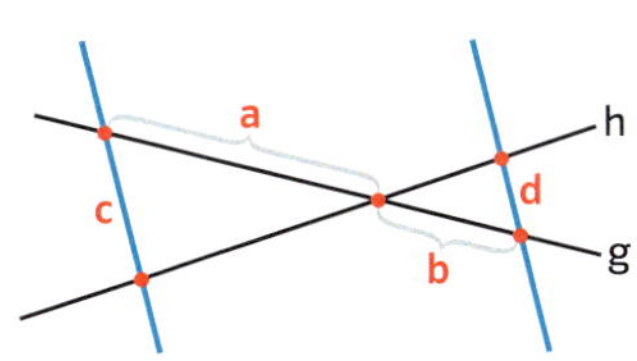


### Goldener Schnitt

Zwei Teilstrecken a und b mit a > b stehen im Verhältnis des Goldenen Schnitts (oder: Die Strecke $\overline{PQ}$ wird im Verhältnis des Goldenen Schnitts geteilt), wenn gilt: $\frac{a+b}{a} = \frac{a}{b}$

In diesem Fall gilt: $b = \frac{1}{2}(\sqrt{5} - 1) \cdot a \approx 0{,}6180 \cdot a$

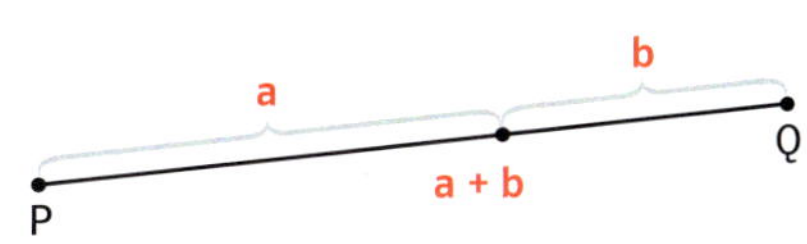

## Darstellung von Körpern

### Parallelprojektion

Wird ein Körper von parallelem Licht bestrahlt, dann heißt der auf einer Ebene erzeugte Schatten Parallelprojektion des Körpers. Eine Parallelprojektion ist durch die Richtung der Lichtstrahlen (Projektionsrichtung) und die Lage der Zeichenebene (Projektionsebene) festgelegt.

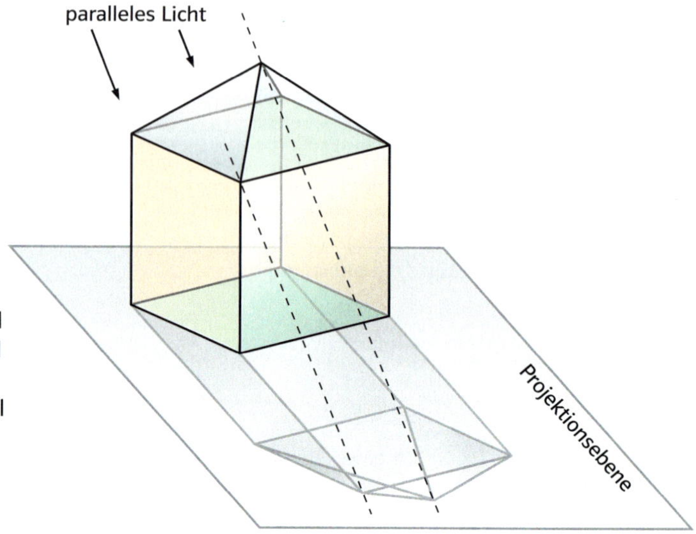


### Schrägbilder (Schräge Parallelprojektion)

Eine Parallelprojektion, bei der die Projektionsrichtung und die Zeichenebene keinen rechten Winkel bilden ($0 < \alpha < 90°$), heißt Schrägbild. Beim Schrägbild eines Körpers unterscheidet man, ob Strecken des Körpers (Kanten, Diagonalen) parallel oder orthogonal zur Zeichenebene sind.

| | **Strecken parallel zur Zeichenebene (Hauptlage)** | **Strecken nicht parallel zur Zeichenebene** |
|---|---|---|
| **Streckenlängen erscheinen in wahrer Länge** | Ja | Im Allgemeinen nicht |
| **Winkel erscheinen in wahrer Weite** | Ja | Im Allgemeinen nicht |
| **Parallele Strecken erscheinen parallel** | Ja | Ja |
| **Teilverhältnisse bleiben erhalten** | Ja | Ja |

Strecken, die zur Bildebene orthogonal sind, sind in ihrer Länge um denselben Verzerrungsfaktor k geändert. Sie werden mit demselben Verzerrungswinkel α gezeichnet.

Würfel

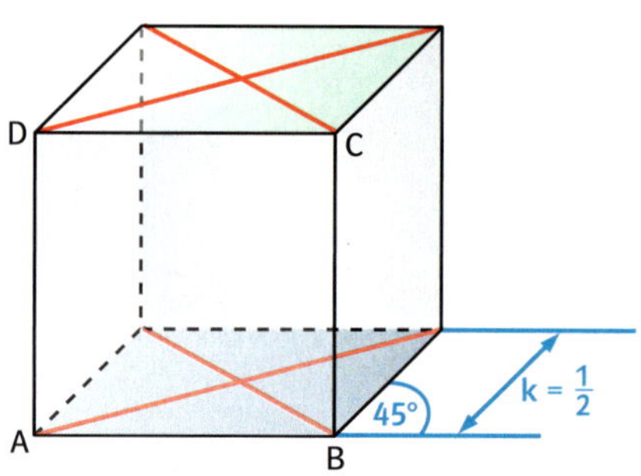


Viereck ABCD parallel zur Bildebene

$\alpha = 45°;\ k = \frac{1}{2}$

Würfel

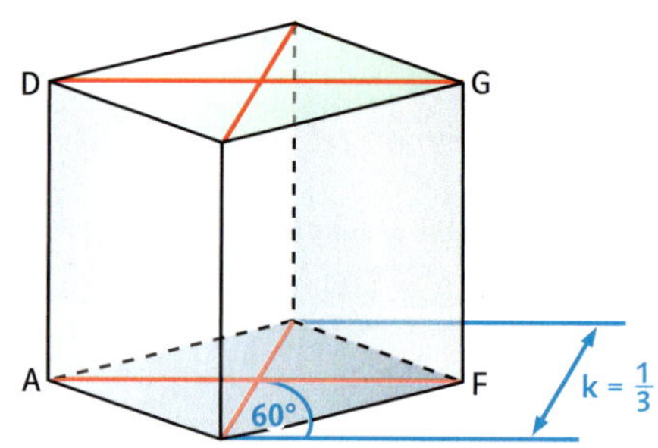


Viereck AFGD parallel zur Bildebene

$\alpha = 60°;\ k = \frac{1}{3}$

## Darstellung von Körpern

**Grundriss – Aufriss – Seitenriss**

Grundriss, Aufriss und Seitenriss entstehen, wenn bei einer Parallelprojektion die Projektionsrichtung und die Zeichenebene einen rechten Winkel bilden. Orthogonal zur Zeichenebene verlaufende Strecken erscheinen als Punkt.

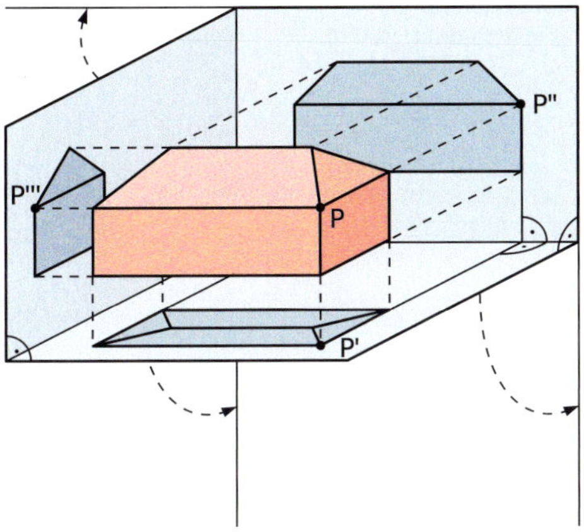


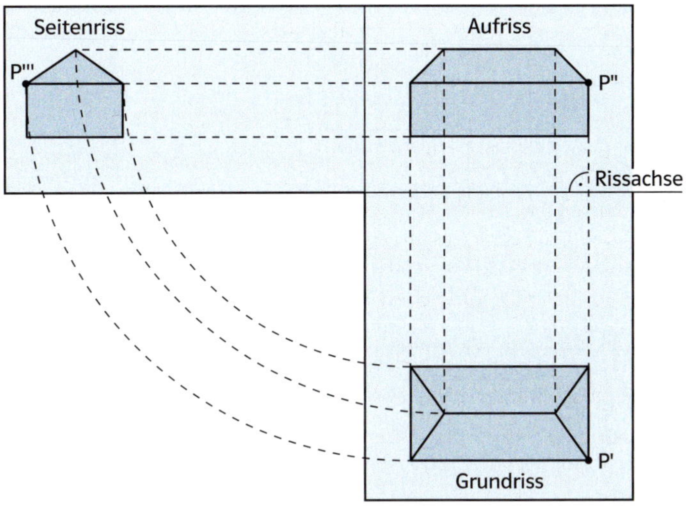


## Würfel, Quader, Zylinder und Prisma

**Volumen** bei diesen Körpern $V = G \cdot h$ (G Grundfläche; h Höhe)

| | **Würfel** | **Quader** | **Zylinder** | **Prisma** |
|---|---|---|---|---|
| | 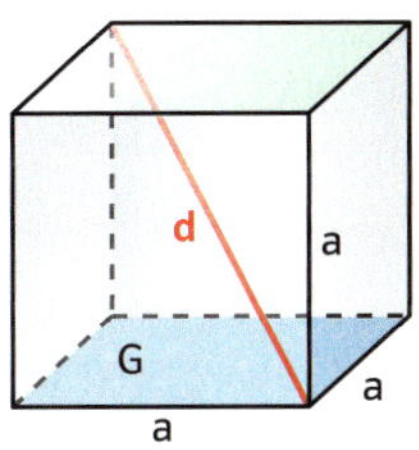  | 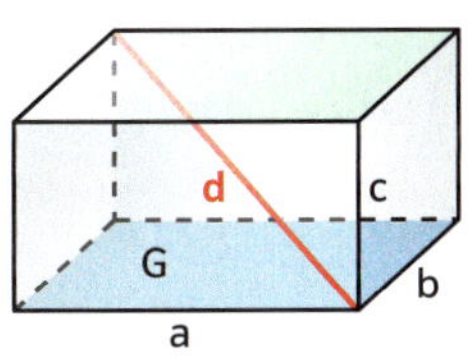  | 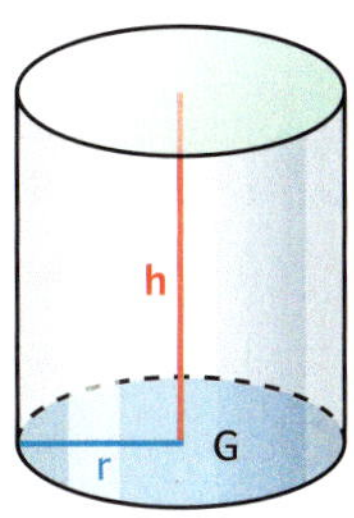  | 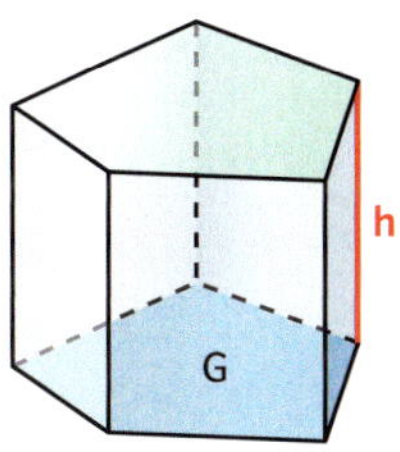  |
| **Volumen** | $V = a^3$ | $V = a \cdot b \cdot c$ | $V = \pi r^2 \cdot h$ | $V = G \cdot h$ |
| **Oberflächeninhalt** | $O = 6a^2$ | $O = 2(ab + ac + bc)$ | $O = 2\pi r(h + r)$ | $O = 2G + M$ |
| **Länge der Raumdiagonale** | $d = a\sqrt{3}$ | $d = \sqrt{a^2 + b^2 + c^2}$ | | |
| **Grundflächeninhalt** | $G = a^2$ | $G = a \cdot b$ | $G = \pi r^2$ | |
| **Mantelflächeninhalt** | | | $M = 2\pi r \cdot h$ | |

## Würfel, Quader, Zylinder und Prisma

**Netz eines Würfels**

**Netz eines Zylinders**

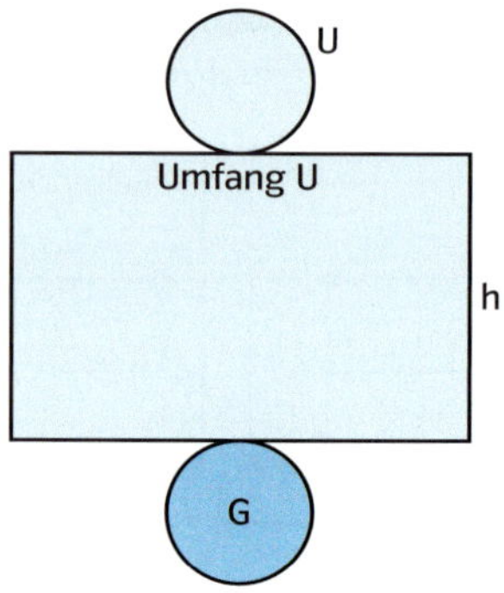


## Pyramide und Kegel

**Volumen** bei diesen Körpern $V = \frac{1}{3} G \cdot h$ (G Grundfläche; h Höhe)

**Pyramide**

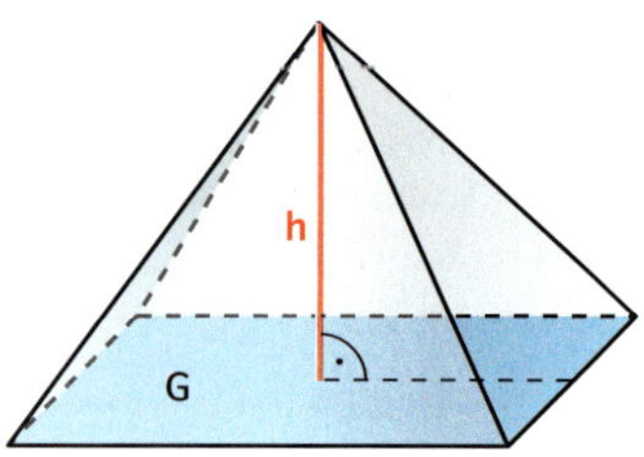


**Volumen**

$V = \frac{1}{3} G \cdot h$

**Gerader Kreiskegel**

**Volumen**

$V = \frac{1}{3} \pi r^2 \cdot h$

**Länge der Mantellinie**

$s = \sqrt{r^2 + h^2}$

**Grundflächeninhalt**

$G = \pi r^2$

**Mantelflächeninhalt**

$M = \pi \cdot r \cdot s$

**Oberflächeninhalt**

$O = G + M$

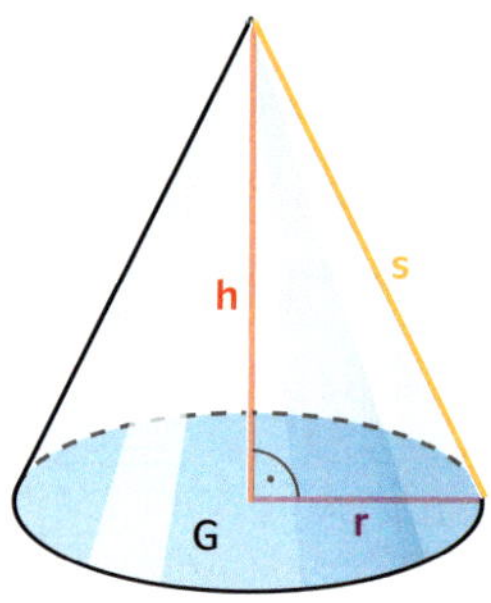


**Netz einer Pyramide**

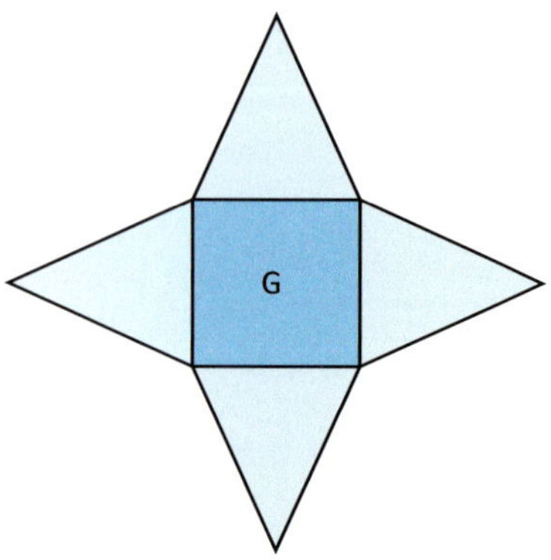


**Netz eines geraden Kreiskegels**

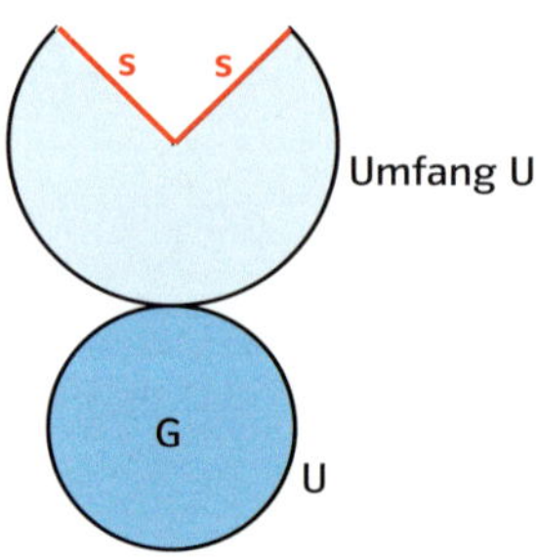

## Pyramide und Kegel

### Pyramidenstumpf

(die Schnittfläche ist parallel zur Grundfläche)

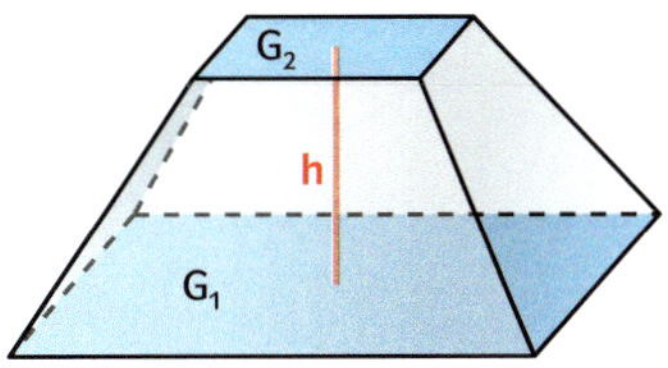


**Volumen**

$V = \frac{1}{3}h(G_1 + \sqrt{G_1 G_2} + G_2)$

### Gerader Kegelstumpf

(die Schnittfläche ist parallel zur Grundfläche)

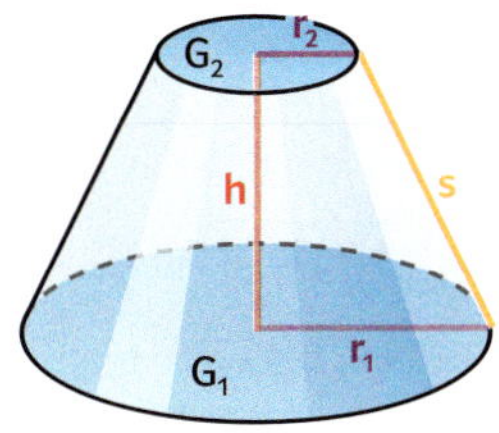


**Volumen**

$V = \frac{1}{3}h \cdot \pi \cdot (r_1^2 + r_1 r_2 + r_2^2)$

**Mantelflächeninhalt**

$M = \pi s(r_1 + r_2)$

Das Volumen von Pyramidenstumpf und Kegelstumpf ändert sich nicht, wenn die Deckfläche parallel zur Grundfläche verschoben wird.

### Schiefe Körper

Wenn die Deckfläche eines Würfels, Quaders, Zylinders oder Prismas parallel zu dessen Grundfläche verschoben wird, dann ändert sich das Volumen nicht:

$V = G \cdot h$

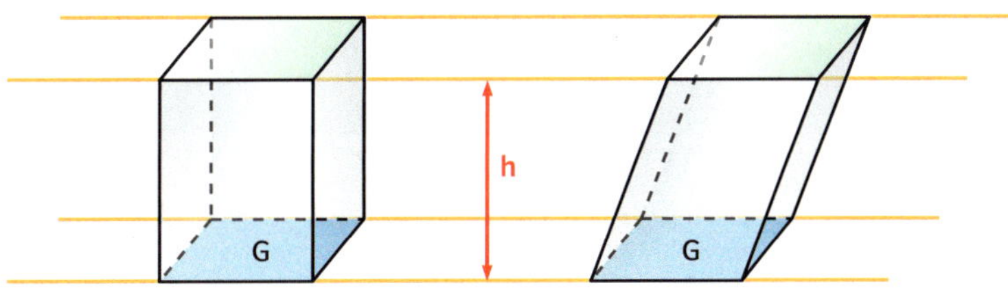


Wenn die Spitze einer Pyramide oder eines Kegels parallel zur Grundfläche verschoben wird, dann ändert sich das Volumen nicht:

$V = \frac{1}{3}G \cdot h$

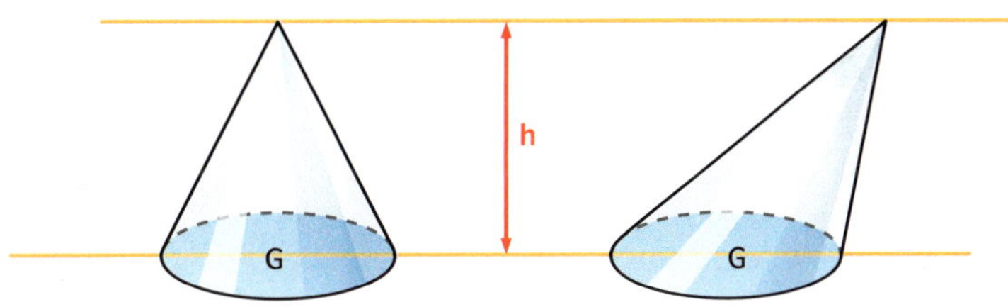

## Kugel und Rotationskörper

| | **Kugel** | **Kugelabschnitt** (-kappe) | **Kugelausschnitt** (-sektor) |
|---|---|---|---|
| | 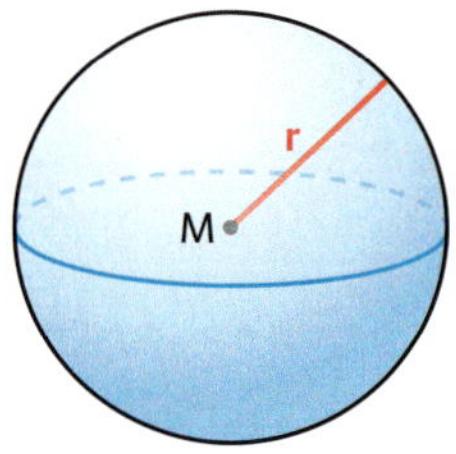  | 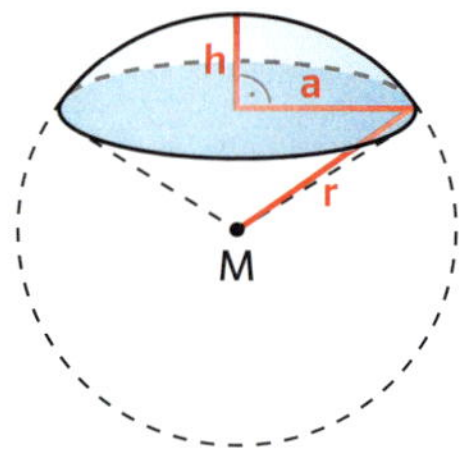  | 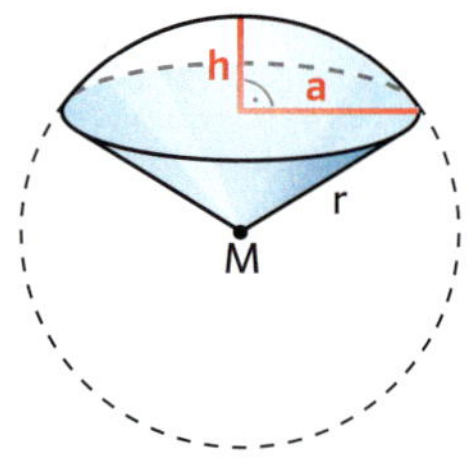  |
| **Volumen** | $V = \frac{4}{3}\pi r^3$ | $V = \frac{1}{3}\pi h^2 (3r - h)$<br>$= \frac{1}{6}\pi h (3a^2 + h^2)$ | $V = \frac{2}{3}\pi \cdot r^2 h$ |
| **Kappenflächeninhalt** | | $M = 2\pi r h = \pi(a^2 + h^2)$ | $M = 2\pi r h = \pi(a^2 + h^2)$ |
| **Oberflächeninhalt** | $O = 4\pi r^2$ | $O = \pi(h^2 + 2a^2)$ | $O = \pi r(2h + a)$ |

**Torus (Ring)**

**Volumen**

$V = 2\pi^2 r^2 R$

**Oberflächeninhalt**

$O = 4\pi^2 r R$

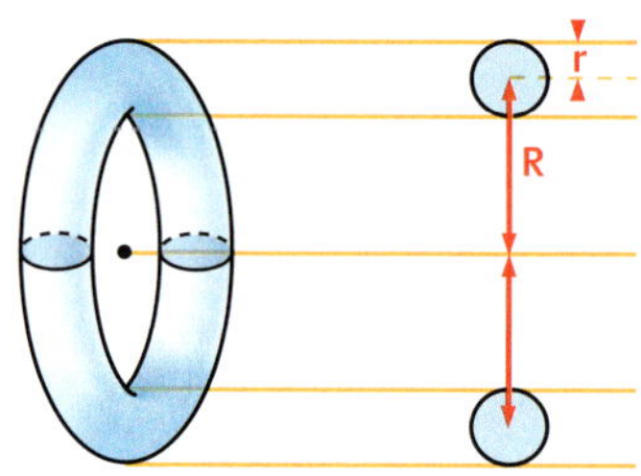


**Guldin'sche Regeln**

(Rotationskörper → S. 65)

- Der Körper entsteht durch Rotation einer ebenen Figur um eine Achse.
- Die Figur und die Achse liegen in einer gemeinsamen Ebene.
- Die Achse darf die Figur nicht schneiden.

Guldin'sche Regel für das Volumen V des Körpers:

V ergibt sich als Produkt aus dem Flächeninhalt der Figur und dem Umfang des Kreises, den der Schwerpunkt S der Figur bei der Rotation beschreibt.

Guldin'sche Regel für den Oberflächeninhalt O des Körpers:

O ergibt sich als Produkt aus dem Umfang der Figur und dem Umfang des Kreises, den der Schwerpunkt S der Figur bei der Rotation beschreibt.

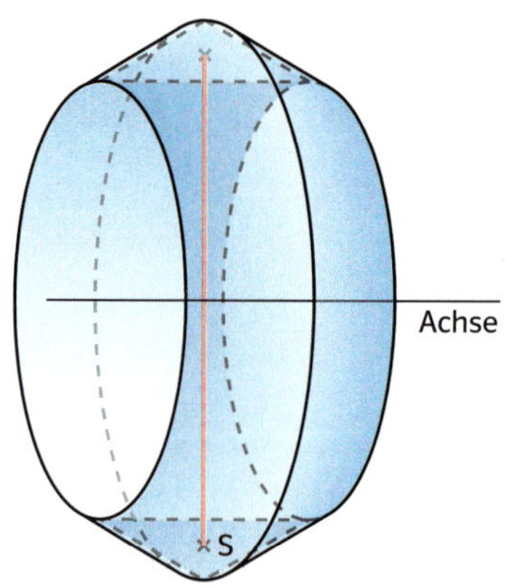

## Regelmäßige Körper

**Polyeder** (Vielflach)

Ein Körper, dessen Oberfläche aus ebenen Vielecken besteht, heißt Polyeder.

Ein Polyeder heißt konvex, wenn mit zwei seiner Punkte stets die ganze Verbindungsstrecke im Inneren des Körpers liegt. Für alle konvexen Polyeder mit e Ecken, f Flächen und k Kanten gilt der ***Euler'sche Polyedersatz***:

$e + f = k + 2$

**Regelmäßige Körper** (Platonische Körper; Reguläre Polyeder)

Ein Körper heißt regelmäßig, wenn seine Oberfläche nur aus kongruenten regelmäßigen Vielecken besteht.
Es gibt genau fünf regelmäßige Körper.

| | **Tetraeder** | **Würfel** | **Oktaeder** | **Dodekaeder** | **Ikosaeder** |
|---|---|---|---|---|---|
| | 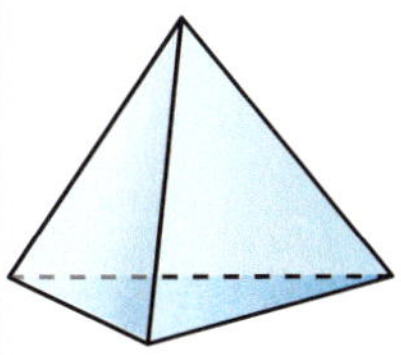 | 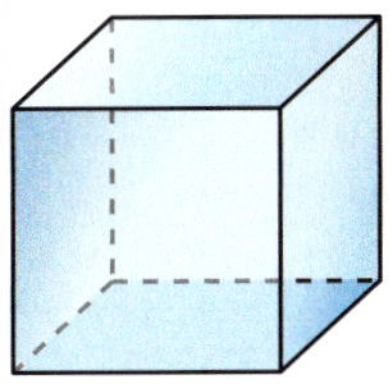 | 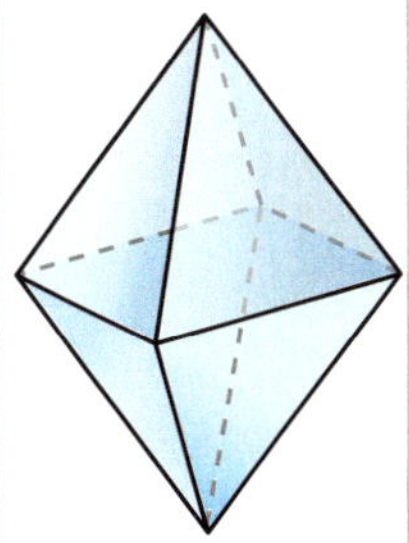 | 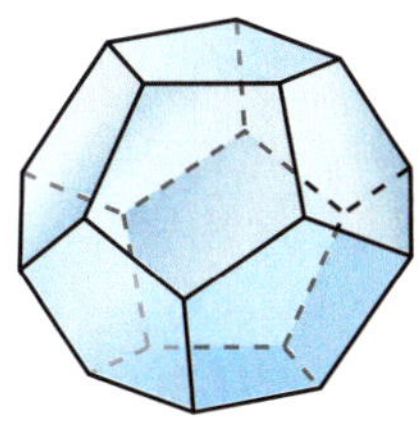 | 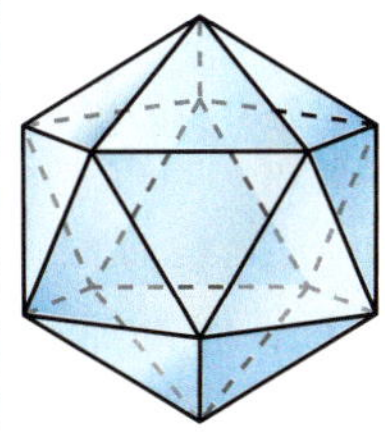 |
| **Seitenfläche** | 4 gleichseitige Dreiecke | 6 Quadrate | 8 gleichseitige Dreiecke | 12 gleichseitige Fünfecke | 20 gleichseitige Dreiecke |
| **Eckenzahl** | 4 | 8 | 6 | 20 | 12 |
| **Kantenzahl** | 6 | 12 | 12 | 30 | 30 |
| **Volumen** (a Kantenlänge) | $V = \frac{a^3}{12}\sqrt{2}$ | $V = a^3$ | $V = \frac{a^3}{3}\sqrt{2}$ | $V = \frac{a^3}{4}(15 + 7\sqrt{5})$ | $V = \frac{5a^3}{12}(3 + \sqrt{5})$ |
| **Oberflächeninhalt** | $O = a^2\sqrt{3}$ | $O = 6a^2$ | $O = 2a^2\sqrt{3}$ | $O = 3a^2\sqrt{5(5 + 2\sqrt{5})}$ | $O = 5a^2\sqrt{3}$ |
| **Umkugelradius** | $R = \frac{a}{4}\sqrt{6}$ | $R = \frac{a}{2}\sqrt{3}$ | $R = \frac{a}{2}\sqrt{2}$ | $R = \frac{a}{4}\sqrt{3}(1 + \sqrt{5})$ | $R = \frac{a}{4}\sqrt{2(5 + \sqrt{5})}$ |
| **Inkugelradius** | $r = \frac{a}{12}\sqrt{6}$ | $r = \frac{a}{2}$ | $r = \frac{a}{6}\sqrt{6}$ | $r = \frac{a}{4}\sqrt{10 + \frac{22}{5}\sqrt{5}}$ | $r = \frac{a}{12}\sqrt{3}(3 + \sqrt{5})$ |

## Folgen und Reihen

### Zahlenfolge, Reihe

Eine reelle Zahlenfolge $(a_n)$ ist eine Funktion, die jeder natürlichen Zahl $n \in \mathbb{N}$ oder $n \in \mathbb{N}^*$ eine reelle Zahl $a_n$ zuordnet.

***Explizit*** gegebene Folge $(a_n)$: $a_n = 1 + 0{,}6^n, \quad n \in \mathbb{N}$

***Rekursiv*** gegebene Folge $(a_n)$:

$a_{n+1} = 1 + (a_n - 1) \cdot 0{,}6$ mit $a_0 = 2, \quad n \in \mathbb{N}$

Unter der zu $(a_n)$, $n \in \mathbb{N}^*$, gehörenden Reihe versteht man die ***Summenfolge*** $(s_n)$ mit $s_n = a_1 + a_2 + \ldots + a_n$.

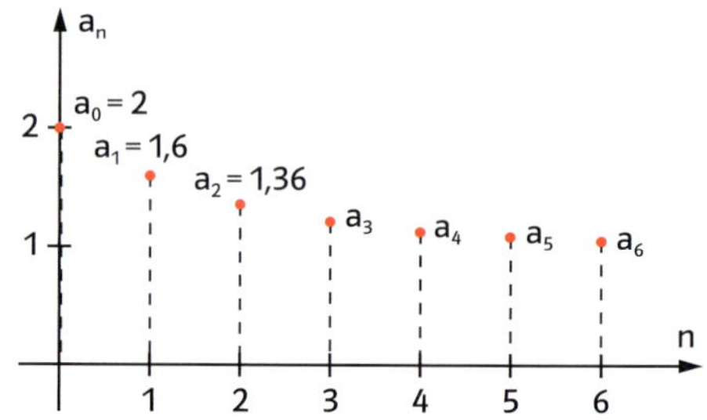


### Monotonie und Beschränktheit

Eine reelle Zahlenfolge $(a_n)$ heißt streng monoton fallend (monoton fallend), wenn für alle $n \in \mathbb{N}$ gilt:

$a_n > a_{n+1}$ $(a_n \geq a_{n+1})$

Sie heißt streng monoton wachsend (monoton wachsend), wenn für alle $n \in \mathbb{N}$ gilt:

$a_n < a_{n+1}$ $(a_n \leq a_{n+1})$

Eine reelle Zahlenfolge $(a_n)$ heißt beschränkt, wenn alle Folgenglieder zwischen zwei festen Schranken s und S liegen: $s \leq a_n \leq S$ für alle $n \in \mathbb{N}$

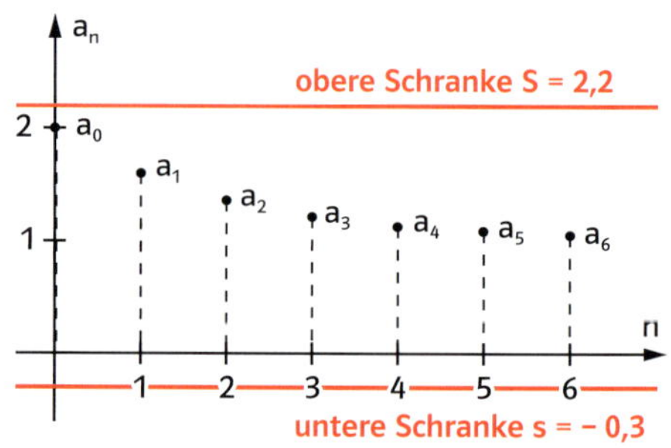


### Grenzwert, Nullfolge, konvergent, divergent

Eine Zahl g ist ***Grenzwert*** einer reellen Zahlenfolge $(a_n)$, wenn es zu jeder positiven Zahl ε eine natürliche Zahl $n_\varepsilon$ gibt, so dass für alle $n \geq n_\varepsilon$ gilt: $|a_n - g| < \varepsilon$.

$(a_n)$ heißt dann ***konvergent*** mit dem Grenzwert g.

Schreibweise: $g = \lim\limits_{n \to \infty} a_n$.

Eine Folge mit dem Grenzwert 0 heißt ***Nullfolge***.
Eine nicht konvergente Folge heißt ***divergent***.

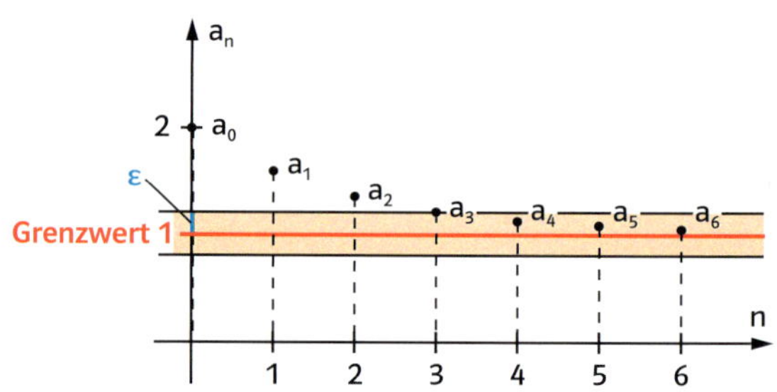


### Grenzwertsätze

Hat die Folge $(a_n)$ den Grenzwert a und die Folge $(b_n)$ den Grenzwert b, dann sind die Folgen $(a_n \pm b_n)$, $(a_n \cdot b_n)$ und (falls $b_n \neq 0$) auch die Folge $\left(\frac{a_n}{b_n}\right)$ konvergent und es gilt:

1) $\lim\limits_{n \to \infty} (a_n \pm b_n) = a \pm b$

2) $\lim\limits_{n \to \infty} (a_n \cdot b_n) = a \cdot b$

3) $\lim\limits_{n \to \infty} \frac{a_n}{b_n} = \frac{a}{b}$

Ist eine reelle Zahlenfolge monoton und beschränkt, so ist sie auch konvergent.

## Folgen und Reihen

### Intervallschachtelung

Eine Folge $[a_n; b_n]$, n = 1, 2, 3, … von Intervallen heißt Intervallschachtelung, wenn gilt:

(1) $a_n < b_n$ für alle $n \in \mathbb{N}^*$, d.h. es liegen Intervalle vor

(2) $(a_n)$ ist eine monoton wachsende, $(b_n)$ eine monoton fallende Zahlenfolge

(3) $\lim\limits_{n \to \infty} (a_n - b_n) = 0$

Durch eine Intervallschachtelung wird genau eine reelle Zahl erfasst.

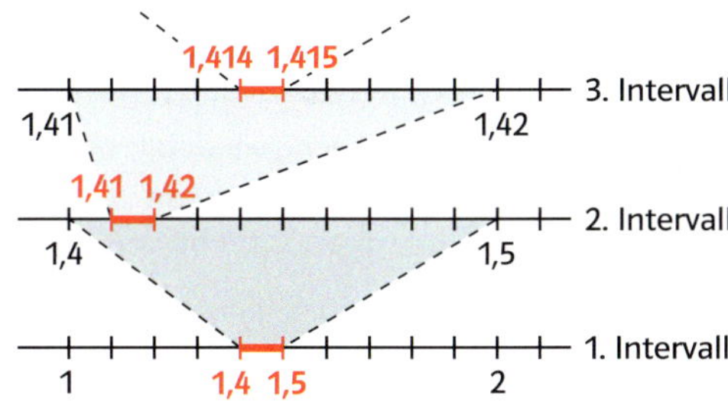


### Arithmetische Folge, Summenfolge

Eine Zahlenfolge $(a_n)$, $n \in \mathbb{N}^*$, für die die Differenz d zweier aufeinander folgender Glieder jeweils konstant ist, heißt arithmetische Zahlenfolge:

Explizit: $a_n = a_1 + (n-1) \cdot d$

Rekursiv: $a_{n+1} = a_n + d$, $a_1$ vorgegeben

Arithmetische Summenfolge:

$$s_n = a_1 + a_2 + \ldots + a_n = \frac{n}{2}(a_1 + a_n)$$
$$= n \cdot a_1 + \frac{(n-1) \cdot n}{2} \cdot d$$

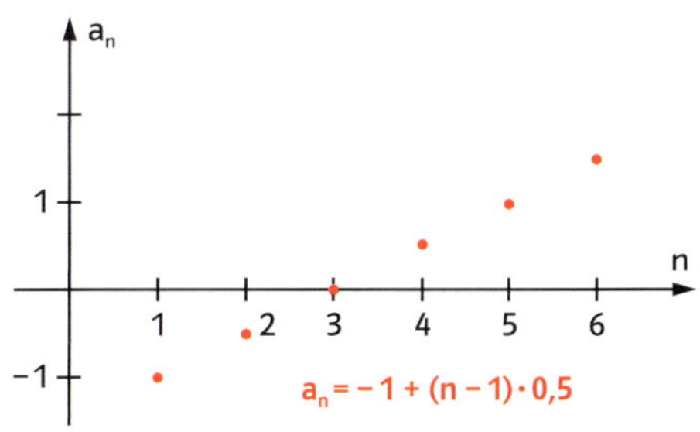


### Geometrische Folge, Summenfolge

Eine Zahlenfolge $(a_n)$, $n \in \mathbb{N}^*$, für die der Quotient q zweier aufeinander folgender Glieder jeweils konstant ist, heißt geometrische Zahlenfolge:

Explizit: $a_n = a_1 \cdot q^{n-1}$

Rekursiv: $a_{n+1} = a_n \cdot q$, $a_1$ vorgegeben

Für $|q| < 1$ ist $(a_n)$ eine Nullfolge.

Geometrische Summenfolge:

$$s_n = a_1 + a_1 q + \ldots + a_1 q^{n-1} = a_1 \cdot \frac{q^n - 1}{q - 1} \quad \text{für } q \neq 1$$

Für $|q| < 1$ gilt: $\lim\limits_{n \to \infty} s_n = a_1 \cdot \frac{1}{1-q}$

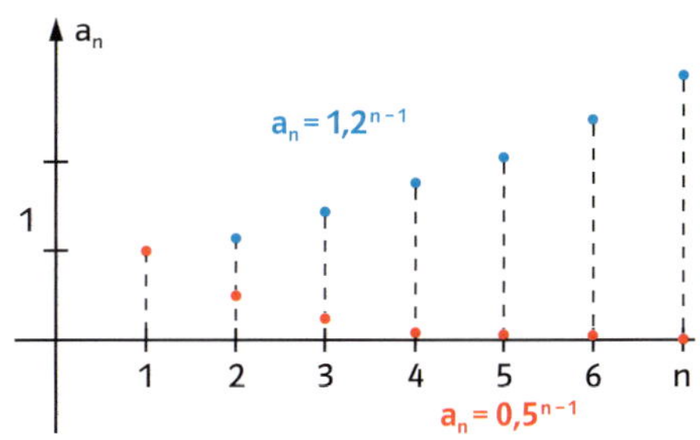


### Spezielle Folgengrenzwerte

$\lim\limits_{n \to \infty} a^n = 0$ für $-1 < a < 1$

$\lim\limits_{n \to \infty} \sqrt[n]{a} = 1$ für $a > 0$

$\lim\limits_{n \to \infty} \left(1 + \frac{1}{n}\right)^n = e \approx 2{,}718\,281\,828\,4$

$\lim\limits_{n \to \infty} \left(1 + \frac{x}{n}\right)^n = e^x$

### Summenformeln

$1 + 2 + 3 + \ldots + n = \frac{n}{2} \cdot (n+1)$

$2 + 4 + 6 + \ldots + 2n = n \cdot (n+1)$

$1 + 3 + 5 + \ldots + 2n - 1 = n^2$

$1^2 + 2^2 + 3^2 + \ldots + n^2 = \frac{n}{6} \cdot (n+1) \cdot (2n+1)$

$1^3 + 2^3 + 3^3 + \ldots + n^3 = \frac{n^2 \cdot (n+1)^2}{4}$

## Folgen und Reihen

### Vollständige Induktion

Eine Aussage, die für alle natürlichen Zahlen $n \in \mathbb{N}^*$ gelten soll, kann durch vollständige Induktion bewiesen werden. Dazu müssen folgende zwei Bedingungen erfüllt sein:

1) Induktionsanfang: Die Aussage gilt für $n = 1$.
2) Induktionsschritt: Man nimmt an, dass die Aussage für eine Zahl $k \in \mathbb{N}^*$ gilt. Man kann beweisen, dass diese Aussage unter dieser Voraussetzung auch für $k + 1$ gilt.

Wenn beide Bedingungen erfüllt sind, dann ist die Aussage für alle natürlichen Zahlen wahr.

**Beispiel:**
Gilt die Aussage $2 + 4 + 6 + \ldots + 2n = n \cdot (n + 1)$ für alle natürlichen Zahlen?

**Beweis:**
1) Induktionsanfang: Die Aussage ist richtig für $n = 1$: $2 = 1 \cdot (1 + 1)$
2) Induktionsschritt:
   Annahme: Es gibt ein $k \in \mathbb{N}^*$, für das gilt: $2 + 4 + 6 + \ldots + 2k = k \cdot (k + 1)$
   Behauptung: $2 + 4 + 6 + \ldots + 2k + 2 \cdot (k + 1) = (k + 1) \cdot (k + 2)$
   Beweis: $2 + 4 + 6 + \ldots + 2k + 2 \cdot (k + 1) = k \cdot (k + 1) + 2 \cdot (k + 1) = (k + 1) \cdot (k + 2)$

Damit gilt die Aussage $2 + 4 + 6 + \ldots + 2n = n \cdot (n + 1)$ für alle natürlichen Zahlen aus $N^*$.

## Verketten und Umkehren von Funktionen

### Verketten von Funktionen

Unter der Verkettung zweier Funktionen v und u versteht man die Funktion $u \circ v$: $x \mapsto u(v(x))$

Sprechweise: u nach v

Man erhält den Funktionsterm von $u \circ v$, indem man den Term $v(x)$ der „inneren" Funktion für die Variable der „äußeren" Funktion einsetzt.

$u(x) = \frac{2}{x - 1}$; $\quad v(x) = 3x^2$

$u(v(x)) = \frac{2}{v(x) - 1} = \frac{2}{3x^2 - 1}$;

$v(u(x)) = 3(u(x))^2 = 3\left(\frac{2}{x - 1}\right)^2$

### Verschieben und Strecken von Graphen

Wird der Graph einer Funktion f verschoben um a in x- und um b in y-Richtung, so lautet die zugehörige Funktionsgleichung der Bildfunktion g:

$g(x) = f(x - a) + b$

Wird der Graph der Funktion f von der x-Achse in y-Richtung mit $k > 0$ gestreckt, so lautet die zugehörige Funktionsgleichung der Bildfunktion h:

$h(x) = k \cdot f(x)$

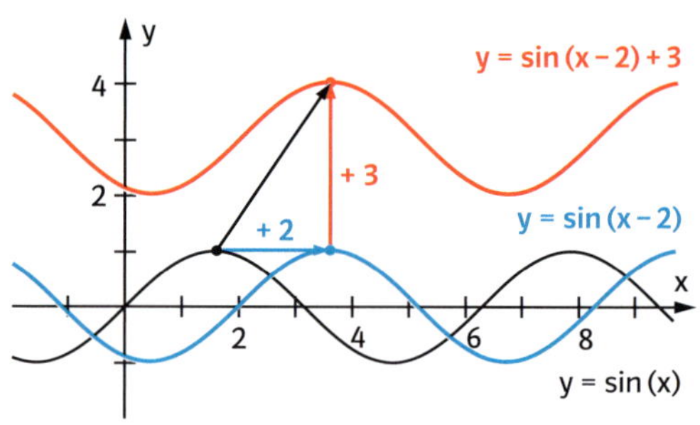

## Verketten und Umkehren von Funktionen

### Umkehrfunktion

Eine Funktion f: $x \mapsto y$ mit $y = f(x)$ mit der Definitionsmenge $D_f$ und der Wertemenge $W_f$ heißt ***umkehrbar***, wenn es zu jedem $y \in W_f$ genau ein $x \in D_f$ mit $f(x) = y$ gibt.

Damit ist die Zuordnung $y \mapsto x$ eine Funktion.

Sie heißt Umkehrfunktion der Funktion f oder ***inverse Funktion*** von f. Man schreibt dafür $\bar{f}$ oder auch $f^{-1}$.

Den Graphen der Umkehrfunktion erhält man durch Spiegelung des Graphen von f an der 1. Winkelhalbierenden.

Die Umkehrfunktion von $f^{-1}$ ist wieder die Ausgangsfunktion f. Es gilt: $(f^{-1})^{-1} = f$

$f(x) = (x+1)^2$; $D_f = [-1; \infty)$; $W_f = [0; \infty)$
$y = (x+1)^2$ ergibt $x = \sqrt{y} - 1$ wegen $W_f = [0; \infty)$
Vertauschen der Variablen: $\bar{f}(x) = \sqrt{x} - 1$

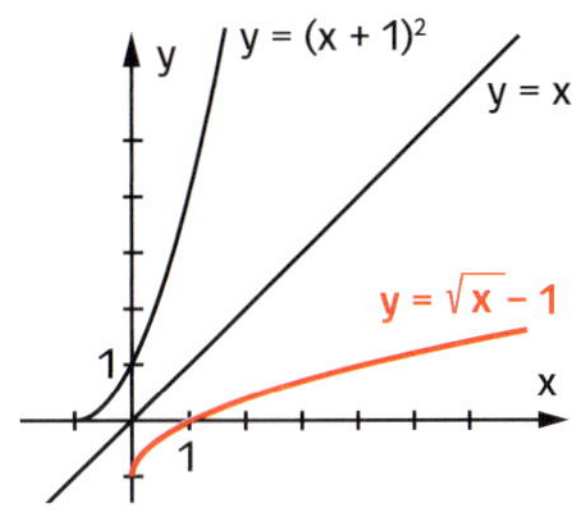


### Spezielle Umkehrfunktionen

| | |
|---|---|
| $f(x) = x^2$ mit $x \geqq 0$ | $f^{-1}(x) = \sqrt{x}$ mit $x \geqq 0$ |
| $f(x) = e^x$ mit $x \in \mathbb{R}$ | $f^{-1}(x) = \ln(x)$ mit $x > 0$ |
| $f(x) = \sin(x)$ mit $x \in \left[-\frac{\pi}{2}; +\frac{\pi}{2}\right]$ | $f^{-1}(x) = \arcsin(x)$ mit $x \in [-1; 1]$ |
| $f(x) = \cos(x)$ mit $x \in [0; \pi]$ | $f^{-1}(x) = \arccos(x)$ mit $x \in [-1; 1]$ |
| $f(x) = \tan(x)$ mit $x \in \left]-\frac{\pi}{2}; +\frac{\pi}{2}\right[$ | $f^{-1}(x) = \arctan(x)$ mit $x \in \mathbb{R}$ |

## Ableitungen

### Grenzwerte von Funktionen

a heißt Grenzwert einer Funktion f für $\mathbf{x \to x_0}$, wenn für jede gegen $x_0$ konvergierende Folge $(x_n)$ mit $x_n \neq x_0$ gilt:

Die Folge $(f(x_n))$ konvergiert gegen a. Schreibweise: $\lim\limits_{x \to x_0} f(x) = a$

a heißt Grenzwert einer Funktion f für $\mathbf{x \to \infty}$, wenn für jede Folge $(x_n)$ mit $x_n \to \infty$ gilt:

Die Folge $(f(x_n))$ konvergiert gegen a. Schreibweise: $\lim\limits_{x \to \infty} f(x) = a$

### Differenzenquotient, mittlere Änderungsrate

Der Differenzenquotient ist der Quotient $m = \frac{f(x) - f(x_0)}{x - x_0}$

oder mit $x = x_0 + h$: $m = \frac{f(x_0 + h) - f(x_0)}{h} = \frac{\Delta y}{\Delta x}$

Anschaulich handelt es sich um die Steigung der Geraden durch die Punkte $P_0(x_0 \mid f(x_0))$ und $P(x \mid f(x))$.

Der Differenzenquotient entspricht der mittleren Änderungsrate der Funktionswerte f(x) über dem Intervall $[x_0; x]$.

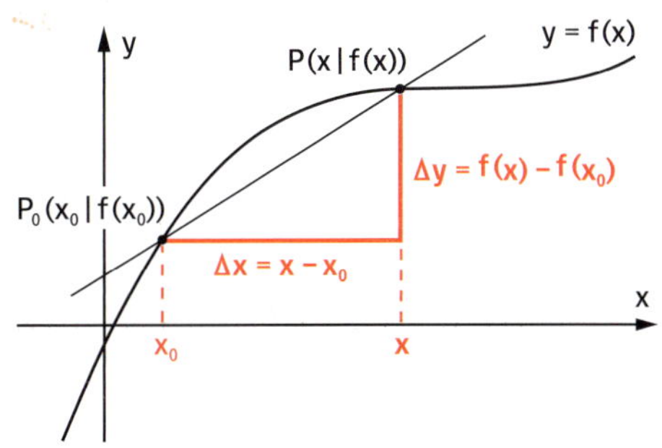

## Ableitungen

### Ableitung, lokale Änderungsrate, Tangente

Der Grenzwert des Differenzenquotienten für $x \to x_0$ heißt Ableitung (Differenzialquotient) an der Stelle $x_0$:

$$f'(x_0) = \lim_{x \to x_0} \frac{f(x) - f(x_0)}{x - x_0} \quad \text{oder}$$

$$\text{mit } x = x_0 + h\text{: } f'(x_0) = \lim_{h \to 0} \frac{f(x_0 + h) - f(x_0)}{h} = \left.\frac{dy}{dx}\right|_{x = x_0}$$

Falls $f'(x_0)$ existiert, heißt die Funktion f ***differenzierbar*** an der Stelle $x_0$. Der Wert $f'(x_0)$ wird als ***Steigung des Graphen*** von f im Punkt $P_0\,(x_0\,|\,f(x_0))$ bezeichnet.

Bei nicht geometrischer Interpretation heißt $f'(x_0)$ lokale oder momentane Änderungsrate an der Stelle $x_0$.

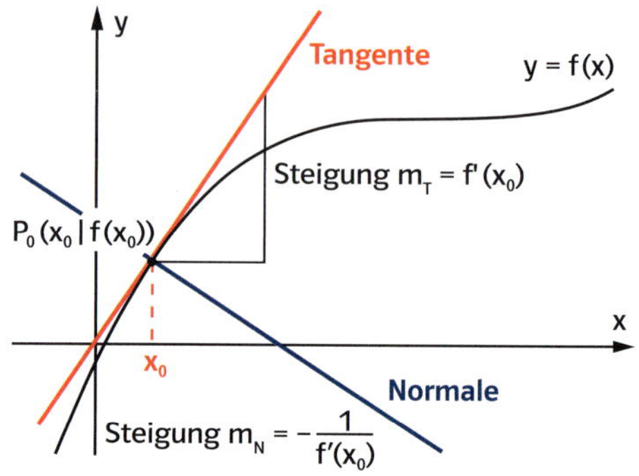


Unter der ***Tangente*** an den Graphen von f in $P_0\,(x_0\,|\,f(x_0))$ versteht man die Gerade durch $P_0$ mit der Steigung $f'(x_0)$.
Gleichung der Tangente:

$$y = f'(x_0) \cdot (x - x_0) + f(x_0)$$

Die ***Normale*** an den Graphen von f in $P_0\,(x_0\,|\,f(x_0))$ ist die zur Tangente orthogonale Gerade durch $P_0$.
Sie hat die Steigung $m_N = -\frac{1}{f'(x_0)}$.

### Ableitungsfunktion – höhere Ableitungen

Bei einer in $D_f$ differenzierbaren (ableitbaren) Funktion f wird jedem $x \in D_f$ eindeutig der Wert $f'(x)$ zugeordnet, so dass die Zuordnung $x \mapsto f'(x)$ eine Funktion ist. Die Funktion f′ heißt Ableitungsfunktion (Ableitung) von f. Weiterhin gilt:

2. Ableitung von f: $(f'(x))' = f''(x)$
3. Ableitung von f: $(f'''(x))' = f'''(x)$

Man spricht von höheren Ableitungen.

### Stetigkeit und Differenzierbarkeit

Die Funktion f heißt an der Stelle $x_0$ stetig, wenn der Grenzwert von f für x gegen $x_0$ existiert und mit dem Funktionswert $f(x_0)$ übereinstimmt:

$$\lim_{x \to x_0} f(x) = f(x_0)$$

Eine in $x_0$ stetige Funktion muss in $x_0$ nicht differenzierbar sein. Eine in $x_0$ differenzierbare Funktion f hingegen ist in $x_0$ auch stetig.

Die Funktion ist in $x_1$ stetig, aber nicht differenzierbar, in $x_0$ ist sie nicht stetig und damit nicht differenzierbar.

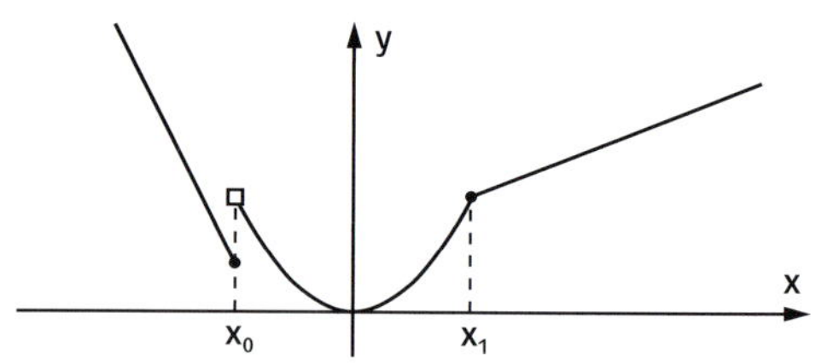


### Monotonie von Funktionen

Die Funktion f sei in einem Intervall I definiert.
Wenn für alle $x_1, x_2 \in I$ mit $x_1 < x_2$ gilt

$f(x_1) \le f(x_2)$ bzw. $f(x_1) \ge f(x_2)$,

so heißt f in I monoton wachsend bzw. monoton fallend. Ist die Gleichheit ausgeschlossen, so heißt f in I streng monoton wachsend bzw. streng monoton fallend.

**Monotoniesatz:** Wenn für alle x aus I gilt:
$f'(x) > 0$ bzw. $f'(x) < 0$, dann ist f streng monoton wachsend bzw. streng monoton fallend in I.

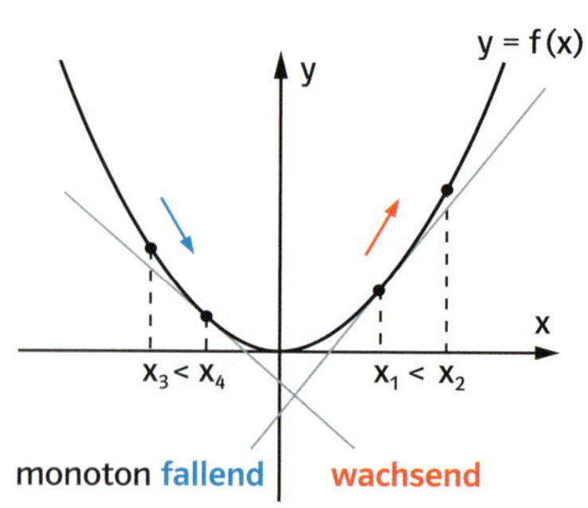

## Ableitungen

### Ableitungen von Grundfunktionen

| Funktion f | Ableitung f′ | Funktion f | Ableitung f′ |
|---|---|---|---|
| $f(x) = c$ | $f'(x) = 0$ | $f(x) = \sin(x)$ | $f'(x) = \cos(x)$ |
| $f(x) = x^n$ | $f'(x) = n \cdot x^{n-1}$ | $f(x) = \cos(x)$ | $f'(x) = -\sin(x)$ |
| $f(x) = \sqrt{x}$ | $f'(x) = \frac{1}{2\sqrt{x}}$ | $f(x) = \tan(x)$ | $f'(x) = \frac{1}{\cos^2(x)} = 1 + \tan^2(x)$ |
| $f(x) = e^x$ | $f'(x) = e^x$ | $f(x) = \arcsin(x)$ | $f'(x) = \frac{1}{\sqrt{1-x^2}}$ |
| $f(x) = a^x$ | $f'(x) = a^x \cdot \ln(a)$ | $f(x) = \arccos(x)$ | $f'(x) = -\frac{1}{\sqrt{1-x^2}}$ |
| $f(x) = \ln(x)$ | $f'(x) = \frac{1}{x}$ | $f(x) = \arctan(x)$ | $f'(x) = \frac{1}{1+x^2}$ |
| $f(x) = \log_a(x)$ | $f'(x) = \frac{1}{\ln(a)} \cdot \frac{1}{x}$ | | |

### Ableitungsregeln

| | | |
|---|---|---|
| **Faktorregel** | $f(x) = k \cdot u(x)$ | $f'(x) = k \cdot u'(x)$ |
| **Summenregel** | $f(x) = u(x) + v(x)$ | $f'(x) = u'(x) + v'(x)$ |
| **Kettenregel** | $f(x) = v(u(x))$ | $f'(x) = v'(u(x)) \cdot u'(x)$ |
| **Produktregel** | $f(x) = u(x) \cdot v(x)$ | $f'(x) = u'(x) \cdot v(x) + u(x) \cdot v'(x)$ |
| **Quotientenregel** | $f(x) = \frac{u(x)}{v(x)}$ | $f'(x) = \frac{u'(x) \cdot v(x) - u(x) \cdot v'(x)}{(v(x))^2}$ |
| **Ableitung der Umkehrfunktion** | $x = g(y)$ sei Umkehrfunktion von $y = f(x)$; dabei ist noch keine Vertauschung der Variablen erfolgt. Dann gilt $g'(y) = \frac{1}{f'(x)}$. | |

### Regeln von de l'Hospital

Lässt sich die Funktion f in der Form eines Quotienten

$f(x) = \frac{u(x)}{v(x)}$ darstellen

und gibt es eine Stelle a mit folgenden Eigenschaften:

1) $u(a) = v(a) = 0$,
2) u und v sind in einer Umgebung von a differenzierbar mit $v'(x) \neq 0$,
3) $\lim\limits_{x \to a} \frac{u'(x)}{v'(x)}$ existiert,

so gilt: $\lim\limits_{x \to a} \frac{u(x)}{v(x)} = \lim\limits_{x \to a} \frac{u'(x)}{v'(x)}$

Die Regel gilt für $\lim\limits_{x \to \infty} \frac{u(x)}{v(x)}$ und für $\lim\limits_{x \to -\infty} \frac{u(x)}{v(x)}$, falls Zähler und Nenner gegen 0 streben.

Die Regel gilt für $\lim\limits_{x \to a} \frac{u(x)}{v(x)}$ und für $\lim\limits_{x \to \infty} \frac{u(x)}{v(x)}$, falls Zähler und Nenner gegen ∞ streben.

Beispiel: $\lim\limits_{x \to 0} \frac{\sin(x)}{x}$

Es ist: $u(x) = \sin(x)$; $v(x) = x$
$u'(x) = \cos(x)$; $v'(x) = 1$

Es gilt:
1) $u(0) = v(0) = 0$
2) $v'(x) = 1 \neq 0$ in einer Umgebung von 0
3) $\lim\limits_{x \to 0} \frac{\cos(x)}{1} = 1$ existiert.

Damit gilt: $\lim\limits_{x \to 0} \frac{\sin(x)}{x} = 1$

## Rationale Funktionen

### Ganzrationale Funktionen

Eine Funktion f mit $f(x) = a_n x^n + a_{n-1} x^{n-1} + \ldots + a_2 x^2 + a_1 x + a_0$, $n \in \mathbb{N}^*$, $a_n \neq 0$, $D_f = \mathbb{R}$ heißt ganzrationale Funktion oder ***Polynomfunktion vom Grad n***.

Der Term $a_n x^n + a_{n-1} x^{n-1} + \ldots + a_2 x^2 + a_1 x + a_0$ heißt auch ***Polynom vom Grad n***.

Ist $x_0$ eine Nullstelle der Funktion f, so kann man f(x) wie folgt schreiben:

$f(x) = (x - x_0) \cdot f_{n-1}(x)$, wobei $f_{n-1}(x)$ ein Polynom vom Grad $n - 1$ ist (Polynomdivision → S. 18).

Eine ganzrationale Funktion f vom Grad n hat höchstens n Nullstellen.

Der Graph einer ganzrationalen Funktion f mit $f(x) = a_n x^n + a_{n-1} x^{n-1} + \ldots + a_2 x^2 + a_1 x + a_0$ hat als Näherungskurve für $x \to +\infty$ oder $x \to -\infty$ den Graphen von $g(x) = a_n x^n$.

### Gebrochenrationale Funktionen

Der Funktionsterm einer gebrochenrationalen Funktion f ist der Quotient $\frac{u(x)}{v(x)}$ zweier Polynome. Die maximale Definitionsmenge ist $\mathbb{R} \setminus \{x \in \mathbb{R} \mid v(x) = 0\}$.

Gilt an einer Stelle $x_0$ mit $v(x_0) = 0$ bei einer gebrochenrationalen Funktion für die Zählerfunktion $u(x_0) \neq 0$, so hat f in $x_0$ einen ***Pol***. Die Gerade mit der Gleichung $x = x_0$ ist ***Asymptote***.

Gilt an einer Stelle $x_0$ bei einer gebrochenrationalen Funktion für die Zähler- und Nennerfunktion $u(x_0) = v(x_0) = 0$, und gilt nach Kürzen von f durch $(x - x_0)$ für das neue Nennerpolynom $v^*(x_0) \neq 0$, so liegt in $x_0$ eine ***hebbare Lücke*** vor.

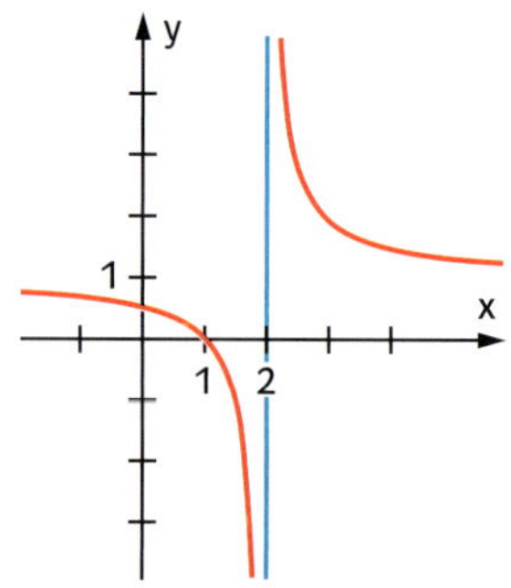

Polstelle einer gebrochenrationalen Funktion an der Stelle $x_0 = 2$.

Der Graph einer gebrochenrationalen Funktion f mit $f(x) = \frac{u(x)}{v(x)}$ hat als Näherungskurve für $x \to +\infty$ oder $x \to -\infty$

- eine Parallele zur x-Achse oder die x-Achse selbst, wenn gilt: Zählergrad ≤ Nennergrad;
- eine ***schiefe Asymptote***, wenn der Zählergrad um 1 größer als der Nennergrad ist;
- eine nicht lineare ***Näherungskurve***, wenn der Zählergrad um mindestens 2 größer ist als der Nennergrad.

Man erhält die Näherungskurve durch Polynomdivision (Polynomdivision → S. 18).

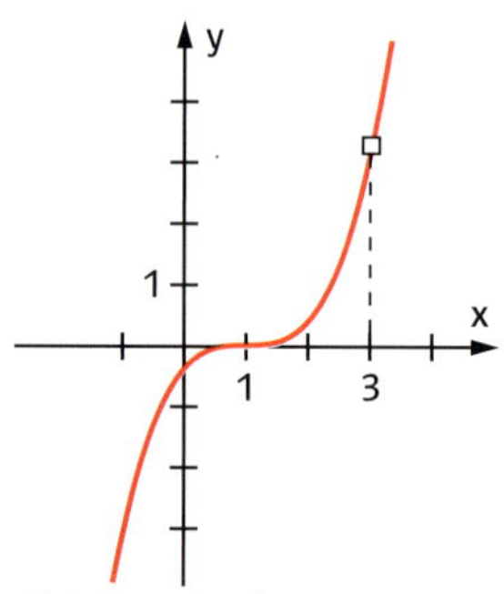

Hebbare Lücke einer gebrochenrationalen Funktion in $x_0 = 3$.

## Kurvenuntersuchung

### Symmetrie

(Symmetrie zur y-Achse und zum Ursprung → S. 27)

Der Graph einer Funktion f, $D_f \subseteq \mathbb{R}$ ist symmetrisch zur Geraden mit der Gleichung $x = x_0$, wenn für alle $h > 0$ gilt:

$f(x_0 - h) = f(x_0 + h)$

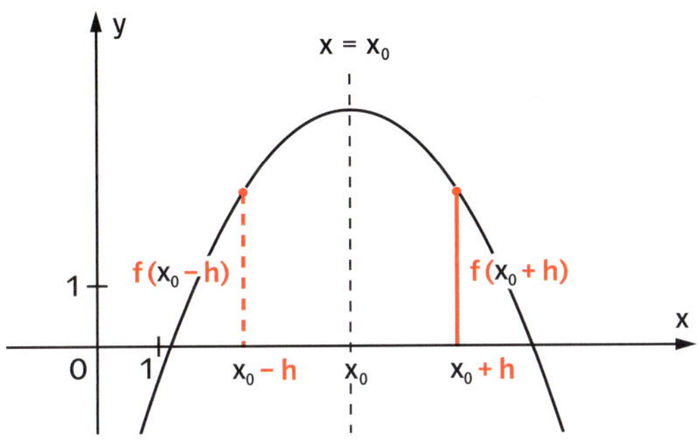


symmetrisch zum Punkt $P(x_0 | y_0)$, wenn für alle $h > 0$ gilt:

$\frac{1}{2} \cdot [f(x_0 - h) + f(x_0 + h)] = f(x_0)$

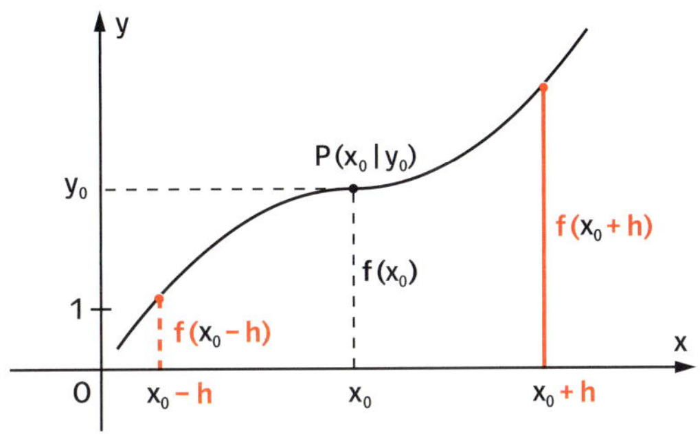


### Näherungsweise Berechnung von Nullstellen

**Newtonverfahren**

Eine differenzierbare Funktion f besitze im Intervall [a; b] eine Nullstelle $x^*$. Bei Vorgabe eines Anfangswertes $x_0$ wird durch wiederholte Anwendung (Iteration) der Rekursionsvorschrift

$$x_{n+1} = x_n - \frac{f(x_n)}{f'(x_n)} \quad (f'(x_n) \neq 0)$$

eine Folge von Näherungswerten berechnet.
Wird der Anfangswert $x_0$ geeignet gewählt, das heißt möglichst nahe bei $x^*$, so konvergiert die Folge gegen $x^*$.

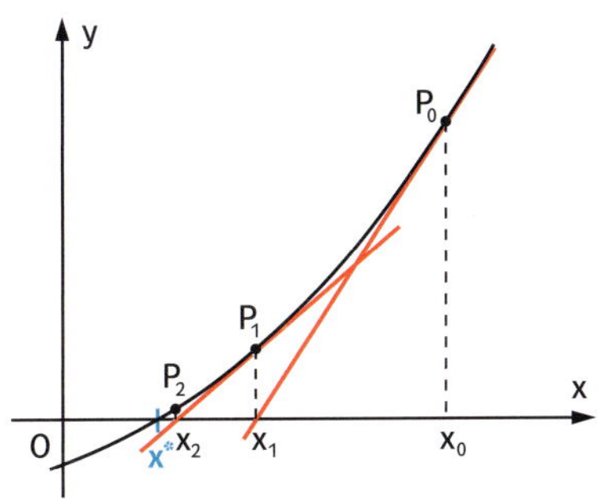


### Extrempunkte, Extremstellen, Extremwerte

Die Funktion f sei auf einem abgeschlossenen Intervall $I = [a; b]$ definiert.

Der Funktionswert $f(x_0)$ heißt ***lokales oder relatives Maximum*** von f, wenn es eine Umgebung $U(x_0) \subseteq I$ gibt, so dass für alle Werte x aus $U(x_0) \setminus \{x_0\}$ gilt:

$\mathbf{f(x) < f(x_0)}$

Der Punkt $P_0(x_0 | f(x_0))$ des Graphen von f heißt ***Hochpunkt***.

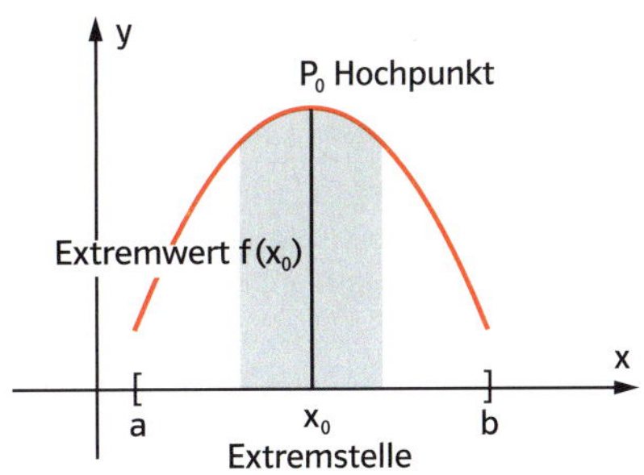


Der Funktionswert $f(x_0)$ heißt ***lokales oder relatives Minimum*** von f, wenn es eine Umgebung $U(x_0) \subseteq I$ gibt, so dass für alle Werte x aus $U(x_0) \setminus \{x_0$ gilt:

$\mathbf{f(x) > f(x_0)}$

Der Punkt $P_0(x_0 | f(x_0))$ des Graphen von f heißt dann ***Tiefpunkt***.

Der x-Wert des Punktes $P_0$ heißt Extremstelle.

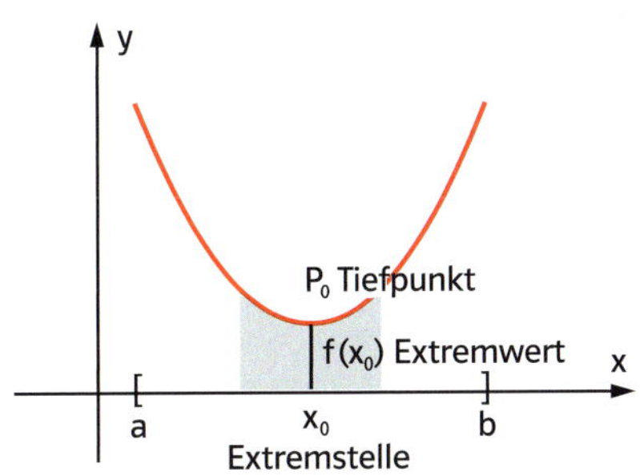

## Kurvenuntersuchung

**Randextremwerte, absolute Extrempunkte**

Ist eine stetige Funktion f an einer ***Randstelle*** definiert, so ist diese Stelle in der Regel eine lokale Extremstelle.

Ein Funktionswert $f(x_0)$ heißt ***absolutes Maximum*** bzw. ***absolutes Minimum***, wenn für alle x-Werte aus der Definitionsmenge $D_f$ gilt:

$f(x) \leq f(x_0)$ bzw. $f(x) \geq f(x_0)$

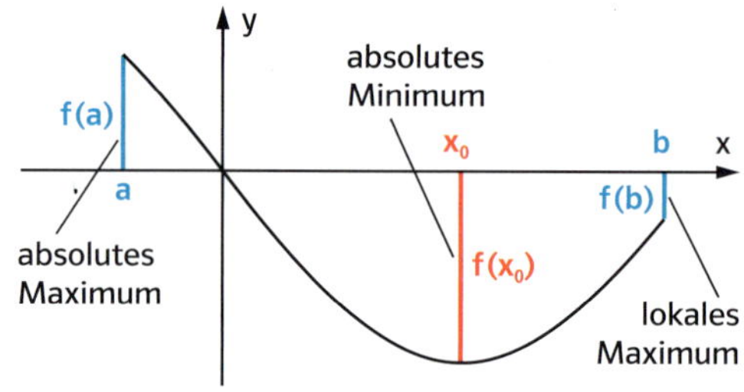


**Kriterien für lokale Maxima, Minima**

Die Funktion f sei in I zweimal differenzierbar.
f hat an einer inneren Stelle $x_0$ ein ***lokales Maximum***, wenn

$f'(x_0) = 0$ und

$f'(x) > 0$ für $x < x_0$ und $f'(x) < 0$ für $x > x_0$ ist,

d.h. $f'(x)$ wechselt beim Überschreiten der Stelle $x_0$ das Vorzeichen von plus nach minus
oder wenn

$f'(x_0) = 0$ und $f''(x_0) < 0$ ist.

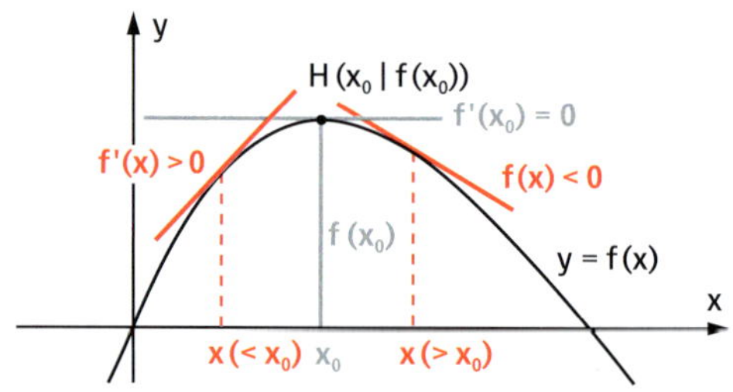


Die Funktion f sei in I zweimal differenzierbar.
f hat an einer inneren Stelle $x_0$ ein ***lokales Minimum***, wenn

$f'(x_0) = 0$ und

$f'(x) < 0$ für $x < x_0$ und $f'(x) > 0$ für $x > x_0$ ist

d.h. $f'(x)$ wechselt beim Überschreiten der Stelle $x_0$ das Vorzeichen von minus nach plus
oder wenn

$f'(x_0) = 0$ und $f''(x_0) > 0$ ist.

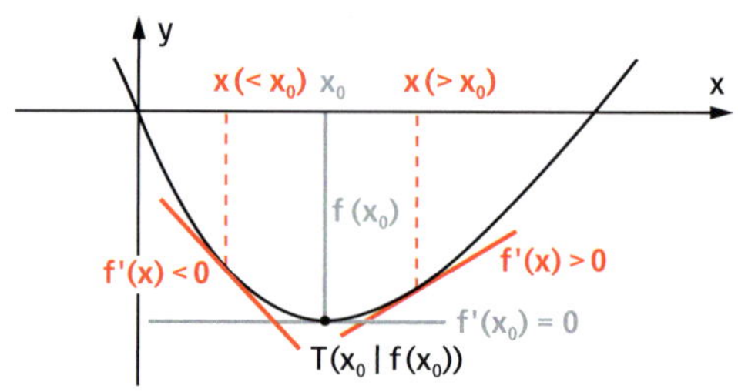


**Rechtskurve, Linkskurve, Wendepunkt**

Der Graph einer differenzierbaren Funktion f beschreibt auf einem Intervall I eine Linkskurve (Rechtskurve), wenn f′ streng monoton wachsend (fallend) ist. Die Funktion f heißt dann ***konvex*** (***konkav***).

Wenn f in einem Intervall I zweimal differenzierbar ist und für alle $x \in I$ gilt: $f''(x) > 0$ ($f''(x) < 0$), so ist der Graph von f auf I eine Linkskurve (Rechtskurve).

Ein ***Wendepunkt*** ist ein Extrempunkt der 1. Ableitung von f. Eine dreimal in $x_0$ differenzierbare Funktion f hat in $x_0$ einen Wendepunkt, wenn

$f''(x_0) = 0$ ist und

$f''(x)$ beim Überschreiten der Stelle $x_0$ das Vorzeichen wechselt oder wenn

$f''(x_0) = 0$ und $f'''(x_0) \neq 0$ ist.

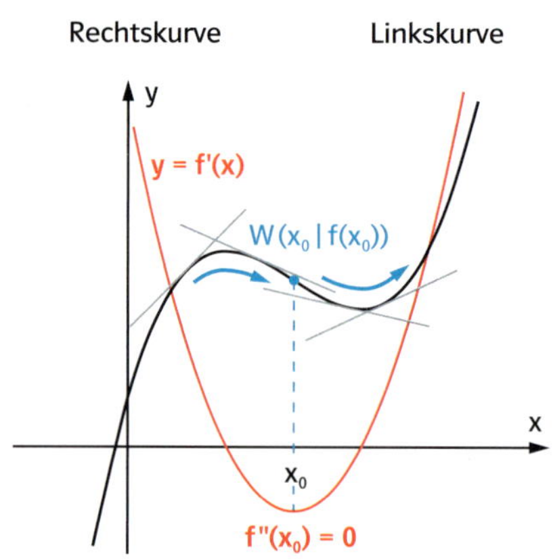

## Kurvenuntersuchung

### Schnittpunkte zweier Graphen

Man ermittelt die ***Schnittpunkte*** der Graphen zweier Funktionen f und g, indem man die Lösungen der Gleichung $f(x) = g(x)$ ermittelt. Dies führt auf die Bestimmung der Nullstellen der Differenzfunktion f − g: $f(x) - g(x) = 0$.
Ist $x_0$ eine Schnittstelle, so ist $S(x_0 \mid f(x_0))$ der zugehörige Schnittpunkt.

Der ***Schnittwinkel*** in einem Schnittpunkt $S(x_0 \mid f(x_0))$ ist der Winkel, den die Tangenten im Punkt S miteinander einschließen:

$$\tan(\alpha) = \left|\frac{f'(x_0) - g'(x_0)}{1 + f'(x_0) \cdot g'(x_0)}\right| \quad \text{für } f'(x_0) \cdot g'(x_0) \neq -1$$

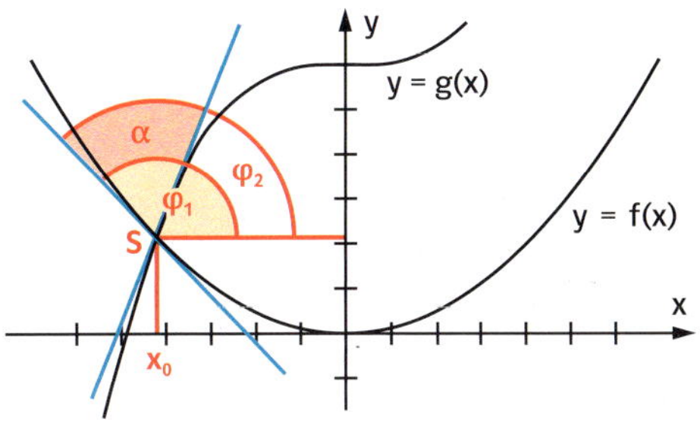


Sonderfälle:
***Berührung*** für $f'(x_0) = g'(x_0)$, ***Orthogonalität*** für $f'(x_0) \cdot g'(x_0) = -1$

## Integral und Flächeninhalt

### Stammfunktionen

F heißt Stammfunktion einer Funktion f auf einem Intervall I, falls dort $F'(x) = f(x)$ gilt.
Ist F eine Stammfunktion von f, so ist auch G mit $G(x) = F(x) + c$ eine Stammfunktion von f.
Statt Stammfunktion sagt man auch ***unbestimmtes Integral***.

### Stammfunktionen von Grundfunktionen

| **Funktion f** | **Stammfunktion F** |
|---|---|
| $f(x) = a$; a konstant | $F(x) = a \cdot x$ |
| $f(x) = x^n$ mit $n \in \mathbb{N}$ | $F(x) = \frac{1}{n+1} \cdot x^{n+1}$ |
| $f(x) = x^{-n}$ mit $n \in \mathbb{N}$ mit $n \neq 1$ | $F(x) = \frac{1}{-n+1} \cdot x^{-n+1}$ |
| $f(x) = \frac{1}{x}$ | $F(x) = \ln(\lvert x \rvert)$ |
| $f(x) = x^r$ mit $r \in \mathbb{R} \setminus \{-1\}$ | $F(x) = \frac{1}{r+1} \cdot x^{r+1}$ |
| $f(x) = \sqrt{x}$ | $F(x) = \frac{2}{3} x \sqrt{x}$ |
| $f(x) = e^x$ | $F(x) = e^x$ |
| $f(x) = \ln(x)$ | $F(x) = x \cdot \ln(x) - x$ |
| $f(x) = a^x$, $a > 0$, $a \neq 1$ | $F(x) = \frac{1}{\ln(a)} \cdot a^x$ |
| $f(x) = \log_a(x) = \frac{\ln(x)}{\ln(a)}$ | $F(x) = \frac{1}{\ln(a)} \cdot (x \cdot \ln(x) - x)$ |
| $f(x) = \sin(x)$ | $F(x) = -\cos(x)$ |
| $f(x) = \cos(x)$ | $F(x) = \sin(x)$ |
| $f(x) = \tan(x)$ | $F(x) = -\ln(\lvert \cos(x) \rvert)$ |
| $f(x) = \cot(x)$ | $F(x) = \ln(\lvert \sin(x) \rvert)$ |

## Integral und Flächeninhalt

### Weitere Stammfunktionen

| Funktion f | Stammfunktion F |
|---|---|
| $f(x) = \frac{1}{ax+b}$ | $F(x) = \frac{1}{a} \cdot \ln(\lvert ax+b \rvert)$ |
| $f(x) = \frac{ax+b}{cx+d} = \frac{a}{c} + \frac{1}{c} \cdot \frac{bc-ad}{cx+d}$ | $F(x) = \frac{a}{c} \cdot x + \frac{bc-ad}{c^2} \cdot \ln(\lvert cx+d \rvert)$ |
| $f(x) = \frac{1}{(x-a)(x-b)} = \frac{1}{(a-b)(x-a)} - \frac{1}{(a-b)(x-b)}$ mit $a \neq b$ | $F(x) = \frac{1}{a-b} \cdot \ln\left(\left\lvert \frac{x-a}{x-b} \right\rvert\right)$ |
| $f(x) = \frac{1}{x^2-a^2}$ mit $a \neq 0$ | $F(x) = \frac{1}{2a} \cdot \ln\left(\frac{x-a}{x+a}\right)$ |
| $f(x) = \frac{1}{x^2+a^2}$ mit $a \neq 0$ | $F(x) = \frac{1}{a} \cdot \arctan\left(\frac{x}{a}\right)$ |
| $f(x) = \frac{1}{\sqrt{x^2+a^2}}$ mit $a \neq 0$ | $F(x) = \ln\left(x + \sqrt{x^2+a^2}\right)$ |
| $f(x) = \frac{1}{\sqrt{x^2-a^2}}$ mit $a \neq 0$ | $F(x) = \ln\left(x + \sqrt{x^2-a^2}\right)$ |
| $f(x) = \frac{1}{\sqrt{a^2-x^2}}$ mit $a \neq 0$ | $F(x) = \arcsin\left(\frac{x}{\lvert a \rvert}\right)$ |
| $f(x) = \sin^2(x)$ | $F(x) = \frac{1}{2}(x - \sin(x) \cdot \cos(x))$ |
| $f(x) = \cos^2(x)$ | $F(x) = \frac{1}{2}(x + \sin(x) \cdot \cos(x))$ |
| $f(x) = \tan^2(x)$ | $F(x) = \tan(x) - x$ |
| $f(x) = e^{ax} \sin(bx)$ | $F(x) = \frac{e^{ax}}{a^2+b^2} \cdot (a \cdot \sin(bx) - b \cdot \cos(bx))$ |
| $f(x) = e^{ax} \cos(bx)$ | $F(x) = \frac{e^{ax}}{a^2+b^2} \cdot (a \cdot \cos(bx) + b \cdot \sin(bx))$ |

## Integral und Flächeninhalt

**Zerlegungssumme, Untersumme, Obersumme, Integral**

Die Funktion f sei auf dem Intervall $I \subset [a; b]$ stetig und $x \in [a; b]$.

- Für jede Zahl $n \in \mathbb{N}^*$ wird das Intervall $[a; b]$ in n Teilintervalle der Breite $h = \frac{b-a}{n}$ unterteilt.
- Aus jedem Teilintervall wählt man eine Stelle $x_i$ für $i = 1, 2, \ldots, n$.
- Man berechnet für jedes n die Zerlegungssumme: $S_n = h \cdot f(x_1) + h \cdot f(x_2) + \ldots + h \cdot f(x_n)$

Wählt man $x_i$ $(i = 1, 2, \ldots n)$ so, dass $f(x_i)$ das Minimum (Maximum) von f im i-ten Teilintervall ist, so heißt die zugehörige Zerlegungssumme ***Untersumme*** (Obersumme).

Wenn die Folgen der Unter- und der Obersumme gegen den gleichen Grenzwert konvergieren, dann heißt der Grenzwert $\lim\limits_{n \to \infty} S_n$ Integral der Funktion f zwischen den Grenzen a und b.

Man schreibt dafür: $\lim\limits_{n \to \infty} S_n = \int_a^b f(x)\,dx$

f(x) heißt ***Integrand***; x ***Integrationsvariable***; a, b ***Integrationsgrenzen***.

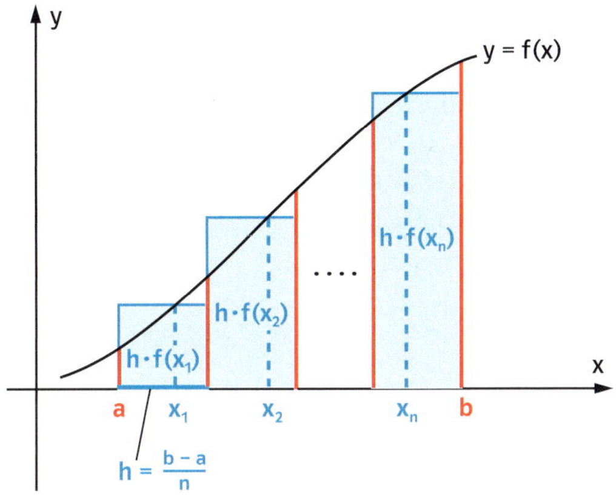


**Eigenschaften des Integrals**

1. $\int_a^a f(x)\,dx = 0$
2. $\int_a^b f(x)\,dx = -\int_b^a f(x)\,dx$
3. $\int_a^b r(f(x) + g(x))\,dx = r\int_a^b (f(x) + g(x))\,dx = r\int_a^b f(x)\,dx + r\int_a^b g(x)\,dx$ (***Linearität***)
4. Ist $f(x) \le g(x)$ für alle $x \in [a; b]$, so gilt $\int_a^b f(x)\,dx \le \int_a^b g(x)\,dx$ (***Monotonie***)
5. Ist $m \le f(x) \le M$ für alle $x \in [a; b]$, so gilt $m(b-a) \le \int_a^b f(x)\,dx \le M(b-a)$ (***Abschätzbarkeit***)

**Integralfunktion, Hauptsatz**

Die Funktion f: $t \to f(t)$ sei im Intervall $I = [a; b]$ stetig.

Die Funktion $J_a$ mit $J_a(x) = \int_a^x f(t)\,dt$ für $x \in I$

heißt Integralfunktion von f zur unteren Grenze a.

**Hauptsatz der Differenzial- und Integralrechnung:**

1) $J_a$ ist differenzierbar und es gilt:
   $J_a'(x) = f(x)$ für $x \in I$,
   oder anders geschrieben: $\left(\int_a^x f(t)\,dt\right)' = f(x)$
   $J_a$ ist damit eine Stammfunktion von f.
2) Ist F eine beliebige Stammfunktion von f, so gilt:
   $\int_a^b f(x)\,dx = [F(x)]_a^b = F(b) - F(a)$

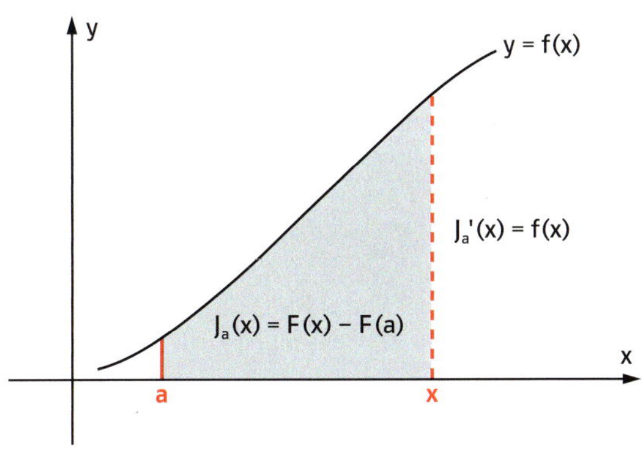

## Integral und Flächeninhalt

### Integrationsregeln

**Lineare Substitution**

$g(x) = f(m \cdot x + c)$: $\int_a^b g(x)\,dx = \int_a^b f(m \cdot x + c)\,dx = \left[\frac{1}{m} \cdot F(m \cdot x + c)\right]_a^b$, wobei F eine Stammfunktion von f ist.

**Integration durch Substitution**

$x = g(t)$: $\int_{t=a}^{t=b} f(g(t))\,g'(t)\,dt = \int_{g(a)}^{g(b)} f(x)\,dx$

**Logarithmische Integration**

$f(x) = \frac{g'(x)}{g(x)}$: $\int_a^b f(x)\,dx = [\ln(|g(x)|)]_a^b$

**Produktintegration**

$f(x) = u(x) \cdot v'(x)$: $\int_a^b f(x)\,dx = [u(x) \cdot v(x)]_a^b - \int_a^b u'(x) \cdot v(x)\,dx$

### Integral und momentane Änderungsrate

Ist die lokale oder momentane Änderungsrate m einer Größe G in einem Intervall $[x_1; x_2]$ gegeben, dann kann man die Gesamtänderung der Größe G, nämlich $G(x_2) - G(x_1)$, in diesem Intervall mit einem Integral bestimmen:

$$G(x_2) - G(x_1) = \int_{x_1}^{x_2} m(x)\,dx$$

Die Gesamtänderung kann man über Flächeninhalte unter einer Kurve deuten.

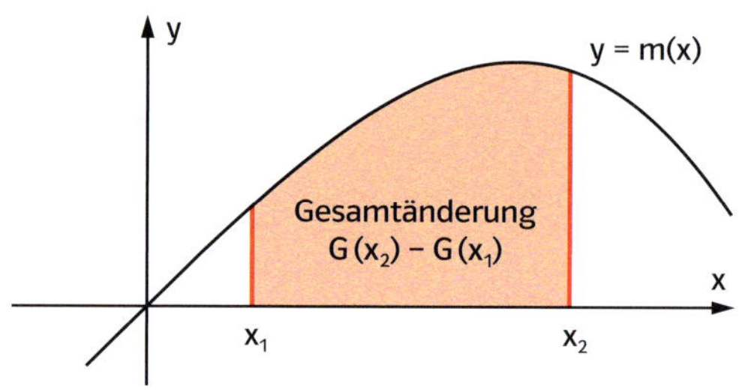


### Flächenberechnung

$A = \int_a^b f(x)\,dx$, falls $f(x) \geq 0$ für alle $x \in [a; b]$

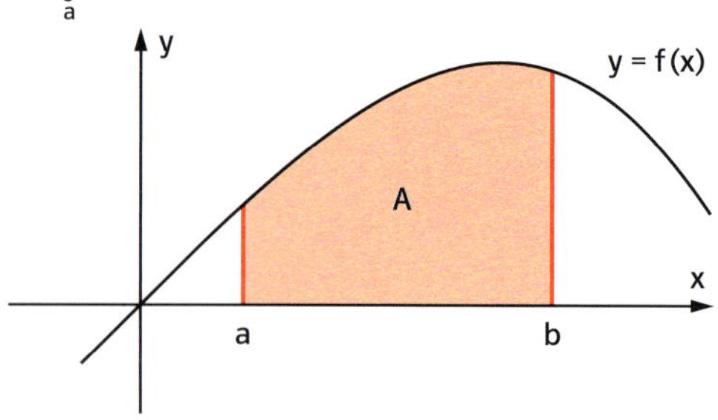


$A = -\int_a^b f(x)\,dx$, falls $f(x) \leq 0$ für alle $x \in [a; b]$

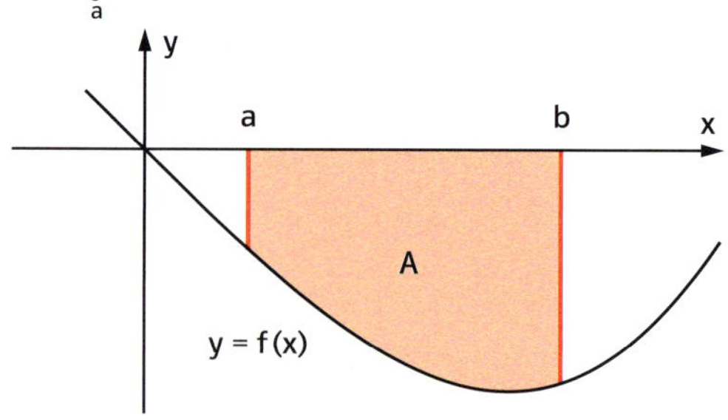

## Integral und Flächeninhalt

$$A = A_1 + A_2 = \int_a^{x_1} f(x)\,dx - \int_{x_1}^{b} f(x)\,dx$$

Dabei ist die Nullstelle $x_1$ zu bestimmen.

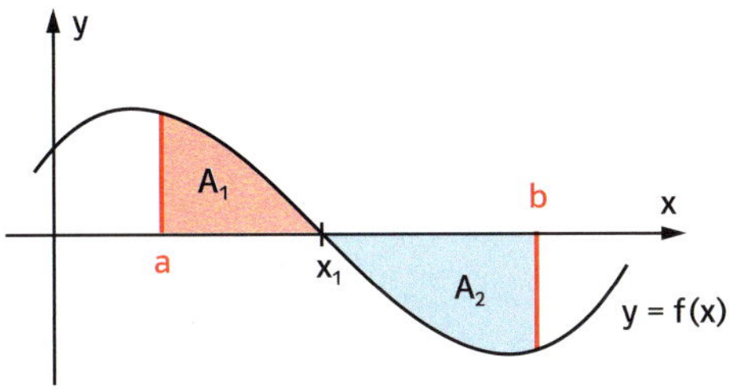


$$A = \int_{x_1}^{x_2} (f(x) - g(x))\,dx \quad \text{mit } f(x) \geq g(x) \text{ für } x \in [x_1; x_2]$$

Dabei sind die Schnittstellen $x_1$ und $x_2$ zu bestimmen.

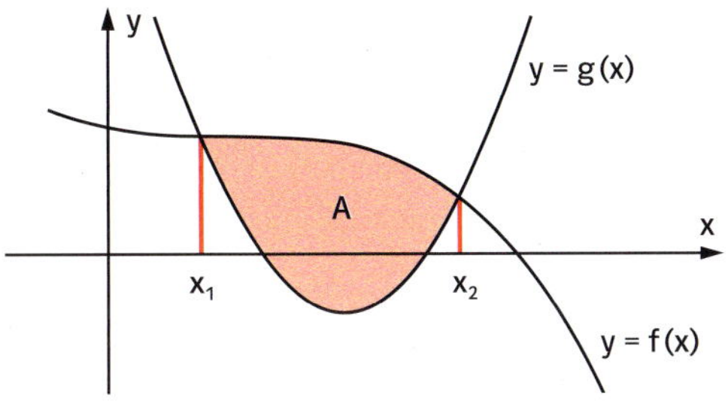


### Volumen von Rotationskörpern

Volumen des Körpers bei Rotation der Flächen zwischen dem Graphen von f und der x-Achse im Intervall [a; b].

$$V_x = \pi \cdot \int_a^b (f(x))^2\,dx$$

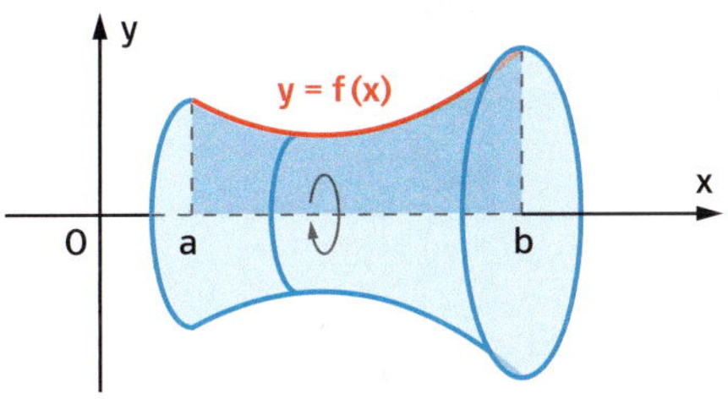


Volumen des Körpers bei Rotation der Flächen zwischen dem Graphen von f und der y-Achse im Intervall [a; b]. Dabei sei f umkehrbar mit $x = f^{-1}(y)$.

$$V_y = \pi \cdot \int_{f(a)}^{f(b)} (f^{-1}(y))^2\,dy$$

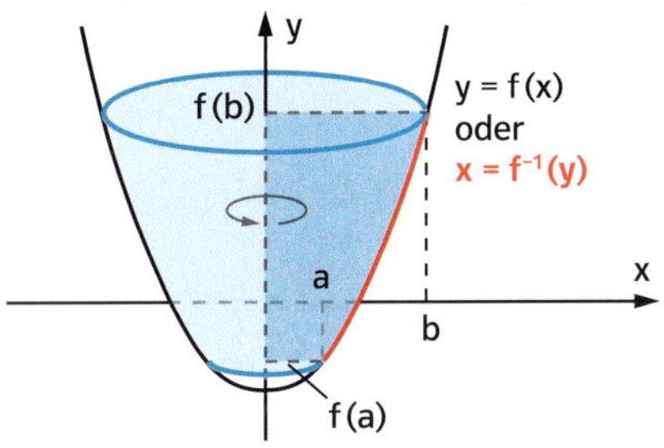


### Mittelwert

Ist f auf [a; b] stetig, so heißt $\overline{m}$ Mittelwert der Funktionswerte von f auf [a; b]:

$$\overline{m} = \frac{1}{b-a} \cdot \int_a^b f(x)\,dx$$

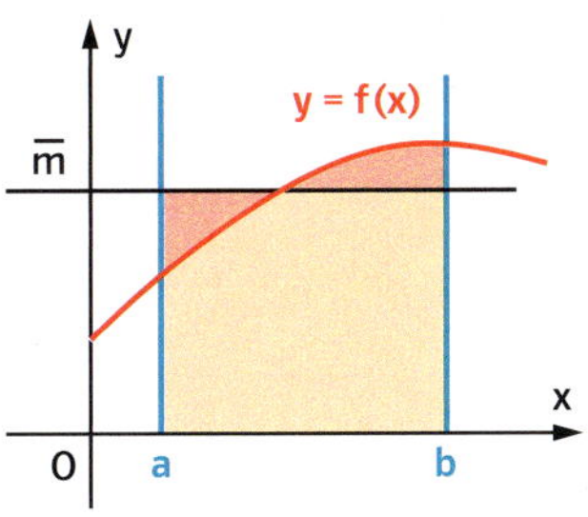


### Bogenlänge

Gegeben ist eine auf [a; b] differenzierbare Funktion f und ihr Graph. Die Länge des Bogens des Graphen im Intervall von a bis b kann wie folgt berechnet werden:

$$L = \int_a^b \sqrt{1 + [f'(x)]^2}\,dx$$

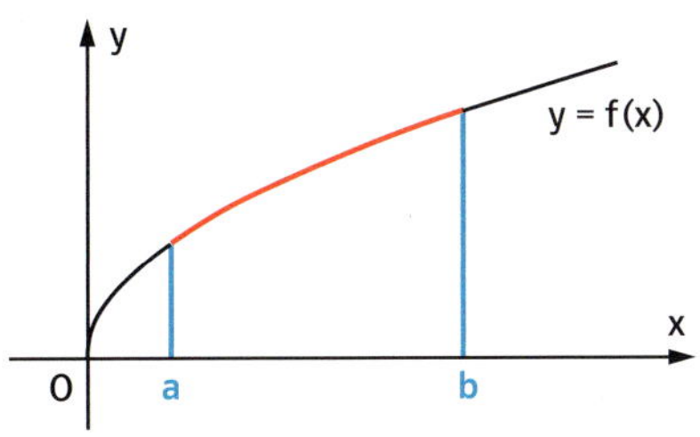

## Integral und Flächeninhalt

### Näherungsweise Berechnung von Integralen

(Zerlegungssummen → S. 63)

$$\int_a^b f(x)\,dx \approx h \cdot f(x_1) + h \cdot f(x_2) + \ldots + h \cdot f(x_n)$$
$$= h \cdot [f(x_1) + f(x_2) + \ldots + f(x_n)] \text{ mit } h = \frac{b-a}{n}$$

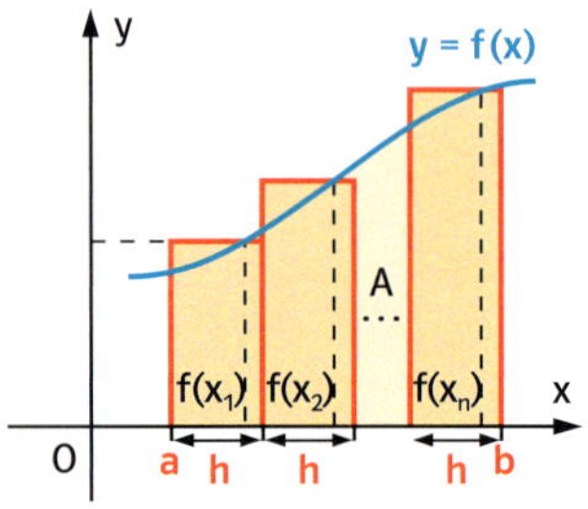


### Kepler'sche Fassregel

$$\int_a^b f(x)\,dx \approx \frac{1}{6}(b-a)\left[f(a) + 4 \cdot f\left(\frac{a+b}{2}\right) + f(b)\right]$$

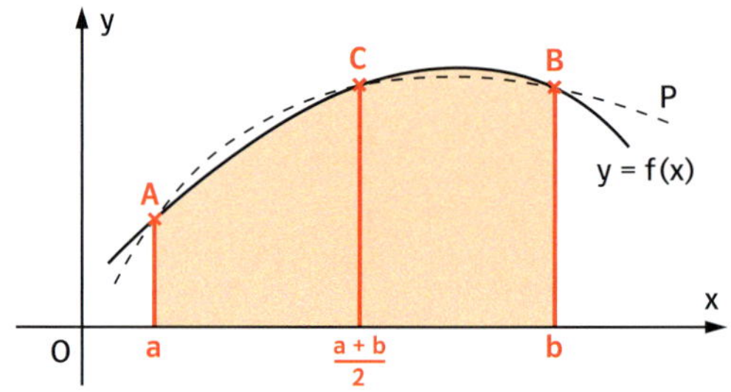


### Simpson'sche Regel

Man teilt das Intervall $[a; b]$ in $2 \cdot n$ Teilstücke der Länge

$h = \frac{b-a}{2n}$

$x_0 = a;\ x_1 = a + h;\ x_2 = a + 2h;\ \ldots;\ x_n = a + (2n-1)h;\ x_{2n} = b$

$$\int_a^b f(x)\,dx \approx \frac{h}{3} \cdot [f(x_0) + f(x_{2n}) + 2 \cdot (f(x_2) + f(x_4) + \ldots + f(x_{2n-2})) +$$
$$+ 4 \cdot [(f(x_1) + f(x_3) + \ldots + f(x_{2n-1}))]$$

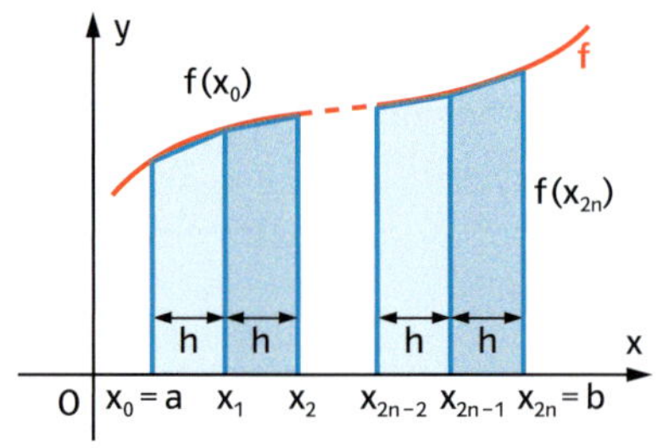


## Kontinuierliches Wachstum

### Lineares Wachstum

Ein ***Bestand*** B(t) ändert sich ***linear***, wenn B(t) die ***Differenzialgleichung*** $B'(t) = k$ erfüllt, wobei k eine Konstante ist.
Für $k < 0$ fällt B(t) monoton, für $k > 0$ wächst B(t) monoton.
Die zugehörige Funktion ist eine lineare Funktion:
$B(t) = k \cdot t + B(0)$

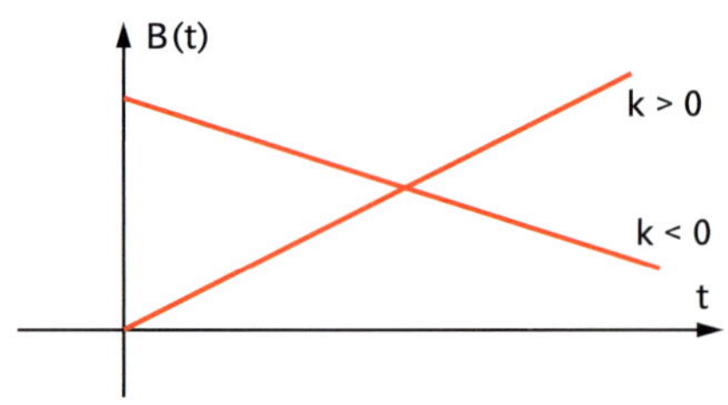


### Exponentielles Wachstum

Ein ***Bestand*** B(t) ändert sich ***exponentiell***, wenn B(t) die Differenzialgleichung $B'(t) = k \cdot B(t)$ erfüllt, wobei k eine Konstante ist.

Für $k > 0$ wächst B(t) monoton; k heißt ***Wachstumskonstante***.

**Verdopplungszeit:** $T_v = \frac{\ln(2)}{k}$

Für $k < 0$ fällt B(t) monoton; k heißt ***Zerfallskonstante***.

**Halbwertszeit:** $T_v = -\frac{\ln(2)}{k}$

Die Funktion B ist eine Exponentialfunktion mit
$B(t) = B(0) \cdot e^{k \cdot t}$

Ist die Funktion B durch die Gleichung $B(t) = B(0) \cdot a^t$ gegeben, so ist $k = \ln(a)$ wegen $a^t = e^{t \cdot \ln(a)}$.

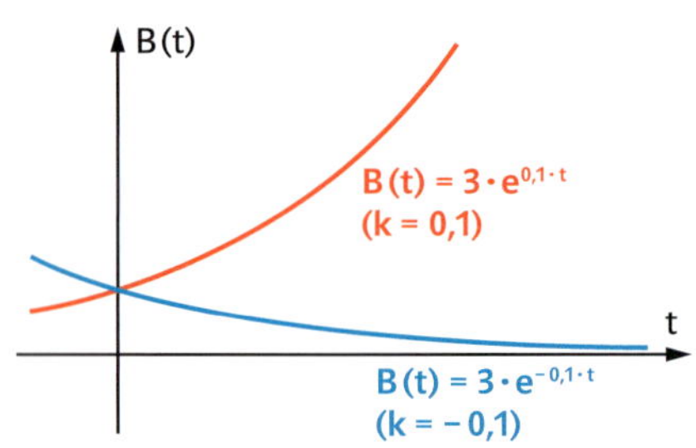

## Kontinuierliches Wachstum

### Beschränktes Wachstum

Ein ***Bestand*** B(t) ***wächst*** oder ***fällt beschränkt***, wenn B(t) die ***Differenzialgleichung*** $B'(t) = k \cdot (S - B(t))$ erfüllt, wobei k eine Konstante und S die ***Sättigungsgrenze*** ist.

Die zugehörige Funktion lautet:

$B(t) = S - c \cdot e^{-k \cdot t}$ mit $c = S - B(0)$; $k > 0$

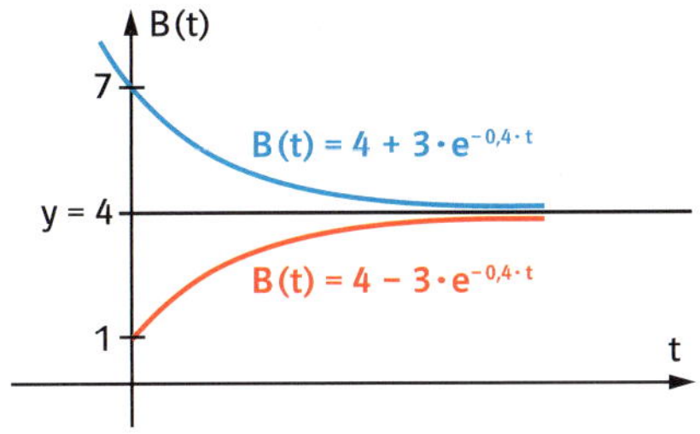


### Logistisches Wachstum

Ein ***Bestand*** B(t) ändert sich ***logistisch***, wenn B(t) die Differenzialgleichung $B'(t) = k \cdot B(t) \cdot (S - B(t))$ erfüllt, wobei k eine Konstante und S die Sättigungsgrenze ist.

Dabei ist $k > 0$ und $S > 0$.

Die zugehörige Funktion lautet:

$$B(t) = \frac{a \cdot S}{a + (S - a) \cdot e^{-Skt}} \text{ mit } a = B(0)$$

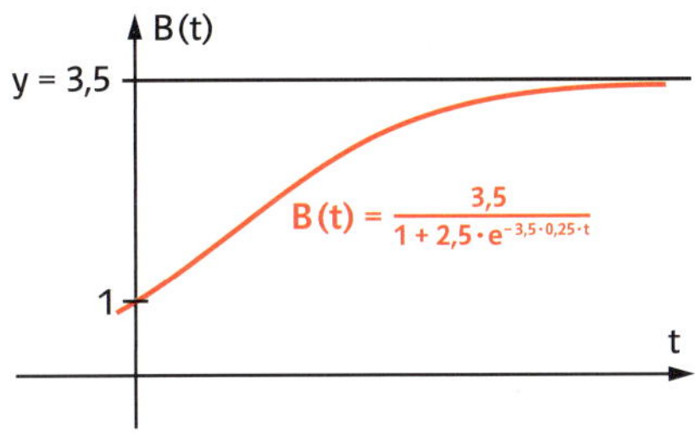


## Existenzsätze

### Satz vom Minimum und vom Maximum

Die Funktion f sei auf dem abgeschlossenen Intervall [a; b] stetig.

Dann hat die Funktion f in [a; b] ein Minimum und ein Maximum, d.h. es gibt Stellen $x_{Min}$ und $x_{Max}$ mit der Eigenschaft

$f(x_{Min}) \leq f(x) \leq f(x_{Max})$ für alle $x \in [a;\ b]$.

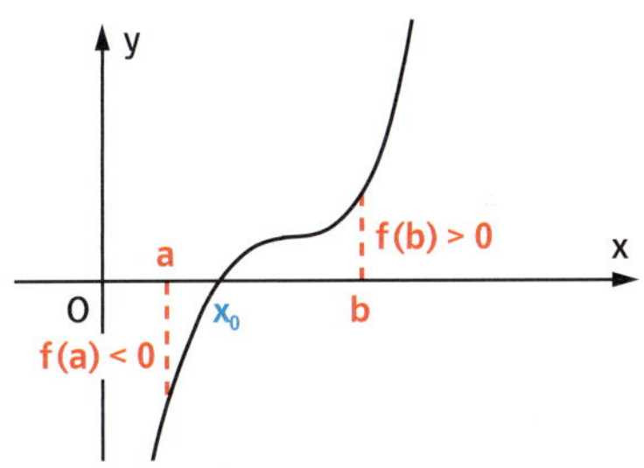


### Nullstellensatz

Die Funktion f sei auf dem abgeschlossenen Intervall [a; b] stetig und es gelte $f(a) < 0$ und $f(b) > 0$ oder umgekehrt. Dann hat die Funktion in [a; b] mindestens eine Nullstelle, d.h. es gibt eine Zahl $x_0$ aus dem offenen Intervall (a; b) mit $f(x_0) = 0$.

### Mittelwertsatz

Die Funktion f sei auf dem abgeschlossenen Intervall [a; b] stetig und im offenen Intervall (a; b) differenzierbar. Dann gibt es mindestens eine Stelle $z \in (a;\ b)$, so dass an dieser Stelle die Tangentensteigung f′(z) mit der

Sekantensteigung $\frac{f(b) - f(a)}{b - a}$ übereinstimmt:

$$f'(z) = \frac{f(b) - f(a)}{b - a}$$

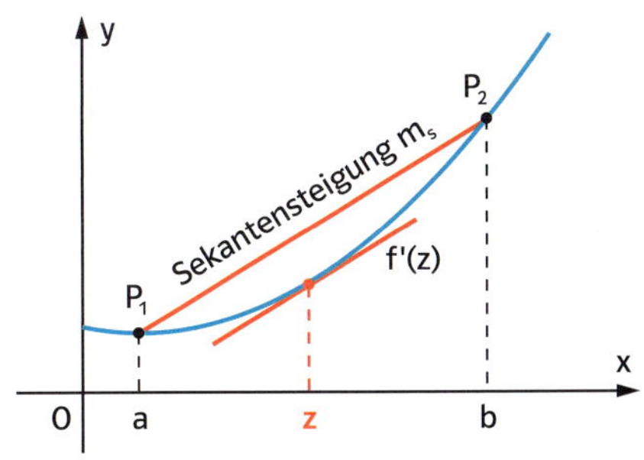

## Vektoren in der Geometrie

### Vektoren als Pfeile

Ein ***Vektor*** kann durch einen Verschiebungspfeil dargestellt werden.

Alle ***Pfeile***, die gleich lang, parallel und richtungsgleich sind, stellen den gleichen Vektor dar.

Jeder Pfeil, der zu einem Vektor gehört, kann als sein ***Repräsentant*** verwendet werden.

Derjenige Vektor, der jeden Punkt auf sich selbst abbildet, heißt ***Nullvektor*** $\vec{o}$.

Der Vektor $\vec{b}$ heißt ***Gegenvektor*** des Vektors $\vec{a}$, wenn die zugehörigen Pfeile zueinander parallel, gleich lang, aber entgegengesetzt gerichtet sind:

$\vec{b} = -\vec{a}$

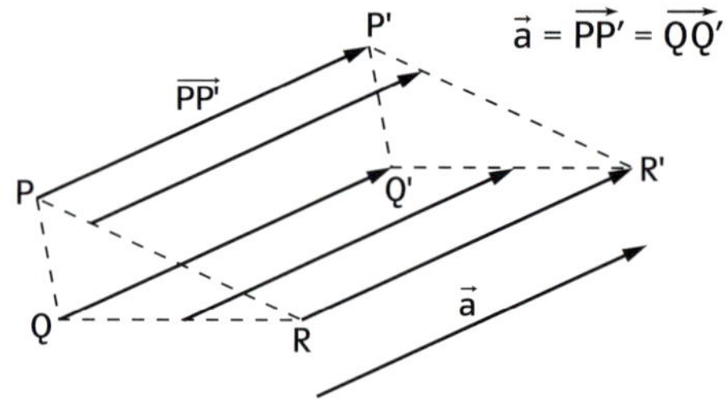


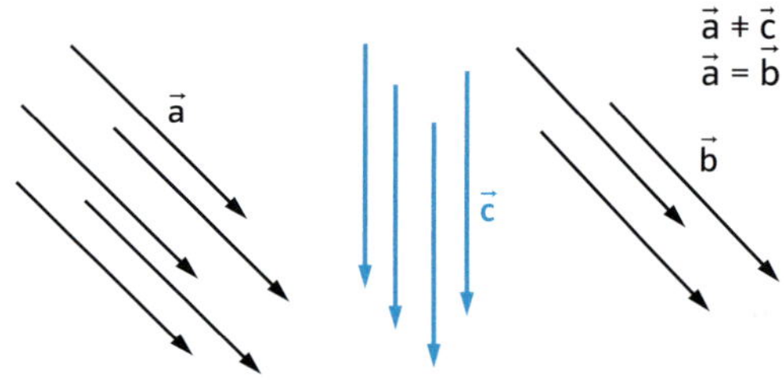


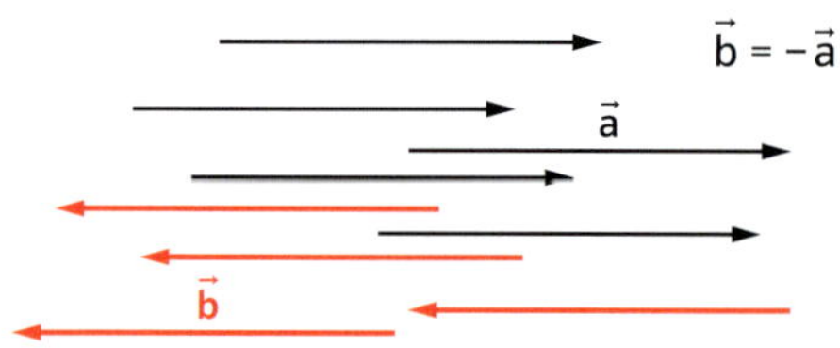


### Addition, Subtraktion und Vervielfachung von Vektoren

Die Vektoren $\vec{a}$ und $\vec{b}$ werden ***addiert***, indem man die zugehörigen Verschiebungen hintereinander ausführt:

$\vec{c} = \vec{a} + \vec{b}$

Für die Subtraktion von Vektoren gilt:

$\vec{a} - \vec{b} = \vec{a} + (-\vec{b})$

Für die Addition von Vektoren gilt:

| | |
|---|---|
| $\vec{a} + \vec{b} = \vec{b} + \vec{a}$ | (Kommutativgesetz) |
| $\vec{a} + \vec{b} + \vec{c} = (\vec{a} + \vec{b}) + \vec{c} = \vec{a} + (\vec{b} + \vec{c})$ | (Assoziativgesetz) |

Multipliziert man einen Vektor $\vec{a}$ ($\vec{a} \neq \vec{o}$) mit einer Zahl r ($r \neq 0$) (***Vervielfachung***), so erhält man einen zu $\vec{a}$ parallelen Vektor.

Dabei gilt:

| | |
|---|---|
| $r \cdot (t \cdot \vec{a}) = (r \cdot t) \cdot \vec{a}$ | (Assoziativgesetz) |
| $r \cdot (\vec{a} + \vec{b}) = r \cdot \vec{a} + r \cdot \vec{b}$ <br> $(r + t) \cdot \vec{a} = r \cdot \vec{a} + t \cdot \vec{a}$ | (Distributivgesetze) |

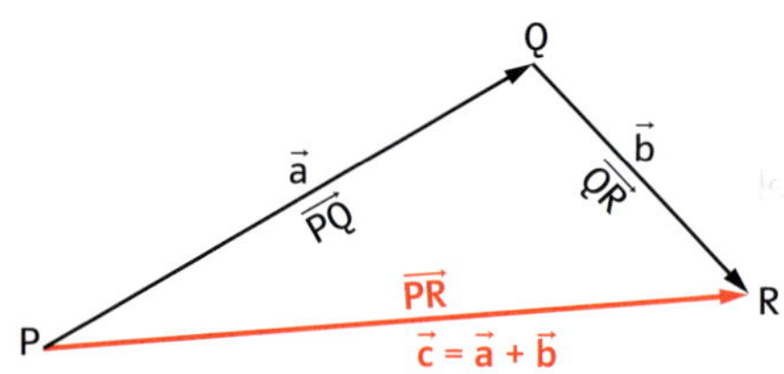


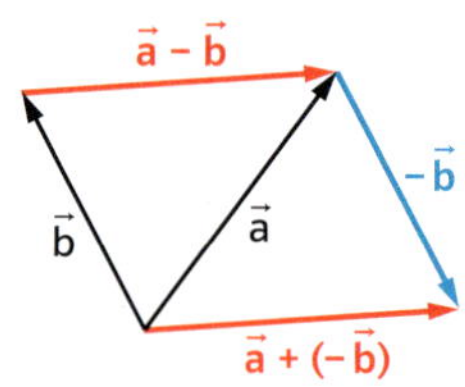


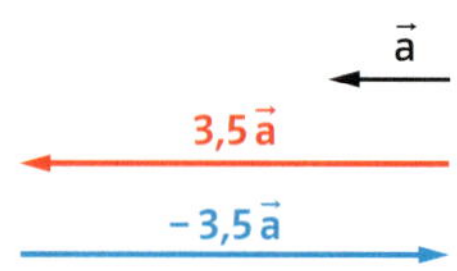

## Vektoren in der Geometrie

### Vektorraum

Eine Menge V heißt Vektorraum über den reellen Zahlen $\mathbb{R}$ genau dann, wenn:

1) Es ist eine Verknüpfung + ***(Addition)*** definiert, so dass für alle $\vec{a}, \vec{b} \in V$ auch $\vec{a} + \vec{b} \in V$ ist und es gilt:
   $\vec{a} + \vec{b} = \vec{b} + \vec{a}$ und $(\vec{a} + \vec{b}) + \vec{c} = \vec{a} + (\vec{b} + \vec{c})$
   Es gibt ein Element $\vec{o} \in V$, so dass für jedes $\vec{a} \in V$ gilt: $\vec{a} + \vec{o} = \vec{a}$
   Es gibt zu jedem Element $\vec{a} \in V$ ein Element $-\vec{a} \in V$, so dass $\vec{a} + (-\vec{a}) = \vec{o}$ ist.

2) Es ist eine Verknüpfung · ***(Skalarmultiplikation)*** definiert,
   so dass für alle $r \in \mathbb{R}$ und alle $\vec{a} \in V$ auch $r \cdot \vec{a} \in V$ ist
   und es gilt:
   $1 \cdot \vec{a} = \vec{a}$; $r \cdot (s \cdot \vec{a}) = (r \cdot s) \cdot \vec{a}$; $(r + s) \cdot \vec{a} = r \cdot \vec{a} + s \cdot \vec{a}$; $r \cdot (\vec{a} + \vec{b}) = r \cdot \vec{a} + r \cdot \vec{b}$

Die Elemente aus V heißen Vektoren.

### Linear abhängige und unabhängige Vektoren

Der Vektor $\vec{b} = r_1\vec{a_1} + r_2\vec{a_2} + \ldots + r_n\vec{a_n}$ $(n \in \mathbb{N}^*)$ heißt ***Linearkombination*** der Vektoren $\vec{a_1}, \vec{a_2}, \ldots, \vec{a_n}$; die reellen Zahlen $r_1, r_2, \ldots r_n$ heißen Koeffizienten.

Die Vektoren $\vec{a_1}, \vec{a_2}, \ldots, \vec{a_n}$ heißen ***linear abhängig***, wenn mindestens einer der Vektoren als Linearkombination der anderen darstellbar ist.
Anderenfalls heißen die Vektoren ***linear unabhängig***.

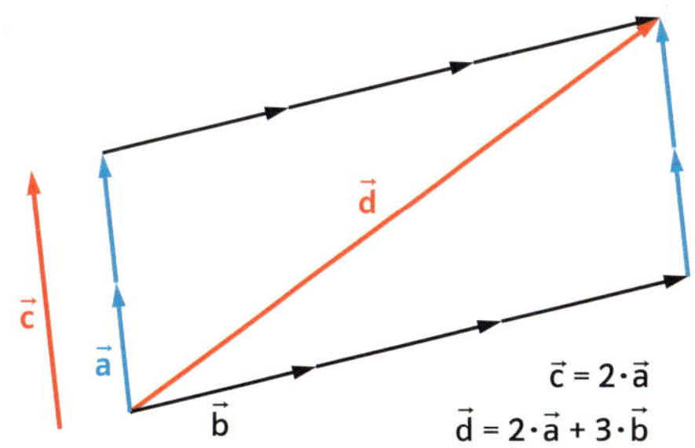


Die Vektoren $\vec{a_1}, \vec{a_2}, \ldots, \vec{a_n}$ sind genau dann linear unabhängig, wenn die Gleichung $r_1\vec{a_1} + r_2\vec{a_2} + \ldots + r_n\vec{a_n} = \vec{0}$ nur erfüllt ist für $r_1 = r_2 = \ldots = r_n = 0$.

In einer Ebene können je höchstens zwei, im Raum je höchstens drei Vektoren linear unabhängig sein.

Ein Vektor des Raumes kann stets als Linearkombination dreier linear unabhängiger Vektoren dargestellt werden.

Die Vektoren $\vec{a_1}, \vec{a_2}, \ldots, \vec{a_n}$ bilden ein ***Erzeugendensystem*** des Vektorraums V, wenn jeder Vektor $\vec{c} \in V$ als Linearkombination der Vektoren $\vec{a_1}, \vec{a_2}, \ldots, \vec{a_n}$ darstellbar ist.

Ein n-Tupel von Vektoren $(\vec{a_1}; \vec{a_2}; \ldots; \vec{a_n})$ heißt ***Basis*** von V, wenn die Vektoren $\vec{a_1}, \vec{a_2}, \ldots, \vec{a_n}$ linear unabhängig sind und ein Erzeugendensystem bilden.

Die Anzahl n der Basisvektoren heißt ***Dimension*** des Vektorraums.

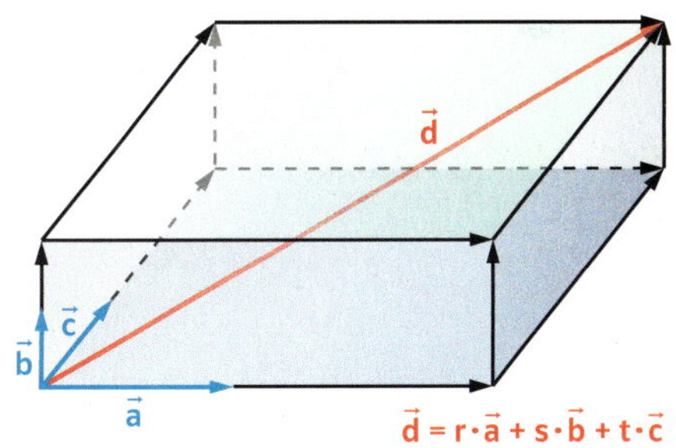


$\vec{a}, \vec{b}, \vec{c}$ sind linear unabhängig

$\vec{a}, \vec{b}, \vec{c}, \vec{d}$ sind linear abhängig

$\vec{a}, \vec{b}, \vec{c}$ bilden eine Basis des $\mathbb{R}^3$

## Vektoren im kartesischen Koordinatensystem

### Koordinaten eines Vektors

Für $A(a_1 | a_2 | a_3)$ und $B(b_1 | b_2 | b_3)$ gilt:

$$\overrightarrow{AB} = \begin{pmatrix} b_1 - a_1 \\ b_2 - a_2 \\ b_3 - a_3 \end{pmatrix}$$

Die drei Zahlen $b_1 - a_1$, $b_2 - a_2$ und $b_3 - a_3$ heißen Koordinaten des Vektors $\overrightarrow{AB}$.

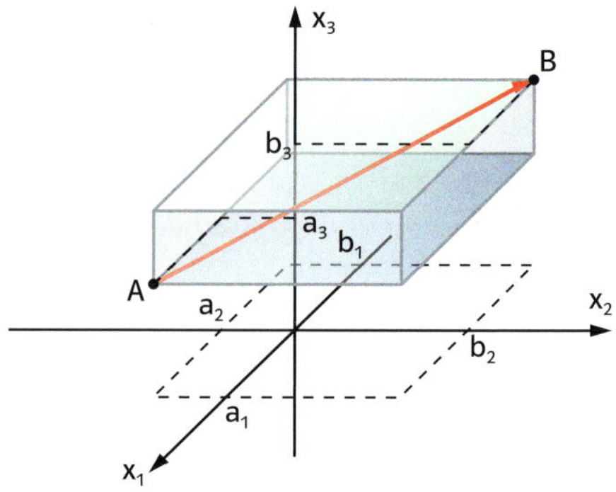


### Komponenten eines Vektors

Wenn $\vec{e_1}$, $\vec{e_2}$ und $\vec{e_3}$ Einheitsvektoren in Richtung der Koordinatenachsen sind und $A(a_1 | a_2 | a_3)$ und $B(b_1 | b_2 | b_3)$ gilt, dann ist

$\overrightarrow{AB} = (b_1 - a_1)\vec{e_1} + (b_2 - a_2)\vec{e_2} + (b_3 - a_3)\vec{e_3}$.

Die Vektoren $(b_1 - a_1)\vec{e_1}$, $(b_2 - a_2)\vec{e_2}$ und $(b_3 - a_3)\vec{e_3}$ heißen Komponenten des Vektors $\overrightarrow{AB}$.

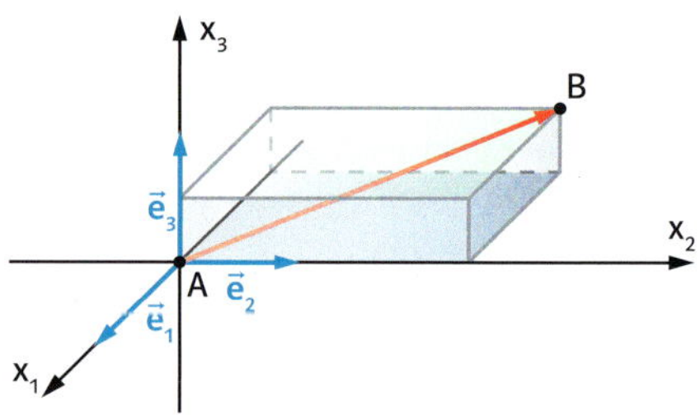


### Ortsvektoren

Zu jedem Punkt P gibt es einen Ortsvektor (Bezugspunkt ist der Koordinatenursprung O):

$\vec{p} = \overrightarrow{OP}$

### Betrag (Länge) eines Vektors; Einheitsvektor

$$|\vec{a}| = \left| \begin{pmatrix} a_1 \\ a_2 \\ a_3 \end{pmatrix} \right| = \sqrt{\vec{a}^2} = \sqrt{a_1^2 + a_2^2 + a_3^2}$$

$$\vec{a} = \begin{pmatrix} 2 \\ -3 \\ 4 \end{pmatrix},\ |\vec{a}| = \sqrt{29},\ \vec{a_0} = \frac{1}{\sqrt{29}} \cdot \begin{pmatrix} 2 \\ -3 \\ 4 \end{pmatrix}$$

Ein Vektor mit dem Betrag 1 heißt Einheitsvektor.

Ist $\vec{a} \neq \vec{o}$, so bezeichnet $\vec{a_0}$ den Einheitsvektor. Der Einheitsvektor $\vec{a_0}$ hat die gleiche Richtung wie der Vektor $\vec{a}$ selbst:

$$\vec{a_0} = \frac{\vec{a}}{|\vec{a}|}$$

### Addition und Subtraktion von Vektoren

$$\vec{a} + \vec{b} = \begin{pmatrix} a_1 + b_1 \\ a_2 + b_2 \\ a_3 + b_3 \end{pmatrix} \qquad \vec{a} - \vec{b} = \begin{pmatrix} a_1 - b_1 \\ a_2 - b_2 \\ a_3 - b_3 \end{pmatrix}$$

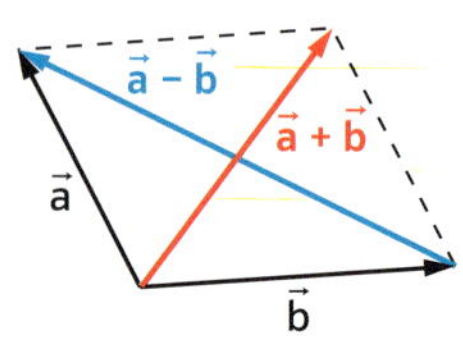

## Vektoren im kartesischen Koordinatensystem

### Vervielfachen von Vektoren, Parallelität

$r\vec{a} = \begin{pmatrix} ra_1 \\ ra_2 \\ ra_3 \end{pmatrix}; \quad r \in R$

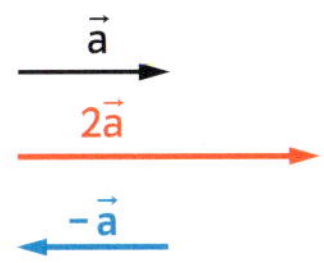


Die Vektoren $\vec{a}$ und $\vec{b}$ nennt man ***parallel*** ($\vec{a} \parallel \vec{b}$), wenn es eine reelle Zahl r gibt, so dass gilt:

$\vec{a} = r\,\vec{b}$

### Teilverhältnisse

Ist T ein Punkt der Strecke $\overline{AB}$ und gilt $\overrightarrow{AT} = t \cdot \overrightarrow{TB}$, dann nennt man die Zahl t ***Teilverhältnis*** des Punktes T bezüglich der Strecke $\overline{AB}$.

Aus $\overrightarrow{AT} = t \cdot \overrightarrow{TB}$ folgt $\overrightarrow{AT} = \frac{t}{1+t}\overrightarrow{AB}$.

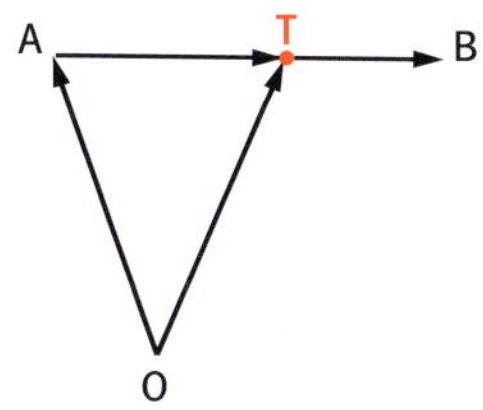


### Skalarprodukt, Orthogonalität von Vektoren

Wenn φ der Winkel zwischen den Vektoren $\vec{a}$ und $\vec{b}$ ist, so gilt:

$\vec{a} \cdot \vec{b} = |\vec{a}| \cdot |\vec{b}| \cdot \cos(\varphi)$

Das Skalarprodukt $\vec{a} \cdot \vec{b}$ ist eine reelle Zahl.

Wenn $\vec{a} = \begin{pmatrix} a_1 \\ a_2 \\ a_3 \end{pmatrix}$ und $\vec{b} = \begin{pmatrix} b_1 \\ b_2 \\ b_3 \end{pmatrix}$, dann gilt:

$\vec{a} \cdot \vec{b} = a_1 b_1 + a_2 b_2 + a_3 b_3$

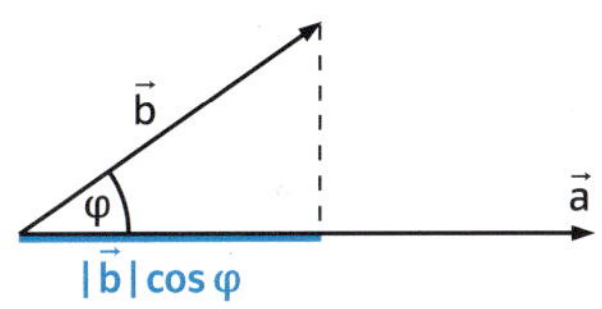


Die Vektoren $\vec{a}$ und $\vec{b}$ heißen orthogonal zueinander ($\vec{a} \perp \vec{b}$)

genau dann, wenn $\vec{a} \cdot \vec{b} = 0$.

Für den Vektor $\vec{a} \neq \vec{o}$ gilt: $\vec{a} \cdot \vec{a} = |\vec{a}|^2 > 0$

$\vec{a} \cdot \vec{b} = \vec{b} \cdot \vec{a}$ (Kommutativgesetz)

$r\vec{a} \cdot \vec{b} = r(\vec{a} \cdot \vec{b})$ $\quad r \in \mathbb{R}$

$(\vec{a} + \vec{b}) \cdot \vec{c} = \vec{a} \cdot \vec{c} + \vec{b} \cdot \vec{c}$ (Distributivgesetz)

### Vektorprodukt

Für $\vec{a} = \begin{pmatrix} a_1 \\ a_2 \\ a_3 \end{pmatrix}$ und $\vec{b} = \begin{pmatrix} b_1 \\ b_2 \\ b_3 \end{pmatrix}$ gilt:

$\vec{a} \times \vec{b} = \begin{pmatrix} a_2 b_3 - a_3 b_2 \\ a_3 b_1 - a_1 b_3 \\ a_1 b_2 - a_2 b_1 \end{pmatrix}$

Das Vektorprodukt $\vec{a} \times \vec{b}$ ist ein Vektor $\vec{c}$.

- Es gilt $\vec{c} \perp \vec{a}$ und $\vec{c} \perp \vec{b}$.
- Die Vektoren $\vec{a}$, $\vec{b}$ und $\vec{c}$ bilden in dieser Reihenfolge ein Rechtssystem.
- Für den Betrag des Vektorproduktes gilt:
  $|\vec{a} \times \vec{b}| = |\vec{a}| \cdot |\vec{b}| \cdot \sin(\varphi)$;
  $|\vec{a} \times \vec{b}|$ ist gleich dem Flächeninhalt des von den Vektoren $\vec{a}$ und $\vec{b}$ aufgespannten Parallelogramms.

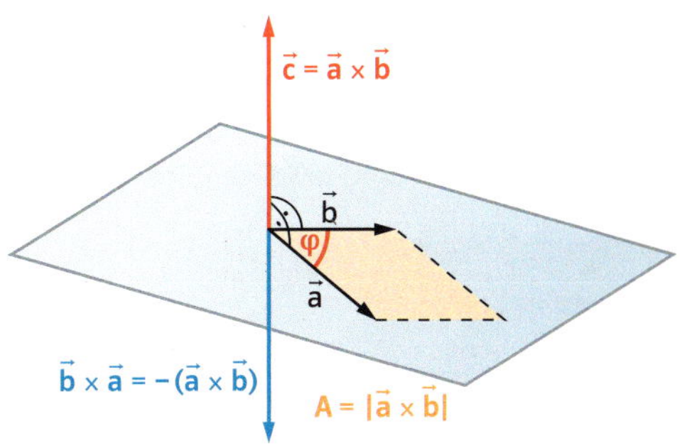

## Vektoren im kartesischen Koordinatensystem

**Spatprodukt, Volumen eines Spates**

Ein Spat wird durch drei linear unabhängige Vektoren $\vec{a}$, $\vec{b}$ und $\vec{c}$ aufgespannt.

Die reelle Zahl r mit $r = (\vec{a} \times \vec{b}) \cdot \vec{c}$ heißt Spatprodukt.

Für das Volumen des Spates gilt: $V = |(\vec{a} \times \vec{b}) \cdot \vec{c}|$

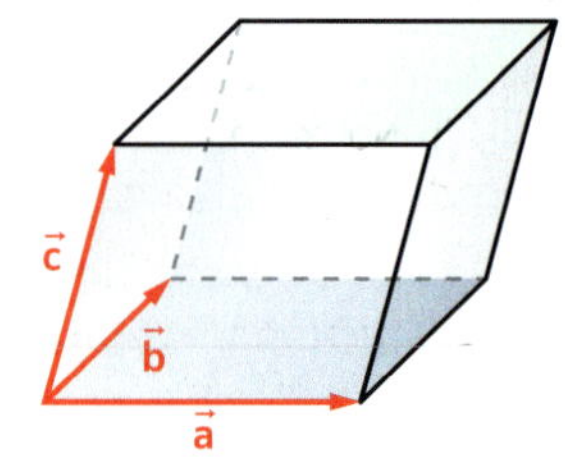


## Darstellung von Geraden und Ebenen

**Parameterform der Geradengleichung**

Durch die Angabe eines Punktes P (Ortsvektor $\vec{p}$) und eines Vektors $\vec{u}$, $\vec{u} \neq 0$, ist eine Gerade g eindeutig bestimmt.
Zu jedem Punkt X ∈ g gibt es einen Ortsvektor $\vec{x}$, für den gilt:

$\vec{x} = \vec{p} + t\vec{u} \quad (t \in \mathbb{R})$

Der Vektor $\vec{p}$ heißt ***Stützvektor*** der Geraden g.
Der Vektor $\vec{u}$ heißt ***Richtungsvektor*** der Geraden g.

Sind P und Q Punkte der Geraden g, so ist die Gerade eindeutig bestimmt und $\overrightarrow{PQ}$ ist ein Richtungsvektor der Geraden.

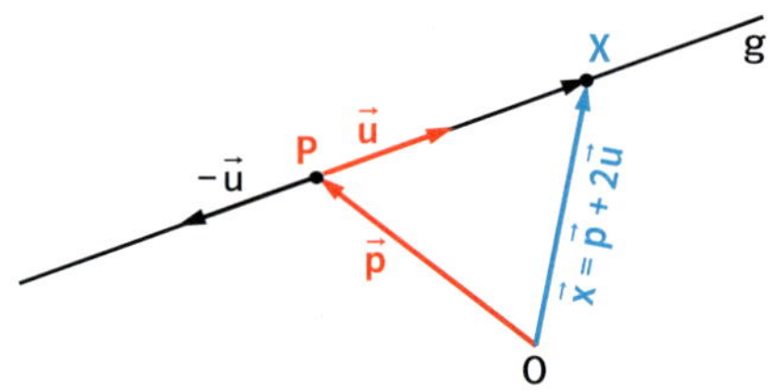


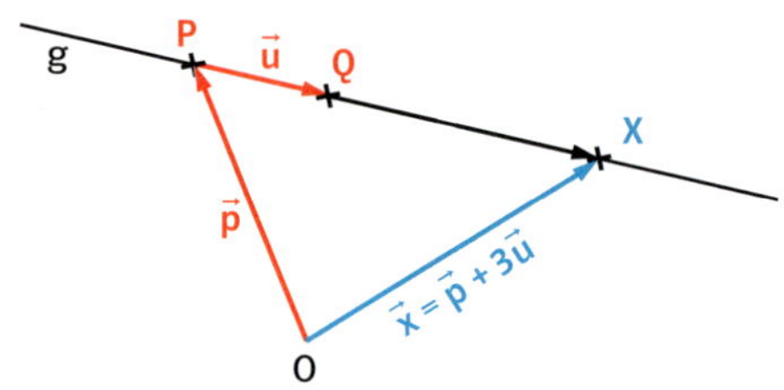


**Parameterform der Ebenengleichung**

Durch die Angabe eines Punktes P (Ortsvektor $\vec{p}$) und zweier linear unabhängiger Vektoren $\vec{u}$ und $\vec{v}$ wird eine Ebene E eindeutig festgelegt.
Zu jedem Punkt X ∈ E gibt es einen Ortsvektor $\vec{x}$, für den gilt:

$\vec{x} = \vec{p} + r\vec{u} + s\vec{v} \quad (r, s \in \mathbb{R})$

Der Vektor $\vec{p}$ heißt ***Stützvektor*** der Ebene E.
Die linear unabhängigen Vektoren $\vec{u}$ und $\vec{v}$ heißen ***Spannvektoren*** der Ebene E.

Sind P, Q und R drei Punkte der Ebene E, die nicht auf ein und derselben Geraden liegen, so ist die Ebene eindeutig bestimmt und die Vektoren $\overrightarrow{PQ}$ und $\overrightarrow{PR}$ sind mögliche Spannvektoren.

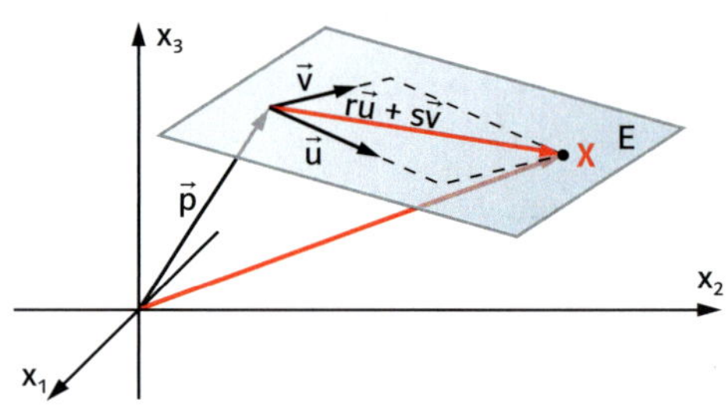

## Darstellung von Geraden und Ebenen

### Normalenvektor

Ein Vektor, der senkrecht auf der Ebene E steht, heißt Normalenvektor $\vec{n}$ der Ebene E. Ein Normalenvektor steht senkrecht zu jedem Spannvektor der Ebene. Sind $\vec{u}$ und $\vec{v}$ (linear unabhängige) Spannvektoren der Ebene E, so kann man einen Normalenvektor $\vec{n}$ bestimmen:

- mit Hilfe der Gleichungen $\vec{n} \cdot \vec{u} = 0$ und $\vec{n} \cdot \vec{v} = 0$,
- mit Hilfe des Vektorproduktes (→ Seite 71) $\vec{n} = \vec{u} \times \vec{v}$.

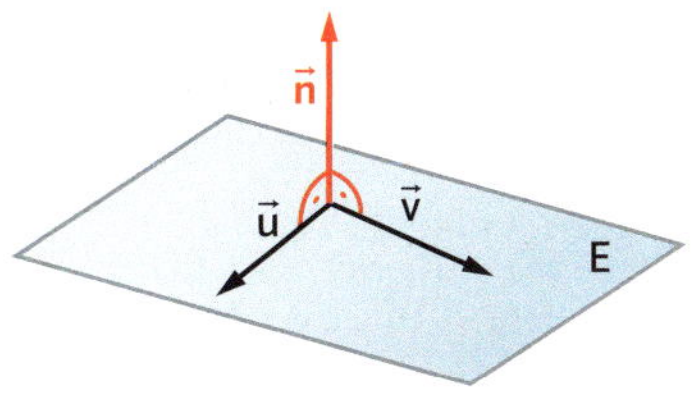


### Normalenform der Ebenengleichung

Durch Angabe eines Punktes P (Ortsvektor $\vec{p}$) und eines Normalenvektors $\vec{n}$ ($\vec{n} \perp E$) wird eine Ebene E eindeutig bestimmt. Zu jedem Punkt $X \in E$ gibt es einen Ortsvektor $\vec{x}$, für den gilt:

$(\vec{x} - \vec{p}) \cdot \vec{n} = 0$ (Normalenform)

Eine Ebene wird durch die Angabe einer ***Koordinatengleichung***

$n_1 x_1 + n_2 x_2 + n_3 x_3 = b$

eindeutig bestimmt, wenn mindestens einer der Koeffizienten $n_1$, $n_2$, $n_3$ ungleich null ist.

Der Vektor $\begin{pmatrix} n_1 \\ n_2 \\ n_3 \end{pmatrix}$ ist ein Normalenvektor der Ebenengleichung.

***Hesse'sche Normalenform*** einer Ebene:

$$\vec{n_0} \cdot (\vec{x} - \vec{p}) = 0 \text{ bzw. } \frac{n_1 x_1 + n_2 x_2 + n_3 x_3 - b}{\sqrt{n_1^2 + n_2^2 + n_3^2}} = 0$$

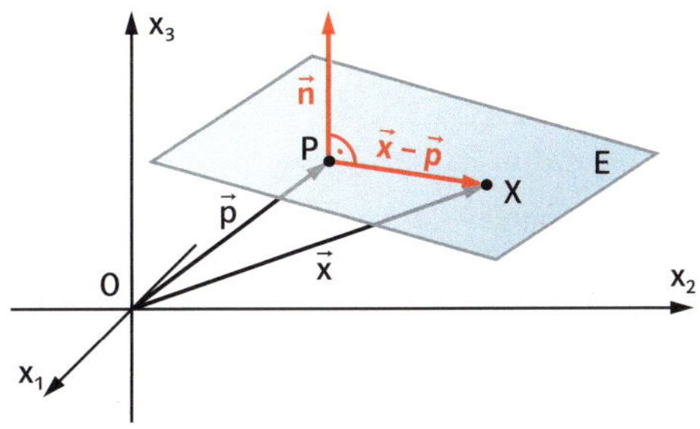


## Kugeln

### Darstellung von Kugeln

Durch Angabe des Mittelpunktes $M(m_1 | m_2 | m_3)$ und des Radius r wird eine Kugel eindeutig festgelegt:

$(\vec{x} - \vec{m})^2 = r^2$

bzw. in Koordinaten:

$(x_1 - m_1)^2 + (x_2 - m_2)^2 + (x_3 - m_3)^2 = r^2$

Durch Angabe des Mittelpunktes M und eines Kugelpunktes P wird eine Kugel eindeutig festgelegt:

$(\vec{x} - \vec{m})^2 = r^2$ mit $r^2 = (\vec{p} - \vec{m})^2$

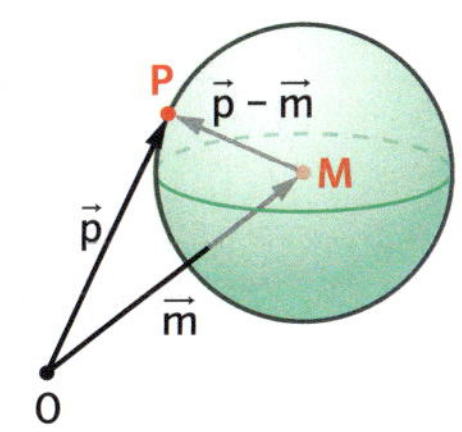

## Kugeln

### Tangentialebene einer Kugel

Für die Tangentialebene T in einem Punkt Q der Kugel mit dem Mittelpunkt M ist der Vektor $\overrightarrow{MQ}$ ein Normalenvektor.
Zu jedem Punkt X ∈ T gibt es einen Ortsvektor $\vec{x}$, für den gilt:

$(\vec{x} - \vec{q})(\vec{q} - \vec{m}) = 0$ oder $(\vec{x} - \vec{m})(\vec{q} - \vec{m}) = r^2$

bzw. in Koordinaten

$(x_1 - q_1)(q_1 - m_1) + (x_2 - q_2)(q_2 - m_2) + (x_3 - q_3)(q_3 - m_3) = 0$

$(x_1 - m_1)(q_1 - m_1) + (x_2 - m_2)(q_2 - m_2) + (x_3 - m_3)(q_3 - m_3) = r^2$

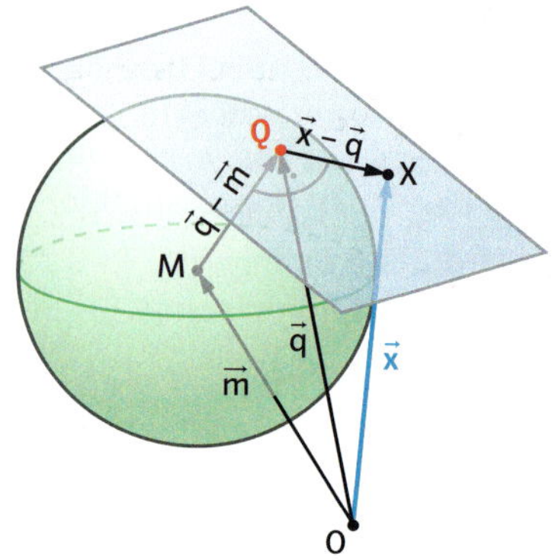


## Die gegenseitige Lage von Punkten, Geraden und Ebenen

### Punkt-Gerade, Punkt-Ebene

Ein Punkt $P(p_1 | p_2 | p_3)$ liegt auf der Geraden $g\colon \vec{x} = \vec{q} + r\vec{u}$, wenn es ein $r \in \mathbb{R}$ gibt, so dass die Gleichung $\overrightarrow{OP} = \vec{q} + r\vec{u}$ erfüllt wird (***Punktprobe***).

Ein Punkt $P(p_1 | p_2 | p_3)$ liegt in der Ebene $E\colon \vec{x} = \vec{q} + r\vec{u} + s\vec{v}$, wenn es ein $r \in \mathbb{R}$ und ein $s \in \mathbb{R}$ gibt, so dass die Gleichung
$\overrightarrow{OP} = \vec{q} + r\vec{u} + s\vec{v}$ erfüllt wird (***Punktprobe***).

Ist die Ebene in Koordinatengleichung $E\colon n_1x_1 + n_2x_2 + n_3x_3 = b$ gegeben, setzt man $p_1, p_2, p_3$ für $x_1, x_2, x_3$ ein. Entsteht eine wahre Aussage, liegt P in E.

### Gerade-Gerade

Für die relative Lage zweier Geraden

$g\colon \vec{x} = \vec{p} + r\vec{u}$ und $h\colon \vec{x} = \vec{q} + t\vec{v}$ werden vier Möglichkeiten unterschieden:

Sind $\vec{u}$ und $\vec{v}$ linear abhängig?

- nein: $g \nparallel h$
  - Hat $\vec{p} + r\vec{u} = \vec{q} + t\vec{v}$ ein Lösungspaar (r; t)?
    - ja: g und h ***schneiden sich*** in einem Punkt S
    - nein: g und h sind zueinander ***windschief***
- ja: $g \parallel h$
  - Liegt P auf h (Punktprobe)?
    - ja: $g = h$
    - nein: $g \parallel h$ und $g \neq h$

## Die gegenseitige Lage von Punkten, Geraden und Ebenen

### Gerade-Ebene

Für die relative Lage einer Geraden g und einer Ebene E mit

g: $\vec{x} = \vec{p} + r\vec{u}$ und E: $n_1x_1 + n_2x_2 + n_3x_3 = b$ werden drei Möglichkeiten unterschieden:

Einsetzen der Gleichung von g in die Gleichung von E ergibt die Gleichung $n_1(p_1 + ru_1) + n_2(p_2 + ru_2) + n_3(p_3 + ru_3) = b$.

genau eine Lösung
Die Gerade g ***durchstößt*** die Ebene E im Punkt D.
Den ***Durchstoßpunkt*** D erhält man durch Einsetzen von r in die Gleichung von g.

keine Lösung
Die Gerade g ist ***parallel*** zur Ebene E ($g \parallel E$) und hat keinen gemeinsamen Punkt mit der Ebene.

unendlich viele Lösungen
Die Gerade g ***liegt in der Ebene*** E ($g \subset E$).

### Ebene-Ebene

Zur Bestimmung der relativen Lage zweier Ebenen E und F wandelt man deren Gleichungen in Normalenform oder Koordinatenform um:

E: $(\vec{x} - \vec{p}) \cdot \vec{n} = 0$ und F: $(\vec{x} - \vec{q}) \cdot \vec{m} = 0$ oder E: $n_1x_1 + n_2x_2 + n_3x_3 = b$ und F: $m_1x_1 + m_2x_2 + m_3x_3 = c$

Es werden drei Möglichkeiten unterschieden.

Sind die Normalenvektoren $\vec{m}$ und $\vec{n}$ linear abhängig?

nein: $E \nparallel F$

E und F ***schneiden sich*** in einer Geraden g.
Z. B. Gleichungssystem mit zwei Koordinatenformen ergibt Schnittgerade.

ja: $E \parallel F$

Haben E und F gemeinsame Punkte?
Z. B. Koordinaten eines Punktes P der Ebene E in Gleichung von Ebene F einsetzen (Punktprobe).

ja: $E = F$

nein: $E \parallel F$ und $E \neq F$

## Berechnung von Winkeln

### Winkel zwischen Vektoren

Schließen zwei Vektoren $\vec{a}$ und $\vec{b}$ den Winkel $\alpha$ ein, so gilt:

$$\cos(\alpha) = \frac{\vec{a} \cdot \vec{b}}{|\vec{a}| \cdot |\vec{b}|} \quad (0 \le \alpha \le 180°)$$

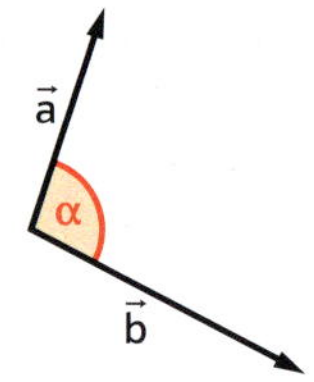


### Schnittwinkel zweier Geraden

Sind $\vec{u}$ und $\vec{v}$ die Richtungsvektoren von zwei sich schneidenden Geraden, so gilt für den Schnittwinkel $\alpha$:

$$\cos(\alpha) = \frac{|\vec{u} \cdot \vec{v}|}{|\vec{u}| \cdot |\vec{v}|} \quad (0 \le \alpha \le 90°)$$

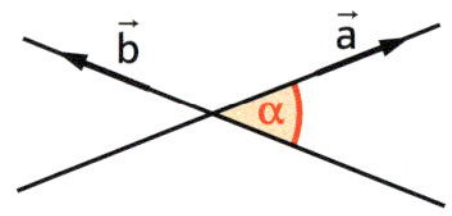


### Winkel zwischen Gerade und Ebene

Ist $\vec{u}$ ein Richtungsvektor der Geraden und $\vec{n}$ ein Normalenvektor der Ebene, die von der Geraden durchstoßen wird, so gilt für den Schnittwinkel $\alpha$:

$$\sin(\alpha) = \frac{|\vec{u} \cdot \vec{n}|}{|\vec{u}| \cdot |\vec{n}|} \quad (0 \le \alpha \le 90°)$$

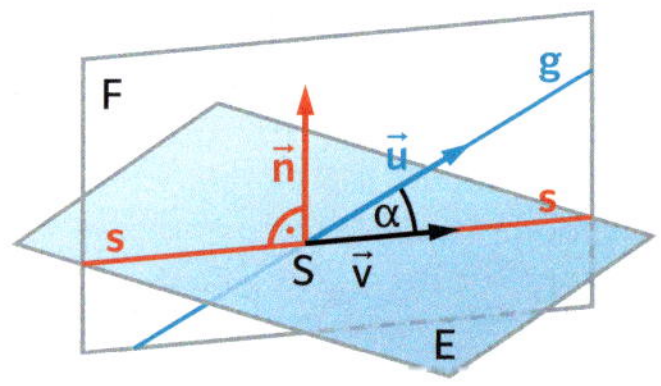


g liegt in F, F steht senkrecht auf E.

### Winkel zwischen Ebenen

Schneiden sich zwei Ebenen mit den Normalenvektoren $\vec{n}_1$ und $\vec{n}_2$, dann gilt für ihren Schnittwinkel $\alpha$:

$$\cos(\alpha) = \frac{|\vec{n}_1 \cdot \vec{n}_2|}{|\vec{n}_1| \cdot |\vec{n}_2|} \quad (0 \le \alpha \le 90°)$$

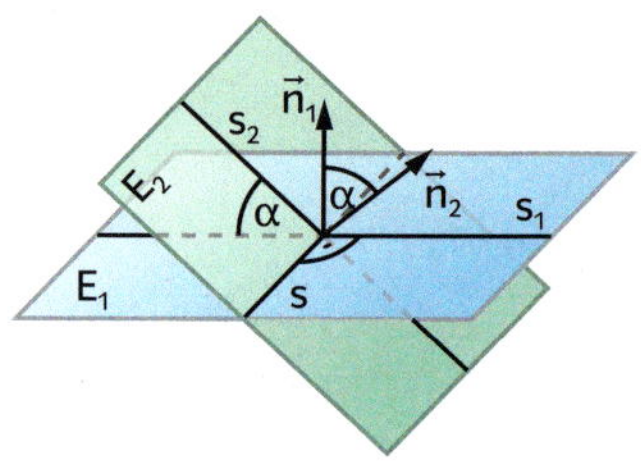


## Bestimmen von Abständen

### Abstand zweier Punkte

Der Abstand d zweier Punkte $A(a_1 | a_2 | a_3)$ und $B(b_1 | b_2 | b_3)$ im Raum beträgt:

$$|\overrightarrow{AB}| = d = \sqrt{(a_1 - b_1)^2 + (a_2 - b_2)^2 + (a_3 - b_3)^2}$$

Der Abstand d zweier Punkte $A(a_1 | a_2)$ und $B(b_1 | b_2)$ in der Ebene beträgt:

$$|\overrightarrow{AB}| = d = \sqrt{(a_1 - b_1)^2 + (a_2 - b_2)^2}$$

## Bestimmen von Abständen

### Abstand eines Punktes von einer Geraden

Der Abstand eines Punktes R von einer Geraden g ist gleich dem Betrag des Vektors $\overrightarrow{RF}$. F ist der Fußpunkt des Lotes von R auf g.
Die Berechnung des Abstandes erfolgt in drei Schritten:

- Aufstellen einer Gleichung der zu g orthogonalen Ebene E durch R,
- Berechnung des Schnittpunktes F von g und E,
- Berechnung des Betrages von $\overrightarrow{RF}$.

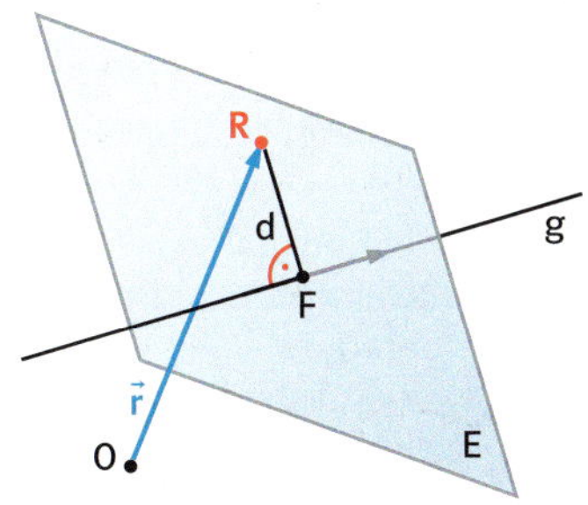


### Abstand eines Punktes von einer Ebene

Der Punkt $R(r_1 | r_2 | r_3)$ (Ortsvektor $\vec{r}$) hat von der Ebene E mit
E: $\vec{n}_0(\vec{x} - \vec{p}) = \vec{o}$ bzw. $a_1x_1 + a_2x_2 + a_3x_3 = b$ den Abstand d:

$$d = |\vec{n}_0(\vec{r} - \vec{p})| = \left| \frac{a_1r_1 + a_2r_2 + a_3r_3 - b}{\sqrt{a_1^2 + a_2^2 + a_3^2}} \right|$$

Ist $\vec{n}_0(\vec{r} - \vec{p}) > 0$, so liegt R auf der Seite der Ebene, in die $\vec{n}_0$ zeigt.
Ist $\vec{n}_0(\vec{r} - \vec{p}) < 0$, so liegt R auf der gegenüberliegenden Seite.

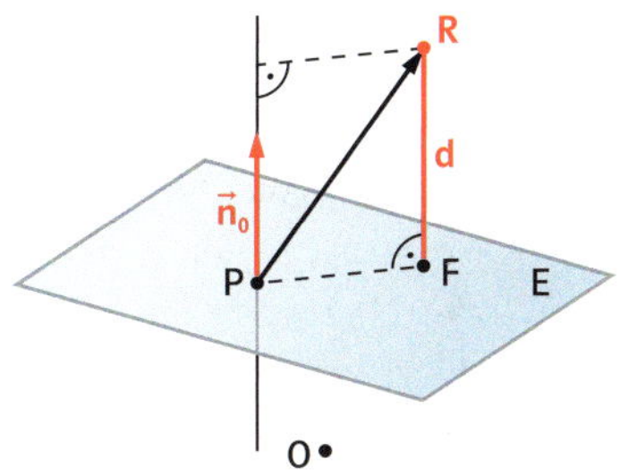


### Abstand windschiefer Geraden

Die windschiefen Geraden g mit g: $\vec{x} = \vec{p} + t\vec{u}$ und h mit h: $\vec{x} = \vec{q} + s\vec{v}$ haben den Abstand
$d = |\vec{n}_0 \cdot (\vec{q} - \vec{p})|$, wobei $\vec{n}_0 \perp \vec{u}$, $\vec{n}_0 \perp \vec{v}$ und $|\vec{n}_0| = 1$.

### Weitere Abstände

Der Abstand zweier ***paralleler Geraden*** g und h ist gleich dem Abstand eines beliebigen Punktes der Geraden g von der Geraden h.

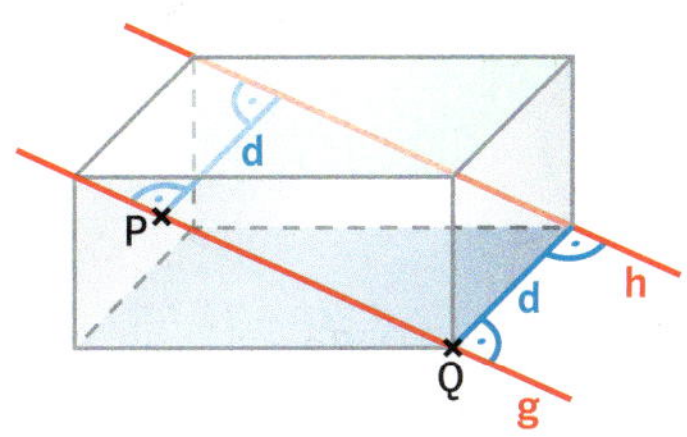


Der Abstand zweier ***paralleler Ebenen*** ist gleich dem Abstand eines Punktes der einen Ebene zur anderen Ebene.

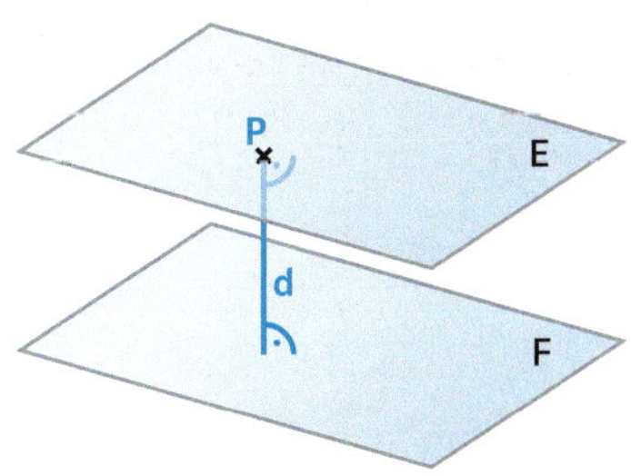


Der Abstand ***einer Geraden zu einer zu ihr parallelen Ebene*** ist gleich dem Abstand eines beliebigen Punktes der Geraden von der Ebene.

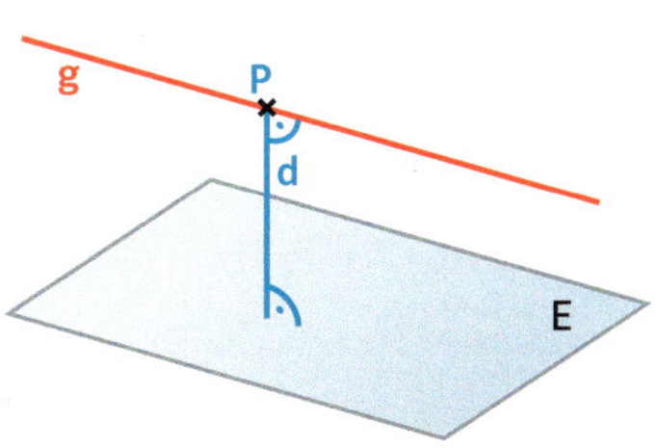

## Affine Abbildungen

### Definition und Eigenschaften der affinen Abbildung (Affinität)

Eine umkehrbare Abbildung $\alpha: \mathbb{R}^2 \mapsto \mathbb{R}^2$, die jedem Punkt P der Ebene einen Punkt P′ der Ebene zuordnet, heißt affine Abbildung oder Affinität, wenn sie die Bedingungen (1), (2) und (3) erfüllt:

(1) $\alpha$ ist geradentreu, d. h. das Bild einer Gerade ist eine Gerade;
(2) $\alpha$ ist parallelentreu, d. h. die Bilder paralleler Geraden sind parallele Geraden;
(3) $\alpha$ ist teilverhältnistreu, d. h. liegt T auf $\overline{PQ}$, dann gilt: $\overline{PT} : \overline{TQ} = \overline{P'T'} : \overline{T'Q'}$

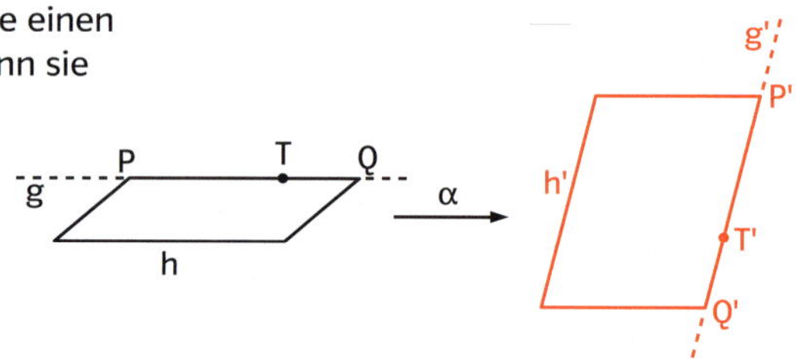


### Darstellung einer affinen Abbildung

Eine affine Abbildung $\alpha$ mit $\alpha(x_1 | x_2) = (x_1' | x_2')$ lässt sich mithilfe von reellen Zahlen $a_1, a_2, b_1, b_2, c_1, c_2$ auf drei Arten darstellen.

**Koordinatendarstellung**

$$\begin{cases} x_1' = a_1x_1 + b_1x_2 + c_1 \\ x_2' = a_2x_1 + b_2x_2 + c_2 \end{cases}$$

**Vektordarstellung**

$$\begin{pmatrix} x_1' \\ x_2' \end{pmatrix} = x_1\begin{pmatrix} a_1 \\ a_2 \end{pmatrix} + x_2\begin{pmatrix} b_1 \\ b_2 \end{pmatrix} + \begin{pmatrix} c_1 \\ c_2 \end{pmatrix}$$

bzw.

$$\vec{x}' = x_1\vec{a} + x_2\vec{b} + \vec{c}$$

**Matrixdarstellung**

$$\begin{pmatrix} x_1' \\ x_2' \end{pmatrix} = \begin{pmatrix} a_1 & b_1 \\ a_2 & b_2 \end{pmatrix}\begin{pmatrix} x_1 \\ x_2 \end{pmatrix} + \begin{pmatrix} c_1 \\ c_2 \end{pmatrix}$$

bzw.

$$\vec{x}' = A\vec{x} + \vec{c}$$

### Existenz und Eindeutigkeit affiner Abbildungen

Bilden die Punkte A, B, C und A′, B′, C′ jeweils ein Dreieck, dann gibt es genau eine affine Abbildung $\alpha$ mit $\alpha(A) = A'$, $\alpha(B) = B'$ und $\alpha(C) = C'$.

### Determinante einer affinen Abbildung

Ist $\begin{pmatrix} x_1' \\ x_2' \end{pmatrix} = \begin{pmatrix} a_1 & b_1 \\ a_2 & b_2 \end{pmatrix}\begin{pmatrix} x_1 \\ x_2 \end{pmatrix} + \begin{pmatrix} c_1 \\ c_2 \end{pmatrix}$ die Matrixdarstellung einer affinen Abbildung, dann heißt die Zahl $D = a_1b_2 - a_2b_1 \neq 0$ die Determinante der affinen Abbildung.

### Flächeninhalte

Bei einer Affinität wird eine Figur mit dem Flächeninhalt F auf eine Bildfigur mit dem Flächeninhalt $F' = |D| \cdot F = |a_1b_2 - a_2b_1| \cdot F$ abgebildet.

$\alpha$ heißt flächentreu, wenn $|D| = |a_1b_2 - a_2b_1| = 1$ ist.

### Umkehrabbildung

Zur affinen Abbildung $\alpha: \vec{x}' = A\vec{x} + \vec{c}$ lautet die Umkehrabbildung $\alpha^{-1}: \vec{x}' = A^{-1}\vec{x} - A^{-1}\vec{c}$. Dabei ist

$A = \begin{pmatrix} a_1 & b_1 \\ a_2 & b_2 \end{pmatrix}$ und $A^{-1} = \frac{1}{D} \cdot \begin{pmatrix} b_2 & -b_1 \\ -a_2 & a_1 \end{pmatrix}$

...

## Affine Abbildungen

### Verketten von affinen Abbildungen

Sind die affinen Abbildungen $\alpha$ und $\beta$ in Matrixdarstellung gegeben, dann ist die Verkettung (das Hintereinanderausführen) $\alpha \circ \beta$ ebenfalls eine affine Abbildung.

Ist $\alpha$: $\begin{pmatrix} x_1' \\ x_2' \end{pmatrix} = \begin{pmatrix} a_1 & b_1 \\ a_2 & b_2 \end{pmatrix}\begin{pmatrix} x_1 \\ x_2 \end{pmatrix} + \begin{pmatrix} c_1 \\ c_2 \end{pmatrix}$ bzw. $\alpha$: $\vec{x}' = A\vec{x} + \vec{c}$ und

$\beta$: $\begin{pmatrix} x_1' \\ x_2' \end{pmatrix} = \begin{pmatrix} u_1 & v_1 \\ u_2 & v_2 \end{pmatrix}\begin{pmatrix} x_1 \\ x_2 \end{pmatrix} + \begin{pmatrix} c_1 \\ c_2 \end{pmatrix}\begin{pmatrix} w_1 \\ w_2 \end{pmatrix}$ bzw. $\beta$: $\vec{x}' = U\vec{x} + \vec{w}$, dann gilt:

$\alpha \circ \beta$: $\begin{pmatrix} x_1' \\ x_2' \end{pmatrix} = \begin{pmatrix} a_1 u_1 + b_1 u_2 & a_1 v_1 + b_1 v_2 \\ a_2 u_1 + b_2 u_2 & a_2 v_1 + b_2 v_2 \end{pmatrix}\begin{pmatrix} x_1 \\ x_2 \end{pmatrix} + \begin{pmatrix} a_1 & b_1 \\ a_2 & b_2 \end{pmatrix}\vec{w} + \begin{pmatrix} c_1 \\ c_2 \end{pmatrix}$ bzw. $\alpha \circ \beta$: $\vec{x}' = AU\vec{x} + A\vec{w} + \vec{c}$

### Induzierte Vektorabbildung

Jede affine Abbildung $\alpha$: $P \mapsto P'$ induziert eine Vektorabbildung $\alpha_v$: $\vec{v} \mapsto \vec{v}'$.

Ist $\alpha$: $\begin{cases} x_1' = a_1 x_1 + b_1 x_2 + c_1 \\ x_2' = a_2 x_1 + b_2 x_2 + c_2 \end{cases}$ bzw. $\alpha$: $\vec{x}' = A\vec{x} + \vec{c}$, dann gilt:

$\alpha_v$: $\begin{cases} v_1' = a_1 v_1 + b_1 v_2 \\ v_2' = a_2 v_1 + b_2 v_2 \end{cases}$ bzw. $\alpha_v$: $\vec{v}' = A\vec{v}$

### Eigenvektor, Eigenwert

Ein Vektor $\vec{v} \neq \vec{0}$ heißt Eigenvektor der Vektorabbildung $\alpha_v$ zum Eigenwert k, wenn gilt:

$\vec{v}' = k\vec{v}$ $(k \in \mathbb{R},\ k \neq 0)$.

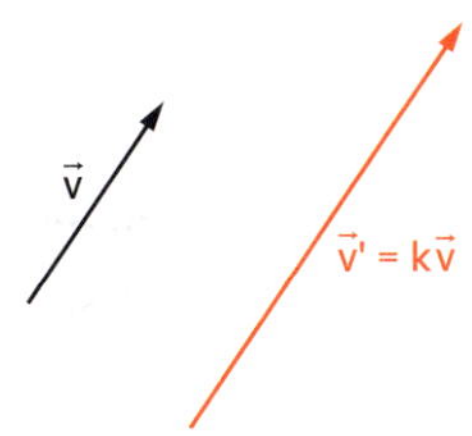


Die Eigenwerte einer Vektorabbildung sind die Lösungen der charakteristischen Gleichung

$\begin{pmatrix} a_1 - k & b_1 \\ a_2 & b_2 - k \end{pmatrix} = 0$ bzw. $k^2 - (a_1 + b_2)k + (a_1 b_2 - a_2 b_1) = 0$.

Die Eigenvektoren einer Vektorabbildung zu einem Eigenwert k bilden zusammen mit dem Nullvektor einen Untervektorraum von $\mathbb{R}^2$, den Eigenraum von k.

## Affine Abbildungen

### Fixpunkt, Fixgerade, Fixpunktgerade

Ein Punkt P heißt Fixpunkt, wenn er mit seinem Bildpunkt P′ zusammenfällt.

Eine Gerade g heißt Fixgerade, wenn sie mit ihrer Bildgerade g′ zusammenfällt.

Eine Gerade g heißt Fixpunktgerade (oder Achse), wenn jeder ihrer Punkte ein Fixpunkt ist.

Ist $\vec{v}$ ein Eigenvektor, so wird jede Gerade g mit Richtungsvektor $\vec{v}$ auf eine zu g parallele Gerade abgebildet; deshalb heißen die Richtungen der Eigenvektoren Fixrichtungen.

Es gilt:

1. Die Verbindungsgerade zweier Fixpunkte ist eine Fixpunktgerade.
2. Der Schnittpunkt von zwei Fixgeraden ist ein Fixpunkt.
3. Eine von der Identität verschiedene Affinität hat entweder keinen Fixpunkt, genau einen Fixpunkt oder eine Fixpunktgerade.

### Klassifizierung der Affinitäten

I. Die Affinität hat ***genau eine Fixpunktgerade (Achse)***.
Eine solche Affinität heißt ***Achsenaffinität*** (oder perspektive Affinität)

| **Unterfall** | **Eine Fixpunktgerade und** | **Ein Eigenwert ist $k_1 = 1$ und** | **Normalform** |
|---|---|---|---|
| Schiefe Achsenaffinität (Parallelstreckung) | eine Schar paralleler Fixgeraden, die nicht zur Achse parallel sind. | der zweite Eigenwert ist $k_2 \neq 1$. Ist $k_2 = -1$, heißt die Abbildung Schrägspiegelung | $\vec{x}' = \begin{pmatrix} 1 & 0 \\ 0 & k_2 \end{pmatrix} \vec{x}$ |
| Scherung | eine Schar paralleler Fixgeraden, die zur Achse parallel sind. | der zweite Eigenwert ist $k_2 = 1$. | $\vec{x}' = \begin{pmatrix} 1 & 1 \\ 0 & 1 \end{pmatrix} \vec{x}$ |

II. Die Affinität hat ***genau einen Fixpunkt***.

| **Unterfall** | **Einen Fixpunkt F und** | **Kein Eigenwert ist 1 und** | **Normalform** |
|---|---|---|---|
| Zentrische Streckung | jede Gerade durch F ist Fixgerade; jede Richtung ist Fixrichtung. | es gibt genau einen Eigenwert $k \neq 1$; jeder Vektor ist Eigenvektor; k heißt Streckfaktor. | $\vec{x}' = \begin{pmatrix} k & 0 \\ 0 & k \end{pmatrix} \vec{x}$ |
| EULER-Affinität | es gibt genau zwei Fixgeraden und genau zwei Fixrichtungen. | es gibt zwei Eigenwerte $k_1 \neq k_2$. | $\vec{x}' = \begin{pmatrix} k_1 & 0 \\ 0 & k_2 \end{pmatrix} \vec{x}$ |
| Scherstreckung | es gibt genau eine Fixgerade und genau eine Fixrichtung. | es gibt genau einen Eigenwert $k \neq 1$. | $\vec{x}' = \begin{pmatrix} k & 1 \\ 0 & k \end{pmatrix} \vec{x}$ |
| Affine Drehstreckung | keine Fixgerade; keine Fixrichtung. | es gibt keinen Eigenwert und keinen Eigenvektor. | |

III. Die Affinität hat ***keinen Fixpunkt***.
Verschiebung oder Verkettung von Achsenaffinität mit Verschiebung.

| **Unterfall** | **Keinen Fixpunkt und** | **Ein Eigenwert ist $k_1 = 1$ und** | **Normalform** |
|---|---|---|---|
| Parallelverschiebung (Translation) | jede Richtung ist Fixrichtung. Alle Geraden in Translationsrichtung sind Fixgeraden. | der zweite Eigenwert ist $k_2 = 1$; jeder Vektor ist Eigenvektor. | $\vec{x}' = \begin{pmatrix} 1 & 0 \\ 0 & 1 \end{pmatrix} \vec{x} + \begin{pmatrix} 1 \\ 0 \end{pmatrix}$ |
| Schubschräg-Affinität | es gibt genau eine Fixgerade; genau zwei Fixrichtungen. | der zweite Eigenwert ist $k_2 \neq 1$. | $\vec{x}' = \begin{pmatrix} 1 & 0 \\ 0 & k_2 \end{pmatrix} \vec{x} + \begin{pmatrix} 1 \\ 0 \end{pmatrix}$ |
| Schubscherung | es gibt keine Fixgerade; genau eine Fixrichtung. | der zweite Eigenwert ist $k_2 = 1$. | $\vec{x}' = \begin{pmatrix} 1 & 1 \\ 0 & 1 \end{pmatrix} \vec{x} + \begin{pmatrix} 0 \\ 1 \end{pmatrix}$ |

## Kegelschnitte: Parabel, Ellipse, Hyperbel

### Kennzeichnung von Parabel, Ellipse und Hyperbel als Kegelschnitt

Schneidet man einen Kreiskegel mit einer Ebene, so heißt die Schnittlinie Kegelschnitt.
Ist $\varphi$ der halbe Öffnungswinkel des Kegels und $\alpha$ der Winkel, welche die Ebene mit der Kegelachse bildet, dann ist die Schnittfigur

für $\alpha = \varphi$ eine Parabel;

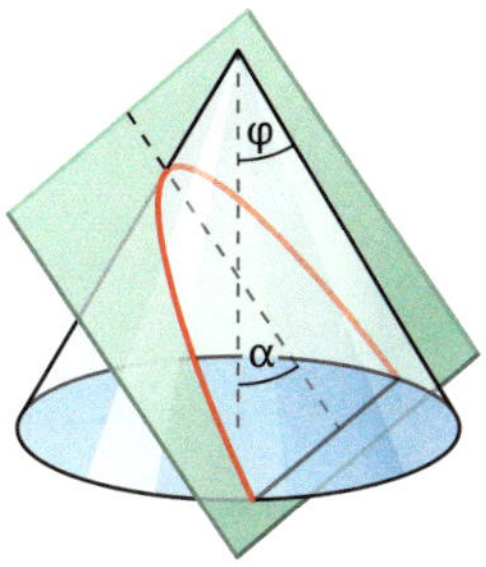


für $\alpha > \varphi$ eine Ellipse;

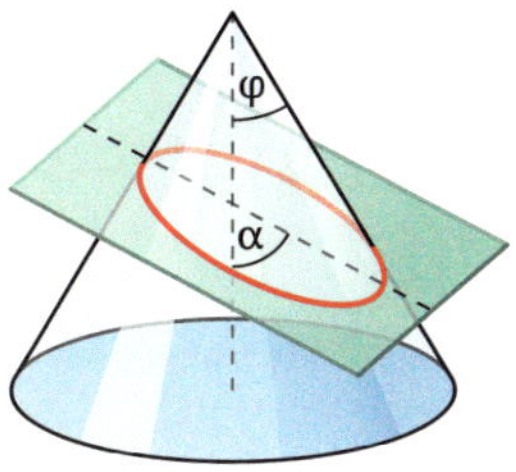


für $\alpha < \varphi$ eine Hyperbel:

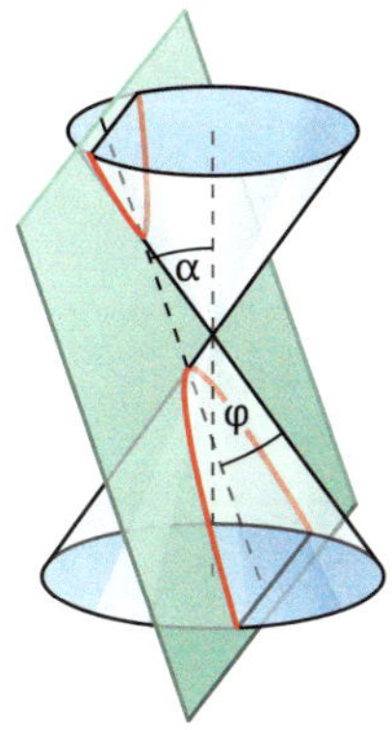


### Kennzeichnung von Parabel, Ellipse und Hyperbel als Ortslinie

#### Parabel

Gegeben sind ein fester Punkt F (Brennpunkt) und eine feste Gerade g (Leitgerade) mit Abstand p zu F.

Alle Punkte P, deren Abstand zu F gleich dem Abstand zu g ist, liegen auf einer Parabel.

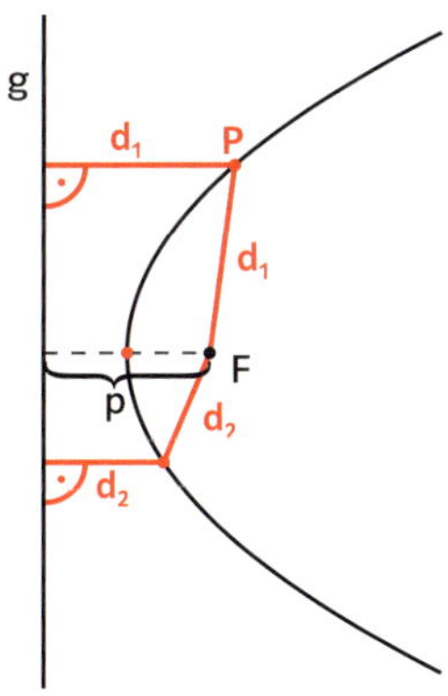


#### Ellipse

Gegeben sind zwei feste Punkte $F_1$ und $F_2$ (die Brennpunkte) und eine Zahl $a > 0$.

Alle Punkte P mit der Eigenschaft $\overline{PF_1} + \overline{PF_2} = 2a$ liegen auf einer Ellipse.

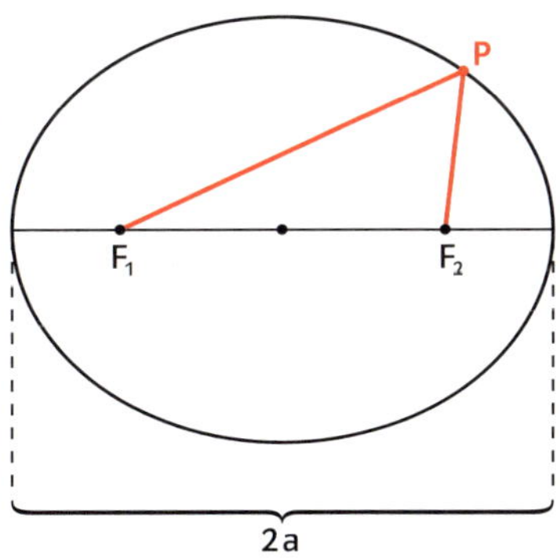


#### Hyperbel

Gegeben sind zwei feste Punkte $F_1$ und $F_2$ (die Brennpunkte) und eine Zahl $a > 0$.

Alle Punkte P mit der Eigenschaft $|\overline{PF_1} - \overline{PF_2}| = 2a$ liegen auf einer Hyperbel.

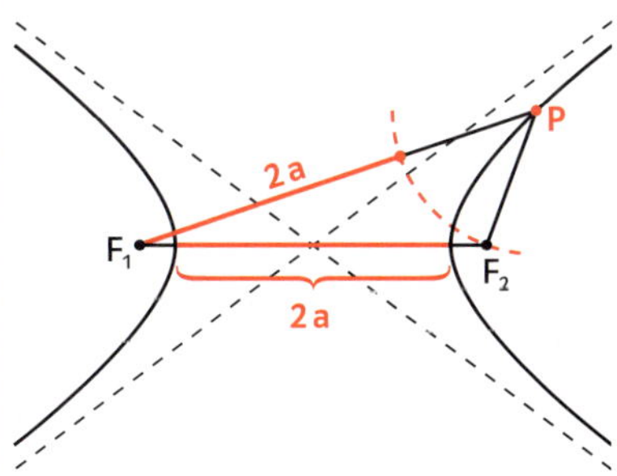

## Kegelschnitte: Parabel, Ellipse, Hyperbel

### Parabel im Koordinatensystem

$S(0 \mid 0)$; Symmetrieachse auf der x-Achse.

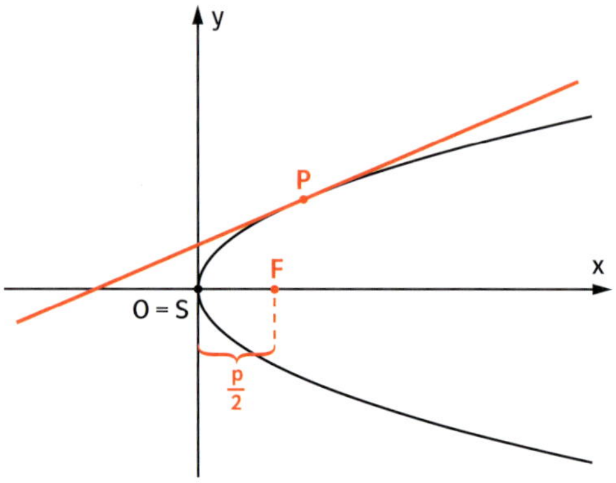


Kurvengleichung: $y^2 = 2px$

F heißt Brennpunkt; S heißt Scheitel;
Gleichung der Tangente in $P(x_t \mid y_t)$

$y y_t = p(x + x_t)$

$S(x_0 \mid y_0)$; Symmetrieachse parallel zur x-Achse.

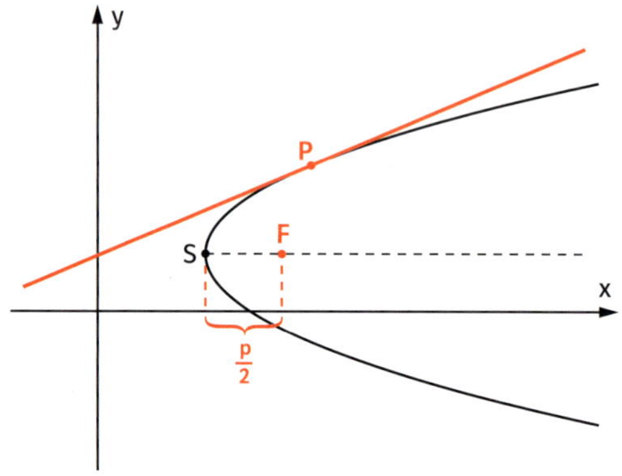


Kurvengleichung: $(y - y_0)^2 = 2p(x - x_0)$

F heißt Brennpunkt; S heißt Scheitel;
Gleichung der Tangente in $P(x_t \mid y_t)$

$(y - y_0)(y_t - y_0) = p(x + x_t - 2x_0)$

### Ellipse im Koordinatensystem

Mittelpunkt $M(0 \mid 0)$;
Symmetrieachsen auf den Koordinatenachsen.

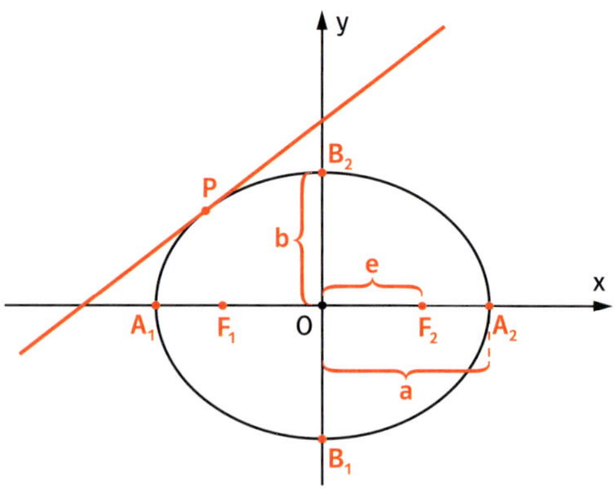


Kurvengleichung: $\frac{x^2}{a^2} + \frac{y^2}{b^2} = 1$

$F_1$, $F_2$ heißen Brennpunkte;
$A_1$, $A_2$ heißen Hauptscheitel;
$B_1$, $B_2$ heißen Nebenscheitel;
Länge der Hauptachse $2a$;
Länge der Nebenachse $2b$;
$e = \sqrt{a^2 - b^2}$ lineare Exzentrizität.

Flächeninhalt $A = \pi a b$;

Gleichung der Tangente in $P_1(x_t \mid y_t)$

$\frac{x x_t}{a^2} + \frac{y y_t}{b^2} = 1$

Mittelpunkt $M(x_0 \mid y_0)$;
Symmetrieachsen parallel zu den Koordinatenachsen.

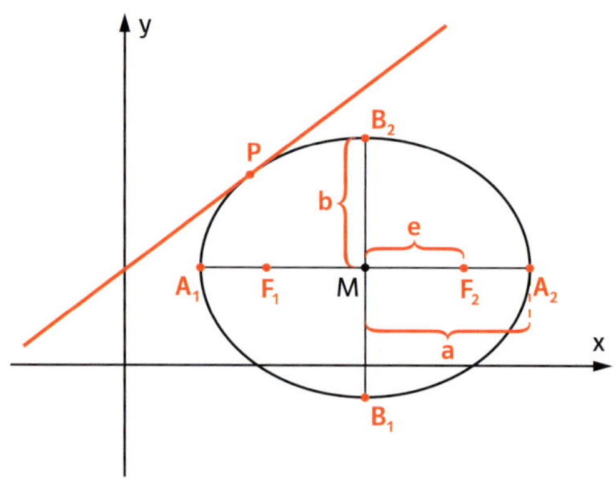


Kurvengleichung: $\frac{(x - x_0)^2}{a^2} + \frac{(y - y_0)^2}{b^2} = 1$

$F_1$, $F_2$ heißen Brennpunkte;
$A_1$, $A_2$ heißen Hauptscheitel;
$B_1$, $B_2$ heißen Nebenscheitel;
Länge der Hauptachse $2a$;
Länge der Nebenachse $2b$;
$e = \sqrt{a^2 - b^2}$ lineare Exzentrizität.

Flächeninhalt $A = \pi a b$;

Gleichung der Tangente in $P_1(x_t \mid y_t)$

$\frac{(x - x_0)(x_t - x_0)}{a^2} + \frac{(y - y_0)(y_t - y_0)}{b^2} = 1$

Kegelschnitte: Parabel, Ellipse, Hyperbel

**Hyperbel im Koordinatensystem**

Mittelpunkt M(0 | 0);
Symmetrieachsen auf den Koordinatenachse.

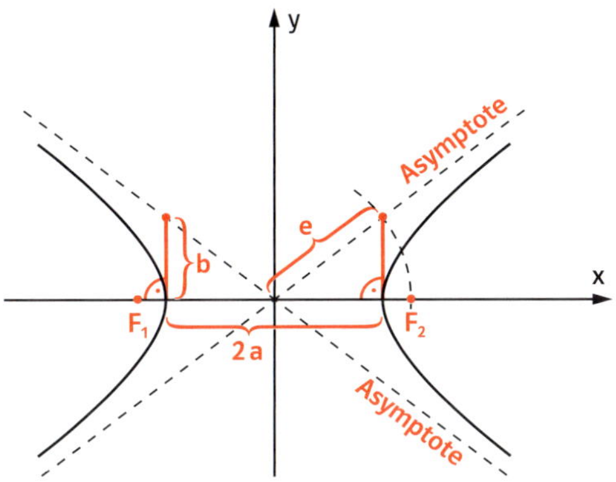


Kurvengleichung: $\frac{x^2}{a^2} - \frac{y^2}{b^2} = 1$

$F_1$, $F_2$ heißen Brennpunkte;
Länge der Hauptachse 2a;
Länge der Nebenachse 2b;
$e = \sqrt{a^2 + b^2}$ lineare Exzentrizität.

Gleichung der Tangente in $P_1(x_t \mid y_t)$

$$\frac{x x_t}{a^2} - \frac{y y_t}{b^2} = 1$$

Asymptoten $y = \pm \frac{b}{a} x$

Mittelpunkt $M(x_0 \mid y_0)$;
Symmetrieachsen parallel zu den Koordinatenachsen.

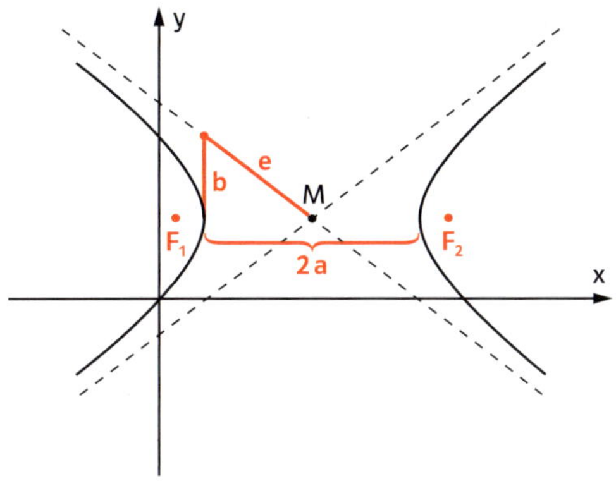


Kurvengleichung: $\frac{(x - x_0)^2}{a^2} - \frac{(y - y_0)^2}{b^2} = 1$

$F_1$, $F_2$ heißen Brennpunkte;
Länge der Hauptachse 2a;
Länge der Nebenachse 2b;
$e = \sqrt{a^2 + b^2}$ lineare Exzentrizität.

Gleichung der Tangente in $P_1(x_t \mid y_t)$

$$\frac{(x - x_0)(x_t - x_0)}{a^2} - \frac{(y - y_0)(y_t - y_0)}{b^2} = 1$$

## Grundbegriffe

### Zufallsexperiment

Ein Zufallsexperiment ist ein Vorgang, bei dem genau eines von mehreren möglichen ***Ergebnissen*** eintritt. Welches Ergebnis eintritt, ist nicht vorhersagbar.

Die Menge aller möglichen einander ausschließenden Ergebnisse eines Zufallsexperiments heißt ***Ergebnismenge***. Sie wird mit S (oftmals auch mit Ω) bezeichnet.

Wurf eines Würfels

mögliche Ergebnisse:

1; 2; 3; 4; 5; 6
S = {1; 2; 3; 4; 5; 6}

### Ereignis

Jede Teilmenge E der Ergebnismenge S heißt Ereignis. Man sagt, E ist eingetreten, wenn das Zufallsexperiment ein Ergebnis aus E liefert.

E: gewürfelte Augenzahl ist größer als 2, E = {3; 4; 5; 6}

E ist z. B. eingetreten, wenn die Augenzahl 4 gewürfelt wird.

### Spezielle Ereignisse

Ein Ereignis, das bei keiner Versuchsdurchführung auftreten kann, heißt ***unmögliches Ereignis***.

Würfeln einer Augenzahl größer als 6.

Ein bei jeder Versuchsdurchführung auftretendes Ereignis heißt ***sicheres Ereignis***.

Eine der Augenzahlen von 1 bis 6 wird gewürfelt.

Ein Ereignis, das genau ein Ergebnis enthält, heißt ***Elementarereignis***.

Augenzahl 3 wird gewürfelt.

### Verknüpfung von Ereignissen

**Gegenereignis $\overline{A}$ von A**
Das Gegenereignis $\overline{A}$ vom Ereignis A tritt genau dann ein, wenn das Ereignis A nicht eintritt.

S = {1; 2; 3; 4; 5; 6}
A = {1; 2}
$\overline{A}$ = {3; 4; 5; 6}

**Teilereignis B von A, $B \subset A$**
Wenn das Ereignis B eintritt, dann tritt auch das Ereignis A ein.

B = {1; 2}
A = {1; 2; 3}

**Ereignis $A \cap B$**
Das Ereignis $A \cap B$ (lies: A und B) tritt ein, wenn sowohl A als auch B eintritt.

A = {1; 2; 3; 4}
B = {2; 4; 6}
$A \cap B$ = {2; 4}

**Ereignis $A \cup B$**
Das Ereignis $A \cup B$ (lies: A oder B) tritt ein, wenn mindestens eines der Ereignisse A bzw. B eintritt.

A = {1; 2; 3; 4}
B = {2; 4; 6}
$A \cup B$ = {1; 2; 3; 4; 6}

**Unvereinbare Ereignisse**
Ereignisse A und B heißen unvereinbar, wenn sie nicht gleichzeitig eintreten können, also $A \cap B = \{\,\}$ gilt.

A = {1; 3; 5}
B = {2; 4}
$A \cap B = \{\,\}$

### Häufigkeiten und Wahrscheinlichkeiten

**Absolute Häufigkeit $H_n(E)$**
Anzahl des Eintretens des Ereignisses E bei n unter gleichbleibenden Bedingungen durchgeführten Versuchen.

**Relative Häufigkeit $h_n(E)$**
Quotient aus der absoluten Häufigkeit $H_n(E)$ und der Anzahl n der durchgeführten Versuche: $h_n(E) = \frac{H_n(E)}{n}$.

## Grundbegriffe

### Empirisches Gesetz der großen Zahlen

Wird ein Zufallsexperiment sehr oft durchgeführt, dann stabilisieren sich für jedes Ereignis E die relativen Häufigkeiten $h_n(E)$, sie pendeln sich um einen bestimmten Wert ein. Dieser Wert ist Schätzwert für die Wahrscheinlichkeit P(E). Für große n gilt: $P(E) \approx h_n(E)$

### Wahrscheinlichkeitsverteilung, Wahrscheinlichkeit

Ein Zufallsexperiment besitze die Ergebnismenge $S = \{e_1;\ e_2;\ \ldots;\ e_n\}$. Eine Funktion P, die jedem Ereignis E eine reelle Zahl P(E) zuordnet, heißt Wahrscheinlichkeitsverteilung ***(Wahrscheinlichkeitsfunktion)***, wenn sie folgenden Bedingungen genügt:

1) $P(E) \geq 0$ (Nichtnegativität),
2) $P(S) = 1$ (Normiertheit),
3) $P(A \cup B) = P(A) + P(B)$, falls $A \cap B = \{\,\}$ (Additivität).

Der Funktionswert P(E) heißt Wahrscheinlichkeit von E.

Weiterhin gilt für P: $P(E) = \sum_{e_i \in E} P(\{e_i\}) = P(\{e_1\}) + P(\{e_2\}) + \ldots + P(\{e_n\})$; $P(\{\,\}) = 0$; $P(\overline{A}) = 1 - P(A)$

### Laplace-Experimente

Zufallsexperimente, die endlich viele Ergebnisse haben und bei denen alle Ergebnisse (Elementarereignisse) gleich wahrscheinlich sind, heißen Laplace-Experimente.

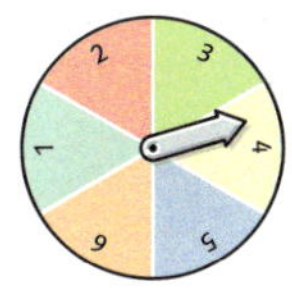


### Wahrscheinlichkeiten bei Laplace-Experimenten

Hat ein Laplace-Experiment n Ergebnisse, dann beträgt die Wahrscheinlichkeit für jedes Ergebnis $\frac{1}{n}$.

Für die Wahrscheinlichkeit P(E) eines Ereignisses E gilt:

$$P(E) = \frac{\text{Anzahl der für E günstigen Ergebnisse}}{\text{Anzahl der möglichen Ergebnisse}}$$

$P(\{2\}) = \frac{1}{6}$

E: Augenzahl ist größer 4

$E = \{5;\ 6\}$

$P(E) = \frac{2}{6} = \frac{1}{3}$

### Mehrstufige Zufallsexperimente, n-stufiges Zufallsexperiment

Werden n nacheinander ablaufende Zufallsexperimente zu einem einzigen Zufallsexperiment zusammengefasst, dann nennt man dieses n-stufiges Zufallsexperiment.

Ein Mittel zur anschaulichen Darstellung mehrstufiger Zufallsexperimente ist das ***Baumdiagramm***.

Jedem ***Pfad*** im Baumdiagramm entspricht genau ein Ergebnis.
Zu jedem Ereignis gehören die Pfade, die zu den zu diesem Ereignis gehörenden Ergebnissen führen.

### Pfadregeln

**Pfadmultiplikationsregel** (Wahrscheinlichkeit eines Ergebnisses):
Die Wahrscheinlichkeit eines Ergebnisses in einem mehrstufigen Zufallsexperiment ist gleich dem Produkt der Wahrscheinlichkeiten längs des zugehörigen Pfades im Baumdiagramm.

**Pfadadditionsregel** (Wahrscheinlichkeit eines Ereignisses):
Die Wahrscheinlichkeit eines Ereignisses in einem mehrstufigen Zufallsexperiment ist gleich der Summe der Wahrscheinlichkeiten der zu diesem Ereignis gehörenden Pfade im Baumdiagramm.

Der aufeinander folgende Wurf zweier durch ihre Körpernetze beschriebenen Würfel A und B ist ein zweistufiges Zufallsexperiment.

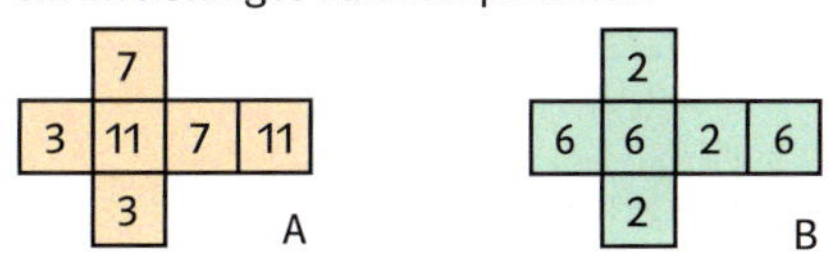


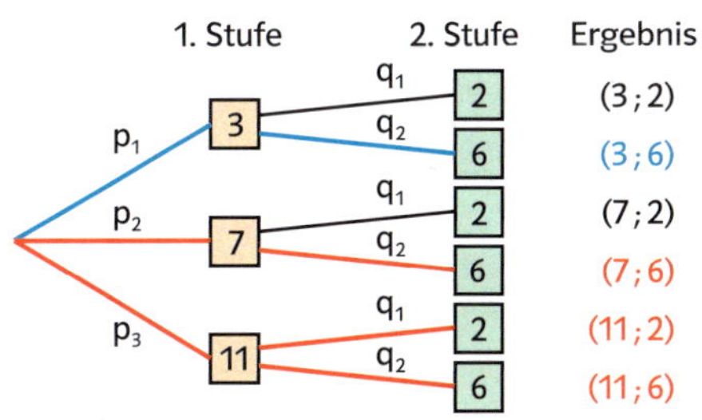


Ergebnis (3; 6)

Ereignis E: Summe der gewürfelten Augenzahlen ist größer als 10, $E = \{(7;\ 6);\ (11;\ 2);\ (11;\ 6)\}$

$P(\{(3;\ 6)\}) = p_1 \cdot q_2$ $\quad P(E) = p_2 \cdot q_2 + p_3 \cdot q_1 + p_3 \cdot q_2$

## Simulation von Zufallsexperimenten

### Strukturgleichheit von Zufallsexperimenten

Zwei Zufallsexperimente heißen strukturgleich, wenn es eine umkehrbar eindeutige Abbildung ihrer Ergebnisse aufeinander gibt und die einander zugeordneten Ergebnisse gleich wahrscheinlich sind.

Wurf einer idealen Münze mit Zahl (Z) und Wappen (W):

$S = \{Z; W\};\ P(Z) = P(W) = \frac{1}{2}$

Wurf eines idealen Würfels, bei dem Auftreten von gerader (g) oder ungerader (u) Zahl interessiert:

$S = \{g; u\};\ \ P(g) = P(u) = \frac{1}{2}$

Da Z umkehrbar eindeutig g und W umkehrbar eindeutig u zugeordnet werden kann, sind die Zufallsexperimente strukturgleich.

### Simulation

Das Nachspielen eines zufälligen Experiments mit einem zum Ausgangsexperiment strukturgleichen Zufallsexperiment nennt man Simulation.

### Monte-Carlo-Methode

Simulation unter Verwendung von Zufallsziffern heißt auch Monte-Carlo-Methode. Wenn bei der Geburt eines Kindes P(Jungengeburt) = 0,514 und P(Mädchengeburt) = 0,486 sind, dann kann die Verteilung der Geschlechter in einer Familie mit mehreren Kindern über folgendes strukturgleiches Zufallsexperiment simuliert werden:

| | **Junge** | **Mädchen** |
|---|---|---|
| **Ergebnisse bei Erzeugen dreistelliger Zufallszahlen** | {001; 002, …; 513; 514} | |
| **Wahrscheinlichkeiten** | 0,514 | 0,486 |

## Bedingte Wahrscheinlichkeit und ihre Eigenschaften

### Bedingte Wahrscheinlichkeit

Sind A und B beliebige Ereignisse mit $A \subseteq S$, $B \subseteq S$ und $P(B) > 0$, dann heißt $P_B(A)$ mit

$$P_B(A) = \frac{P(A \cap B)}{P(B)}$$

die durch B bedingte Wahrscheinlichkeit von A.

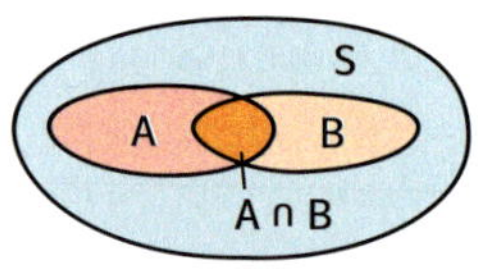


$P_B(A)$ stellt geometrisch den Anteil von $A \cap B$ an B dar.

### Multiplikationssatz

Für die Wahrscheinlichkeit, dass sowohl das Ereignis A als auch das Ereignis B eintritt, gilt:

$P(A \cap B) = P(A) \cdot P_A(B) = P(B) \cdot P_B(A)$

### Unabhängigkeit von Ereignissen

Zwei Ereignisse A und B heißen genau dann unabhängig voneinander, wenn gilt: $P(A \cap B) = P(A) \cdot P(B)$

### Totale Wahrscheinlichkeit

Bilden die Ereignisse $B_1;\ B_2;\ \ldots;\ B_n$ eine Zerlegung von S, d.h. ist
1) $B_1 \cup B_2 \cup \ldots \cup B_n = S$ und 2) $B_i \cap B_j = \{\ \}$ für $i \neq j$,
dann gilt für jedes Ereignis A aus S:

$P(A) = P(B_1) \cdot P_{B_1}(A) + P(B_2) \cdot P_{B_2}(A) + \ldots + P(B_n) \cdot P_{B_n}(A)$

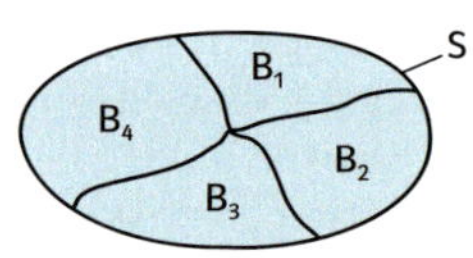


$B_1$, $B_2$, $B_3$ und $B_4$ bilden Zerlegung von S

## Bedingte Wahrscheinlichkeit und ihre Eigenschaften

**Bayes'sche Formel**

Bilden die Ereignisse $B_1; B_2; \dots; B_n$ eine Zerlegung von S, und ist A ein Ereignis aus S mit $P(A) > 0$, dann gilt für jedes $i$ $(i = 1; 2; \dots; n)$:

$$P_A(B_i) = \frac{P(B_i) \cdot P_{B_i}(A)}{P(A)} = \frac{P(B_i) \cdot P_{B_i}(A)}{P(B_1) \cdot P_{B_1}(A) + P(B_2) \cdot P_{B_2}(A) + \dots + P(B_n) \cdot P_{B_n}(A)}$$

Für die spezielle Zerlegung B und $\overline{B}$ von S ergibt sich:

$$P_A(B) = \frac{P(B) \cdot P_B(A)}{P(B) \cdot P_B(A) + P(\overline{B}) \cdot P_{\overline{B}}(A)}$$

## Anzahlbestimmungen

**Allgemeines Zählprinzip**

Haben die Teilexperimente eines k-stufigen Zufallsexperiments $n_1; n_2; \dots; n_k$ Ergebnisse, dann hat das k-stufige Experiment $n_1 \cdot n_2 \cdot \dots \cdot n_k$ Ergebnisse.

Bei Anzahlbestimmungen häufig benutzte Symbole sind:
**n!** für ***n-Fakultät***, wobei $n! = 1 \cdot 2 \cdot 3 \cdot \dots \cdot (n-1) \cdot n$;
$n \in \mathbb{N}^*$. Insbesondere gilt: $0! = 1$

$\binom{n}{k}$ für ***Binomialkoeffizient*** „n über k", wobei

$\binom{n}{k} = \frac{n!}{k!(n-k)!}$; $n, k \in \mathbb{N}^*$; $k \leq n$.

Eine Speisekarte bietet 2 Vorspeisen, 3 Hauptgerichte und 2 Nachspeisen an.

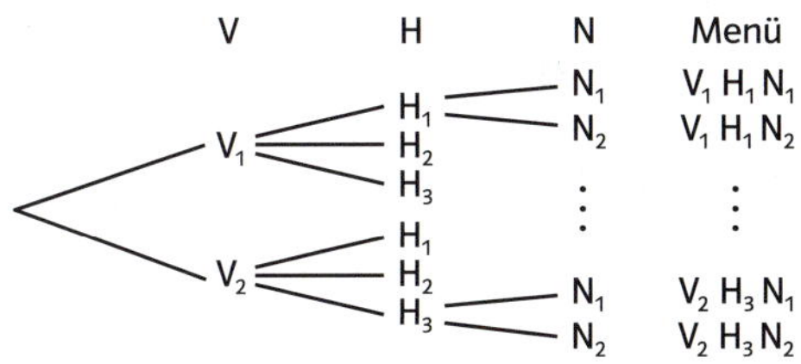


Dann gibt es $2 \cdot 3 \cdot 2 = 12$ Möglichkeiten für die Zusammenstellung des Menüs.

**Stichproben**

Werden aus einer Urne mit n Losen nacheinander k Lose gezogen, dann erhält man eine Stichprobe vom Umfang k.
Beim Ziehen wird unterschieden, ob ***mit*** oder ***ohne Zurücklegen*** gezogen wird, und ob bei der Ziehung die ***Reihenfolge*** eine Rolle spielt oder nicht (***geordnete*** oder ***ungeordnete Stichprobe***).
Als Anzahl der Möglichkeiten, Stichproben aus einer Menge von n Elementen zu entnehmen, (Kugeln aus einer Urne mit n Kugeln zu ziehen) erhält man:

- $n \cdot (n-1) \cdot \dots \cdot 3 \cdot 2 \cdot 1 = n!$,
  falls eine ***geordnete Stichprobe*** vom Umfang n entnommen und ***ohne Zurücklegen*** gezogen wird.
  (Vollerhebung, auch: Anzahl der ***Permutationen ohne Wiederholung***.)
- $n \cdot (n-1) \cdot \dots \cdot (n-k+1) = \binom{n}{k} \cdot k! = \frac{n!}{(n-k)!}$,
  falls eine ***geordnete Stichprobe*** vom Umfang k entnommen und ***ohne Zurücklegen*** gezogen wird.
  (Auch: Anzahl der ***Variationen ohne Wiederholung***.)
- $n \cdot n \cdot \dots \cdot n = n^k$,
  falls eine ***geordnete Stichprobe*** vom Umfang k entnommen und ***mit Zurücklegen*** gezogen wird.
  (Auch: Anzahl der ***Variationen mit Wiederholung***.)
- $\frac{n \cdot (n-1) \cdot \dots \cdot (n-k+1)}{k \cdot (k-1) \cdot \dots \cdot 2 \cdot 1} = \frac{n!}{k!(n-k)!} = \binom{n}{k}$,
  falls eine ***ungeordnete Stichprobe*** vom Umfang k entnommen und ***ohne Zurücklegen*** gezogen wird (Ziehen mit einem Griff; auch: Anzahl der ***Kombinationen ohne Wiederholung***).
- $\binom{n+k-1}{k}$,
  falls eine ***ungeordnete Stichprobe*** vom Umfang k entnommen und ***mit Zurücklegen*** gezogen wird.
  (Auch: Anzahl der ***Kombinationen mit Wiederholung***.)

## Zufallsvariable und ihre Verteilungen

### Zufallsvariable X

Eine Funktion X, die jedem Ergebnis eines Zufallsexperiments eine Zahl zuordnet,

$X\colon S \mapsto \mathbb{R}$,

heißt Zufallsvariable.
Ist der Wertebereich endlich oder abzählbar unendlich, nennt man X diskret, andernfalls stetig.

### Wahrscheinlichkeitsverteilung von X

Eine Funktion, die jedem Wert $x_i$ einer diskreten Zufallsvariablen X eine Wahrscheinlichkeit

$P(X = x_i) = P(\{e \in S \mid X(e) = x_i\})$

zuordnet, heißt Wahrscheinlichkeitsverteilung von X.

### Verteilungsfunktion von X

Die Funktion $F_X$, die jedem Wert x die Wahrscheinlichkeit $P(X \leq x)$ zuordnet, heißt Verteilungsfunktion der Zufallsvariable X.

### Kenngrößen einer diskreten Zufallsvariablen X

Eine Zufallsvariable X nehme die Werte $x_1;\ x_2;\ \ldots;\ x_n$ mit den Wahrscheinlichkeiten $p_1;\ p_2;\ \ldots;\ p_n$ an. Dann ist

$E(X) = \sum_{i=1}^{n} x_i \cdot p_i = \mu$ der ***Erwartungswert*** von X,

$V(X) = \sum_{i=1}^{n} (x_i - \mu)^2 \cdot p_i$ die ***Varianz*** von X und

$\sigma(X) = \sqrt{V(X)}$ die ***Standardabweichung*** von X.

### Tschebyschew-Ungleichung

Mit der Ungleichung von Tschebyschew

$P(|X - \mu| \geqq c) \leqq \frac{\sigma^2}{c^2}$

kann die Wahrscheinlichkeit dafür abgeschätzt werden, dass die Zufallsvariable X einen Wert annimmt, der sich betragsmäßig um mindestens eine Zahl c vom Erwartungswert von X unterscheidet.

### Standardisierte Zufallsvariable

Eine Zufallsvariable Z heißt standardisiert, wenn sie sowohl zentriert (d.h. $E(Z) = 0$) als auch normiert (d.h. $V(Z) = 1$) ist.

$Z = \frac{X - E(X)}{\sigma}$

ist die zu X gehörende standardisierte Zufallsvariable.

### Bernoulli-Experiment

Ein Zufallsexperiment mit genau zwei möglichen Ergebnissen (meist Erfolg bzw. Misserfolg genannt) heißt Bernoulli-Experiment.

Wurf einer Münze:

$S = \{\text{Zahl; Wappen}\}$

## Zufallsvariable und ihre Verteilungen

**Bernoulli-Kette**

Ein Zufallsexperiment, das aus n unabhängigen Durchführungen desselben Bernoulli-Experiments besteht, heißt Bernoulli-Kette der Länge n.

Ist p die Wahrscheinlichkeit für Treffer und wird der Zufallsversuch n-mal wiederholt, dann ist die Wahrscheinlichkeit für genau k Treffer

$\binom{n}{k} \cdot p^k (1-p)^{n-k}$

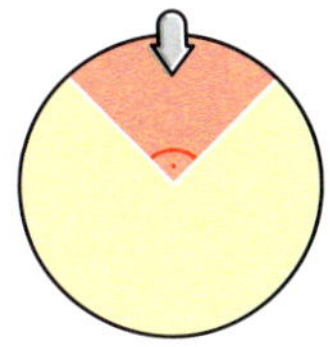

Das viermalige Drehen dieses Glücksrads ist eine Bernoulli-Kette der Länge 4.
Die Treffer-Wahrscheinlichkeit p für „rot" ist $\frac{1}{4}$.

**Binomialverteilung**

Ordnet die Zufallsvariable X bei einer Bernoulli-Kette der Länge n und der Trefferwahrscheinlichkeit p jedem Ergebnis die Zahl k der Treffer zu, dann ist X binomialverteilt und es gilt:

$P(X = k) = B_{n,\,p}(k) = \binom{n}{k} \cdot p^k \cdot (1-p)^{n-k}$

**Kenngrößen der Binomialverteilung**

X sei $B_{n,\,p}$-verteilt (binomialverteilt mit den Parametern n und p).
Dann ist

$E(X) = n \cdot p$ der ***Erwartungswert***,

$V(X) = n \cdot p \cdot q$ mit $q = 1 - p$ die ***Varianz*** und

$\sigma = \sqrt{n \cdot p \cdot q}$ die ***Standardabweichung*** von X.

**Gauß-Funktion, Gauß'sche Summenfunktion**

Die auf $\mathbb{R}$ definierte Funktion φ mit

$\varphi(x) = \frac{1}{\sqrt{2\pi}} \cdot e^{-\frac{1}{2}x^2}$

heißt Gauß-Funktion und ihr Schaubild Gauß'sche Glockenkurve.
Die auf $\mathbb{R}$ definierte Funktion Φ mit

$\Phi(x) = \int_{-\infty}^{x} \varphi(t)\,dt$

heißt Gauß'sche Summenfunktion.

Durch Φ wird jedem x der Inhalt des Flächenstückes zugeordnet, das im Intervall $(-\infty; x]$ zwischen der x-Achse und der Gauß'schen Glockenkurve liegt.

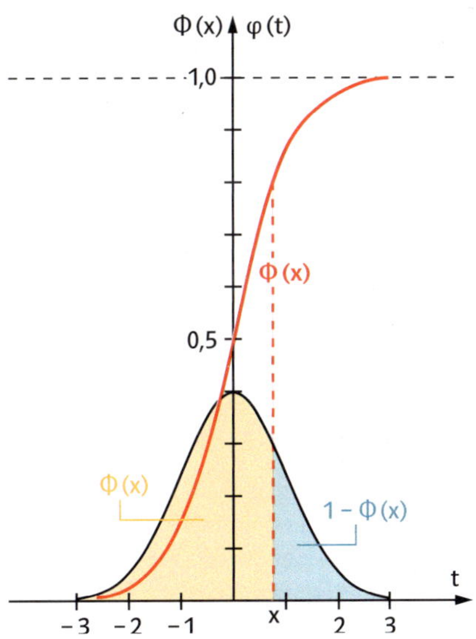


**Dichtefunktion**

Eine Funktion φ heißt Dichtefunktion der stetigen Zufallsvariable X, wenn gilt:

$P(a \leqq X < b) = \int_a^b \varphi(x)\,dx, \quad a, b \in \mathbb{R}$

## Zufallsvariable und ihre Verteilungen

### Normalverteilung

Eine stetige Zufallsgröße X heißt normalverteilt (Gauß-verteilt) mit den Parametern $\mu$ und $\sigma^2$, wenn für ihre Dichte $\varphi$ gilt:

$$\varphi(x) = \frac{1}{\sqrt{2\pi\,\sigma^2}} \cdot e^{-\frac{(x-\mu)^2}{2\sigma^2}}, \quad x \in \mathbb{R},\ \mu = E(X),\ \sigma^2 = V(X)$$

Falls $\mu = 0$ und $\sigma^2 = 1$ und damit $\varphi(x) = \frac{1}{\sqrt{2\pi}} \cdot e^{-\frac{x^2}{2}}$,

spricht man von der ***Standardnormalverteilung***.

### kσ-Regeln

Ist X normalverteilt mit den Parametern $\mu$ und $\sigma^2$, so gilt:

$P(\mu - \sigma < X < \mu + \sigma) = 0{,}683$

$P(\mu - \mathbf{2}\sigma < X < \mu + \mathbf{2}\sigma) = 0{,}954$

$P(\mu - \mathbf{3}\sigma < X < \mu + \mathbf{3}\sigma) = 0{,}997$

### Näherungsformel von De Moivre-Laplace

Gilt bei einer Binomialverteilung $n \cdot p \cdot q > 9$ (also $\sigma > 3$), dann können die Wahrscheinlichkeiten für diese Zufallsgröße näherungsweise über die Standard-Normalverteilung bestimmt werden:

$$P(X = k) \approx \frac{1}{\sigma} \cdot \varphi\left(\frac{k - \mu}{\sigma}\right)$$

$$P(X \leqq k) \approx \Phi\left(\frac{k + 0{,}5 - \mu}{\sigma}\right)$$

## Erfassen und Analysieren von Daten

### Urliste

Ungeordnete Zusammenstellung der beobachteten Ergebnisse

20-maliger Wurf einer Münze:
w; z; w; z; w; w; z; w; z; z; z; w; z; w; w; w; z; w; z; w

### Strichliste

Auflistung der möglichen Ergebnisse, Markierung des Auftretens eines Ergebnisses durch einen Strich

| | |
|---|---|
| **Zahl** | 𝍸 IIII |
| **Wappen** | 𝍸 𝍸 I |

### Häufigkeitstabelle

Die Häufigkeitstabelle zeigt an, wie oft jedes Ergebnis aufgetreten ist (absolute Häufigkeit) und wie groß für jedes Ergebnis der Anteil der Versuche ist, bei denen dieses Ergebnis eintrat (relative Häufigkeit).

| Ergebnis | abs. H. | rel. H. |
|---|---|---|
| **Zahl** | 9 | $\frac{9}{20} = 45\,\%$ |
| **Wappen** | 11 | $\frac{11}{20} = 55\,\%$ |

Durch ***Diagramme*** können die Ergebnisse statistischer Erhebungen grafisch dargestellt werden.

## Erfassen und Analysieren von Daten

**Kenngrößen der Lage**

Betrachtet wird eine Urliste vom Umfang n: $x_1;\ x_2;\ \ldots;\ x_n$

**Arithmetisches Mittel $\bar{x}$ (Mittelwert)**

$$\bar{x} = \frac{x_1 + x_2 + \ldots + x_n}{n} = \frac{1}{n}\sum_{i=1}^{n} x_i$$

**Zentralwert z (Median)**

Die n Werte der Urliste werden ihrer Größe nach geordnet. Ist n ungerade, dann ist z der in der Mitte der geordneten Urliste stehende Wert. Ist n gerade, dann ist z das arithmetische Mittel der beiden in der Mitte der geordneten Urliste stehenden Werte.

**Häufigster Wert m (Modalwert)**

m ist der in der Urliste am häufigsten vorkommende Wert. Es können mehrere, maximal n Modalwerte auftreten.

**Kenngrößen der Streuung**

Betrachtet wird eine Urliste vom Umfang n: $x_1;\ x_2;\ \ldots;\ x_n$

**Spannweite R**

Die Spannweite hängt nur von den extremen Werten der Urliste ab und ist die Differenz zwischen größtem und kleinstem Wert:

$R = x_{max} - x_{min}$

**Mittlere quadratische Abweichung $s^2$ (Varianz)**

Die mittlere quadratische Abweichung $s^2$ ist ein Maß für die Streuung der Werte der Urliste um ihr arithmetisches Mittel $\bar{x}$. Es gilt: $s^2 = \frac{(x_1 - \bar{x})^2 + (x_2 - \bar{x})^2 + \ldots + (x_n - \bar{x})^2}{n}$

**Standardabweichung s**

$s = \sqrt{s^2}$

**Regressionsgerade**

Liegen zu zwei Merkmalen x und y die Wertepaare $(x_1 | y_1), (x_2 | y_2), \ldots, (x_n | y_n)$ vor, dann heißt die Gerade g mit $y = g(x)$, für die die quadratische Abweichung $[y_1 - g(x_1)]^2 + [y_2 - g(x_2)]^2 + \ldots + [y_n - g(x_n)]^2$ minimal ist, Regressionsgerade oder Ausgleichsgerade.

Für die Gleichung der Regressionsgeraden g gilt: $y = g(x) = \frac{c_{xy}}{s_x^2}(x - \bar{x}) + \bar{y}$ mit

$$c_{xy} = \frac{1}{n}[(x_1 - \bar{x})(y_1 - \bar{y}) + (x_2 - \bar{x})(y_2 - \bar{y}) + \ldots + (x_n - \bar{x})(y_n - \bar{y})]$$

**Korrelationskoeffizient**

Zu zwei Merkmalen x und y mit den Wertepaaren $(x_1 | y_1), (x_2 | y_2), \ldots, (x_n | y_n)$, heißt

$$r = \frac{c_{xy}}{s_x \cdot s_y} = \frac{(x_1 - \bar{x})(y_1 - \bar{y}) + (x_2 - \bar{x})(y_2 - \bar{y}) + \ldots + (x_n - \bar{x})(y_n - \bar{y})}{\sqrt{(x_1 - \bar{x})^2 + (x_2 - \bar{x})^2 + \ldots + (x_n - \bar{x})^2} \cdot \sqrt{(y_1 - \bar{y})^2 + (y_2 - \bar{y})^2 + \ldots + (y_n - \bar{y})^2}}$$

Korrelationskoeffizient der Merkmale x und y.

## Beurteilende Statistik

**Grundaufgabe der beurteilenden Statistik**

In der beurteilenden Statistik wird versucht, mit Hilfe einer Stichprobe auf die unbekannte, dem betreffenden Zufallsexperiment tatsächlich zugrunde liegende Wahrscheinlichkeitsverteilung zu schließen. Die Stichprobe kann aus der n-fachen Wiederholung dieses Zufallsexperiments gewonnen werden.

## Beurteilende Statistik

### Testen von Hypothesen

Über einen unbekannten Parameter einer Grundgesamtheit gibt es zwei sich gegenseitig ausschließende Hypothesen:

***Nullhypothese $H_0$***
***Gegenhypothese*** (oder Alternativhypothese) ***$H_1$***.
Getestet wird, ob aufgrund der Stichprobenwerte ***$H_0$*** beibehalten werden kann oder verworfen werden muss.
Dazu wird der Bereich der Werte, die die Testgröße annehmen kann, zerlegt in
***Ablehnungsbereich*** (kritischer Bereich) $\overline{\mathbf{A}}$ und
***Annahmebereich A***.

Entscheidungsregel:
Liegt der durch die Stichprobe gewonnene Wert in $\overline{A}$, dann wird $H_0$ verworfen und $H_1$ angenommen, ansonsten wird $H_0$ beibehalten.

### Fehler beim Testen von Hypothesen

Da die in der Stichprobe auftretenden Werte zufällig sind, können sie auch ein falsches Bild der betrachteten Grundgesamtheit vermitteln. Folglich können beim Testen Fehler auftreten.

| | **Zustand der Wirklichkeit** | |
|---|---|---|
| | **$H_0$ ist wahr** | **$H_0$ ist falsch** |
| **$H_0$ wird verworfen** | **Fehler 1. Art** | richtige Entscheidung |
| **$H_0$ wird beibehalten** | richtige Entscheidung | **Fehler 2. Art** |

Die Wahrscheinlichkeit $\alpha$ dafür, die Nullhypothese abzulehnen, obwohl sie wahr ist, heißt ***Risiko 1. Art***.
$\alpha$ heißt auch ***Irrtumswahrscheinlichkeit*** oder ***Signifikanzniveau*** des Tests.
$1 - \alpha$ ist die ***statistische Sicherheit*** des Tests.

Die Wahrscheinlichkeit $\beta$ dafür, eine falsche Nullhypothese beizubehalten, heißt ***Risiko 2. Art***.
$1 - \beta$ ist die ***Trennschärfe*** des Tests.

Ist der Stichprobenumfang fest, dann führt eine Verkleinerung von $\alpha$ zur Vergrößerung von $\beta$ und umgekehrt.

### Testen mit der Binomialverteilung – Signifikanztest

Betrachtet wird eine Bernoulli-Kette der Länge n mit einer noch unbekannten Erfolgswahrscheinlichkeit p. X zählt die Anzahl der Erfolge und ist demnach $B_{n,p}$-verteilt. Die Irrtumswahrscheinlichkeit $\alpha$ ist vorgegeben.

**Zweiseitiger Signifikanztest**
$H_0$: $p = p_0$   $H_1$: $p \neq p_0$

Ablehnungsbereich für $H_0$ ist zweiseitig:
$\overline{A} = \{0;\ 1;\ \ldots;\ g_l\} \cup \{g_r;\ g_r + 1;\ \ldots;\ n\}$

$g_l$ (linke Signifikanzgrenze) und $g_r$ (rechte Signifikanzgrenze) werden durch $\alpha$ bestimmt.
$g_l$ ist die größte und $g_r$ die kleinste Zahl, für die

$$P(X \leq g_l) = \sum_{k=0}^{g_l} B_{n,p_0}(k) \leq \frac{\alpha}{2}$$

$$P(X \geq g_r) = \sum_{k=g_r}^{n} B_{n,p_0}(k) \leq \frac{\alpha}{2} \text{ gilt.}$$

$B_{n,p_0}(\overline{A})$ ist die Wahrscheinlichkeit für den Fehler 1. Art.

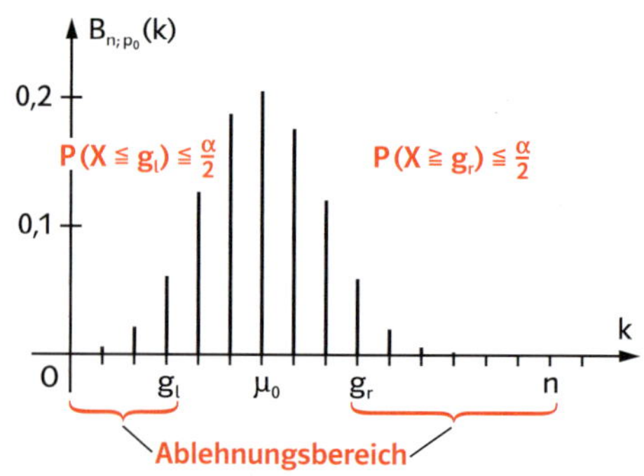

## Beurteilende Statistik

### Einseitiger Signifikanztest (linksseitig)

$H_0$: $p \geq p_0$ $H_1$: $p < p_0$

Ablehnungsbereich für $H_0$ ist:
$\overline{A} = \{0;\ 1;\ \ldots;\ g\}$.

g ist die durch $\alpha$ bestimmte größte Zahl, für die

$$P(X \leq g) = \sum_{k=0}^{g} B_{n,p_0}(k) \leq \alpha \text{ gilt.}$$

Für jede Wahrscheinlichkeit p mit $p > p_0$ ist $B_{n,p}(\overline{A})$ die Wahrscheinlichkeit für einen Fehler 1. Art.

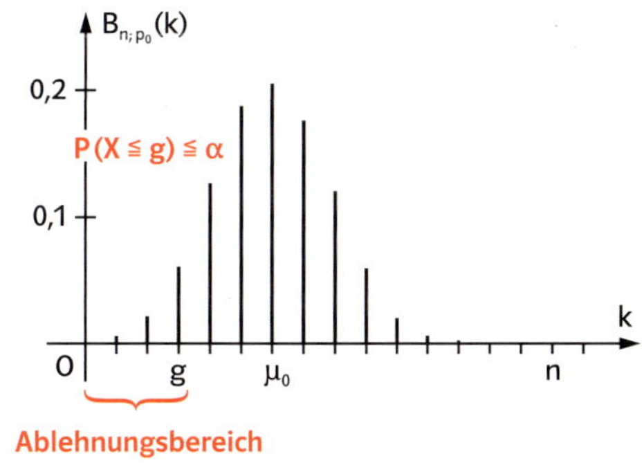


### Einseitiger Signifikanztest (rechtsseitig)

$H_0$: $p \leq p_0$ $H_1$: $p > p_0$

Ablehnungsbereich für $H_0$ ist:
$\overline{A} = \{g;\ g+1;\ \ldots;\ n\}$.

g ist die durch $\alpha$ bestimmte kleinste Zahl, für die

$$P(X \geq g) = \sum_{k=g}^{n} B_{n,p_0}(k) \leq \alpha \text{ gilt.}$$

Für jede Wahrscheinlichkeit p mit $p < p_0$ ist $B_{n,p}(\overline{A})$ die Wahrscheinlichkeit für einen Fehler 1. Art.

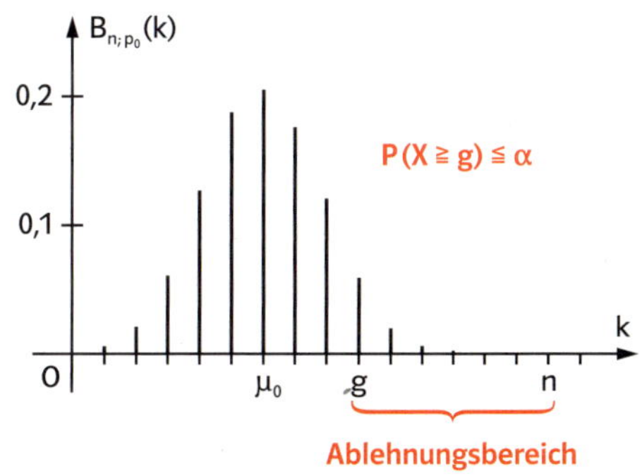


### Alternativtest

X zählt die Anzahl der Erfolge bei einer Bernoulli-Kette der Länge n mit der unbekannten Wahrscheinlichkeit p. Zu testen:

$H_0$: $p = p_0$ $H_1$: $p = p_1$

Nur eine Hypothese kann wahr sein. Für vorgegebenes $\alpha$ ergibt sich bei $p_0 < p_1$
$\overline{A} = \{g;\ g+1;\ \ldots;\ n\}$
als Ablehnungsbereich von $H_0$.

$B_{n,p_0}(\overline{A})$ ist die Wahrscheinlichkeit für Fehler 1. Art.
$B_{n,p_1}(A)$ ist dann die Wahrscheinlichkeit für Fehler 2. Art.

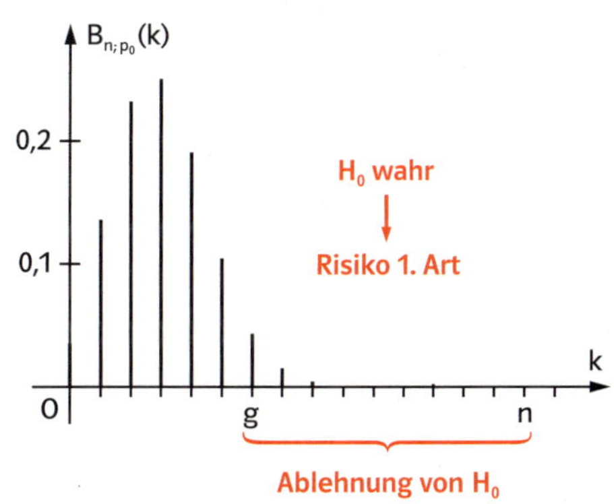


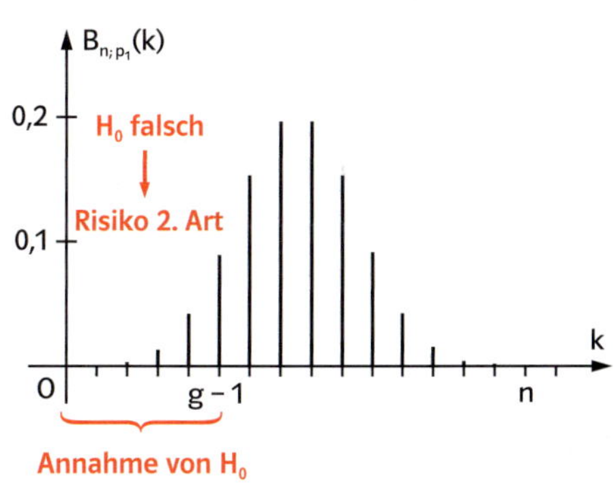

# Physik

## Mechanik



## Spezielle Relativitätstheorie



## Thermodynamik



## Elektrizitätslehre

## Schwingungen und Wellen



## Optik



## Quantenobjekte



## Physikalische Daten



## Astronomie

## Bewegungen

| | | | |
|---|---|---|---|
| **Geschwindigkeit $\vec{v}$** | Durchschnittsgeschwindigkeit:<br>$v = \frac{\Delta s}{\Delta t} = \frac{s_2 - s_1}{t_2 - t_1}$ $\quad v = \text{konstant} = \frac{s}{t}$<br>Momentangeschwindigkeit:<br>$v = \lim\limits_{\Delta t \to 0} \frac{\Delta s}{\Delta t} = \frac{ds}{dt} = \dot{s}$ | $s$ Weg<br>$t$ Zeit<br>$v$ Geschwindigkeit | m (Meter)<br>s (Sekunde)<br>$m \cdot s^{-1}$ |
| **Beschleunigung $\vec{a}$**<br><br>Geradlinige Bewegung<br><br>Abbremsen<br><br>Verzögerung durch Luftreibung | Durchschnittsbeschleunigung:<br>$a = \frac{\Delta v}{\Delta t} = \frac{v_2 - v_1}{t_2 - t_1}$ $\quad a = \text{konstant} = \frac{v}{t}$<br>$s = \frac{1}{2} a \cdot t^2; \quad v = a \cdot t; \quad v = \sqrt{2a \cdot s}$<br>$s = \frac{1}{2} a \cdot t^2 + v_0 \cdot t + s_0; \quad v = a \cdot t + v_0$<br>$s_B = \frac{v_0^2}{\lvert 2a \rvert}; \quad t_B = \frac{v_0}{\lvert a \rvert}$<br>Momentanbeschleunigung:<br>$a = \lim\limits_{\Delta t \to 0} \frac{\Delta v}{\Delta t} = \frac{dv}{dt} = \dot{v}$<br>$a_L = c_W \cdot \varrho \cdot \frac{A}{2m} \cdot v^2$ | $a$ Beschleunigung ($a < 0$: Verzögerung)<br>$v$ Geschwindigkeit<br>$t$ Zeit<br>$s$ Weg<br>$s_0$ Anfangsort<br>$v_0$ Anfangsgeschwindigkeit<br>$s_B$ Bremsweg<br>$t_B$ Bremsdauer<br>$a_L$ Verzögerung durch Luftreibung<br>$c_W$ Luftwiderstandsbeiwert<br>$\varrho$ Dichte der Luft<br>$A$ Querschnittsfläche $\perp \vec{v}$<br>$m$ Masse des Körpers | $m \cdot s^{-2}$<br><br>$m \cdot s^{-1}$<br>s<br>m<br>m<br>$m \cdot s^{-1}$<br>m<br>s<br>$m \cdot s^{-2}$<br>Zahl<br>$kg \cdot m^{-3}$<br>$m^2$<br>kg |
| **Freier Fall**<br>(ohne Luftreibung) | aus der Ruhe:<br>$s = \frac{1}{2} g \cdot t^2; \quad v = g \cdot t = \sqrt{2g \cdot s}$ | $g$ Fallbeschleunigung ($g = 9{,}81\,m \cdot s^{-2}$)<br>$s$ Fallweg (positiv in Richtung von $g$) | $m \cdot s^{-2}$<br>m |
| **Senkrechter Wurf**<br>(ohne Luftreibung) | nach oben:<br>$s = v_0 \cdot t - \frac{1}{2} g \cdot t^2$<br>$s_h = \frac{v_0^2}{2g}; \quad t_S = \frac{v_0}{g}$<br>nach unten:<br>$s = v_0 \cdot t + \frac{1}{2} g \cdot t^2$ | $s$ Weglänge<br>$v_0$ Abwurfgeschwindigkeit (positiv nach oben)<br>$s_h$ Steighöhe<br>$t_S$ Steigzeit (≙ Fallzeit von $s_h$ bis $s = 0$) | m<br>$m \cdot s^{-1}$<br>m<br>s |
| **Horizontaler Wurf**<br>(ohne Luftreibung)<br><br>**Schiefer Wurf**<br>(ohne Luftreibung) | 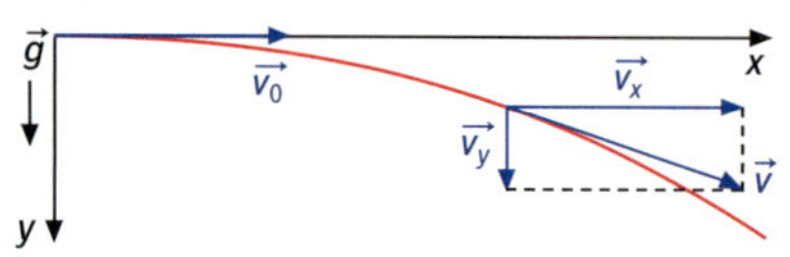<br><br>$v_x = v_0; \quad v_y = g \cdot t; \quad v = \sqrt{v_x^2 + v_y^2}$<br>$s_x = v_0 \cdot t; \quad s_y = \frac{1}{2} g \cdot t^2 = \frac{1}{2} \frac{g}{v_0^2} \cdot s_x^2$<br>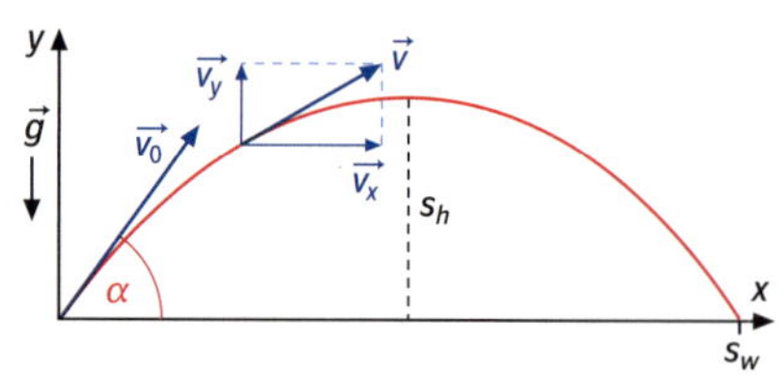<br> | $s_x$ Weg horizontal<br>$s_y$ Weg vertikal<br>$v_x$ Geschwindigkeit horizontal<br>$v_y$ Geschwindigkeit vertikal<br><br>$\alpha$ Abwurfwinkel<br>$t_S$ Steigzeit<br>$s_h$ Steighöhe<br>$t_W$ Wurfdauer<br>$s_W$ Wurfweite<br>$g$ Fallbeschleunigung (beim Wurf nach unten positiv gerechnet) | m<br>m<br>$m \cdot s^{-1}$<br>$m \cdot s^{-1}$<br><br>Grad<br>s<br>m<br>s<br>m<br>$m \cdot s^{-2}$ |
| | $v_x = v_0 \cdot \cos\alpha; \quad s_x = v_0 \cdot t \cdot \cos\alpha; \quad s_W = \frac{v_0^2 \cdot \sin 2\alpha}{g}; \quad t_W = 2t_S$<br>$v_y = v_0 \cdot \sin\alpha - g \cdot t; \quad s_y = v_0 \cdot t \cdot \sin\alpha - \frac{1}{2} g \cdot t^2; \quad t_S = \frac{v_0 \cdot \sin\alpha}{g}; \quad s_h = \frac{v_0^2 \cdot \sin^2\alpha}{2g}$ | | |

## Bewegungen

| | | | |
|---|---|---|---|
| **Kreisbewegung**<br><br>360° (Gradmaß)<br>≙<br>$2\pi$ (Bogenmaß)<br><br>Zentralbeschleunigung<br>Radialbeschleunigung | $\Delta\varphi = \varphi_2 - \varphi_1 = \frac{b}{r}$; $\omega = \frac{\Delta\varphi}{\Delta t} = \frac{2\pi}{T}$<br>$T = \frac{1}{f} = \frac{t}{n}$<br>$v = \frac{2\pi \cdot r}{T} = \omega \cdot r$<br>$= 2 \cdot \pi \cdot f \cdot r$<br>$a_Z = \frac{v^2}{r} = \omega^2 \cdot r$<br>$= \frac{4\pi^2 \cdot r}{T^2}$<br>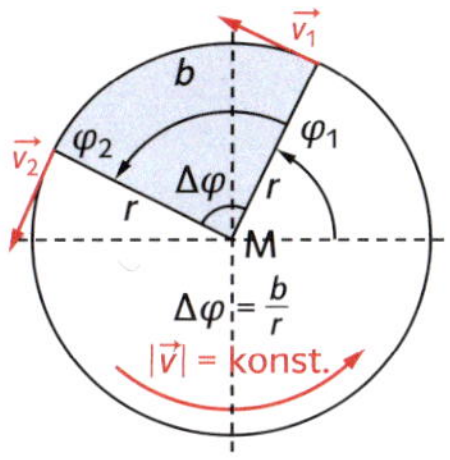 | $\varphi$ Drehwinkel<br>$\omega$ Winkelgeschwindigkeit<br>$b$ Bogenlänge ($\varphi_1$ nach $\varphi_2$)<br>$r$ Kreisradius<br>$t$ Zeitspanne<br>$T$ Umlaufdauer (für $2\pi$)<br>$f$ Frequenz<br>$n$ Anzahl der Umläufe in der Zeit $t$<br>$v$ Bahngeschwindigkeit<br>$a_Z$ Zentralbeschleunigung | Zahl (Grad)<br>$s^{-1}$<br>m<br>m<br>s<br>s<br>$s^{-1}$<br>Zahl<br>$m \cdot s^{-1}$<br>$m \cdot s^{-2}$ |

## Impuls – Kraft

| | | | |
|---|---|---|---|
| **Impuls $\vec{p}$** | Impuls (Bewegungsgröße)<br>$p = m \cdot v$ | $p$ Impuls, Bewegungsgröße<br>$m$ Masse<br>$v$ Geschwindigkeit | $kg \cdot m \cdot s^{-1}$<br>kg<br>$m \cdot s^{-1}$ |
| Impulsänderung<br>Kraft | für konstantes $m$:<br>$\frac{\Delta p}{\Delta t} = \frac{\Delta(m \cdot v)}{\Delta t} = m \cdot \frac{\Delta v}{\Delta t} = m \cdot \dot{v} = m \cdot a = F$<br>für veränderliches $m$:<br>$\frac{\Delta p}{\Delta t} = \frac{\Delta m}{\Delta t} \cdot v + m \cdot \frac{\Delta v}{\Delta t} = \dot{m} \cdot v + m \cdot \dot{v} = F$ | $\Delta p$ Impulsänderung im Zeitintervall $\Delta t$<br>$\Delta t$ Zeitintervall<br>$a$ Beschleunigung<br>$F$ Kraft | $kg \cdot m \cdot s^{-1}$<br>s<br>$m \cdot s^{-2}$<br>$N = kg \cdot m \cdot s^{-2}$ |
| Kraftstoß | $\Delta p = F_m \cdot \Delta t$ | $F_m$ mittlere Kraft im Intervall $\Delta t$ | N |
| Impulserhaltung | In einem abgeschlossenen System ist die Summe aller Impulse konstant:<br>$\vec{p_1} + \vec{p_2} + \vec{p_3} + \ldots = \vec{p_1}' + \vec{p_2}' + \vec{p_3}' + \ldots$ | $\vec{p_1}, \vec{p_2}, \vec{p_3}$ Impulse der Körper vorher<br>$\vec{p_1}', \vec{p_2}', \vec{p_3}'$ Impulse der Körper nachher | $kg \cdot m \cdot s^{-1}$<br>$kg \cdot m \cdot s^{-1}$ |
| **Kraft $\vec{F}$**<br>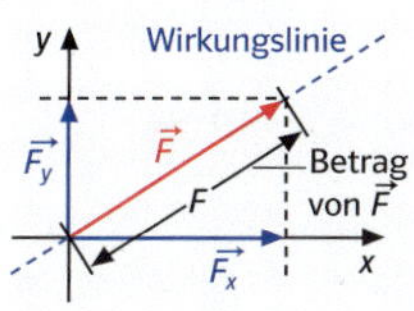 | Grundgleichung der Mechanik<br>$F = \frac{\Delta p}{\Delta t} = \dot{p}$<br>bei konstanter Masse<br>$F = m \cdot a = m \cdot \frac{\Delta v}{\Delta t} = m \cdot \dot{v} = m \cdot \ddot{s}$<br>Gewichtskraft $F_G = m \cdot g$ | $F$ Kraft auf Körper<br>$m$ Masse des Körpers<br>$a$ Beschleunigung des Körpers in Kraftrichtung<br>$F_G$ Gewichtskraft<br>$g$ Fallbeschleunigung (Ortsfaktor) | $N = kg \cdot m \cdot s^{-2}$<br>kg<br>$m \cdot s^{-2}$<br><br>N<br>$m \cdot s^{-2}$<br>($N \cdot kg^{-1}$) |
| | Hangabtriebskraft<br>$F_H = F_G \cdot \sin\alpha$<br>$= F_G \cdot \frac{h}{l}$<br>$F_N = F_G \cdot \cos\alpha$<br>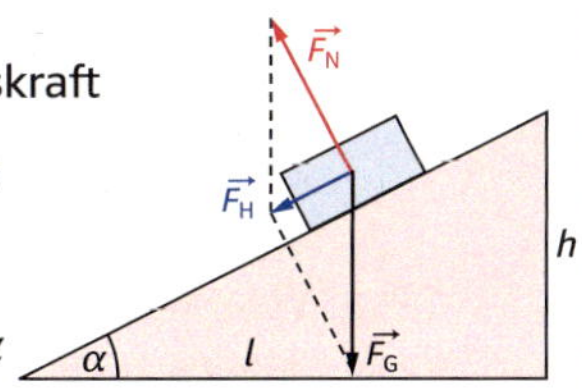 | $F_H$ Hangabtriebskraft<br>$F_N$ Normalkraft (⊥ zur Auflagefläche)<br>$\alpha$ Steigungswinkel | N<br>N<br>Zahl (Grad) |
| Spannkraft<br>Hooke'sches Gesetz<br>elastische Verformung | Federkraft:<br>$F_S = -D \cdot s$<br>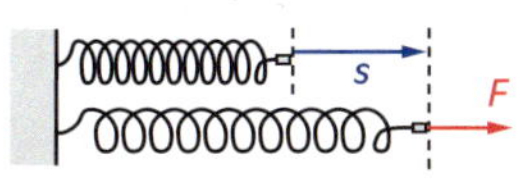<br>Zugkraft: $F = -F_S$ | $F_S$ Federkraft<br>$D$ Richtgröße, auch Federkonstante<br>$s$ Auslenkung (Verformung) | N<br>$N \cdot m^{-1}$<br>m |
| | Reibungskraft $F_R$<br>– beim Haften: $F_R = f_h \cdot F_N$<br>– beim Gleiten: $F_R = f_g \cdot F_N$<br>– beim Rollen: $F_R = \frac{f_r}{r} \cdot F_N$ | $F_R$ Reibungskraft<br>$f_h, f_g, f_r$ Reibungszahlen beim Haften, Gleiten, Rollen<br>$r$ Rollradius | N<br>Zahlen<br><br>m |

1a) 108,09 m/s
b) 49,855
2a) 55/72 m/s
b) 141,1996 km/h
3a) 41,4
41,7
b) 22 m/s
25°
4 a senkrecht
b schieben

## Impuls – Kraft

<table>
<tr><td>Gesetz von Stokes</td><td>$F_R = 6 \cdot \pi \cdot r \cdot \eta \cdot v$<br>(Reibungskraft auf eine Kugel in einer laminar strömenden Flüssigkeit)</td><td>$F_R$ Reibungskraft im Medium<br>$r$ Radius des Körperschnitts<br>$\eta$ dynamische Viskosität<br>$v$ Geschwindigkeit</td><td>N<br>m<br>Pa · s<br>$m \cdot s^{-1}$</td></tr>
<tr><td>Luftwiderstand</td><td>$F_R = \frac{1}{2} c_W \cdot A \cdot \varrho \cdot v^2$<br>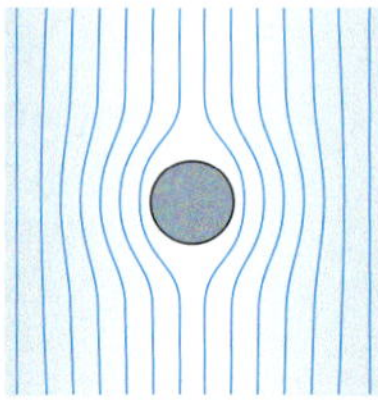</td><td>$F_R$ Luftwiderstandskraft<br>$c_W$ Luftwiderstandsbeiwert<br>$A$ Querschnittsfläche des Körpers ⊥ zur Strömung<br>$v$ Geschwindigkeit des Körpers in der Strömung<br>$\varrho$ Dichte der Luft</td><td>N<br>Zahl<br>$m^2$<br><br>$m \cdot s^{-1}$<br><br>$kg \cdot m^{-3}$</td></tr>
<tr><td>Zentralkraft $\vec{F_Z}$<br><br>Zentripetalkraft</td><td>$F_Z = \frac{m \cdot v^2}{r}$<br>$= m \cdot \omega^2 \cdot r$<br>$= m \cdot \frac{4\pi^2 \cdot r}{T^2}$<br>$= m \cdot a_Z$<br>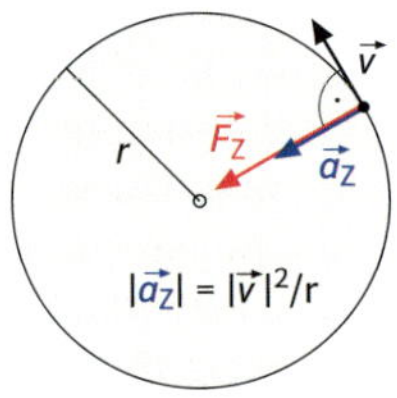
</td><td>$F_Z$ Zentralkraft<br>$m$ Masse des Körpers<br>$r$ Bahnradius der Masse<br>$v$ Bahngeschwindigkeit<br>$\omega$ Winkelgeschwindigkeit<br>$a_Z$ Zentralbeschleunigung<br>$T$ Umlaufzeit</td><td>N<br>kg<br>m<br>$m \cdot s^{-1}$<br>$s^{-1}$<br>$m \cdot s^{-2}$<br>s</td></tr>
<tr><td>Corioliskraft $\vec{F_C}$<br><br>Trägheitskraft im rotierenden System</td><td>$F_C = 2 \cdot m \cdot v_K \cdot \omega$<br>mit $\vec{F_C} \perp \vec{v_K}$<br>$\frac{r}{t} = v_K$<br>und<br>$\frac{b}{t} = \omega \cdot r$<br>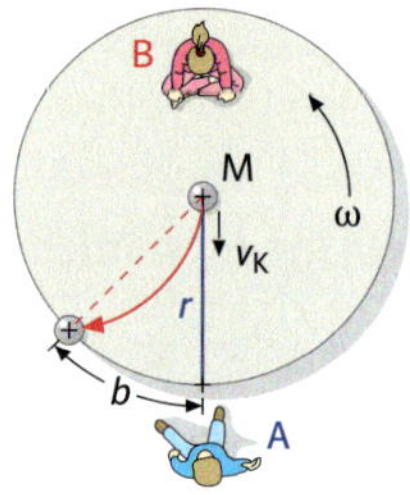
</td><td>$F_C$ Corioliskraft<br>$m$ Masse des Körpers<br>$v_K$ Geschwindigkeit des Körpers gegenüber System<br>$\omega$ Winkelgeschwindigkeit des Systems<br>$r$ Bahnradius<br>$t$ Zeit<br>$b$ Weg des in der Zeit $t$ mitbewegten Körpers</td><td>N<br>kg<br>$m \cdot s^{-1}$<br><br>$s^{-1}$<br>m<br>s<br>m</td></tr>
<tr><td>Drehmoment $\vec{M}$<br>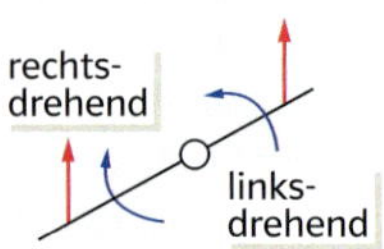
</td><td>$M = F \cdot r \cdot \sin\alpha$<br>$= F_r \cdot r$<br>$= F \cdot l$<br>$\vec{M} = \vec{r} \times \vec{F}$<br>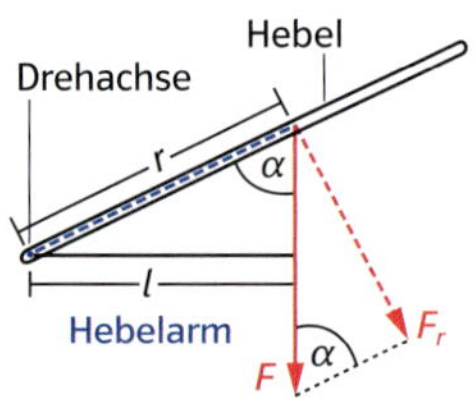

<br>Hebelgesetz<br>(Gleichgewicht zweier Kräfte am Hebel)<br>$M_1 = M_2;\ F_1 \cdot l_1 = F_2 \cdot l_2$</td><td>$M$ Drehmoment<br>$F$ Kraft auf Hebelarm<br>$F_r$ Kraftkomponente senkrecht zum Hebel<br>$r$ Abstand des Angriffspunktes der Kraft zur Drehachse<br>$l$ Länge des Hebelarms (Abstand der Wirkungslinie der Kraft zur Drehachse)<br>$\alpha$ Winkel zwischen $r$ und $F$</td><td>N · m<br>N<br>N<br><br>m<br><br>m<br><br>Zahl (Grad)</td></tr>
<tr><td>Drehimpuls $\vec{L}$<br><br>Drehimpulserhaltung</td><td>$L = J \cdot \omega$<br>mit $J = m \cdot r^2$<br>$\frac{\Delta L}{\Delta t} = M$<br>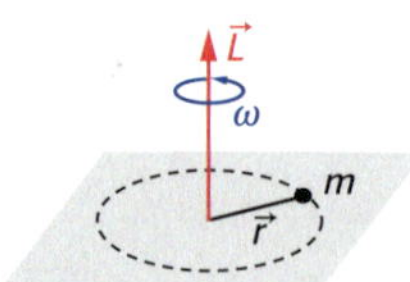

<br>Drehimpulserhaltungssatz<br>(in einem abgeschlossenen System)<br>$\vec{L_1} + \vec{L_2} + \vec{L_3} + \ldots = \vec{L_1}' + \vec{L_2}' + \vec{L_3}' + \ldots$</td><td>$L$ Drehimpuls<br>$J$ Trägheitsmoment<br>$\omega$ Winkelgeschwindigkeit<br>$m$ Masse<br>$r$ Rotationsradius<br>$M$ Drehmoment<br>$\vec{L_i}, \vec{L_i}'$ Einzeldrehimpulse vorher bzw. nachher</td><td>$kg \cdot m^2 \cdot s^{-1}$<br>$kg \cdot m^2$<br>$s^{-1}$<br>kg<br>m<br>N · m<br>$kg \cdot m^2 \cdot s^{-1}$</td></tr>
<tr><td>Trägheitsmoment $J$</td><td>punktförmiger Körper: $J = m \cdot r^2$<br>beliebiger Körper: $J = \sum_i m_i \cdot r_i^2 = \int_0^{r_{max}} r^2 \, dm$</td><td>$J$ Trägheitsmoment<br>$m, m_i$ Masse des punktförmig anzunehmenden (Teil-)Körpers<br>$r, r_i$ Abstand des (Teil-)Körpers von der Drehachse</td><td>$kg \cdot m^2$<br>kg<br><br>m</td></tr>
</table>

## Impuls – Kraft

| | | | |
|---|---|---|---|
| **Gravitationskraft $\vec{F}_g$** | Newton'sches Graviationsgesetz<br>$F_g = \gamma \cdot \frac{m_1 \cdot m_2}{r^2}$<br>mit $\gamma = 6{,}67 \cdot 10^{-11}\,m^3 \cdot kg^{-1}s^{-2}$ | $F_g$ Gravitationskraft<br>$\gamma$ Gravitationskonstante<br>$m_1, m_2$ Massen der Körper<br>$r$ Schwerpunktabstand der Körper | N<br>$m^3 \cdot kg^{-1} \cdot s^{-2}$<br>kg<br>m |
| Kepler'sche Gesetze<br>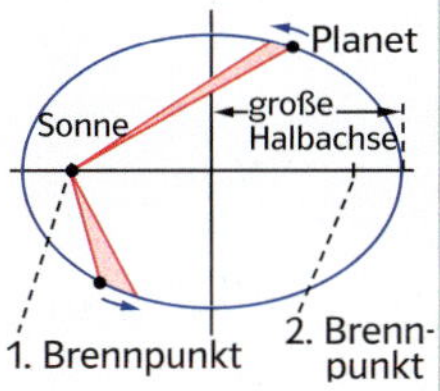 | 1. Die Planetenbahnen sind Ellipsen mit der Sonne (Zentralmasse) in einem der Brennpunkte.<br>2. Die Verbindungsstrecke Planet – Sonne überstreicht in gleichen Zeitspannen gleich große Flächen.<br>3. Die Quadrate der Umlaufzeiten $T$ zweier Planeten verhalten sich wie die 3. Potenzen der großen Halbachsen $a$ ihrer Ellipsenbahnen.<br>$\frac{T_1^2}{T_2^2} = \frac{a_1^3}{a_2^3}$ | $T$ Umlaufzeit<br>$a$ große Halbachse | s<br>m |
| **Feldstärke** | Gravitationsfeldstärke<br>$G = \frac{F_g}{m}$<br>In der Nähe der Erdoberfläche gilt:<br>$G = g$ | $G$ Gravitationsfeldstärke<br>$F_g$ Gravitationskraft<br>$m$ Masse des (Probe-)körpers<br>$g$ Fallbeschleunigung | $N \cdot kg^{-1}$<br>N<br>kg<br>$N \cdot kg^{-1}$<br>$(= m \cdot s^{-2})$ |

## Dichte – Druck

| | | | |
|---|---|---|---|
| **Dichte $\varrho$** | $\varrho = \frac{m}{V}$ | $\varrho$ Dichte<br>$m$ Masse<br>$V$ Volumen | $kg \cdot m^{-3}$<br>kg<br>$m^3$ |
| **Druck $p$**<br>hydraulisches Gleichgewicht<br><br>barometrische Höhenformel | $p = \frac{F}{A}$<br>bei konstantem Druck:<br>$\frac{F_1}{A_1} = \frac{F_2}{A_2}$<br>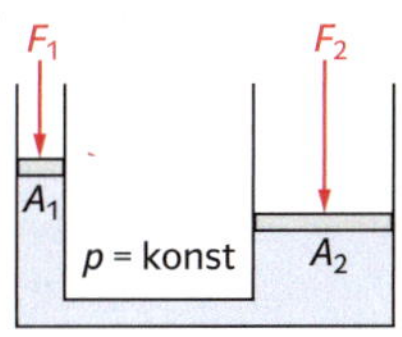<br>Auftriebskraft:<br>$F_A = \varrho \cdot g \cdot (h_2 - h_1) \cdot A$<br>$F_A = \varrho \cdot g \cdot V_K$<br>Schweredruck:<br>$p = \varrho \cdot g \cdot h$<br>Luftdruck:<br>$p = p_0 \cdot e^{-(\varrho_0 \cdot g \cdot h/p_0)}$<br>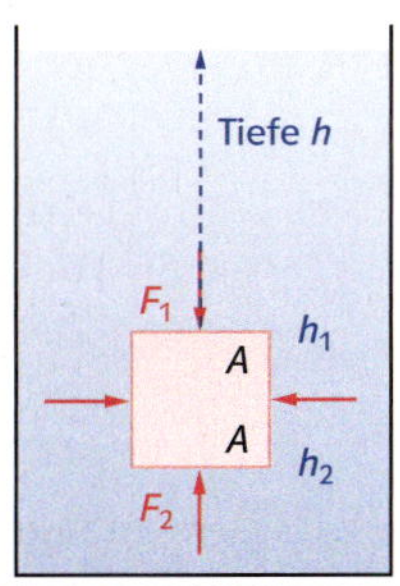 | $p$ Druck (statischer Druck)<br>$F$ Kraft ⊥ Fläche<br>$A$ Fläche<br>$F_A$ Auftriebskraft in Flüssigkeit / Gas (nach oben)<br>$\varrho$ Dichte von Flüssigkeit / Gas<br>$h_1, h_2$ Tiefe in Flüssigkeit / Gas<br>$g$ Fallbeschleunigung<br>$V_K$ Volumen des eingetauchten Körperteils<br>$h$ Höhe der Flüssigkeits-/Gassäule darüber<br>$p_0$ Luftdruck bei $h = 0$ Normaldruck 1013 hPa<br>$\varrho_0$ Luftdichte bei $h = 0$<br>$h$ Höhe über Normal-Null | $Pa = N \cdot m^{-2}$<br>N<br>$m^2$<br>N<br><br>$kg \cdot m^{-3}$<br>m<br>$m \cdot s^{-2}$<br>$m^3$<br><br>h<br><br>Pa<br><br>$kg \cdot m^{-3}$<br>m |
| **Kontinuitätsgleichung** | bei konstanter Dichte:<br>$A_1 \cdot v_1 = A_2 \cdot v_2$<br>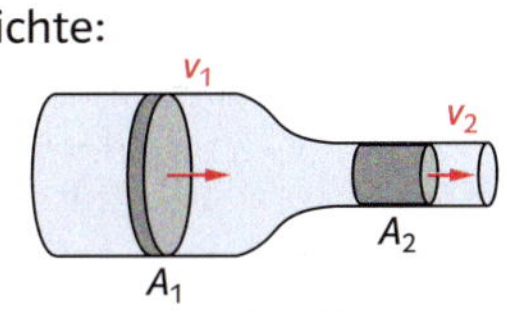 | $A_1, A_2$ Querschnittsflächen des strömenden Mediums<br>$v_1, v_2$ Geschwindigkeit der Strömung | $m^2$<br><br>$m \cdot s^{-1}$ |
| **Bernoulli'sche Strömungsgleichung** | $p + \frac{1}{2}\varrho \cdot v^2 = p_0 = \text{konstant}$ | $p$ statischer Druck<br>$v$ Strömungsgeschwindigkeit<br>$\varrho$ Dichte des Fluids<br>$p_0$ Gesamtdruck | Pa<br>$m \cdot s^{-1}$<br>$kg \cdot m^{-3}$<br>Pa |

## Energie – Arbeit – Leistung

| | | | |
|---|---|---|---|
| **Energie $E$** | Fortschreitende Bewegung $E_{kin} = \frac{1}{2} m \cdot v^2$<br>Rotationsbewegung $E_{kin} = \frac{1}{2} J \cdot \omega^2$<br>Energie der Lage $E_{pot} = m \cdot g \cdot h$<br>Spannenergie $E_S = \frac{1}{2} D \cdot s^2$ | $E_{kin}$ kinetische Energie<br>$m$ Masse<br>$v$ Geschwindigkeit<br>$J$ Trägheitsmoment<br>$\omega$ Winkelgeschwindigkeit<br>$E_{pot}$ potenzielle Energie<br>$g$ Fallbeschleunigung<br>$h$ Höhe über Nullniveau<br>$E_S$ elastische Energie<br>$D$ Richtgröße (Federkonstante)<br>$s$ Weg (Verformung) | $J = W \cdot s = N \cdot m$<br>kg<br>$m \cdot s^{-1}$<br>$kg \cdot m^2$<br>$s^{-1}$<br>$J = kg \cdot m^2 \cdot s^{-2}$<br>$m \cdot s^{-2}$<br>m<br>$J = kg \cdot m^2 \cdot s^{-2}$<br>$N \cdot m^{-1}$<br>m |
| Energieerhaltung | Im reibungsfreien abgeschlossenen System ist:<br>$E_{kin} + E_{pot} + E_S =$ konstant | | |
| **Arbeit $W$** | $W = \Delta E = \int_{s_1}^{s_2} \vec{F}(s)\, d\vec{s} = \int_{s_1}^{s_2} F(s)\, ds$<br>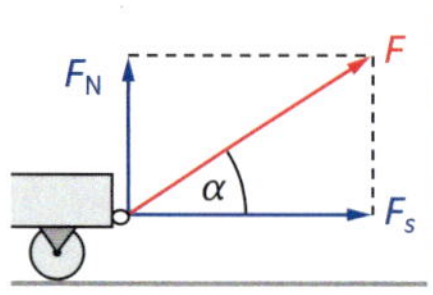<br><br>für $\vec{F}$ = konstant:<br>$W = \vec{F} \cdot \vec{s} = F \cdot s \cdot \cos\alpha = F_s \cdot s$ | $W$ Arbeit, Energieumsetzung durch eine Kraft längs eines Weges<br>$F(s)$ Kraft als Funktion des Weges<br>$F_s$ Kraftkomponente in Wegrichtung<br>$s$ Weglänge | $J = W \cdot s = N \cdot m$<br><br>N<br>N<br>m |
| | **Arbeit im Gravitationsfeld:**<br>$W_{P_1, P_2} = \int_{r_1}^{r_2} \vec{F}_g\, d\vec{s} = \gamma \cdot m \cdot M \cdot \left(\frac{1}{r_1} - \frac{1}{r_2}\right)$<br>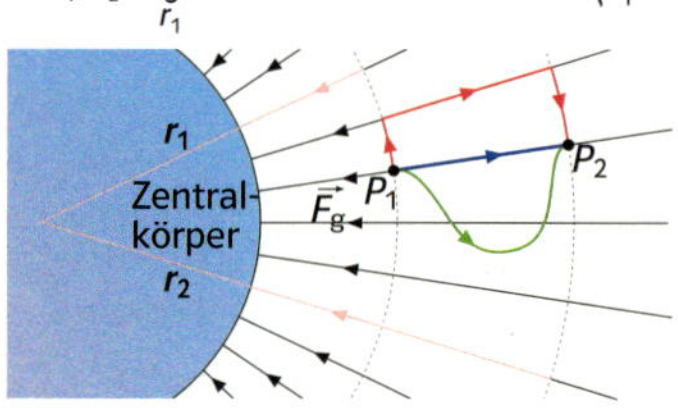<br><br>Bezugspunkt $P_1$ im Unendlichen, P im Abstand $r$ vom Schwerpunkt des Zentralkörpers: $W_\infty = -\gamma \cdot m \cdot \frac{M}{r}$<br>**Gravitationspotenzial:** $\varphi = -\gamma \cdot \frac{M}{r} = \frac{W_\infty}{r}$<br>somit $W_{P_1, P_2} = m \cdot (\varphi(P_1) - \varphi(P_2))$ | $W_{P_1, P_2}$ Arbeit, um $m$ von $P_1$ nach $P_2$ zu bringen<br>$\vec{F}_g$ Gravitationskraft<br>$M$ Masse des Zentralkörpers<br>$m$ Masse des Probekörpers<br>$r_i$ Abstand des Ortes $P_i$ vom Schwerpunkt des Zentralkörpers<br>$W_\infty$ Arbeit, um $m$ von Unendlich nach P zu bringen<br>$\varphi$ Potenzial eines Körpers der Masse $M$ im Abstand $r$ vom Schwerpunkt<br>$\varphi(P_i)$ Potenzial in Punkt $P_i$ | J<br><br>N<br>kg<br>kg<br>m<br><br>J<br><br>$J \cdot kg^{-1}$<br>$J \cdot kg^{-1}$ |
| **Leistung $P$** | Durchschnittsleistung: $P = \frac{\Delta E}{\Delta t}$<br>wenn $\Delta E \sim \Delta t$: $P = \frac{W}{t}$<br>wenn $\vec{F}$ = konstant: $P = F_v \cdot v$ | $P$ Leistung (auch Energiestromstärke)<br>$\Delta E = W$ Energieänderung, Arbeit<br>$\Delta t, t$ Zeitdauer<br>$F_v$ Kraft in Bewegungsrichtung<br>$v$ Geschwindigkeit | $W = J \cdot s^{-1}$<br>J<br>s<br>N<br>$m \cdot s^{-1}$ |
| **Wirkungsgrad $\eta$** | $\eta = \frac{\Delta E_{ab}}{\Delta E_{zu}} = \frac{P_{ab}}{P_{zu}}$ | $\eta$ Wirkungsgrad<br>$E_{ab}, E_{zu}$ umgesetzte Energie<br>$P_{ab}, P_{zu}$ Leistung | Zahl<br>J<br>W |
| **Zentraler Stoß** | Elastischer Stoß zweier Körper:<br>$v_A' = \frac{2 m_B \cdot v_B + (m_A - m_B) \cdot v_A}{m_A + m_B}$<br>$v_B' = \frac{2 m_A \cdot v_A + (m_B - m_A) \cdot v_B}{m_A + m_B}$<br>Unelastischer Stoß zweier Körper:<br>$v_A' = v_B' = \frac{m_A \cdot v_A + m_B \cdot v_B}{m_A + m_B}$;<br>$\vec{v}_A{}'$ und $\vec{v}_B{}'$ haben gleiche Richtung | $v_A, v_B$ Geschwindigkeiten vor dem Stoß<br>$v_A', v_B'$ Geschwindigkeiten nach dem Stoß<br>$m_A, m_B$ Massen der Körper | $m \cdot s^{-1}$<br><br>$m \cdot s^{-1}$<br><br>kg |

## Ort – Zeit – Geschwindigkeit

| | | | |
|---|---|---|---|
| **Einstein'sche Postulate** | 1. Die Lichtgeschwindigkeit im Vakuum ($c \approx 3 \cdot 10^8$ m/s) ist unabhängig vom Inertialsystem.<br>2. In allen Inertialsystemen gelten dieselben physikalischen Gesetze über Bewegungsvorgänge.<br>Ein Inertialsystem ist ein Bezugssystem (Koordinatensystem), in dem ein kräftefreier Körper ruht oder sich mit konstanter Geschwindigkeit geradlinig bewegt. | | |
| **Galilei-Transformation**<br>Umrechnen von Koordinaten eines Systems in ein anderes | System S′ bewegt sich im System S mit $v << c$<br>$x' = x - v \cdot t$ bzw. $x = x' + v \cdot t'$<br>$y' = y;\ z' = z$   $y = y';\ z = z'$<br>$t' = t$   $t' = t$ | $v$ Geschwindigkeit von S′ in S<br>$x, y, z, t$ Raum- und Zeitkoordinaten in S<br>$x', y', z', t'$ Raum- und Zeitkoordinaten in S′ | m · s$^{-1}$<br>m bzw. s<br><br>m bzw. s |
| **Lorentz-Transformation**<br><br>Bei $t = t' = 0$ und $x = x' = 0$ werde ein Lichtsignal ausgesandt | System S′ bewegt sich gegenüber System S mit $v \approx c$<br>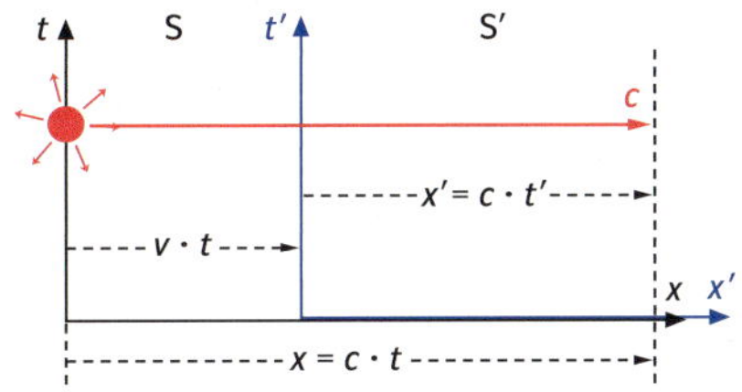<br><br>$x' = \gamma \cdot (x - v \cdot t)$ bzw. $x = \gamma \cdot (x' + v \cdot t')$<br>$y' = y;\ z' = z$   $y = y';\ z = z'$<br>$t' = \gamma \cdot \left(t - \frac{v}{c^2} \cdot x\right)$   $t' = \gamma \cdot \left(t' + \frac{v}{c^2} \cdot x'\right)$<br>$\beta = \frac{v}{c}$<br>$\gamma = \frac{1}{\sqrt{1 - \frac{v^2}{c^2}}} = \frac{1}{\sqrt{1 - \beta^2}}$ | $v$ Geschwindigkeit von S′ in S<br>$c$ Lichtgeschwindigkeit<br>$x, y, z, t$ Raum- und Zeitkoordinaten in S<br>$x', y', z', t'$ Raum- und Zeitkoordinaten in S′<br>$\gamma$ Verzerrungsfaktor<br>$\beta$ Verhältnisfaktor | m · s$^{-1}$<br>m · s$^{-1}$<br>m bzw. s<br><br>m bzw. s<br><br>Zahl<br>Zahl |
| **Zeitdilatation**<br>$\Delta t > \Delta t'$ | $\Delta t = \frac{\Delta t'}{\sqrt{1 - \frac{v^2}{c^2}}} = \frac{\Delta t'}{\sqrt{1 - \beta^2}} = \Delta t' \cdot \gamma$<br>mit $\Delta t = t_2 - t_1$<br>$\Delta t' = t_2' - t_1'$ | $\Delta t$ Zeitdifferenz zwischen zwei Ereignissen in S (am Ort x = konst.)<br>$\Delta t'$ Zeitdifferenz für dieselben Ereignisse in S′ (am Ort x′ = konst.) | s<br><br>s |
| **Längenkontraktion**<br>$l < l'$ | $l = l' \cdot \sqrt{1 - \frac{v^2}{c^2}} = l' \cdot \sqrt{1 - \beta^2} = l' \cdot \frac{1}{\gamma}$ | $l$ Länge des mit $v$ parallel zu $l'$ bewegten Körpers in S<br>$l'$ Länge des Körpers in S′<br>$\gamma$ Verzerrungsfaktor<br>$\beta$ Verhältnisfaktor | m<br><br>m<br>Zahl<br>Zahl |
| **Addition von Geschwindigkeiten** | $u = \frac{u' + v}{1 + \frac{u' \cdot v}{c^2}}$ | $v$ Geschwindigkeit des Systems S′ gegenüber S<br>$u$ Geschwindigkeit eines Körpers im System S<br>$u'$ Geschwindigkeit des Körpers im System S′<br>$c$ Lichtgeschwindigkeit | m · s$^{-1}$<br>m · s$^{-1}$<br>m · s$^{-1}$<br>m · s$^{-1}$ |
| **Optischer Dopplereffekt** | $f = f' \cdot \sqrt{\frac{c - v}{c + v}}$ bzw. $v = c \cdot \frac{1 - \left(\frac{f}{f'}\right)^2}{1 + \left(\frac{f}{f'}\right)^2}$ | $f$ Frequenz im System S<br>$f'$ Frequenz im System S′<br>$c$ Lichtgeschwindigkeit<br>$v$ Geschwindigkeit von S′ in S | s$^{-1}$<br>s$^{-1}$<br>m · s$^{-1}$<br>m · s$^{-1}$ |

## Masse – Impuls – Energie

| | | | |
|---|---|---|---|
| **Masse** $m$ | $m = \frac{m_0}{\sqrt{1-\frac{v^2}{c^2}}} = \frac{m_0}{\sqrt{1-\beta^2}} = m_0 \cdot \gamma$ | $v$ Geschwindigkeit des Körpers im System S<br>$m$ Masse des sich mit $v$ gegenüber einem im System ruhenden Beobachter bewegenden Körpers<br>$m_0$ Ruhemasse (Masse des im System ruhenden Körpers)<br>$c$ Lichtgeschwindigkeit<br>$\gamma$ Verzerrungsfaktor<br>$\beta$ Verhältnisfaktor | $\mathrm{m \cdot s^{-1}}$<br>kg<br>kg<br>$\mathrm{m \cdot s^{-1}}$<br>Zahl<br>Zahl |
| **Impuls** $p$ | $p = m \cdot v = m_0 \cdot v \cdot \gamma$ | $p$ Impuls<br>$v$ Geschwindigkeit<br>$m$ Masse<br>$m_0$ Ruhemasse<br>$\gamma$ Verzerrungsfaktor | $\mathrm{kg \cdot m}$<br>$\mathrm{m \cdot s^{-1}}$<br>kg<br>kg<br>Zahl |
| **Kraft** $F$ | $F = \frac{\mathrm{d}p}{\mathrm{d}t} = \frac{\mathrm{d}(m \cdot v)}{\mathrm{d}t} = \frac{\mathrm{d}(m_0 \cdot \gamma \cdot v)}{\mathrm{d}t}$ | $F$ Kraft<br>$m$ Masse<br>$v$ Geschwindigkeit<br>$\gamma$ Verzerrungsfaktor | N<br>kg<br>$\mathrm{m \cdot s^{-1}}$<br>Zahl |
| **Energie** $E$ | $E_0 = m_0 \cdot c^2$<br>$E = m \cdot c^2 = m_0 \cdot c^2 \cdot \gamma$<br><br>für $v \ll c$<br>$E = \frac{1}{2} m_0 \cdot v^2 + m_0 \cdot c^2 = E_{kin} + E_0$ | $E_0$ Ruheenergie des Körpers ($v = 0$)<br>$E$ Gesamtenergie des Körpers<br>$m_0$ Ruhemasse<br>$v$ Geschwindigkeit des Körpers<br>$c$ Lichtgeschwindigkeit<br>$m$ Masse<br>$\gamma$ Verzerrungsfaktor | J<br>J<br>kg<br>$\mathrm{m \cdot s^{-1}}$<br>$\mathrm{m \cdot s^{-1}}$<br>kg<br>Zahl |
| **Energie-Impuls-Beziehung** | $E = \sqrt{(m_0 \cdot c^2)^2 + p^2 \cdot c^2} = \sqrt{E_0^2 + (p \cdot c)^2}$<br>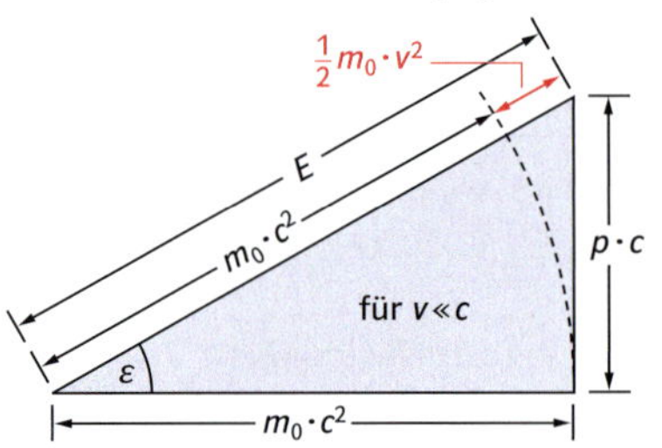<br><br>$\sin \varepsilon = \beta; \quad \cos \varepsilon = \frac{1}{\gamma}$ | $E$ Gesamtenergie des Körpers<br>$E_0$ Ruheenergie des Körpers<br>$p$ Impuls<br>$m_0$ Ruhemasse<br>$c$ Lichtgeschwindigkeit<br>$v$ Geschwindigkeit<br>$\beta$ Verhältnisfaktor<br>$\gamma$ Verzerrungsfaktor | J<br>J<br>$\mathrm{kg \cdot m \cdot s^{-1}}$<br>kg<br>$\mathrm{m \cdot s^{-1}}$<br>$\mathrm{m \cdot s^{-1}}$<br>Zahl<br>Zahl |

## Temperatur – Volumen – Druck

| | | | |
|---|---|---|---|
| **Temperatur $\vartheta$, $T$** | $\vartheta$ in Grad Celsius bzw. $T$ in Kelvin<br>$\vartheta = \left(\frac{T}{1\,\text{K}} - 273{,}15\,°\text{C}\right)$<br>$T = \left(\frac{\vartheta}{1\,°\text{C}} + 273{,}15\,\text{K}\right)$<br>$\Delta T = T_2 - T_1 = \vartheta_2 - \vartheta_1 = \Delta\vartheta$ | $\vartheta$ Celsius-Temperatur<br>$T$ thermodynamische (absolute) Temperatur<br>$\Delta\vartheta = \Delta T$ Temperaturunterschied | °C (Grad Celsius)<br>K (Kelvin)<br>°C, K |
| **thermische Längenänderung $\Delta l$**<br>Näherungsformel für beliebige $\vartheta_2$, $\vartheta_1$ | Längenänderung $\Delta l$ fester Körper bei $\alpha(\vartheta)$ = konstant:<br>$l_\vartheta = l_0 \cdot (1 + \alpha \cdot \vartheta)$<br>$\Delta l = \alpha \cdot l_1 \cdot \Delta\vartheta$ | $l_\vartheta$, $l_0$ Länge bei der Temperatur $\vartheta$ bzw. bei $\vartheta_0 = 0\,°\text{C}$<br>$\alpha$ Längenausdehnungskoeffizient<br>$\Delta l = l_2 - l_1$ Längenänderung<br>$\Delta\vartheta = \vartheta_2 - \vartheta_1$ Temperaturänderung<br>$l_1$ Länge bei der Temperatur $\vartheta_1$ | m<br>$°\text{C}^{-1}$<br>m<br>°C<br>m |
| **thermische Volumenänderung $\Delta V$**<br>Näherungsformel für beliebige $\vartheta_2$, $\vartheta_1$ | Volumenänderung $\Delta V$ fester, flüssiger und gasförmiger Körper bei $\gamma(\vartheta)$ = konstant:<br>$V_\vartheta = V_0 \cdot (1 + \gamma \cdot \vartheta)$<br>$\Delta V = \gamma \cdot V_1 \cdot \Delta\vartheta$<br>bei festen Körpern $\gamma = 3\alpha$,<br>bei idealen Gasen $\gamma = \frac{1}{273\,\text{K}}$ ($p$ = konst.) | $V_\vartheta$, $V_0$ Volumen bei der Temperatur $\vartheta$ bzw. bei $\vartheta_0 = 0\,°\text{C}$<br>$\gamma$ Volumenausdehnungskoeffizient<br>$\Delta V = V_2 - V_1$ Volumenänderung<br>$\Delta\vartheta = \vartheta_2 - \vartheta_1$ Temperaturänderung<br>$\alpha$ Längenausdehnungskoeffizient | $\text{m}^3$<br>$°\text{C}^{-1}$<br>$\text{m}^3$<br>°C<br>$°\text{C}^{-1}$ |
| **Gasgesetze**<br>Gay-Lussac<br>Amontons<br>Boyle-Mariotte<br>allgemeine Gasgleichung<br>universelle Gasgleichung<br>Poisson'sche Gesetze<br>van-der-Waals-Gleichung | **für ideales Gas:**<br>Bei $p$ = konstant: $\frac{V}{T}$ = konstant<br>Bei $V$ = konstant: $\frac{p}{T}$ = konstant<br>Bei $T$ = konstant: $p \cdot V$ = konstant<br>$\frac{p \cdot V}{T}$ = konstant<br>$p \cdot V = n \cdot R \cdot T = N \cdot k \cdot T$<br>$n = \frac{N}{N_A} = \frac{m}{M_m}$<br>Adiabatische Zustandsänderung:<br>$Q = 0$<br>$p \cdot V^\varkappa$ = konstant<br>$T \cdot V^{\varkappa - 1}$ = konstant $\quad \varkappa = \frac{c_p}{c_V}$<br>$\frac{T^\varkappa}{p^{\varkappa - 1}}$ = konstant<br>**für reales Gas:**<br>$\left(p + \frac{a \cdot n^2}{V^2}\right) \cdot (V - b \cdot n) = n \cdot R \cdot T$ | $p$ Druck<br>$V$ Volumen<br>$T$ Temperatur<br>$n$ Stoffmenge<br>$R$ allgemeine Gaskonstante<br>$N$ Teilchenzahl<br>$N_A$ Avogadro-Konstante<br>$k$ Boltzmann-Konstante<br>$m$ Masse<br>$M_m$ molare Masse<br>$Q$ Wärmezufuhr/-abgabe<br>$\varkappa$ Adiabatenexponent<br>$c_p$ spez. Wärmekapazität bei konstantem Druck<br>$c_V$ spez. Wärmekapazität bei konstantem Volumen<br>$a$ Korrekturkonstante infolge Teilchenanziehung<br>$b$ Korrekturkonstante infolge Teilchenvolumen | $\text{Pa} = \text{N} \cdot \text{m}^{-2}$<br>$\text{m}^3$<br>K<br>mol<br>$\text{J} \cdot \text{K}^{-1} \cdot \text{mol}^{-1}$<br>Zahl<br>$\text{mol}^{-1}$<br>$\text{J} \cdot \text{K}^{-1}$<br>kg<br>$\text{kg} \cdot \text{mol}^{-1}$<br>J<br>Zahl<br>$\text{J} \cdot \text{kg}^{-1} \cdot \text{K}^{-1}$<br>$\text{J} \cdot \text{kg}^{-1} \cdot \text{K}^{-1}$<br>$\text{Pa} \cdot \text{m}^6 \cdot \text{mol}^{-2}$<br>$\text{m}^3 \cdot \text{mol}^{-1}$ |
| **Wärmeleitung** | $\Delta Q = \lambda \cdot A \cdot \frac{\Delta T}{d} \cdot \Delta t$<br>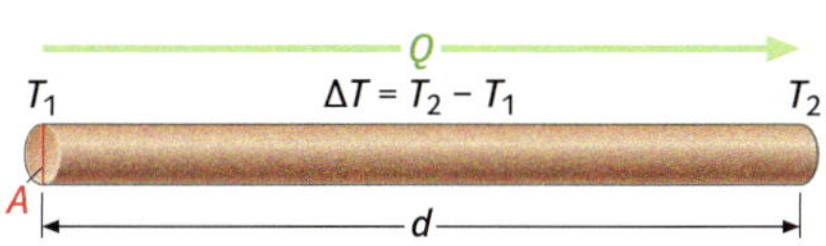 | $\Delta Q$ Wärmezufuhr<br>$\Delta T$ Temperaturunterschied<br>$d$ Dicke (Länge) des Körpers<br>$A$ Querschnittsfläche<br>$\lambda$ Wärmeleitfähigkeit<br>$\Delta t$ Zeitdauer | J<br>K<br>m<br>$\text{m}^2$<br>$\text{J} \cdot \text{s}^{-1} \cdot \text{m}^{-1} \cdot \text{K}^{-1}$<br>s |

## Kinetische Gastheorie

| | | | |
|---|---|---|---|
| **Druck, Volumen, Temperatur**<br><br>Innere Energie | für Teilchen gleicher Masse $m$:<br>$p \cdot V = \frac{1}{3} \cdot N \cdot m \cdot \overline{v^2}$<br>$= \frac{2}{3} \cdot N \cdot \overline{E_{kin}} = N \cdot k \cdot T$<br>mit $\overline{E_{kin}} = \frac{1}{2} m \cdot \overline{v^2}$<br>Innere Energie eines idealen Gases:<br>$E_{innere} = U = N \cdot \overline{E_{kin}}$ | $m$ Teilchenmasse<br>$p$ Druck als makroskopische Zustandsgröße<br>$V$ Volumen als makroskopische Zustandsgröße<br>$N$ Teilchenzahl<br>$\overline{v^2}$ Mittelwert der Quadrate aller Teilchengeschwindigkeiten<br>$k$ Boltzmann-Konstante<br>$T$ Temperatur<br>$E_{innere}$, $U$ innere Energie | kg<br>Pa<br><br>$m^3$<br><br>Zahl<br>$m^2 \cdot s^{-2}$<br><br>$J \cdot K^{-1}$<br>K<br>J |
| **mittlere kinetische Energie $\overline{E_{kin}}$** | eines Teilchens der Masse $m$ mit drei Freiheitsgraden der Bewegung:<br>$\overline{E_{kin}} = \frac{3}{2} \cdot k \cdot T$ mit $k = R/N_A$<br>bzw. pro Freiheitsgrad $f$:<br>$\overline{E_{kin}} = \frac{1}{2} \cdot f \cdot k \cdot T$ | $\overline{E_{kin}}$ Mittelwert der kinetischen Energie eines Teilchens<br>$k$ Boltzmann-Konstante<br>$T$ Temperatur<br>$R$ allgemeine Gaskonstante<br>$N_A$ Avogadro-Konstante<br>$f$ Freiheitsgrad | J<br><br>$J \cdot K^{-1}$<br>K<br>$J \cdot K^{-1} \cdot mol^{-1}$<br>$mol^{-1}$<br>Zahl |
| **Mittleres Geschwindigkeitsquadrat $\overline{v^2}$ der Teilchen**<br>bei Maxwell'scher Geschwindigkeitsverteilung | $\overline{v^2} = \frac{3p}{\varrho} = \frac{3R \cdot T}{M_m}$<br><br>$\bar{v} = 0{,}92 \cdot \sqrt{\overline{v^2}}$ | $\overline{v^2}$ mittleres Geschwindigkeitsquadrat der Teilchen<br>$\bar{v}$ mittlere Teilchengeschwindigkeit<br>$p$ Druck<br>$\varrho$ Dichte des Gases<br>$R$ allgemeine Gaskonstante<br>$M_m$ molare Masse | $m^2 \cdot s^{-2}$<br><br>$m \cdot s^{-1}$<br>Pa<br>$kg \cdot m^{-3}$<br>$J \cdot K^{-1} \cdot mol^{-1}$<br>$kg \cdot mol^{-1}$ |

## Molare Größen

| | | | |
|---|---|---|---|
| **Satz von Avogadro** | In Gasen befinden sich bei gleichem Druck und gleicher Temperatur in gleichen Volumina die gleiche Anzahl von Teilchen (Atome oder Moleküle).<br><br>Teilchenzahl bei Normbedingungen:<br>$N_A = \frac{N}{n} = 6{,}0221367 \cdot 10^{23}\,mol^{-1}$ | $N_A$ Avogadro-Konstante<br>$N$ Teilchenzahl<br>$n$ Stoffmenge<br><br>Normbedingungen:<br>$p_0 = 1{,}01325 \cdot 10^5\,Pa$<br>$T_0 = 273{,}15\,K$<br>$V_0 = 22{,}414\,dm^3 \cdot mol^{-1}$ | $mol^{-1}$<br>Zahl<br>mol |
| **molares Volumen $V_m$**<br>Molvolumen | $V_m = \frac{V}{n}$<br><br>bei Normbedingungen:<br>$V_{m_0} = 22{,}414\,dm^3 \cdot mol^{-1}$ | $V_m$ molares Volumen<br>$V$ Volumen des Gases<br>$n$ Stoffmenge | $m^3 \cdot mol^{-1}$<br>$m^3$<br>mol |
| **Molare Masse $M_m$**<br>Molmasse | $M_m = \frac{m}{n}$ | $M_m$ Molare Masse<br>$m$ Masse<br>$n$ Stoffmenge | $kg \cdot mol^{-1}$<br>kg<br>mol |

## Wärme – Energie

| | | | |
|---|---|---|---|
| **Wärme $Q$** | Energieumsetzung durch Temperaturunterschied:<br>$Q = c \cdot m \cdot \Delta T = c \cdot m \cdot \Delta \vartheta$<br>durch Arbeit:<br>$Q = W = F \cdot \Delta s$ bei $F$ = konstant<br>$= p \cdot \Delta V$ bei $p$ = konstant | $Q$ Wärme, eine die innere Energie eines Körpers ändernde Energie<br>$\Delta T, \Delta \vartheta$ Temperaturänderung<br>$m$ Masse des Körpers<br>$c$ spezifische Wärmekapazität<br>$W$ Arbeit durch Reibung oder Volumenänderung des Gases<br>$F$ Kraft in Wegrichtung<br>$\Delta s$ Weglänge<br>$p$ Druck<br>$\Delta V$ Volumenänderung | J<br>K, °C<br>kg<br>$J \cdot kg^{-1} \cdot K^{-1}$<br>J<br><br>N<br>m<br>Pa<br>$m^3$ |
| Vereinbarung zum Vorzeichen | Energie des Systems nimmt zu:<br>$W > 0, Q > 0$<br>Energie des Systems nimmt ab:<br>$W < 0, Q < 0$ | | |
| **Wärmekapazität $C$** | $C = \frac{\Delta Q}{\Delta T}$<br>spezifische Wärmekapazität $c$: $c = \frac{\Delta Q}{m \cdot \Delta T}$<br>molare Wärmekapazität: $C_m = \frac{\Delta Q}{n \cdot \Delta T}$<br>Zusammenhang:<br>$C = c \cdot m = C_m \cdot n = c \cdot M_m \cdot n$<br>bei Gasen:<br>$C_{pm} = \frac{f+2}{2} \cdot R$ und $C_{Vm} = \frac{f}{2} \cdot R$<br>Zusammenhang:<br>$C_{pm} - C_{Vm} = R$ | $C$ Wärmekapazität<br>$\Delta Q$ Wärmezufuhr/-abgabe<br>$\Delta T$ Temperaturänderung<br>$c$ spezifische Wärmekapazität<br>$m$ Masse des Körpers<br>$n$ Stoffmenge<br>$C_m$ molare Wärmekapazität<br>$M_m$ molare Masse<br>$C_{pm}$ bzw. $C_{Vm}$ Wärmekapazität für 1 mol des Gases unter konstantem Druck bzw. Volumen<br>$f$ Anzahl der Freiheitsgrade<br>$R$ allgemeine Gaskonstante | $J \cdot K^{-1}$<br>J<br>K<br>$J \cdot kg^{-1} \cdot K^{-1}$<br>kg<br>mol<br>$J \cdot mol^{-1} \cdot K^{-1}$<br>$kg \cdot mol^{-1}$<br>$J \cdot mol^{-1} \cdot K^{-1}$<br><br>Zahl<br>$J \cdot mol^{-1} \cdot K^{-1}$ |
| Mischungstemperatur | $\vartheta_M = \frac{c_1 \cdot m_1 \cdot \vartheta_1 + c_2 \cdot m_2 \cdot \vartheta_2}{c_1 \cdot m_1 + c_2 \cdot m_2}$ | $\vartheta_M$ Mischungstemperatur | °C |
| **Freiheitsgrad** | Anzahl der voneinander unabhängigen Bewegungsmöglichkeiten von ein- bzw. mehratomigen Teilchen<br>1-atomig: $f = 3$<br>2-atomig: $f = 5$<br>3-(mehr)atomig: $f = 6$<br>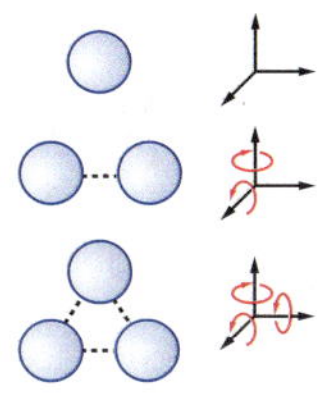 | $f$ Anzahl der Freiheitsgrade | Zahl |
| **Spezifische Umwandlungsenergien** | spez. Schmelz-/Erstarrungsenergie<br>$s = \frac{Q_s}{m}$<br>spez. Verdampfungs-/Kondensationsenergie<br>$r = \frac{Q_r}{m}$<br>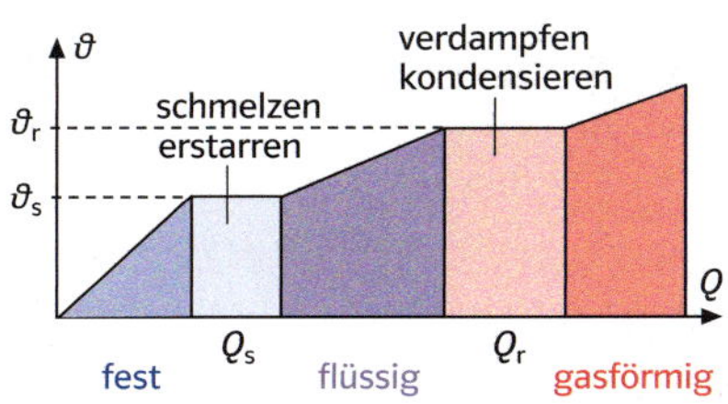 | $s, r$ spezifische Umwandlungsenergien zwischen fester/flüssiger bzw. flüssiger/gasförmiger Phase<br>$Q_s, Q_r$ beim Schmelzen (Erstarren bzw. Verflüssigen/Verdampfen) umgesetzte Energie<br>$m$ Masse<br>$\vartheta_s, \vartheta_r$ Schmelz-/Siedetemperatur | $J \cdot kg^{-1}$<br><br>J<br><br>kg<br>°C |

**Hauptsätze – Strahlungsgesetze**

| | | | |
|---|---|---|---|
| **1. Hauptsatz**<br><br>Zustandsänderung idealer Gase | $\Delta E_{\text{innere}} = \Delta U = W + Q$<br><br>Vereinbarung: Dem System durch Wärme oder Arbeit zugeführte (entzogene) Energie wird positiv (negativ) gerechnet.<br><br>adiabatisch: $Q = 0$; $\Delta U = 0$<br>isotherm: $T$ = konstant; $Q = W$ | $\Delta E_{\text{innere}} = \Delta U$ Änderung der inneren Energie eines Systems<br>$Q$ Wärme<br>$W$ Arbeit<br>adiabatisch: kein Wärmeaustausch mit Umgebung<br>isotherm: Wärmeaustausch mit Umgebung | J<br><br>J<br>J |
| **2. Hauptsatz Entropie $S$** | $\Delta S = \frac{\Delta Q}{T}$<br><br>bei einem reversiblen Vorgang ist:<br>$\Delta S = 0$<br>$\Delta E_{\text{innere}}$ = konstant<br><br>bei einem irreversiblen Vorgang ist:<br>$\Delta S > 0$<br>$\Delta W \neq 0$; $\Delta Q \neq 0$<br><br>Boltzmann'sche Gleichung:<br>$S = k \cdot \ln W$<br>Entropie kann als Maß der Unordnung des Systems aufgefasst werden.<br><br>Es ist unmöglich, eine einem Körper entnommene Wärme $Q$ vollständig in mechanische Arbeit $W$ umzusetzen. | $S$ Entropie eines abgeschlossenen Systems<br>$\Delta S$ Entropieänderung<br>$\Delta Q$ dem System reversibel zugeführte bzw. entnommene Wärme<br>$T$ Temperatur, bei der die Wärme zugeführt bzw. entnommen wird<br>$k$ Boltzmann-Konstante<br>$W$ Wahrscheinlichkeit für die größtmögliche Anzahl der mit dem Makrozustand übereinstimmenden Mikrozustände | $J \cdot K^{-1}$<br><br>$J \cdot K^{-1}$<br>J<br><br>K<br><br>$J \cdot K^{-1}$<br>Zahl |
| **Thermodynamischer Wirkungsgrad $\eta$**<br><br>reversibler Kreisprozess | $\eta = \frac{Q_{zu} - Q_{ab}}{Q_{zu}} = \frac{T_{hoch} - T_{niedrig}}{T_{hoch}} = \frac{\lvert W \rvert}{Q_{zu}}$<br><br>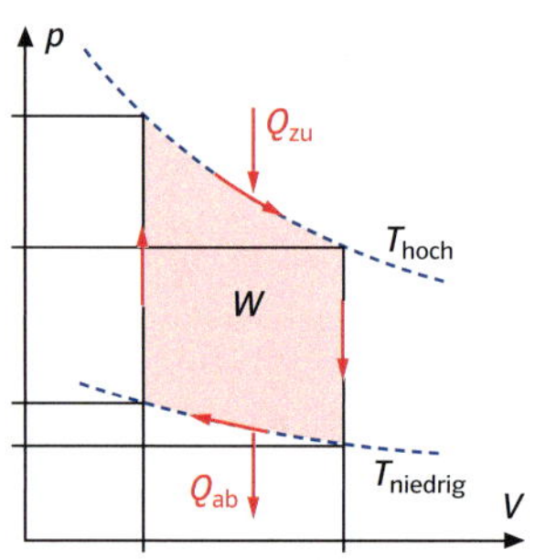<br>Beim Carnot'schen Kreisprozess ist der Wirkungsgrad maximal. | $\eta$ Wirkungsgrad<br>$Q_{zu}$ dem System bei der Temperatur $T_{hoch}$ zugeführte Wärme<br>$Q_{ab}$ dem System bei der Temperatur $T_{niedrig}$ entnommene Wärme<br>$W$ verrichtete Arbeit<br>$T$ Temperatur<br>$p$ Druck<br>$V$ Volumen | Zahl<br>J<br><br>J<br><br>J<br>K<br>Pa<br>$m^3$ |
| **Wien'sches Verschiebungsgesetz** | für einen schwarzen Strahler:<br>$\lambda_{max} = \frac{a}{T}$ mit $a = 2{,}9 \cdot 10^{-3}\,m \cdot K$ | $\lambda_{max}$ Wellenlänge mit größter Strahlungsleistung<br>$T$ Temperatur<br>$a$ Wien'sche Konstante | m<br><br>K<br>$m \cdot K$ |
| **Stefan-Boltzmann'sches Gesetz** | für einen schwarzen Strahler:<br>$\frac{P}{A} = \sigma \cdot T^4$<br><br>$(\sigma = 5{,}670 \cdot 10^{-8}\,W \cdot m^{-2} \cdot K^{-4})$ | $P$ Strahlungsleistung<br>$A$ Oberfläche des Strahlers<br>$T$ Temperatur<br>$\sigma$ Stefan-Boltzmann-Konstante | W<br>$m^2$<br>K<br>$W \cdot m^{-2} \cdot K^{-4}$ |

## Ladung und elektrisches Feld

| | | | |
|---|---|---|---|
| **Stromstärke $I$** | $I = \lim\limits_{\Delta t \to 0} \frac{\Delta Q}{\Delta t} = \frac{\mathrm{d}Q}{\mathrm{d}t}$<br>bei Gleichstrom:<br>$I = \frac{Q}{t}$<br>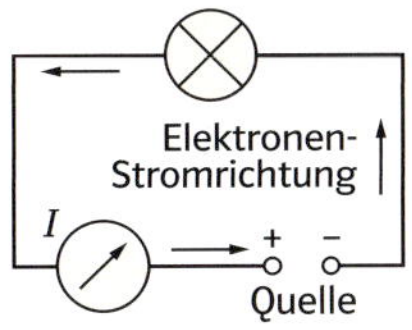 | $I$ Stromstärke<br>$Q$ elektrische Ladung, die in der Zeitspanne $t$ durch den Leiterquerschnitt bewegt wird<br>$t$ Zeitdauer | A<br>C = A · s<br><br>s |
| **Elektrische Feldstärke $\vec{E}$** | $\vec{E} = \frac{\vec{F}}{q}$<br>im homogenen Feld:<br>$E = \frac{U}{d}$<br>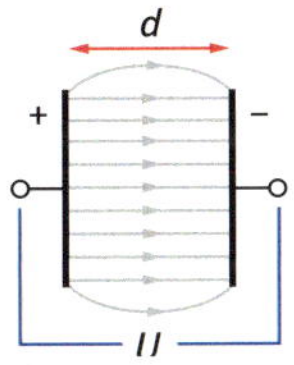<br>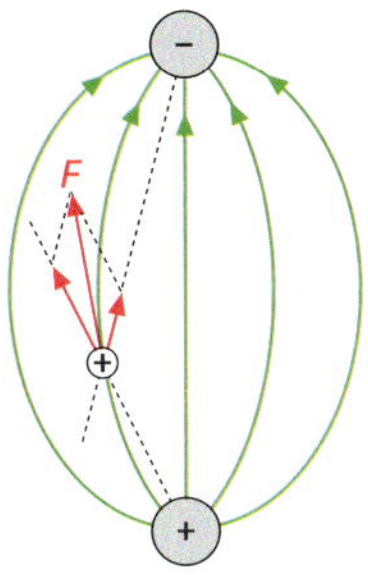 | $E$ elektrische Feldstärke<br>$F$ Kraft auf einen Körper mit einer kleinen Probeladung $q$<br>$q$ elektrische Probeladung<br>$U$ elektrische Spannung (Potenzialunterschied im Feld)<br>$d$ Abstand | $\mathrm{N \cdot C^{-1}}$ $= \mathrm{V \cdot m^{-1}}$<br>N<br><br>C<br>V<br><br>m |
| **Elektrische Kraft $\vec{F}$**<br>Coulomb'sches Gesetz | $F = \frac{1}{4\pi\varepsilon_0\varepsilon_r} \cdot \frac{Q_1 \cdot Q_2}{r^2}$<br> | $F$ Kraft zwischen zwei geladenen punktförmigen Körpern<br>$Q_1, Q_2$ elektrische Ladungen<br>$r$ Abstand zwischen den geladenen Körpern<br>$\varepsilon_0$ elektrische Feldkonstante<br>$\varepsilon_r$ Permittivitätszahl (Dielektrizitätszahl) | N<br><br>C<br>m<br><br>$\mathrm{A \cdot s \cdot V^{-1} \cdot m^{-1}}$<br>Zahl |
| **Elektrisches Potenzial $\varphi_P$ im Radialfeld** | Bezugspunkt ∞:<br>$\varphi_P = \frac{1}{4\pi\varepsilon_0\varepsilon_r} \cdot \frac{Q}{r}$<br>Potenzialdifferenz zwischen $P_1$ und $P_2$:<br>$\varphi_P = \varphi_{P_2} - \varphi_{P_1} = \varphi_2 - \varphi_1 = \frac{W}{q} = -\int_{P_1}^{P_2} \vec{E} \cdot \mathrm{d}\vec{s}$ | $\varphi_P$ elektrisches Potenzial im Feld der punktförmigen Ladung $Q$ im Abstand $r$<br>$Q$ Ladung<br>$r$ Abstand<br>$\varepsilon_0$ elektrische Feldkonstante<br>$\varepsilon_r$ Permittivitätszahl (Dielektrizitätszahl)<br>$W$ Arbeit, um im Feld die Ladung $q$ von $P_1$ nach $P_2$ zu transportieren<br>$q$ im Feld bewegte Ladung | V<br><br><br>C<br>m<br>$\mathrm{A \cdot s \cdot V^{-1} \cdot m^{-1}}$<br>Zahl<br><br>J<br><br>C |
| **Elektrische Spannung $U$**<br>Potenzialunterschied | $U = \frac{W}{q} = \varphi_2 - \varphi_1$<br>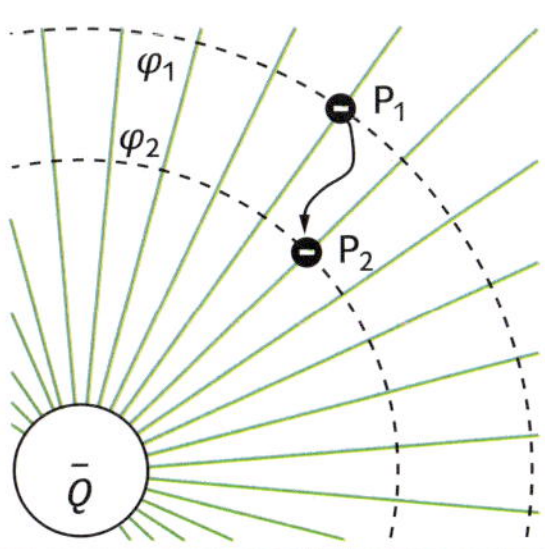 | $U$ elektrische Spannung<br>$W$ Überführungsarbeit<br>$q$ transportierte Ladung<br>$\varphi_1, \varphi_2$ Potenzial in den Punkten $P_1$ bzw. $P_2$ | V<br>J<br>C<br>V |
| **Elektrische Flussdichte $\vec{D}$**<br>dielektrische Verschiebung | $D = \varepsilon_0 \cdot \varepsilon_r \cdot E$ | $D$ elektrische Flussdichte<br>$E$ elektrische Feldstärke<br>$\varepsilon_0$ elektrische Feldkonstante<br>$\varepsilon_r$ Permittivitätszahl | $\mathrm{C \cdot m^{-2}}$<br>$\mathrm{V \cdot m^{-1}}$<br>$\mathrm{A \cdot s \cdot V^{-1} \cdot m^{-1}}$<br>Zahl |

## Ladung und elektrisches Feld

| | | | |
|---|---|---|---|
| **Elektrische Flächenladungsdichte $\sigma$** | im homogenen Feld:<br>$\sigma = \frac{Q}{A}$ | $\sigma$ Flächenladungsdichte<br>$Q$ Ladung auf Fläche A<br>$A$ Fläche | $C \cdot m^{-2}$<br>C<br>$m^2$ |
| **Energiedichte $w_e$ des elektrischen Feldes** | $w_e = \frac{1}{2} E \cdot D = \frac{1}{2} \varepsilon_0 \cdot \varepsilon_r \cdot E^2$ | $E$ elektrische Feldstärke<br>$D$ elektrische Flussdichte<br>$w_e$ Energiedichte | $V \cdot m^{-1}$<br>$C \cdot m^{-2}$<br>$J \cdot m^{-3}$ |
| **Kapazität $C$** | $C = \frac{Q}{U}$ | $C$ Kapazität<br>$Q$ Ladung<br>$U$ elektrische Spannung<br>$C_{Ersatz}$ Ersatzkapazität<br>$C_1, C_2, \ldots C_n$ Einzelkapazitäten | $F = C \cdot V^{-1}$<br>C<br>V<br>F<br>F |
| Schaltung von Kondensatoren | Reihenschaltung von Kapazitäten:<br>$\frac{1}{C_{Ersatz}} = \frac{1}{C_1} + \frac{1}{C_2} + \ldots + \frac{1}{C_n}$<br>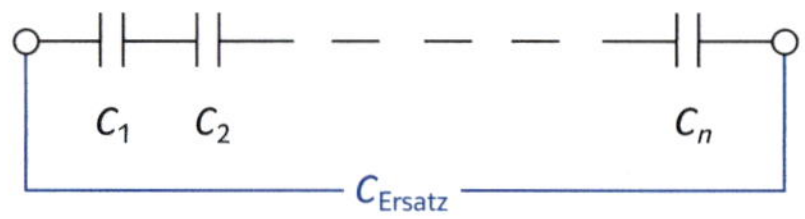 | Parallelschaltung von Kapazitäten:<br>$C_{Ersatz} = C_1 + C_2 + \ldots + C_n$<br>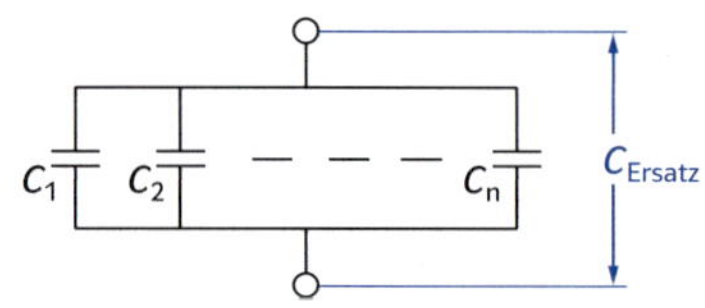 | |
| **Kondensator** | Kapazität des Plattenkondensators:<br>$C = \varepsilon_0 \cdot \varepsilon_r \cdot \frac{A}{d}$<br>Feldstärke im Plattenkondensator:<br>$E = \frac{U}{d}$<br>Energie des Plattenkondensators:<br>$E_{elek} = \frac{1}{2} Q \cdot U = \frac{1}{2} C \cdot U^2$<br>Anziehungskraft zwischen Kondensatorplatten:<br>$F = \frac{1}{2} \varepsilon_0 \cdot \varepsilon_r \cdot E^2 \cdot A = \frac{1}{2} Q \cdot E$<br>Kapazität eines Kugelkondensators:<br>$C = 4\pi \cdot \varepsilon_0 \cdot \varepsilon_r \cdot \frac{r_1 \cdot r_2}{r_2 - r_1}$<br>Kapazität einer freistehenden Kugel:<br>$C = 4\pi \cdot \varepsilon_0 \cdot \varepsilon_r \cdot r$ | $C$ Kapazität<br>$A$ Fläche einer Kondensatorplatte<br>$d$ Plattenabstand<br>$\varepsilon_0$ elektrische Feldkonstante<br>$\varepsilon_r$ Permittivitätszahl<br>$E$ Feldstärke<br>$U$ Spannung<br>$E_{elek}$ Energie des elektrischen Feldes<br>$Q$ Ladung einer Platte<br>$F$ Kraft<br>$E$ elektrische Feldstärke<br>$A$ Fläche einer Platte<br>$r_1, r_2$ Radien der Kugelschalen<br>$r$ Radius der Kugel | F<br>$m^2$<br>m<br>$A \cdot s \cdot V^{-1} \cdot m^{-1}$<br>Zahl<br>$V \cdot m^{-1}$<br>V<br>J<br>C<br>N<br>$V \cdot m^{-1}$<br>$m^2$<br>m<br>m |
| **elektrische Arbeit $W$** | $W = Q \cdot U = U \cdot I \cdot t$<br>$W = Q \cdot \vec{E} \cdot \vec{s}$<br>$= Q \cdot E \cdot s \cdot \cos(\sphericalangle \vec{E}; \vec{s})$ | $W$ elektrische Arbeit<br>$Q$ transportierte Ladung<br>$U$ elektrische Spannung<br>$I$ elektrische Stromstärke<br>$t$ Zeitdauer des Stromes<br>$E$ elektrische Feldstärke<br>$s$ Weglänge im Feld | $J = W \cdot s$<br>C<br>V<br>A<br>s<br>$V \cdot m^{-1}$<br>m |
| **elektrische Leistung $P$** | $P = \frac{W}{t} = U \cdot I$<br>$P = \frac{U^2}{R} = I^2 \cdot R$ | $P$ elektrische Leistung<br>$t$ Zeitdauer der Umsetzung<br>$R$ elektrischer Widerstand | $W = J \cdot s^{-1}$<br>s<br>$\Omega$ |

## Elektrischer Stromkreis

| | | | |
|---|---|---|---|
| **elektrischer Widerstand *R*** | $R = \frac{U}{I}$ | $R$ Widerstand<br>$U$ Spannung<br>$I$ Stromstärke | Ω<br>V<br>A |
| Ohm'scher Widerstand | $R = \varrho \cdot \frac{l}{A}$ | $\varrho$ spezifischer Widerstand<br>$l$ Länge des Leiters<br>$A$ Querschnitt des Leiters | Ω · m<br>m<br>$m^2$ |
| Schaltung von Widerständen | Reihenschaltung:<br>$R_{Ersatz} = R_1 + R_2 + \ldots + R_n$<br>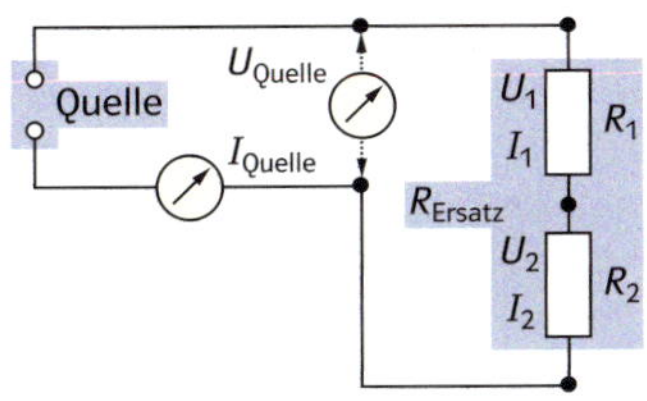 | Parallelschaltung:<br>$\frac{1}{R_{Ersatz}} = \frac{1}{R_1} + \frac{1}{R_2} + \ldots + \frac{1}{R_n}$<br>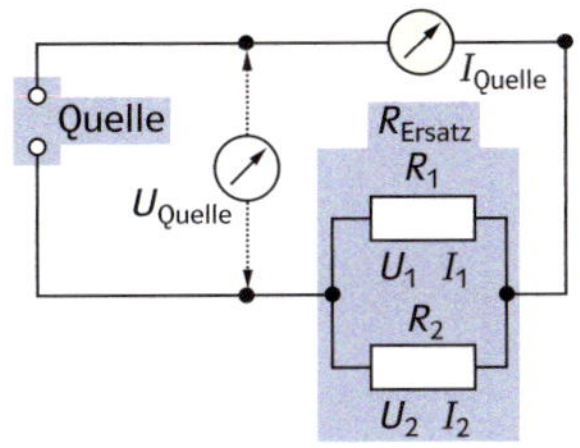 | |
| Kirchhoff'sche Regeln<br>Knotenregel<br>Maschenregel | $I = I_1 = I_2 = \ldots = I_n$<br>$U = U_1 + U_2 + \ldots + U_n$ | $I = I_1 + I_2 + \ldots + I_n$<br>$U = U_1 = U_2 = \ldots = U_n$ | |
| Spannungsteiler | Reihenschaltung:<br>$\frac{U_1}{U_2} = \frac{R_1}{R_2}$ | $R_{Ersatz}$ Ersatzwiderstand<br>$R_1, \ldots, R_n$ Einzelwiderstände<br>$U$ Spannung der Quelle | Ω<br>Ω<br>V |
| Stromteiler | Parallelschaltung:<br>$\frac{I_1}{I_2} = \frac{R_2}{R_1}$ | $U_1, \ldots, U_n$ Teilspannungen<br>$I$ Gesamtstromstärke<br>$I_1, \ldots, I_n$ Teilstromstärken | V<br>A<br>A |
| **NTC- und PTC-Widerstände**<br>NTC = negativer Temperatur-Coeffizient<br>PTC = positiver Temperatur-Coeffizient | Heißleiter (NTC)<br>$R_H = R_0 \cdot e^{a \cdot \left(\frac{1}{T} - \frac{1}{T_0}\right)}$<br>Kaltleiter (PTC)<br>$R_K = R_0 \cdot e^{b \cdot (T - T_0)}$ | $R_H$ Widerstand des Heißleiters bei der Betriebstemperatur $T$<br>$R_K$ Widerstand des Kaltleiters bei der Betriebstemperatur $T$<br>$R_0$ Widerstand bei $T_0$<br>$T_0$ Nenntemperatur<br>$T$ Betriebstemperatur<br>$a, b$ Materialkonstanten | Ω<br>Ω<br>Ω<br>K<br>K<br>K bzw. $K^{-1}$ |
| **Leitfähigkeit σ** | Leitwert:<br>$G = \frac{1}{R}$<br>Leitfähigkeit:<br>$\sigma = \frac{1}{\varrho} = G \cdot \frac{l}{A}$ | $G$ Leitwert<br>$R$ Widerstand<br>$\sigma$ Leitfähigkeit<br>$\varrho$ spezifischer Widerstand<br>$l$ Länge des Leiters<br>$A$ Querschnitt des Leiters | $\Omega^{-1}$<br>Ω<br>$\Omega^{-1} \cdot m^{-1}$<br>Ω · m<br>m<br>$m^2$ |
| **Faraday'sche Gesetze**<br>Faraday'sche Konstante F | 1. Gesetz:<br>$m = Ä \cdot Q = Ä \cdot I \cdot t$<br>2. Gesetz:<br>$Ä = \frac{m}{F \cdot z \cdot n}$ mit $F = e \cdot N_A$ | $m$ Masse<br>$Q$ transportierte Ladung<br>$I$ Stromstärke<br>$t$ Zeitdauer<br>$Ä$ Elektrochemisches Äquivalent<br>$z$ Wertigkeit der Ionen<br>$n$ Stoffmenge<br>$F$ Faraday-Konstante<br>$e$ Elementarladung<br>$N_A$ Avogadro-Konstante | kg<br>C<br>A<br>s<br>$kg \cdot C^{-1}$<br>Zahl<br>mol<br>$C \cdot mol^{-1}$<br>C<br>$mol^{-1}$ |

## Strom und Magnetfeld

### Kraft $\vec{F}$ auf geraden Leiter

Drei-Finger-Regel der linken Hand

$F = I \cdot l \cdot B \cdot \sin\varphi$

| | | |
|---|---|---|
| $F$ | Kraft auf Leiter | N |
| $I$ | Stromstärke im Leiter | A |
| $l$ | Länge des Leiters im Magnetfeld | m |
| $B$ | magnetische Flussdichte | $T = V \cdot s \cdot m^{-2}$ |
| $\varphi$ | Winkel zwischen den Richtungen von Elektronenstrom und Flussdichte ($\sin\varphi = 1$, wenn $\vec{I} \perp \vec{B}$) | Grad |

### Lorentzkraft $\vec{F_L}$ auf bewegte Ladung

$F_L = q \cdot v \cdot B \cdot \sin\varphi$

$U_{ind} = B \cdot l \cdot v$

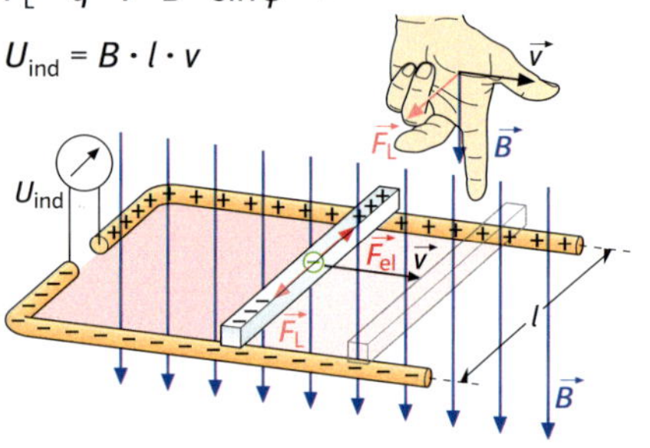


| | | |
|---|---|---|
| $q$ | im Feld bewegte Ladung | C |
| $v$ | Geschwindigkeit der Ladung | $m \cdot s^{-1}$ |
| $B$ | magnetische Flussdichte | T |
| $\varphi$ | Winkel zwischen Bewegungsrichtung der Ladung und magnetischer Flussdichte ($\sin\varphi = 1$, wenn $\vec{v} \perp \vec{B}$) | Grad |
| $F_{el}$ | Kraft des Magnetfeldes auf bewegte Elektronen | N |
| $U_{ind}$ | durch die Lorentzkraft zwischen den Leitern entstehende Spannung | V |
| $l$ | Länge des im Feld bewegten Leiters | m |

### Flussdichte $\vec{B}$ in der Umgebung eines Leiters

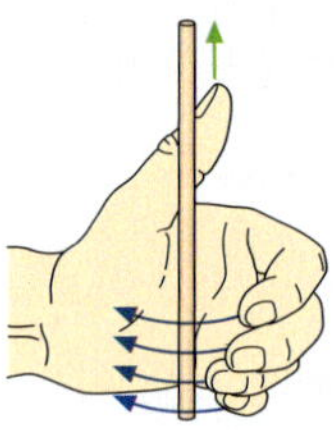

Linke-Hand-Regel für Elektronenstromrichtung

In der Umgebung eines geraden Leiters:

$B = \mu_r \cdot \mu_0 \cdot \frac{I}{2\pi r}$

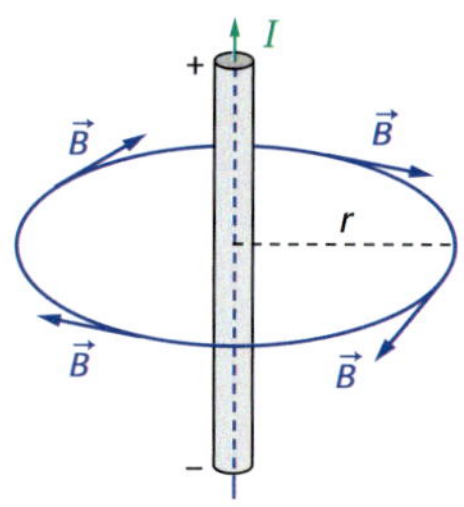


| | | |
|---|---|---|
| $B$ | magnetische Flussdichte | T |
| $\mu_r$ | Permeabilitätszahl | Zahl |
| $\mu_0$ | magnetische Feldkonstante | $V \cdot s \cdot A^{-1} \cdot m^{-1}$ |
| $I$ | Stromstärke im Leiter | A |
| $r$ | Abstand von Leiterachse | m |

Im Innern einer langen Spule:

$B = \mu_r \cdot \mu_0 \cdot I \cdot \frac{n}{l}$

Im Mittelpunkt eines kreisförmigen Leiters:

$B = \mu_r \cdot \mu_0 \cdot \frac{I}{2R}$

| | | |
|---|---|---|
| $n$ | Anzahl der Windungen im Feld | Zahl |
| $l$ | Länge der Spule | m |
| $R$ | Radius des kreisförmigen Leiters | m |

### Magnetischer Fluss $\Phi$ durch eine ebene Fläche

$\Phi = B \cdot A \cdot \cos\varphi$

$\Phi = B \cdot A_s$

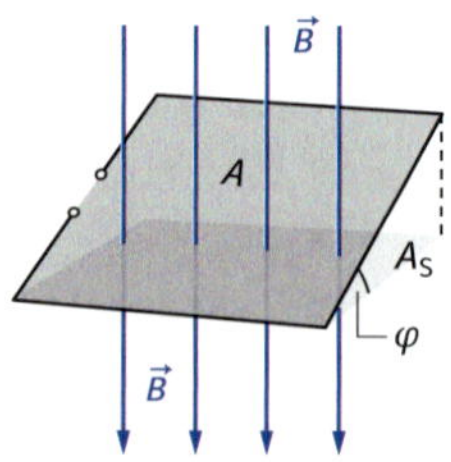


| | | |
|---|---|---|
| $\Phi$ | magnetischer Fluss | $Wb = V \cdot s$ |
| $B$ | magnetische Flussdichte | T |
| $A$ | vom Fluss durchsetzte Fläche | $m^2$ |
| $\varphi$ | Winkel zwischen Fläche und magnetischer Flussdichte | Zahl (Grad) |
| $A_s$ | Fläche $A \perp \vec{B}$ | $m^2$ |

## Strom und Magnetfeld

| | | | |
|---|---|---|---|
| **Induktionsspannung $U_{ind}$** | $U_{ind} = -n \cdot \frac{\Delta \Phi}{\Delta t}$<br>Momentanwert: $U_{ind} = -n \cdot \frac{d\Phi}{dt}$<br>Nach der Lenz'schen Regel haben $U_{ind}$ und die Änderung des magnetischen Flusses $\Phi$ entgegengesetztes Vorzeichen.<br>Im senkrecht zum homogenen Magnetfeld bewegten geraden Leiter gilt:<br>$U_{ind} = B \cdot l \cdot v$ | $U_{ind}$ induzierte Spannung<br>$n$ Anzahl der Windungen der Spule<br>$\Phi$ magnetischer Fluss<br>$t$ Zeitdauer<br>$B$ magnetische Flussdichte<br>$l$ Länge des Leiters<br>$v$ Geschwindigkeit | V<br>Zahl<br>Wb<br>s<br>T<br>m<br>$m \cdot s^{-1}$ |
| **Selbstinduktionsspannung $U_{ind}$**<br>Lenz'sche Regel | $U_{ind} = -L \cdot \frac{\Delta I}{\Delta t}$<br>Momentanwert: $U_{ind} = -L \cdot \frac{dI}{dt}$<br>Induktionsspannung $U_{ind}$ und der durch sie hervorgerufene Induktionsstrom $I$ sind so gerichtet, dass sie ihrer Ursache entgegenwirken. | $U_{ind}$ induzierte Spannung<br>$L$ Induktivität<br>$I$ zeitlich veränderliche Stromstärke in der Spule | V<br>$H = V \cdot s \cdot A^{-1}$<br>A |
| **Induktivität $L$ einer langen Spule** | $L = \mu_r \cdot \mu_0 \cdot \frac{n^2}{l} \cdot A$<br>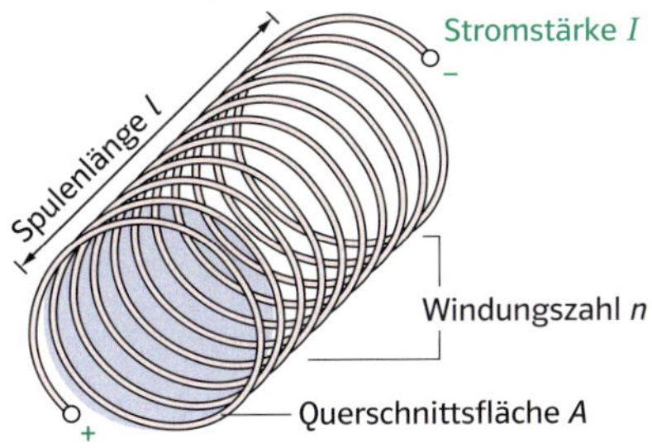 | $L$ Induktivität<br>$\mu_r$ Permeabilitätszahl<br>$\mu_0$ magnetische Feldkonstante<br>$n$ Anzahl der Windungen<br>$l$ Länge der Spule<br>$A$ Querschnittsfläche der Spule | H<br>Zahl<br>$V \cdot s \cdot A^{-1} \cdot m^{-1}$<br>Zahl<br>m<br>$m^2$ |
| Reihenschaltung von Induktivitäten | $L_{Ersatz} = L_1 + L_2 + \ldots + L_n$ | $L_{Ersatz}$ Ersatzinduktivität | H |
| Parallelschaltung von Induktivitäten | $\frac{1}{L_{Ersatz}} = \frac{1}{L_1} + \frac{1}{L_2} + \ldots \frac{1}{L_n}$ | $L_1, L_2, \ldots L_n$ Einzelinduktivitäten | H |
| **Energie $E_{mag}$ des Magnetfeldes einer Spule** | $E_{mag} = \frac{1}{2} L \cdot I^2$ | $E_{mag}$ Energie des Magnetfeldes im Spuleninneren<br>$L$ Induktivität der Spule<br>$I$ Stromstärke in Spule | J<br>H<br>A |
| **Hall-Spannung $U_H$** | $U_H = R_H \cdot \frac{I \cdot B}{d}$<br>mit $R_H = \frac{1}{n \cdot e}$ und $n = \frac{N}{V}$<br>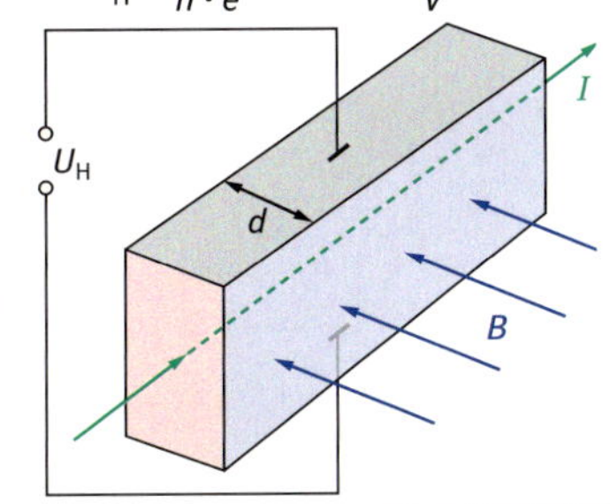 | $U_H$ Hallspannung<br>$R_H$ Hall-Konstante<br>$I$ Stromstärke im Leiterplättchen der Sonde<br>$B$ magnetische Flussdichte<br>$d$ Dicke des Leiterplättchens in der Sonde<br>$n$ Konzentration der Ladungsträger<br>$e$ Elementarladung<br>$N$ Anzahl der Ladungsträger<br>$V$ Volumen | V<br>$m^3 \cdot C^{-1}$<br>A<br>T<br>m<br>$m^{-3}$<br>C<br>Zahl<br>$m^3$ |

## Wechselstromkreis

### Momentanwert

**Spannung $U(t)$**

$$U(t) = \hat{U} \cdot \sin(\omega \cdot t + \varphi_1)$$

**Stromstärke $I(t)$**

$$I(t) = \hat{I} \cdot \sin(\omega \cdot t + \varphi_2)$$

mit $\omega = \frac{2\pi}{T} = 2\pi f$

### Effektivwert

**Spannung $\hat{U}(t)$**

$$U_{eff} = \frac{\hat{U}}{\sqrt{2}} \approx 0{,}707 \cdot \hat{U}$$

**Stromstärke $I(t)$**

$$I_{eff} = \frac{\hat{I}}{\sqrt{2}} \approx 0{,}707 \cdot \hat{I}$$

| Größe | Bedeutung | Einheit |
|---|---|---|
| $U(t)$ | Momentanwert der Spannung | V |
| $I(t)$ | Momentanwert der Stromstärke | A |
| $\hat{U}$ | Scheitelwert (Amplitude, Maximalwert) der Spannung | V |
| $\hat{I}$ | Scheitelwert (Amplitude, Maximalwert) der Stromstärke | A |
| $\omega$ | Kreisfrequenz | $s^{-1}$ |
| $t$ | Zeit | s |
| $\varphi_1, \varphi_2$ | Phasenlage | Zahl |
| $f$ | Frequenz | $s^{-1}$ |
| $T$ | Periodendauer | s |
| $U_{eff}$ | Effektivwert der Spannung | V |
| $I_{eff}$ | Effektivwert der Stromstärke | A |

### Ohm'scher Widerstand $R_\Omega$

$$R_\Omega = \frac{U(t)}{I(t)} = \frac{\hat{U}}{\hat{I}} = \frac{U_{eff}}{I_{eff}}$$

mit

$$U(t) = \hat{U} \cdot \sin(\omega \cdot t),\; I(t) = \hat{I} \cdot \sin(\omega \cdot t)$$

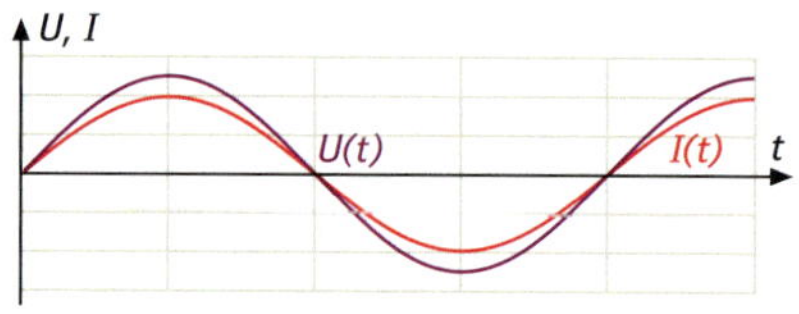


$\varphi_1 = \varphi_2 = 0$

### Kapazitiver Widerstand $R_C$

$$R_C = \frac{\hat{U}}{\hat{I}} = \frac{U_{eff}}{I_{eff}} = \frac{1}{2\pi \cdot f \cdot C} = \frac{1}{\omega \cdot C}$$

mit

$$U(t) = \hat{U} \cdot \sin(\omega \cdot t),$$

$$I(t) = \hat{I} \cdot \sin(\omega \cdot t + \varphi)$$

$\varphi = +\frac{\pi}{2}$

### Induktiver Widerstand $R_L$

$$R_L = \frac{\hat{U}}{\hat{I}} = \frac{U_{eff}}{I_{eff}} = 2\pi \cdot f \cdot L = \omega \cdot L$$

mit

$$U(t) = \hat{U} \cdot \sin(\omega \cdot t),$$

$$I(t) = \hat{I} \cdot \sin(\omega \cdot t + \varphi)$$

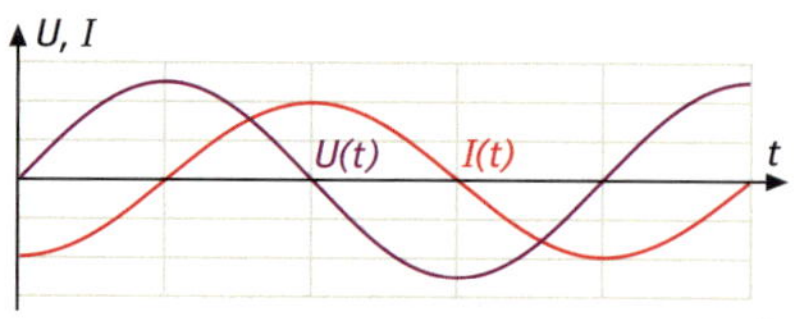


$\varphi = -\frac{\pi}{2}$

| Größe | Bedeutung | Einheit |
|---|---|---|
| $R_\Omega$ | Ohm'scher Widerstand | Ω |
| $U(t)$ | Momentanwert der Wechselspannung | V |
| $\varphi, \varphi_1, \varphi_2$ | Phasenlage | Zahl |
| $\hat{U}$ | Scheitelwert der Spannung | V |
| $U_{eff}$ | Effektivwert der Spannung | V |
| $I(t)$ | Momentanwert der Stromstärke | A |
| $\hat{I}$ | Scheitelwert der Stromstärke | A |
| $I_{eff}$ | Effektivwert der Stromstärke | A |
| $\varphi$ | Phasenunterschied von $I(t)$ gegenüber $U(t)$ | Zahl |
| $R_C$ | kapazitiver Widerstand | Ω |
| $C$ | Kapazität | F |
| $R_L$ | induktiver Widerstand | Ω |
| $L$ | Induktivität | $H = V \cdot s \cdot A^{-1}$ |
| $\omega$ | Kreisfrequenz | $s^{-1}$ |
| $t$ | Zeit | s |
| $f$ | Frequenz | $s^{-1}$ |

## Wechselstromkreis

### Schaltung von Widerständen

Reihenschaltung von $R_\Omega$, $R_C$, $R_L$:

Schaltplan

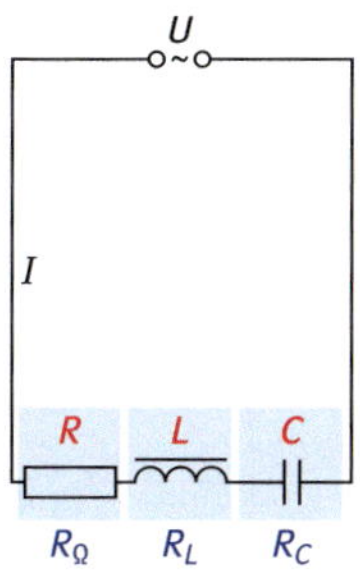


Zeigerdiagramm

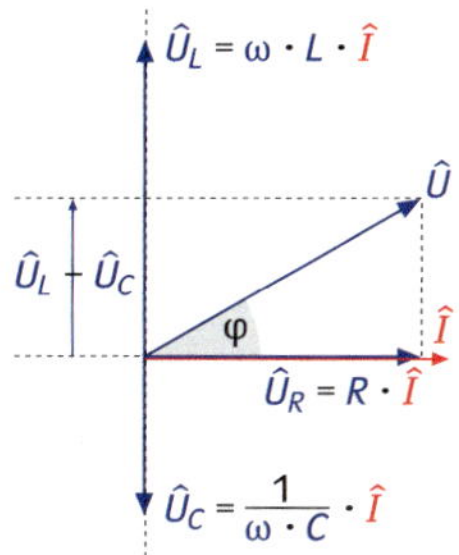


$$U(t) = \hat{U} \cdot \sin(\omega \cdot t);\ I(t) = \hat{I} \cdot \sin(\omega \cdot t - \varphi)$$

$$Z = \frac{\hat{U}}{\hat{I}} = \frac{U_{\text{eff}}}{I_{\text{eff}}} = \sqrt{R^2 + \left(\omega \cdot L - \frac{1}{\omega \cdot C}\right)^2}$$

Phasenverschiebung

$$\tan\varphi = \frac{\omega \cdot L - \frac{1}{\omega \cdot C}}{R}$$

Parallelschaltung von $R_\Omega$, $R_C$, $R_L$:

Schaltplan

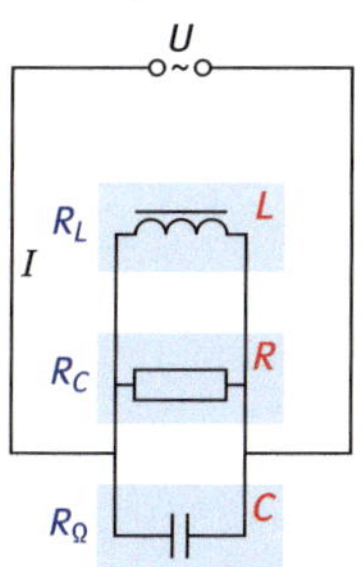


Zeigerdiagramm

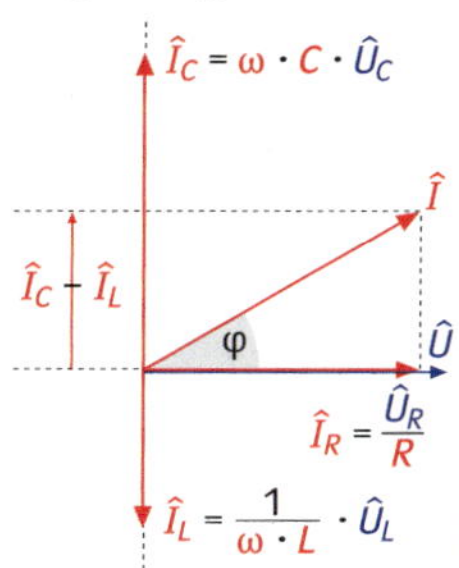


$$U(t) = \hat{U} \cdot \sin(\omega \cdot t);\ I(t) = \hat{I} \cdot \sin(\omega \cdot t + \varphi)$$

$$\frac{1}{Z} = \frac{\hat{I}}{\hat{U}} = \frac{I_{\text{eff}}}{U_{\text{eff}}} = \sqrt{\frac{1}{R^2} + \left(\omega \cdot C - \frac{1}{\omega \cdot L}\right)^2}$$

Phasenverschiebung

$$\tan\varphi = R \cdot \left(\omega \cdot C - \frac{1}{\omega \cdot L}\right)$$

| Größe | Bedeutung | Einheit |
|---|---|---|
| $R_\Omega$ | Ohm'scher Widerstand | $\Omega = V \cdot A^{-1}$ |
| $R_C$ | induktiver Widerstand | $\Omega$ |
| $R_L$ | induktiver Widerstand | $\Omega$ |
| $Z$ | Ersatz-(schein-)widerstand | $\Omega$ |
| $\hat{U}$ | Scheitelwert der Spannung | V |
| $U(t)$ | Momentanwert der Spannung | V |
| $U_{\text{eff}}$ | Effektivwert der Spannung | V |
| $\hat{I}$ | Scheitelwert der Stromstärke | A |
| $I(t)$ | Momentanwert der Stromstärke | A |
| $t$ | Zeitpunkt | s |
| $I_{\text{eff}}$ | Effektivwert der Stromstärke | A |
| $\omega$ | Kreisfrequenz | $s^{-1}$ |
| $L$ | Induktivität | $H = V \cdot s \cdot A^{-1}$ |
| $C$ | Kapazität | $F = A \cdot s \cdot V^{-1}$ |
| $\varphi$ | Phasenverschiebung | Zahl |

### Leistung

Wirkleistung:
$P = U_{\text{eff}} \cdot I_{\text{eff}} \cdot \cos\varphi$

Blindleistung:
$Q = U_{\text{eff}} \cdot I_{\text{eff}} \cdot \sin\varphi$

Scheinleistung:
$S = U_{\text{eff}} \cdot I_{\text{eff}} = \sqrt{P^2 + Q^2}$

| Größe | Bedeutung | Einheit |
|---|---|---|
| $P$ | Wirkleistung | W |
| $U_{\text{eff}}$ | Effektivwert der Spannung | V |
| $I_{\text{eff}}$ | Effektivwert der Stromstärke | A |
| $\cos\varphi$ | Leistungsfaktor | Zahl |
| $Q$ | Blindleistung | W |
| $S$ | Scheinleistung | W |

### Transformator

unbelastet

Spannungsverhältnis:
$\frac{U_1}{U_2} = \frac{N_1}{N_2}$

stark belastet

Stromstärkeverhältnis:
$\frac{I_1}{I_2} = \frac{N_2}{N_1}$

| Größe | Bedeutung | Einheit |
|---|---|---|
| $U_1$, $U_2$ | Spannung an Primär- bzw. Sekundärspule | V |
| $I_1$, $I_2$ | Stromstärke in Primär- bzw. Sekundärspule | A |
| $N_1$, $N_2$ | Windungszahl der Primär- bzw. Sekundärspule | Zahl |

## Harmonischer Oszillator

| | | | |
|---|---|---|---|
| **Frequenz $f$**<br>Schwingungsdauer T<br><br>Kreisfrequenz $\omega$ | $f = \frac{1}{T}$<br><br>$\omega = 2\pi \cdot f = \frac{2\pi}{T}$ | $f$ Frequenz<br>$T$ Schwingungsdauer (Periodendauer)<br>$\omega$ Kreisfrequenz | $s^{-1}$<br>s<br>$s^{-1}$ |
| **Harmonischer Oszillator**<br><br>Phase(-nwinkel) | **Ungedämpfte Schwingung:**<br>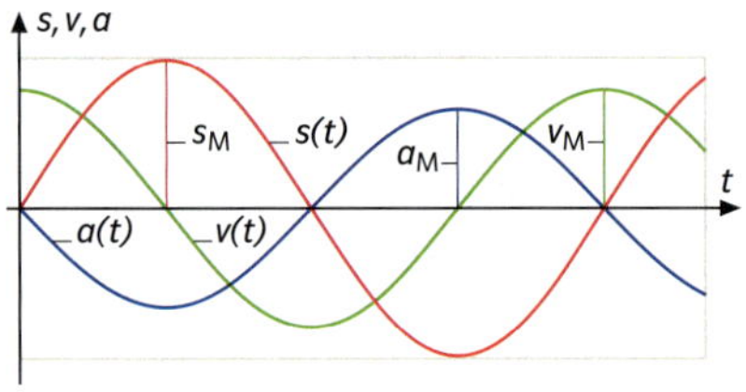 | 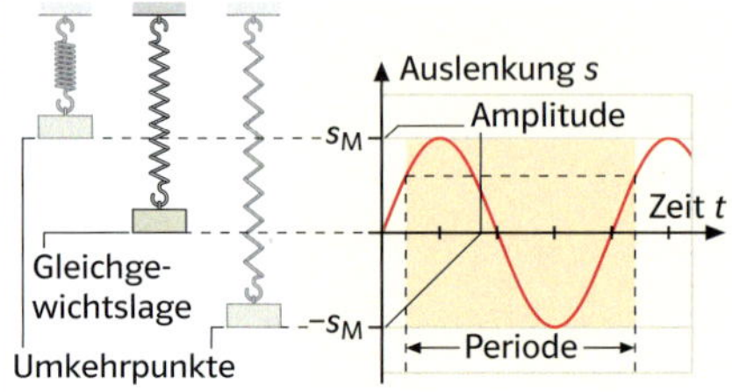 | |
| | Zeit-Weg-Gesetz<br>$s(t) = s_M \cdot \sin(\omega \cdot t + \Delta\varphi)$<br>$\varphi = \omega \cdot t + \Delta\varphi$ | $s(t)$ Auslenkung<br>$s_M$ Amplitude (Schwingungsweite)<br>$t$ Zeit<br>$\omega$ Kreisfrequenz<br>$\varphi$ Phase(-nwinkel)<br>$\Delta\varphi$ Phasenverschiebung | m<br>m<br>s<br>$s^{-1}$<br>Zahl<br>Zahl |
| | Zeit-Geschwindigkeit-Gesetz<br>$v(t) = s_M \cdot \omega \cdot \cos(\omega \cdot t + \Delta\varphi)$ | | |
| | Zeit-Beschleunigung-Gesetz<br>$a(t) = -s_M \cdot \omega^2 \cdot \sin(\omega \cdot t + \Delta\varphi)$ | $v(t)$ Geschwindigkeit<br>$a(t)$ Beschleunigung | $m \cdot s^{-1}$<br>$m \cdot s^{-2}$ |
| | Lineares Kraftgesetz<br>$F(t) = -D \cdot s(t)$ mit $D = m \cdot \omega^2$ | $F$ Kraft | N |
| | Schwingungsdauer<br>$T = 2\pi \cdot \sqrt{\frac{m}{D}}$ | $m$ Masse des Oszillators<br>$T$ Schwingungsdauer<br>$D$ Richtgröße | kg<br>s<br>$N \cdot m^{-1}$ |
| | **Gedämpfte Schwingung:**<br>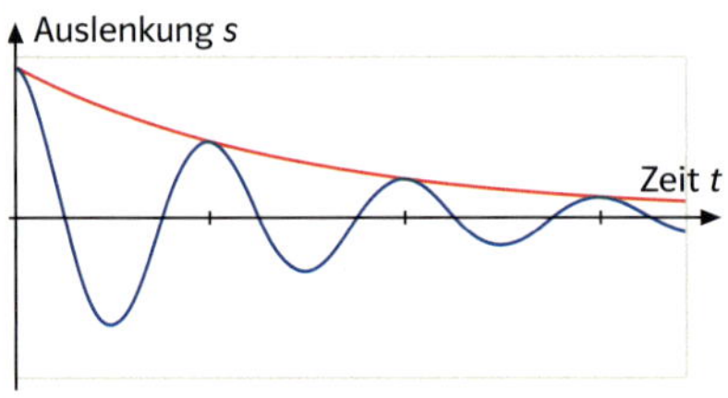 | | |
| Je größer die Dämpfung, desto kleiner ist die Amplitude gegenüber der einer ungedämpften Schwingung | Zeit-Weg-Gesetz<br>$s(t) = s_M \cdot e^{-\delta t} \cdot \sin(\omega t + \Delta\varphi)$<br><br>für $F_R$ = konstant<br>$\hat{s}(t) - \hat{s}(t + T) = 2\frac{F_R}{D}$<br>für $F_R = -b \cdot v$ ist $\delta = \frac{b}{2m}$ | $\delta$ Dämpfungsfaktor (Abklingfaktor)<br><br>$F_R$ Reibungskraft<br>$\hat{s}(t), \hat{s}(t+T)$ zwei aufeinander folgende Auslenkungen mit gleichem Phasenwinkel | $s^{-1}$<br><br>N<br>m |
| **Differenzialgleichung harmonischer Schwingungen** | $m \cdot \ddot{s}(t) + D \cdot s(t) = 0$<br><br>mit $\omega = \sqrt{\frac{D}{m}}$ folgt:<br>$\ddot{s}(t) + \omega^2 \cdot s(t) = 0$ | $m$ Masse des Oszillators<br>$D$ Richtgröße<br>$s(t)$ Auslenkung<br>$\ddot{s}(t)$ Beschleunigung<br>$\omega$ Kreisfrequenz | kg<br>$N \cdot m^{-1}$<br>m<br>$m \cdot s^{-2}$<br>$s^{-1}$ |

## Harmonischer Oszillator

| | | | |
|---|---|---|---|
| **Energie $E$ des harmonischen Oszillators** | $E_{ges} = E_{kin} + E_{pot}$<br>$= \frac{1}{2} m \cdot v(t)^2 + \frac{1}{2} D \cdot s(t)^2 = \frac{1}{2} D \cdot s_M^2$<br>$= 2\pi^2 \cdot m \cdot f^2 \cdot s_M^2$ | $E_{ges}$ Gesamtenergie<br>$E_{kin}$ kinetische Energie<br>$E_{pot}$ potenzielle Energie<br>$m$ Masse<br>$v(t)$ Geschwindigkeit<br>$D$ Richtgröße<br>$s(t)$ Auslenkung<br>$f$ Frequenz<br>$s_M$ Amplitude | J<br>J<br>J<br>kg<br>$m \cdot s^{-1}$<br>$N \cdot m^{-1}$<br>m<br>$s^{-1}$<br>m |
| **Federpendel** (reibungsfrei) | 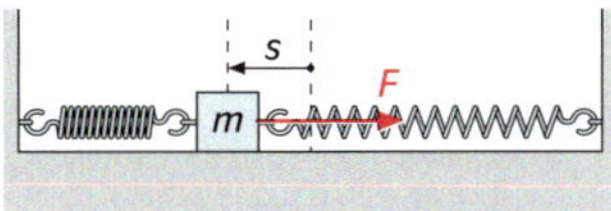<br>$F = -D \cdot s;\ T = 2\pi \cdot \sqrt{\frac{m}{D}}$ | $F$ Kraft<br>$D$ Richtgröße<br>$s$ Auslenkung<br>$T$ Schwingungsdauer<br>$m$ Masse | N<br>$N \cdot m^{-1}$<br>m<br>s<br>kg |
| **Fadenpendel** (reibungsfrei) | 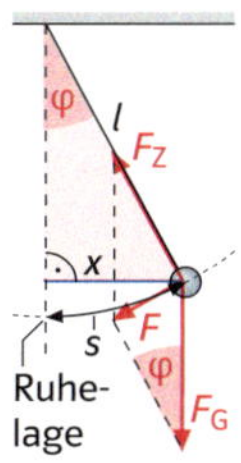<br>$F = -\frac{m \cdot g}{l} \cdot x$<br>$T = 2\pi \cdot \sqrt{\frac{l}{g}}$ | $F$ Kraft<br>$m$ Masse<br>$g$ Fallbeschleunigung<br>$l$ Pendel-(Faden-)länge<br>$x \approx s$ Auslenkung für kleines $\varphi$<br>$T$ Schwingungsdauer | N<br>kg<br>$m \cdot s^{-2}$<br>m<br>m<br>s |

## Mechanische Wellen

| | | | |
|---|---|---|---|
| **Ausbreitungsgeschwindigkeit $c$** | $c = \lambda \cdot f = \frac{\lambda}{T}$ | $c$ Ausbreitungsgeschwindigkeit (Phasengeschwindigkeit)<br>$\lambda$ Wellenlänge<br>$f$ Frequenz | $m \cdot s^{-1}$<br>m<br>$s^{-1}$ |
| **Wellengleichung bei harmonischen Oszillatoren**<br>Phasensprung λ/2 bei Reflexion am festen Ende | $s(t) = s_M \cdot \sin\left[2\pi \cdot \left(\frac{t}{T} - \frac{x}{\lambda}\right)\right]$<br>stehende Welle:<br>$s(t) = 2 s_M \cdot \cos\left(\frac{2\pi}{\lambda} \cdot x\right) \cdot \sin\left(\frac{2\pi}{T} \cdot t\right)$ | $s(t)$ Auslenkung<br>$s_M$ Amplitude<br>$t$ Zeitpunkt<br>$T$ Schwingungsdauer<br>$x$ Ort<br>$\lambda$ Wellenlänge | m<br>m<br>s<br>s<br>m<br>m |
| **Intensität $I$** | $I = \frac{\Delta E}{A \cdot \Delta t} = 2\pi^2 \cdot \varrho \cdot c \cdot s_M^2 \cdot f^2$<br>(bei Seilwelle $\varrho = m/l$ in $kg \cdot m^{-1}$) | $I$ Intensität (mittlere Leistung pro Fläche)<br>$\varrho$ Dichte | $J \cdot m^{-2} \cdot s^{-1}$<br>$kg \cdot m^{-3}$ |
| **Doppler-Effekt**<br>jeweils oberes Vorzeichen für Annäherung, unteres Vorzeichen für Entfernung | Sender ruhend – Empfänger bewegt:<br>$f' = f \cdot \left(1 \pm \frac{v_E}{c}\right)$<br>Sender bewegt – Empfänger ruhend:<br>$f' = f \cdot \left(\frac{1}{1 \mp \frac{v_S}{c}}\right)$<br>Sender und Empfänger bewegt:<br>$f' = f \cdot \left(\frac{c \pm v_E}{c \mp v_S}\right)$ | $f$ Frequenz des Senders<br>$f'$ Frequenz d. Empfängers<br>$v_E$ Geschwindigkeit des Empfängers<br>$v_S$ Geschwindigkeit des Senders<br>$c$ Schallgeschwindigkeit | $s^{-1}$<br>$s^{-1}$<br>$m \cdot s^{-1}$<br>$m \cdot s^{-1}$<br>$m \cdot s^{-1}$ |

## Schwingkreis

| | | | |
|---|---|---|---|
| **Kondensator Laden/Entladen** | Laden: $U(t) = \hat{U} \cdot \left(1 - e^{-\frac{t}{R \cdot C}}\right)$<br>$I(t) = \hat{I} \cdot e^{-\frac{t}{R \cdot C}}$<br>Entladen: $U(t) = \hat{U} \cdot e^{-\frac{t}{R \cdot C}}$<br>$I(t) = -\hat{I} \cdot e^{-\frac{t}{R \cdot C}}$<br>$\hat{U} = R \cdot \hat{I}$ | $U(t)$ Spannung zur Zeit $t$<br>$\hat{U}$ Maximalspannung<br>$t$ Zeitpunkt<br>$R$ Widerstand<br>$C$ Kapazität<br>$R \cdot C$ Zeitkonstante<br>$I(t)$ Stromstärke zur Zeit $t$<br>$\hat{I}$ Maximalstromstärke | V<br>V<br>s<br>Ω<br>F<br>s<br>A<br>A |
| **Thomson'sche Schwingungsgleichung** | ungedämpft:<br>$f = \frac{1}{T} = \frac{1}{2\pi \cdot \sqrt{L \cdot C}}$<br>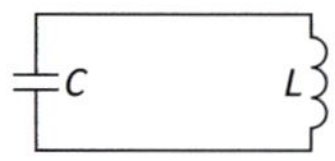<br>gedämpft:<br>$f = \frac{1}{2\pi} \cdot \sqrt{\frac{1}{L \cdot C} - \left(\frac{R}{2L}\right)^2}$<br>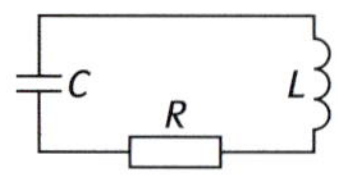 | $T$ Schwingungsdauer<br>$L$ Induktivität<br>$C$ Kapazität<br>$f$ Eigenfrequenz des Schwingkreises<br>$R$ ohmscher Widerstand<br>$\frac{R}{2L}$ Abklingkoeffizient | s<br>$H = V \cdot s \cdot A^{-1}$<br>$F = C \cdot V^{-1}$<br>$s^{-1}$<br>Ω<br>$s^{-1}$ |
| Schwingungsvorgang | Differenzialgleichung der ungedämpften Schwingung:<br>$(L \cdot C) \cdot \ddot{Q} + Q = 0$<br>Lösung mit $\omega = \sqrt{\frac{1}{L \cdot C}}$:<br>$Q(t) = \hat{Q} \cdot \sin(\omega \cdot t + \varphi_0) = C \cdot U(t)$<br>$\dot{Q}(t) = I(t) = \hat{I} \cdot \cos(\omega \cdot t + \varphi_0) = C \cdot U(t)$ | $Q$ Ladung auf einer Kondensatorplatte<br>$\hat{Q}$ maximale Ladung<br>$\omega$ Kreisfrequenz<br>$t$ Zeitpunkt<br>$\hat{I}$ maximale Stromstärke | C<br>C<br>$s^{-1}$<br>s<br>A |

## Elektromagnetische Wellen

| | | | |
|---|---|---|---|
| **Ausbreitungsgeschwindigkeit *c*** | $c = \sqrt{\frac{1}{\varepsilon_r \cdot \varepsilon_0 \cdot \mu_r \cdot \mu_0}}$<br>im Vakuum ist $\varepsilon_r = \mu_r = 1$ | $c$ Lichtgeschwindigkeit<br>$\varepsilon_r$ Permittivitätszahl<br>$\varepsilon_0$ elektrische Feldkonstante<br>$\mu_r$ Permeabilitätszahl<br>$\mu_0$ magnetische Feldkonstante | $m \cdot s^{-1}$<br>Zahl<br>$A \cdot s \cdot V^{-1} \cdot m^{-1}$<br>Zahl<br>$V \cdot s \cdot A^{-1} \cdot m^{-1}$ |
| **Dipol** | Sender – Eigenfrequenz:<br>$f = \frac{c}{2l}$<br>Empfänger – optimale Länge:<br>$l = k \cdot \frac{\lambda}{2}$ für $k = 1, 2, 3, \ldots$ | $f$ Eigenfrequenz des Dipols<br>$c$ Lichtgeschwindigkeit<br>$l$ Länge des Dipols<br>$\lambda$ Wellenlänge der zu empfangenden Welle | $s^{-1}$<br>$m \cdot s^{-1}$<br>m<br>m |
| **Maxwell'sche Gleichungen**<br>$\oint$ bei 1. und 2.: Integral über eine geschlossene Fläche<br>$\oint$ bei 3. und 4.: Integral über eine geschlossene Kurve | 1. $\oint \varepsilon_0 \cdot \varepsilon_r \cdot \vec{E} \cdot d\vec{A} = q$<br>2. $\oint \vec{B} \cdot d\vec{A} = 0$<br>3. $\oint \vec{E} \cdot d\vec{s} = -\dot{\Phi}$<br>4. $\oint \vec{B} \cdot d\vec{s} = \mu_0 \cdot I + \mu_0 \cdot \varepsilon_0 \cdot \dot{\Psi}$<br>mit $\Psi = A \cdot E$ und $\Phi = A \cdot B$<br>für konstante $A$ und $B$ | $A$ Fläche<br>$E$ elektrische Feldstärke<br>$B$ magnetische Flussdichte<br>$q$ eingeschlossene freie Ladung<br>$s$ Weg<br>$I$ Stromstärke<br>$\Psi$ elektrischer Fluss<br>$\Phi$ magnetischer Fluss<br>$\varepsilon_0$ elektrische Feldkonstante<br>$\mu_0$ magnetische Feldkonstante<br>$\varepsilon_r$ Permittivitätszahl | $m^{-2}$<br>$N \cdot C^{-1}$<br>$T = V \cdot s \cdot m^{-2}$<br>C<br>m<br>A<br>$A \cdot s$<br>$V \cdot s$<br>$A \cdot s \cdot V^{-1} \cdot m^{-1}$<br>$V \cdot s \cdot A^{-1} \cdot m^{-1}$<br>Zahl |

## Strahlen-Optik

| | | | |
|---|---|---|---|
| **Reflexionsgesetz** | 1. Einfallender Strahl, Einfallslot und reflektierter Strahl liegen in einer Ebene.<br>2. Einfallswinkel $\alpha$ und Reflexionswinkel $\alpha'$ sind gleich groß: $\alpha = \alpha'$<br>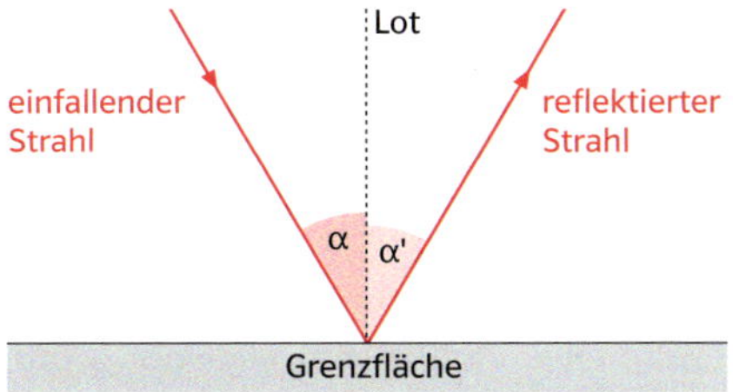 | $\alpha$ Einfallswinkel<br>$\alpha'$ Reflexionswinkel | Zahl (Grad)<br>Zahl (Grad) |
| **Brechungsgesetz**<br><br>Brechzahl | 1. Einfallender Strahl, Einfallslot und gebrochener Strahl liegen in einer Ebene.<br>2. $\frac{\sin\alpha_1}{\sin\alpha_2} = \frac{c_1}{c_2} = \frac{n_2}{n_1}$<br>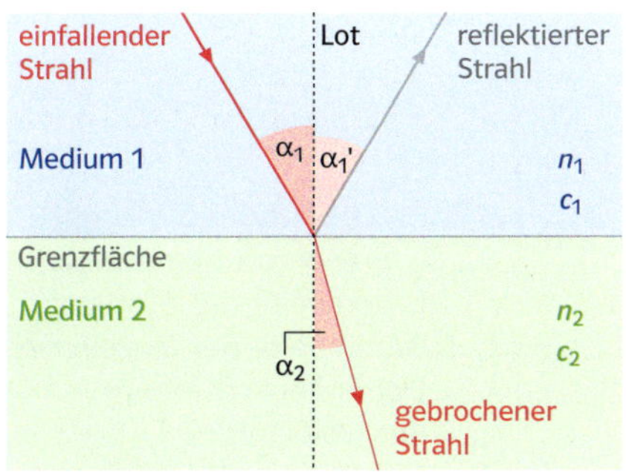<br>für $c_1 = c_0$ ist $n_1 = 1$ und es gilt:<br>$\frac{\sin\alpha_1}{\sin\alpha_2} = \frac{c_0}{c_2} = n_2 = n$<br>Ein Medium heißt optisch dichter als ein anderes, wenn seine Brechzahl $n$ größer als die des anderen ist. | $\alpha_1$ Einfallswinkel<br>$\alpha_1'$ Reflexionswinkel<br>$\alpha_2$ Brechungswinkel<br>$c_1$ Lichtgeschwindigkeit in Medium 1<br>$c_2$ Lichtgeschwindigkeit in Medium 2<br>$n_1$ Brechzahl des Mediums 1 gegenüber Vakuum<br>$n_2$ Brechzahl des Mediums 2 gegenüber Vakuum<br>$c_0$ Lichtgeschwindigkeit im Vakuum (Luft)<br>$n$ Brechzahl des Mediums gegenüber Vakuum (Luft) | Zahl (Grad)<br>Zahl (Grad)<br>Zahl (Grad)<br>$m \cdot s^{-1}$<br>$m \cdot s^{-1}$<br>Zahl<br><br>Zahl<br><br>$m \cdot s^{-1}$<br><br>Zahl |
| **Totalreflexion**<br><br>Grenzwinkel | $\sin\alpha_G = \frac{c_2}{c_1} = \frac{n_1}{n_2}$ für $n_1 < n_2$<br>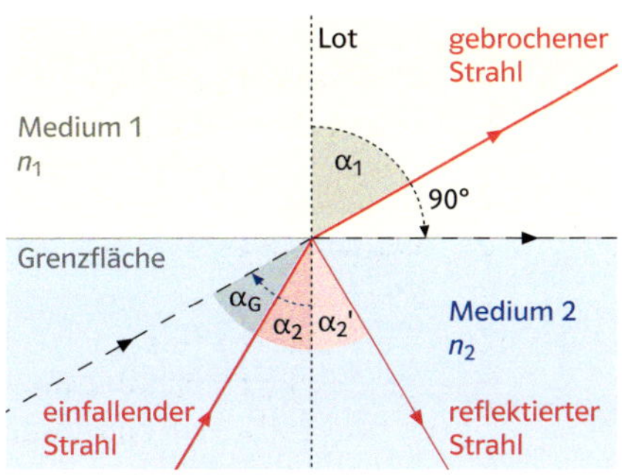 | $\alpha_G$ Grenzwinkel bei $\alpha_1 = 90°$<br>$c_1$ Lichtgeschwindigkeit in Medium 1<br>$c_2$ Lichtgeschwindigkeit in Medium 2<br>$n_1$ Brechzahl des optisch dünneren Mediums 1 gegenüber Vakuum<br>$n_2$ Brechzahl des optisch dichteren Mediums 2 gegenüber Vakuum | Zahl (Grad)<br>$m \cdot s^{-1}$<br>$m \cdot s^{-1}$<br>Zahl<br><br>Zahl |

## Strahlen-Optik

| | | | |
|---|---|---|---|
| **Lochkamera** | 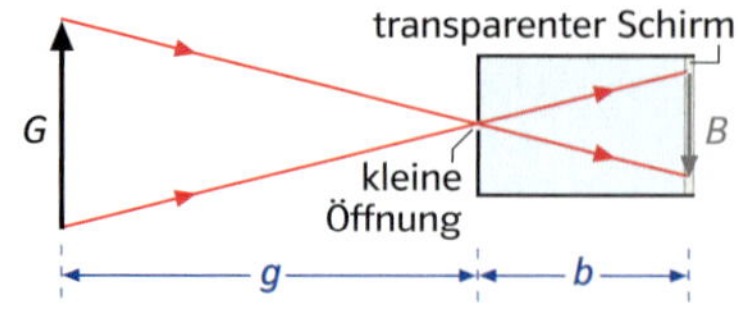 | $A$ Abbildungsmaßstab | Zahl |
| | | $B$ Bildgröße | m |
| | | $G$ Gegenstandsgröße | m |
| | | $b$ Bildweite | m |
| | $\frac{B}{G} = \frac{b}{g} = A$ | $g$ Gegenstandsweite | m |
| **(dünne) Linsen** | 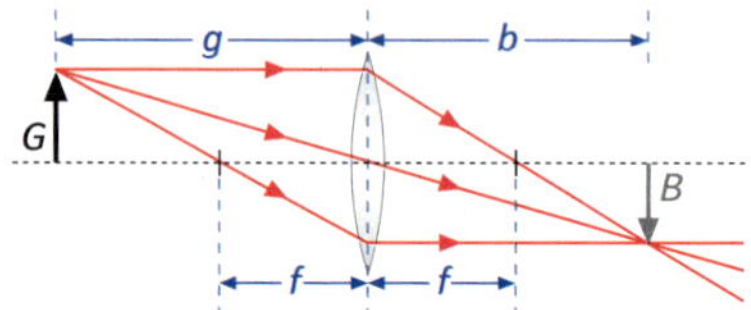 | $B$ Bildgröße | m |
| | | $G$ Gegenstandsgröße | m |
| | | $b$ Bildweite | m |
| | | $g$ Gegenstandsweite | m |
| | | $A$ Abbildungsmaßstab | Zahl |
| | | $f$ Brennweite | m |
| Abbildungsmaßstab | $\frac{B}{G} = \frac{b}{g} = A$ | $D$ Brechkraft der Linse | $\text{dpt} = \text{m}^{-1}$ |
| | | $n$ Brechzahl des Linsenmaterials | Zahl |
| Linsengleichung | $\frac{1}{f} = \frac{1}{g} + \frac{1}{b}$ | $r_1, r_2$ Krümmungsradien der Linsenflächen | m |
| Newton'sche Formel | $(g - f) \cdot (b - f) = f^2$ | | |
| Brechkraft | $D = \frac{1}{f}$ | | |
| Brennweite | $\frac{1}{f} = (n - 1) \cdot \left(\frac{1}{r_1} + \frac{1}{r_2}\right)$ | | |
| **Linsensysteme** (für dünne Linsen) | $D = D_1 + D_2$ | $D$ Brechkraft des Systems | $\text{dpt} = \text{m}^{-1}$ |
| | | $D_1, D_2$ Brechkraft der Einzellinsen | $\text{m}^{-1}$ |
| | $\frac{1}{f} = \frac{1}{f_1} + \frac{1}{f_2}$ | $f$ Brennweite des Systems | m |
| | | $f_1, f_2$ Brennweite der Einzellinsen | m |
| Lichtstärke eines Objektivs | $k = \frac{d}{f}$ | $k$ Lichtstärke (Öffnungsverhältnis) des Objektivs | Zahl |
| | | $d$ Objektivdurchmesser | m |
| **Vergrößerung optischer Geräte** | $V = \frac{\tan \alpha_G}{\tan \alpha_0}$ 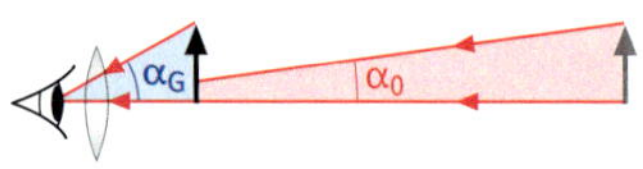 | $V$ Vergrößerung | Zahl |
| | | $\alpha_G$ Sehwinkel mit Gerät | Zahl (Grad) |
| | | $\alpha_0$ Sehwinkel mit bloßem Auge | Zahl (Grad) |
| | Lupe: $V = \frac{s_0}{f}$ mit $s_0 = 25\,\text{cm}$ | $s_0$ deutliche Sehweite | m |
| | | $f$ Brennweite der Lupe | m |
| | Fernrohr: $V = \frac{f_{\text{Obj}}}{f_{\text{Oku}}}$ | $f_{\text{Obj}}$ Objektivbrennweite | m |
| | | $f_{\text{Oku}}$ Okularbrennweite | m |
| | Mikroskop: $V = \frac{b \cdot s_0}{f_{\text{Obj}} \cdot f_{\text{Oku}}}$ | $b$ Abstand der inneren Brennpunkte von Okular und Objektiv | m |
| **(kugelförmige) Spiegel** | $\frac{B}{G} = \frac{b}{g} = A$ | $B$ Bildgröße | m |
| | $\frac{1}{f} = \frac{1}{g} + \frac{1}{b}$ | $G$ Gegenstandsgröße | m |
| | mit $f = \pm \frac{r}{2}$ | $b$ Bildweite | m |
| | 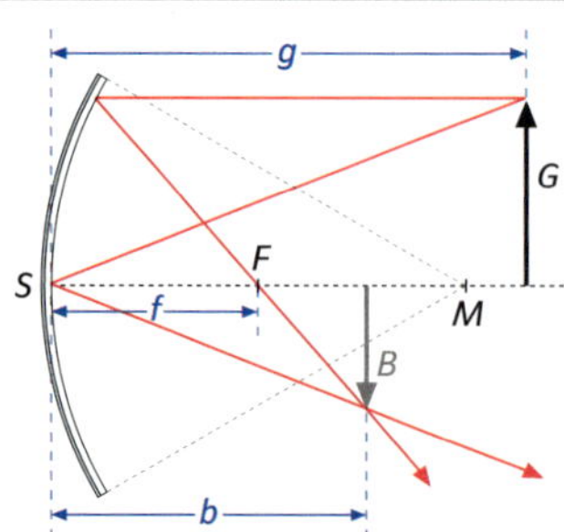 | $g$ Gegenstandsweite | m |
| | | $A$ Abbildungsmaßstab | Zahl |
| | | $f$ Brennweite | m |
| | | $r$ Krümmungsradius | m |
| | Vorzeichen von $f$ bei Hohlspiegeln: + bei Wölbspiegeln: − | | |

## Wellen-Optik

| | | | |
|---|---|---|---|
| **Ausbreitungs-geschwindigkeit** $c$ | $c = \lambda \cdot f$<br>beim Übergang von Medium 1 in Medium 2:<br>$f_1 = f_2$ bzw. $\frac{\lambda_1}{\lambda_2} = \frac{c_1}{c_2}$ | $c$ Lichtgeschwindigkeit<br>$\lambda$ Wellenlänge des Lichtes<br>$f$ Frequenz des Lichtes<br>$c_1, c_2$ Lichtgeschwindigkeit in Medium 1 bzw. 2<br>$f_1, f_2$ Frequenz in Medium 1 bzw. 2<br>$\lambda_1, \lambda_2$ Wellenlänge in Medium 1 bzw. 2 | $m \cdot s^{-1}$<br>m<br>$Hz = s^{-1}$<br>$m \cdot s^{-1}$<br><br>$Hz = s^{-1}$<br>m |
| **Optische Weglänge**<br><br><br>Phasensprung | ohne Reflexion an einem dichteren Medium:<br>$s_{opt} = s_{geo} \cdot n$<br>mit Reflexion an einem dichteren Medium:<br>$s_{opt} = s_{geo} \cdot n + \frac{\lambda}{2}$ | $s_{opt}$ optischer Lichtweg<br>$s_{geo}$ geometrischer Lichtweg<br>$n$ Brechzahl des Ausbreitungs-mediums<br>$\lambda$ Wellenlänge im Ausbreitungs-medium | m<br>m<br>Zahl<br><br>m |
| **Interferenz**<br><br><br>Interferenz kohärenter Wellen (gleiche Wellenlänge, konstante Phasen-beziehung) | $\Delta s_{opt} = s_{opt\,1} - s_{opt\,2}$<br>Phasenverschiebung:<br>$\Delta\varphi = \frac{2\pi}{\lambda} \cdot \Delta s_{opt}$<br>für Interferenzmaxima (Verstärkung):<br>$\Delta s_{opt} = k \cdot \lambda$ mit $k = 0, 1, 2, 3, \ldots$<br>für Interferenzminima (Auslöschung):<br>$\Delta s_{opt} = \left(k + \frac{1}{2}\right) \cdot \lambda$ mit $k = 0, 1, 2, 3, \ldots$ | $\Delta s_{opt}$ Gangunterschied<br>$s_{opt\,1}, s_{opt\,2}$ optischer Lichtweg von Strahl 1 bzw. 2<br><br>$\Delta\varphi$ Phasenverschiebung<br>$\lambda$ Wellenlänge im Ausbreitungs-medium | m<br>m<br><br>Zahl<br>m |
| **Interferenz beim Einzelspalt** | für $k = 1, 2, 3, \ldots$<br>Minima der Intensität:<br>$\sin\alpha_k = \frac{k \cdot \lambda}{b}$<br>Maxima der Intensität:<br>$\sin\alpha_k = \frac{\left(k + \frac{1}{2}\right) \cdot \lambda}{b}$<br>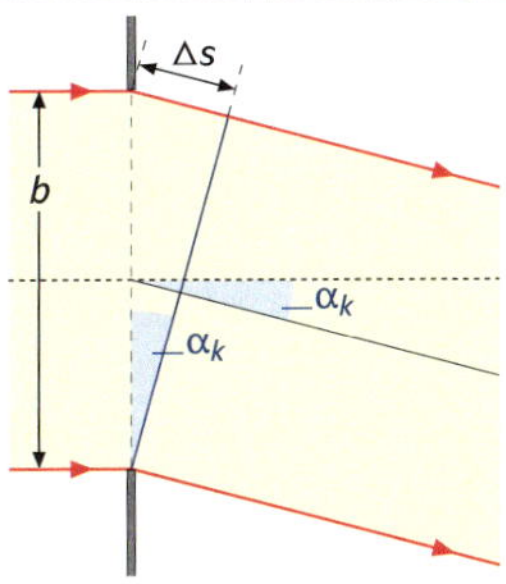<br> | $\alpha_k$ Beugungswinkel<br>$\lambda$ Wellenlänge im Ausbreitungs-medium<br>$b$ Spaltbreite | Zahl<br>m<br><br>m |
| **Interferenz beim Doppelspalt** | für $k = 0, 1, 2, 3, \ldots$<br>Maxima der Intensität:<br>$\sin\alpha_k = \frac{k \cdot \lambda}{g}$<br>Minima der Intensität:<br>$\sin\alpha_k = \frac{\left(k + \frac{1}{2}\right) \cdot \lambda}{g}$<br>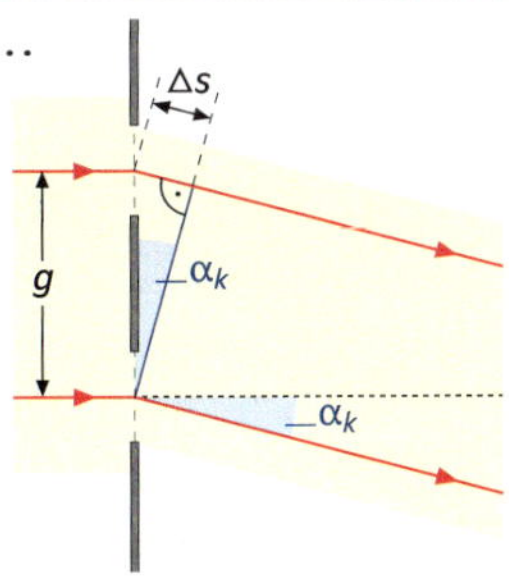<br> | $\alpha_k$ Beugungswinkel<br>$\lambda$ Wellenlänge im Ausbreitungs-medium<br>$g$ Abstand der Spaltmitten | Zahl<br>m<br><br>m |

...

## Wellen-Optik

| | | | |
|---|---|---|---|
| **Interferenz beim Gitter** | für $k = 0, 1, 2, 3, \ldots$<br>Hauptmaxima der Intensität:<br>$\sin\alpha_k = \frac{k \cdot \lambda}{g}$ sowie $\tan\alpha_k = \frac{a_k}{l}$<br>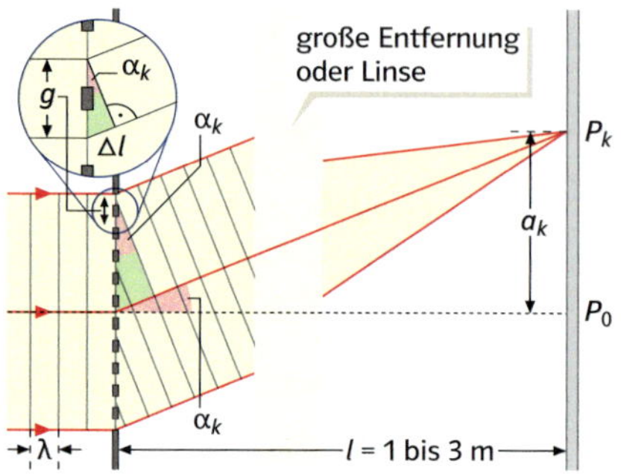 | $\alpha_k$ Beugungswinkel für $k$-te Hauptmaximum<br>$\lambda$ Wellenlänge im Ausbreitungsmedium<br>$g$ Gitterkonstante<br>$a_k$ Abstand des Maximums $k$-ter Ordnung vom Maximum 0-ter Ordnung<br>$l$ Entfernung des Gitters vom Schirm | Zahl<br>m<br>m<br>m<br>m |
| **Interferenz an dünnen Schichten**<br><br>im durchgehenden Licht betrachtet sind die Beziehungen für Maxima/Minima vertauscht | im reflektierten Licht bei senkrechtem Einfall:<br>Maxima für $k = 0, 1, 2, 3, \ldots$<br>$d = \frac{2k+1}{n} \cdot \frac{\lambda}{4}$<br>Minima für $k = 1, 2, 3, \ldots$<br>$d = \frac{2k}{n} \cdot \frac{\lambda}{4}$<br>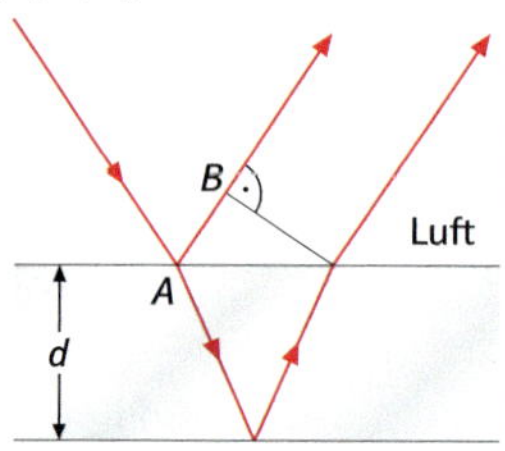 | $d$ Schichtdicke<br>$n$ Brechzahl der Schicht<br>$\lambda$ Wellenlänge in Luft | m<br>Zahl<br>m |
| **Newton'sche Ringe** | Minima im reflektierten Licht bei senkrechtem Einfall:<br>$r_k^2 = k \cdot \lambda \cdot R$<br>$d_k = \frac{r_k^2}{2R}$<br>mit $k = 1, 2, 3, \ldots$<br>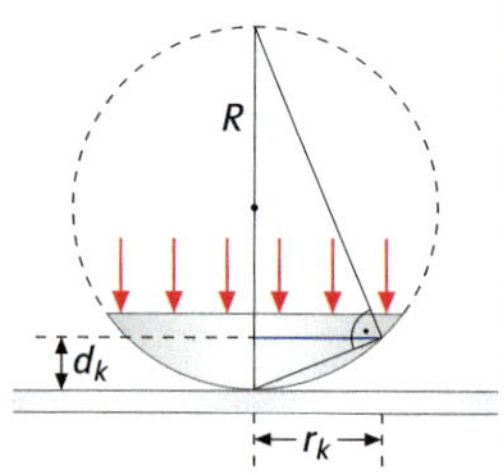 | $r_k$ Radius des $k$-ten dunklen Ringes<br>$\lambda$ Wellenlänge in Luft<br>$R$ Krümmungsradius der Linse<br>$d_k$ Dicke der für den Gangunterschied verantwortlichen Luftschicht zwischen den reflektierenden Grenzflächen beim $k$-ten Maximum | m<br>m<br>m |
| **Polarisation** | Brewster'sches Gesetz:<br>$\tan\alpha_P = \frac{n_2}{n_1}$<br>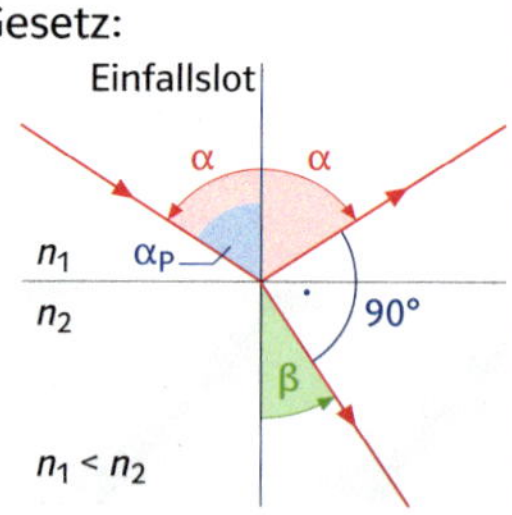 | $\alpha_P$ Polarisationswinkel (Einfallswinkel, bei dem eine vollständige Polarisation des reflektierten Lichtes eintritt)<br>$n_1, n_2$ Brechzahl von Medium 1 bzw. 2 | Zahl (Grad)<br>Zahl |
| **Optischer Doppler-Effekt im Vakuum** | $f' = f \cdot \sqrt{\frac{c \pm v}{c \mp v}}$<br>– bei Annäherung gilt jeweils das obere Vorzeichen,<br>– bei Entfernung gilt jeweils das untere Vorzeichen | $f$ Frequenz der Lichtquelle<br>$f'$ Frequenz des Lichtes beim Empfänger<br>$v$ Relativgeschwindigkeit<br>$c$ Lichtgeschwindigkeit | $s^{-1}$<br>$s^{-1}$<br>$m \cdot s^{-1}$<br>$m \cdot s^{-1}$ |

## Strahlungsenergie

| | | | |
|---|---|---|---|
| **Lichtstärke $I_V$**<br><br>Lichtmenge | $I_V = \frac{\Phi_V}{\Omega}$<br><br>$Q = \Phi_V \cdot t$ | $I_V$ Lichtstärke (Strahlungsleistung pro Raumwinkel)<br>$\Phi_V$ Lichtstrom (Strahlungsleistung mal Raumwinkel)<br>$\Omega$ Raumwinkel (Steradiant)<br>$Q$ Lichtmenge (Strahlungsenergie)<br>$t$ Strahlungsdauer | cd<br>$[\frac{1}{683}\,W \cdot sr^{-1}]$<br>$lm = cd \cdot sr$<br><br>Zahl (sr)<br>$lm \cdot s$ $[W \cdot s]$<br>s |
| **Lichtstrom $\Phi_V$** | $\Phi_V = E \cdot A$ | $\Phi_V$ Lichtstrom<br>$E$ Beleuchtungsstärke<br>$A$ beleuchtete Fläche | lm<br>$lx = lm \cdot m^{-2}$<br>$m^2$ |
| **Beleuchtungs-stärke $E$**<br><br>Solarkonstante<br><br>Leuchtkraft in der Astronomie | $E = \frac{I_V}{r^2}$<br><br>$S = 1{,}368 \cdot 10^3\ \frac{W}{m^2}$<br><br>Sonne:<br>$L_S = 4\pi \cdot r^2 \cdot S = 4\pi \cdot R_S^2 \cdot \sigma \cdot T_S^4$<br>wobei:<br>$r = 1{,}5 \cdot 10^{11}\,m$ (Abstand Sonne – Erde)<br>$R_S = 6{,}95 \cdot 10^8\,m$ (Radius der Sonne)<br>$T_S = 6\,000\,K$ (Temperatur der Sonnenoberfläche) | $E$ Beleuchtungsstärke (Intensität)<br>$I_V$ Lichtstärke<br>$r$ Abstand der Lichtquelle von der bestrahlten Fläche<br>$S$ Solarkonstante<br>$L_S$ Strahlungsleistung (Leuchtkraft) der Sonne im Abstand $r$ der Erde<br>$\sigma$ Stefan-Boltzmann-Konstante | lx $[W \cdot m^{-2}]$<br>cd<br>m<br><br>$W \cdot m^{-2}$<br>W<br><br>$W \cdot m^{-2} \cdot K^{-4}$ |
| **Strahlungsleistung**<br><br>scheinbare Helligkeit | $\Phi_V = \frac{Q}{t}$<br><br>Sterne in der astronomischen Größenklasseneinheit mag:<br>$m_1 - m_2 = -2{,}5\,mag \cdot \log \frac{\Phi_{V1}}{\Phi_{V2}}$ | $\Phi_V$ Strahlungsleistung<br>$Q$ Strahlungsenergie<br>$t$ Strahlungsdauer<br>$m_1$, $m_2$ scheinbare Helligkeit zweier Sterne am selben Ort gemessen | W<br>J<br>s<br>mag |
| **Stefan-Boltzmann'sches Gesetz** | $\Phi_V = \varepsilon \cdot \sigma \cdot T^4 \cdot A$<br>$(\sigma = 5{,}760 \cdot 10^{-8}\,W \cdot m^{-2} \cdot K^{-4})$ | $\Phi_V$ Strahlungsleistung<br>$\varepsilon$ Emissionsgrad<br>$\sigma$ Stefan-Boltzmann-Konstante<br>$T$ Temperatur des Strahlers<br>$A$ abstrahlende Fläche | W<br>Zahl<br>$W \cdot m^{-2} \cdot K^{-4}$<br>K<br>$m^2$ |
| **Wien'sches Verschiebungs-gesetz** | $\lambda_{max} \cdot T = K$<br>$(K = 2{,}898 \cdot 10^{-3}\,m \cdot K)$ | $\lambda_{max}$ Wellenlänge für das Maximum einer spektralen Verteilung<br>$T$ Temperatur des Strahlers<br>$K$ Wien'sche Konstante | m<br><br>K<br>$m \cdot K$ |
| **Planck'sches Strahlungsgesetz**<br><br>Strahlung eines schwarzen Strahlers (Hohlraumstrahlung) | Energiestromdichte:<br>(proportional zum Strahlungsdruck)<br>$u = \frac{8\pi}{c^3} \cdot \frac{h \cdot f^3}{e^{\frac{h \cdot f}{k \cdot T}} - 1}$<br>$(h = 6{,}626 \cdot 10^{-34}\,J \cdot s)$ | $u$ Energie pro Frequenz und Fläche<br>$f$ Strahlungsfrequenz<br>$T$ Gleichgewichtstemperatur des Strahlers<br>$c$ Lichtgeschwindigkeit<br>$k$ Boltzmann-Konstante<br>$h$ Planck'sche Konstante | $J \cdot m^{-2} \cdot s^{-1}$<br>$s^{-1}$<br>K<br><br>$m \cdot s^{-1}$<br>$J \cdot K^{-1}$<br>$J \cdot s$ |

| Photon – Elektron | | | |
|---|---|---|---|
| **Quantenobjekt** | Energie $E$ des Photons:<br>$E = h \cdot f$<br>Energie $E$ des Elektrons:<br>$E = \frac{1}{2} m \cdot v^2 = e \cdot U_B$<br>Masse $m$ des Photons:<br>$m = \frac{E}{c^2} = \frac{h \cdot f}{c^2} = \frac{h}{c \cdot \lambda}$<br>Impuls $p$ des Photons:<br>$p = \frac{E}{c} = \frac{h \cdot f}{c} = \frac{h}{\lambda}$<br>de-Broglie-Wellenlänge $\lambda$ für Elektronen:<br>$\lambda = \frac{h}{p}$ | $E$ Energie<br>$h$ Planck'sche Konstante<br>$f$ Frequenz<br>$m$ Masse<br>$v$ Geschwindigkeit des Elektrons<br>$e$ Elementarladung<br>$U_B$ Beschleunigungsspannung<br>$c$ Lichtgeschwindigkeit<br>$\lambda$ Wellenlänge<br>$p$ Impuls | J<br>J · s<br>$Hz = s^{-1}$<br>kg<br>$m \cdot s^{-1}$<br>C<br>$V = J \cdot C^{-1}$<br>$m \cdot s^{-1}$<br>m<br>$kg \cdot m \cdot s^{-1}$ |
| **Fotoeffekt** | insgesamt vom Licht übertragene Energie:<br>$h \cdot f = E_{k,max} + W_A$<br>($h = 6{,}626 \cdot 10^{-34}$ J · s) | $h$ Planck'sche Konstante<br>$f$ Frequenz des Lichtes<br>$E_{k,max}$ maximale kinetische Energie des ausgelösten (freien) Elektrons<br>$W_A$ materialabhängige Arbeit zum Herauslösen des Elektrons | J · s<br>$Hz = s^{-1}$<br>J<br>J |
| **Röntgenbrems-strahlung**<br><br>Bragg-Bedingung: Interferenzmaxima der an den Netzebenen des Kristalls gebeugten Röntgenstrahlung | $f_G = \frac{e \cdot U_B}{h}$ bzw. $\lambda_G = \frac{c}{f_G} = \frac{c \cdot h}{e \cdot U_B}$<br><br>Interferenzmaxima:<br>$2a \cdot \sin\delta_k = k \cdot \lambda$<br>für $k = 1, 2, 3, \ldots$<br>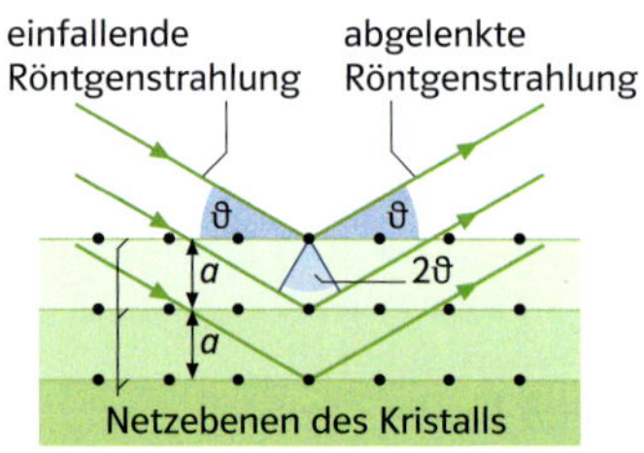 | $f_G$ Grenzfrequenz (max.) des kontinuierlichen Röntgenspektrums<br>$\lambda_G$ Grenzwellenlänge (min.) des Röntgenspektrums<br>$e$ Elementarladung<br>$U_B$ Beschleunigungsspannung der Elektronen<br>$h$ Planck'sche Konstante<br>$c$ Lichtgeschwindigkeit<br>$a$ Abstand der Netzebenen<br>$\delta_k$ Glanzwinkel | $Hz = s^{-1}$<br>m<br>C<br>V<br>J · s<br>$m \cdot s^{-1}$<br>m<br>Zahl (Grad) |
| **Compton-Effekt** | $\Delta\lambda = \lambda_g - \lambda_e = \frac{h}{m_0 \cdot c} \cdot (1 - \cos\beta)$<br>Comptonwellenlänge ($\beta = 90°$):<br>$\lambda_C = \frac{h}{m_0 \cdot c}$<br>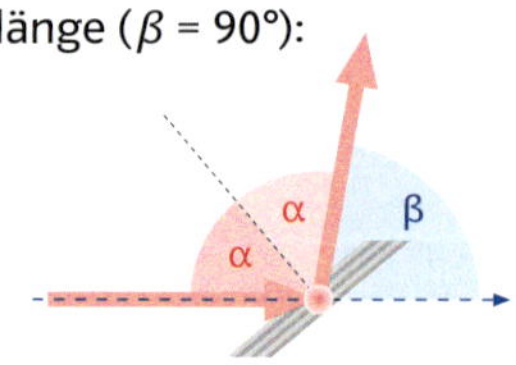 | $\Delta\lambda$ Wellenlängenzunahme<br>$\lambda_e, \lambda_g$ Wellenlänge des einfallenden bzw. gestreuten Photons<br>$m_0$ Ruhemasse d. Elektrons<br>$\beta$ Streuwinkel<br>$c$ Lichtgeschwindigkeit | m<br>m<br>kg<br>Zahl (Grad)<br>$m \cdot s^{-1}$ |
| **Heisenbergsche Unbestimmtheits-relation** | $\overline{\Delta x} \cdot \overline{\Delta p_x} \geq \frac{h}{4\pi}$<br>$\overline{\Delta E} \cdot \overline{\Delta t} \geq \frac{h}{4\pi}$ | $\overline{\Delta x}$ mittlere Unbestimmtheit der x-(Orts-)Koordinate<br>$\overline{\Delta p_x}$ mittlere Unbestimmtheit der x-Komponente des Impulses<br>$\overline{\Delta E}$ mittlere Unbestimmtheit der Energie<br>$\overline{\Delta t}$ mittlere Unbestimmtheit der Zeit | m<br>$kg \cdot m \cdot s^{-1}$<br>J<br>s |

## Photon – Elektron

| | | | |
|---|---|---|---|
| **Schrödinger-Gleichung**<br>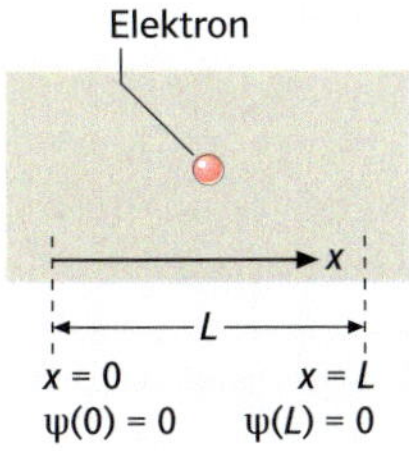<br>zeitunabhängige Lösung | eindimensional gebundenes Elektron:<br>$\Psi''(x) + \frac{8\pi^2 m}{h^2} \cdot (E - E_{pot}) \cdot \Psi(x) = 0$<br>Normierungsbedingung der Antreffwahrscheinlichkeit:<br>$\int_0^L \Psi^2(x) \cdot dx = 1$<br>linearer Potenzialtopf der Länge $L$:<br>stationäre Lösung für $E_{pot} = 0$ $(E = E_k)$<br>$E_{k,n} = \frac{h^2 \cdot n^2}{8m \cdot L^2}$ mit $n = 1, 2, 3, \ldots$<br>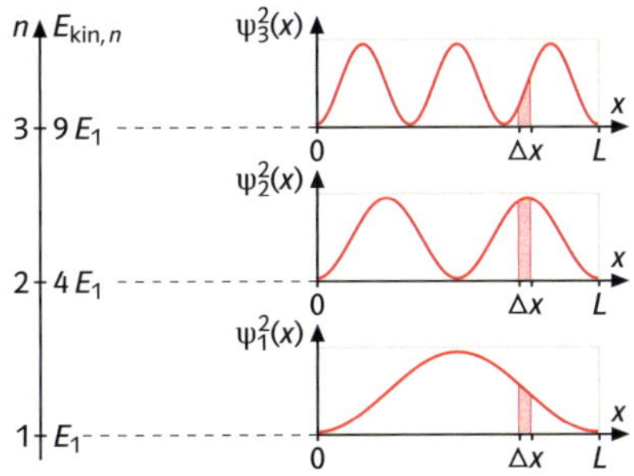 | $\Psi(x)$ zeitunabhängige Lösungsfunktion der Schrödinger-Gleichung<br>$\Psi''(x)$ Zweite Ableitung der $\Psi$-Funktion nach $x$<br>$x$ Ort der Messung $0 \leq x \leq L$<br>$\Psi^2(x)$ Maß für die Wahrscheinlichkeitsdichte des Elektrons am Ort $x$<br>$\Psi_1^2(x)$, $\Psi_2^2(x)$, $\Psi_3^2(x)$ Wahrscheinlichkeitsdichte für $n = 1$, $n = 2$, $n = 3$<br>$E$ Gesamtenergie des Elektrons<br>$E_{pot}$ potenzielle Energie des Elektrons<br>$E_{k,n}$ Kinetische Energie des Elektrons bei der Quantenzahl $n$<br>$h$ Plancksche Konstante<br>$n$ Quantenzahl<br>$m$ Masse des Elektrons<br>$L$ Länge des linearen Aufenthaltsbereiches des Elektrons | Zahl<br>Zahl<br><br>Zahl<br>Zahl<br>J<br>J<br>J<br>J · s<br>Zahl<br>kg<br>m |
| **Komplementarität** | Bei Quantenobjekten schließen sich Unterscheidbarkeit und Interferenz gegenseitig aus. Komplementär sind sich widersprechende, aber einander ergänzende Eigenschaften (Merkmale) eines Quantenobjekts | | |

## Atome

| | | | |
|---|---|---|---|
| **Wasserstoff**<br>Bindungsenergie des Elektrons | $E_n = E_1 \cdot \frac{1}{n^2}$<br>$E_1 = -13{,}6\,\text{eV}$ | $E_1$, $E_n$ Energie des in der Atomhülle gebundenen Elektrons im Grund- bzw. $n$-ten Quantenzustand<br>$n$ Quantenzahl | eV<br>Zahl |
| **Spektrallinien des Wasserstoffatoms** | $\Delta E = h \cdot f_{n,m} = E_1 \cdot \left(\frac{1}{n^2} - \frac{1}{m^2}\right)$<br>mit $n, m \in \mathbb{N}$ und $m > n$<br>Frequenzen: $f_{n,m} = R_H \cdot \left(\frac{1}{n^2} - \frac{1}{m^2}\right)$<br>mit $R_H = 3{,}2898 \cdot 10^{15}\,\text{Hz}$<br>$n = 1$: Lyman-Serie<br>$n = 2$: Balmer-Serie<br>$n = 3$: Paschen-Serie<br>$n = 4$: Brackett-Serie<br>$n = 5$: Pfund-Serie | $\Delta E$ Energiedifferenz für das Elektron vom $n$-ten zum $m$-ten Quantenzustand<br>$n, m$ Quantenzahlen<br>$f_{n,m}$ Frequenz<br>$R_H$ Rydberg-Frequenz | J<br>Zahl<br>Hz = $s^{-1}$<br>Hz = $s^{-1}$ |

## Atome

| | | | |
|---|---|---|---|
| **Mosley'sches Gesetz** | Energie der Röntgenstrahlung an der Absorptionskante:<br>$E = 13{,}6\,\text{eV} \cdot (Z - a)^2$ mit $a \approx 2$<br>Energie beim Übergang zwischen zwei Energieniveaus mit $n < m$:<br>$\Delta E = 13{,}6\,\text{eV} \cdot (Z - a)^2 \cdot \left(\frac{1}{n^2} - \frac{1}{m^2}\right)$<br>Für die Frequenz der $K_\alpha$-Linie gilt ($a = 1$):<br>$f_{K\alpha} = \frac{3}{4} \cdot R_H \cdot (Z - 1)^2$ | $E$ Energie<br>$Z$ Kernladungszahl<br>$a$ Korrektur infolge weiterer Elektronen in der Hülle<br>$n_1, n_2$ Quantenzahlen<br>$f_{K\alpha}$ Frequenz<br>$R_H$ Rydberg-Frequenz für Wasserstoffatome<br>$Z$ Kernladungszahl | J<br>Zahl<br>Zahl<br>Zahl<br>$\text{Hz} = \text{s}^{-1}$<br>$\text{Hz} = \text{s}^{-1}$<br>Zahl |
| **Pauli-Prinzip** | 1. Alle Elektronen eines Atoms unterscheiden sich in mindestens einer von vier Quantenzahlen:<br>$n$ für die Energie,<br>$l$ für den Bahndrehimpuls,<br>$m_l$ für die Orientierung der Bahn,<br>$s$ für den Spin des Elektrons<br>2. Elektronen besetzen stets das niedrigste noch freie Energieniveau. | – Hauptquantenzahl mit $n \in \mathbb{N}$<br>– Nebenquantenzahl mit $l \in \{0, 1, 2, 3, \dots, n-1\}$<br>– Magnetquantenzahl mit $m_l \in \{-l, -(l-1), \dots, 0, \dots, (l-1), l\}$<br>– Spinquantenzahl mit $s \in \{-\frac{1}{2}; +\frac{1}{2}\}$ | Zahl<br>Zahl<br>Zahl<br>Zahl |
| **Leitfähigkeit $\sigma$ von Metallen**<br>mittlere Geschwindigkeit infolge des $E$-Feldes | $\sigma = \frac{1}{\varrho} = c_L \cdot e \cdot \mu$<br>Ladungsträgerdichte im Volumen $V = A \cdot l$:<br>$c_L = \frac{N}{V}$<br>Driftgeschwindigkeit der Elektronen:<br>$v_D = \mu \cdot E$<br>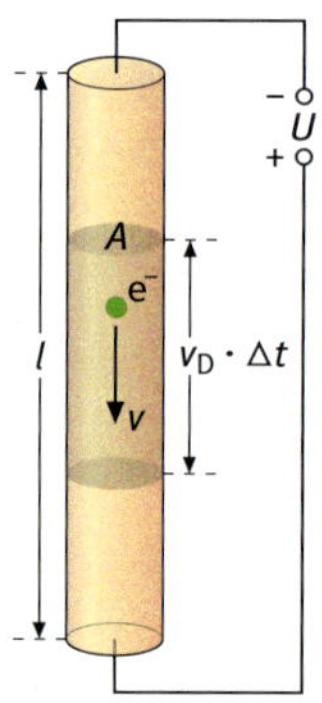 | $\sigma$ Leitfähigkeit des Metalls<br>$\varrho$ spezifischer Widerstand<br>$e$ Ladung eines Elektrons<br>$c_L$ Ladungsträgerdichte<br>$\mu$ Beweglichkeit<br>$N$ Anzahl der beweglichen Elektronen<br>$v_D$ Driftgeschwindigkeit der Elektronen<br>$E$ elektrische Feldstärke (infolge der Spannung) | $\Omega^{-1} \cdot \text{m}^{-1}$<br>$\Omega \cdot \text{m}$<br>C<br>$\text{m}^{-3}$<br>$\text{m}^2 \cdot \text{s}^{-1} \cdot \text{V}^{-1}$<br>Zahl<br>$\text{m} \cdot \text{s}^{-1}$<br>$\text{V} \cdot \text{m}^{-1}$ |
| **Avogadro-Konstante $N_A$** | $N_A = \frac{N}{n} = 6{,}022 \cdot 10^{23}\,\text{mol}^{-1}$ | $N_A$ Avogadro-Konstante (molare Teilchenzahl)<br>$N$ Teilchenzahl<br>$n$ Stoffmenge | $\text{mol}^{-1}$<br>Zahl<br>mol |
| **Molvolumen $V_m$**<br>molares Volumen<br>**Molmasse $M_m$**<br>molare Masse | $V_m = \frac{V}{n}$ mit $V_{m0} = 22{,}4\,\text{dm}^3 \cdot \text{mol}^{-1}$<br>$M_m = \frac{m}{n} = m_r$ mit $m_r = \frac{m_i}{1\,\text{u}}$<br>Die Massenangaben im Periodensystem der Elemente sind relative Teilchenmassen $m_r$ | $V_m$ Molvolumen<br>$V_{m0}$ Molvolumen unter Normbedingungen ($p_0 = 1013\,\text{hPa}$, $T_0 = 273{,}15\,\text{K}$)<br>$V$ Volumen des Gases<br>$n$ Stoffmenge des Gases<br>$M_m$ Molmasse<br>$m$ Masse<br>$m_r$ relative Teilchenmasse<br>$m_i$ Teilchenmasse | $\text{m}^3 \cdot \text{mol}^{-1}$<br>$\text{m}^3 \cdot \text{mol}^{-1}$<br>$\text{m}^3$<br>mol<br>$\text{kg} \cdot \text{mol}^{-1}$<br>kg<br>$\text{kg} \cdot \text{mol}^{-1}$<br>kg |
| **Atomare Masseneinheit u** | $1\,\text{u} = \frac{1}{12} m(^{12}_{6}\text{C}) = 1{,}660\,54 \cdot 10^{-27}\,\text{kg}$ | $u$ atomare Masseneinheit<br>$m(^{12}_{6}\text{C})$ Masse eines Atoms des Isotops C-12 | kg<br>kg |

## Atomkerne – Strahlenschutz

| | | | |
|---|---|---|---|
| **Radioaktiver Zerfall** | Zählrate: $z = \frac{\Delta N}{\Delta t}$<br>Zerfallsgesetz:<br>$\frac{dN}{dt} = -\lambda \cdot N(t)$<br>$N(t) = N(0) \cdot e^{-\lambda \cdot t}$<br>Halbwertszeit:<br>$T_{1/2} = \frac{\ln 2}{\lambda}$<br>mittlere Lebensdauer:<br>$\tau = \frac{1}{\lambda}$<br>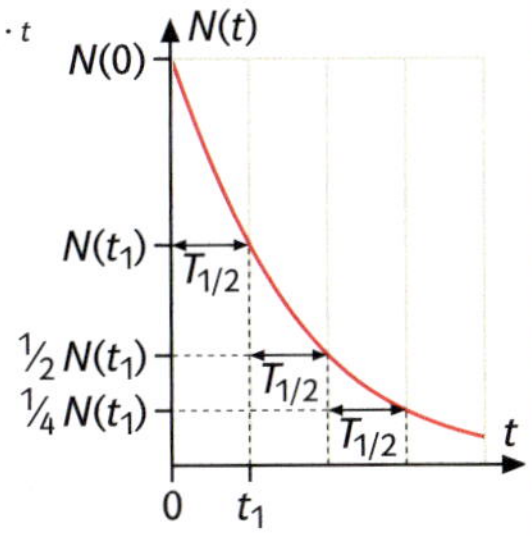 | $z$ Zählrate<br>$\Delta N$, $dN$ Anzahl der in der Zeitspanne $\Delta t$, $dt$ zerfallenen Radionuklide<br>$N(t)$ Anzahl der Radionuklide zur Zeit $t$<br>$N(0)$ Anzahl der zu Beginn ($t = 0$) vorhandenen Radionuklide<br>$\lambda$ Zerfallskonstante<br>$t$, $\Delta t$, $dt$ Zeitspanne<br>$T_{1/2}$ Halbwertszeit<br>$\tau$ mittlere Lebensdauer | $s^{-1}$<br>Zahl<br><br>Zahl<br>Zahl<br><br>$s^{-1}$<br>s<br>s<br>s |
| **Aktivität $A(t)$** | $A(t) = \left\lvert \frac{dN}{dt} \right\rvert = \lambda \cdot N(t)$<br>$A(t) = A(0) \cdot e^{-\lambda \cdot t} = \lambda \cdot N(t)$ | $A(t)$ Aktivität zur Zeit $t$<br>$N(t)$ Zahl der Zerfälle in der Zeitspanne $dt$<br>$A(0)$ Aktivität zur Zeit $t = 0$<br>$\lambda$ Zerfallskonstante<br>$t$, $dt$ Zeitspanne | $Bq = s^{-1}$<br>Zahl<br><br>$Bq = s^{-1}$<br>$s^{-1}$<br>s |
| **Absorption von $\beta$- und $\gamma$-Strahlung**<br>Zählrate n (x) | $n(x) = n(0) \cdot e^{-\mu \cdot x}$<br>$= n(0) \cdot e^{-(\ln 2/d_{1/2}) \cdot x}$<br>$n(x) = \frac{N(x)}{t}$<br>Halbwertsdicke:<br>$d_{1/2} = \frac{\ln 2}{\mu}$<br>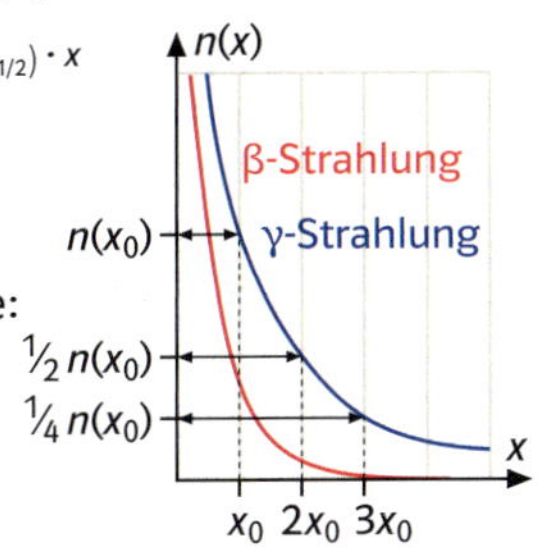 | $n(x)$ Zählrate bei der Materialdicke $x$<br>$n(0)$ Zählrate vor dem Eintritt ins Material ($x = 0$)<br>$\mu$ Absorptionskoeffizient (Schwächungskoeffizient)<br>$x$ Materialdicke<br>$N(x)$ Zahl der Zerfälle bei der Materialdicke $x$<br>$t$ Zeitspanne<br>$d_{1/2}$ Halbwertsdicke | Zahl<br>Zahl<br><br>$m^{-1}$<br><br>m<br>Zahl<br><br>s<br>m |
| **Energiedosis $D_E$**<br>**Ionendosis $D_I$**<br>**Äquivalentdosis** | $D_E = \frac{\Delta E}{\Delta m}$<br>$D_I = \frac{\Delta Q}{\Delta m}$<br>$D_q = q \cdot D_E$ | $D_E$ Energiedosis<br>$\Delta E$ aus der Strahlung absorbierte Energie<br>$\Delta m$ bestrahlte Masse<br>$D_I$ Ionendosis<br>$\Delta Q$ erzeugte Ladung<br>$D_Q$ Äquivalentdosis<br>$q$ Qualitätsfaktor | $Gy = J \cdot kg^{-1}$<br>J<br><br>kg<br>$C \cdot kg^{-1}$<br>C<br>$Sv = J \cdot kg^{-1}$<br>Zahl |
| **Nukleonenzahl $A$ (Massenzahl)** | $A = Z + N$<br>(Kernladungszahl $Z$ = Zahl der Elektronen in der Hülle) | $A$ Nukleonenzahl<br>$Z$ Protonenzahl (Kernladungszahl) (Ordnungszahl im PSE)<br>$N$ Neutronenzahl | Zahl<br>Zahl<br><br>Zahl |
| **Massendefekt $\Delta m$**<br>Kernbindungsenergie | $\Delta m = Z \cdot m_P + N \cdot m_N - m_K$<br>$E_B = -\Delta m \cdot c^2$ | $\Delta m$ Massendefekt<br>$Z$ Protonenzahl<br>$m_P$ Ruhemasse des Protons<br>$N$ Neutronenzahl<br>$m_N$ Ruhemasse des Neutrons<br>$m_K$ Masse des Atomkerns<br>$E_B$ Kernbindungsenergie<br>$c$ Lichtgeschwindigkeit | kg<br>Zahl<br>kg<br>Zahl<br>kg<br>kg<br>J bzw. eV<br>$m \cdot s^{-1}$ |

**Eigenschaften verschiedener Stoffe**

| Feste Stoffe | $\varrho$ g/cm³ | $\alpha$ 1/(10⁶ K) | $c$ kJ/(kg · K) | $\vartheta_f$ °C | $s$ kJ/kg | $\vartheta_d$ °C | $r$ kJ/kg |
|---|---|---|---|---|---|---|---|
| Aluminium | 2,70 | 23,8 | 0,896 | 660 | 404 | 2400 | 10539 |
| Beton | 2,2–2,5 | 11 | 0,879 | | | | |
| Blei | 11,35 | 29,4 | 0,129 | 327 | 24,7 | 1750 | 871 |
| Cobalt | 8,8 | 12,6 | 0,419 | 1493 | 260 | 2880 | 4815 |
| Eis *(–4 °C)* | 0,92 | 37 | 2,09 | 0 | 334 | 100 | 2257 |
| Eisen | 7,86 | 11,5–12,0 | 0,452 | 1535 | 270 | 2800 | 6322 |
| Glas *(für Laborgefäße)* | 2,23 | 3,2 | 0,799 | 815 | | | |
| Gold | 19,3 | 14,2 | 0,129 | 1063 | 64,5 | 2660 | 1578 |
| Graphit | 2,25 | 19 | 0,711 | 3800 | | 4400 | |
| Iod | 4,93 | 64,1 | 0,214 | 114 | 124 | 183 | 163 |
| Kochsalz | 2,16 | 48 | 0,854 | 808 | 519 | 1461 | 2789 |
| Kupfer | 8,93 | 16,8 | 0,385 | 1083 | 205 | 2582 | 4798 |
| Messing *(MS 7,2)* | 8,6 | 18,5 | 0,375 | ~320 | | 1160 | |
| Natrium | 0,97 | 71 | 1,23 | 98 | 113 | 890 | 4600 |
| Paraffin | 0,8–0,9 | 150 | 2,51 | 50 | | | |
| Platin | 21,45 | 9,1 | 0,134 | 1769 | 111 | 4300 | 2470 |
| Plexiglas | 1,16 | 75 | 1,30 | ~110 | | | |
| Porzellan | 2,3 | 4 | 0,846 | 1670 | | | |
| Quarzglas | 2,20 | 5,6 | 0,712 | 1585 | | | |
| Schwefel | 2,06 | 56,5 | 0,720 | 113 | 50,2 | 445 | 293 |
| Silber | 10,5 | 19,3 | 0,237 | 961 | 105 | 2180 | 2361 |
| Silicium | 2,4 | 2,5 | 0,703 | 1423 | 166 | 2350 | 12561 |
| Wolfram | 19,27 | 4,5 | 0,142 | 3390 | 192 | 5500 | 4354 |
| Zink | 7,13 | 26,3 | 0,389 | 420 | 111 | 907 | 1754 |
| Zinn | 7,30 | 27 | 0,226 | 232 | 59,5 | 2680 | 2387 |
| **Flüssigkeiten** | $\varrho$ g/cm³ | $\gamma$ 1/(10³ K) | $c$ kJ/(kg · K) | $\vartheta_f$ °C | $s$ kJ/kg | $\vartheta_d$ °C | $r$ kJ/kg |
| Aceton | 0,791 | 1,43 | 2,22 | –95 | 82,1 | 56 | 519 |
| Benzol | 0,879 | 1,23 | 1,70 | 6 | 126 | 80 | 394 |
| Ethanol, Brennspiritus | 0,789 | 1,10 | 2,40 | –114 | 105 | 78 | 854 |
| Ether (Diethylether) | 0,714 | 1,62 | 2,26 | –116 | 98 | 34,6 | 356 |
| Glycerin | 1,260 | 0,50 | 2,39 | 18 | 201 | 291 | |
| Petroleum | 0,847 | 0,96 | 2,14 | | | 150 | |
| Quecksilber | 13,546 | 0,181 | 0,138 | –39 | 11,8 | 357 | 285 |
| Schwefelsäure (rein) | 1,834 | 0,22 | 1,42 | 10,4 | 109 | 338 | |
| Wasser | 0,998 | 0,21 | 4,19 | 0 | 334 | 100 | 2257 |
| **Gase** | $\varrho$ g/dm³ | $c_p$ kJ/(kg · K) | $c_V$ kJ/(kg · K) | $\vartheta_f$ °C | $s$ kJ/kg | $\vartheta_d$ °C | $r$ kJ/kg |
| Ammoniak | 0,771 | 2,16 | 1,16 | –77,7 | 332 | –33,4 | 1374 |
| Chlor | 3,214 | 0,49 | 0,36 | –101,5 | 90,4 | –34,7 | 289 |
| Helium | 0,179 | 5,23 | 2,20 | –273,2 | | –268,98 | 20,5 |
| Kohlenstoffdioxid | 1,977 | 0,84 | 0,65 | –78,5 | 181 | –57 | 574 |
| Kohlenstoffmonooxid | 1,25 | 1,05 | 0,74 | –204 | 29,7 | –191,5 | 216 |
| Luft | 1,293 | 1,005 | 0,72 | –213 | | –193 | |
| Propan | 2,010 | 1,63 | 1,41 | –187,7 | 80,0 | –42,1 | 427 |
| Sauerstoff | 1,429 | 0,92 | 0,66 | –219 | 13,8 | –182,97 | 214 |
| Stickstoff | 1,251 | 1,04 | 0,74 | –210,5 | 25,5 | –195,8 | 201 |
| Wasserstoff | 0,0899 | 14,32 | 10,15 | –259,5 | 58,2 | –252,8 | 448 |
| Xenon | 5,897 | 0,13 | 0,08 | –111,8 | 17,6 | –108,1 | 99,2 |

$\varrho$: Dichte bei 20 °C, für Gase bei 0 °C und 1013 hPa; $\alpha$: Längenausdehnungszahl bei 18 °C; $\gamma$: Volumenausdehnungszahl bei 20 °C; $c$: spezifische Wärmekapazität bei Gasen bei konstantem Druck: $c_p$; bei konstantem Volumen: $c_V$; $\varkappa = c_p/c_V$ Adiabatenexponent; $\vartheta_f$: Schmelztemperatur; $s$: spezifische Schmelzenergie; $\vartheta_d$: Siedetemperatur; $r$: spezifische Verdampfungsenergie

### Dichte von Gebrauchsstoffen in kg/dm³

| | | | |
|---|---|---|---|
| Benzin | 0,70 – 0,74 | Koks | 0,9 – 1,2 |
| Bernstein | 1,0 – 1,1 | Kork | 0,22 – 0,29 |
| Braunkohle | 1,3 | Marmor | 2,5 – 2,8 |
| Diamant | 3,25 | Mauerwerk | 2,1 – 2,5 |
| Erde | 1,3 – 2,0 | Mehl | 0,5 – 0,6 |
| Erdgas L | 0,000 83 | Messing | 8,6 |
| Essig, wasserfrei | 1,05 | Papier | 0,8 – 1,1 |
| Fette | 0,9 | Polystyrol (Styropor) | 0,03 |
| Gas (Haushalt) | 2,4 – 2,9 | Polyvinylchlorid (PVC) | 1,3 |
| Glas (Laborgeräte) | 2,23 | Polyethylen (PE) | 0,95 |
| Glasfaser | 1,4 | Porzellan | 2,3 |
| Gummi | 0,9 – 1,1 | Baustahl | 7,6 – 7,8 |
| Heizöl EL | 0,86 | Steinkohle | 1,4 |
| Holz (Buche, Eiche) | 0,7 – 0,8 | Terpentin | 0,85 |
| Holz (Kiefer, Tanne) | 0,5 | Tetrachlorkohlenstoff | 1,59 |
| Holz (Balsa) | 0,1 – 0,3 | Zement | 3,1 |
| Keramik | 2,0 | Ziegel | 1,4 – 1,8 |
| Kerzenwachs | 0,9 | Zucker | 1,6 |

### Schüttdichten in kg/dm³

| | |
|---|---|
| Äpfel | 0,3 |
| Backpulver | 0,7 |
| Braunkohle | 0,7 |
| Hafer | 0,5 |
| Heu | 0,1 |
| Holzscheite | 0,4 |
| Kartoffeln | 0,7 |
| Kies | 1,8 – 2,0 |
| Kochsalz | 1,2 – 1,3 |
| Koks | 0,4 |
| Roggen | 0,7 |
| Sand, trocken | 1,3 – 1,6 |
| Sand, nass | 1,9 – 2,1 |
| Schnee, frisch | 0,1 |
| Schnee, nass | 0,5 – 0,9 |
| Torf, gepresst | 0,2 |
| Stroh | 0,04 – 0,07 |
| Weizen | 0,8 |

### Haftreibungszahlen

| | auf | $f_h$ |
|---|---|---|
| Stahl | Holz | 0,6 – 0,7 |
| | Stahl | 0,15 – 0,3 |
| | Teflon | 0,04 |
| | Eis | 0,027 |
| Holz | Holz | 0,3 – 0,6 |
| | Stein | 0,7 |
| Leder | Grauguss | 0,6 – 0,8 |
| Autoreifen | Asphalt | 0,4 – 0,8 |
| | Beton | 0,6 – 1 |
| | Makadam | 0,6 – 0,9 |

Werte gelten für trockene Flächen, bei nassen sind sie rund 30 % geringer.

### Gleitreibungszahlen

| | auf | $f_{gl}$ |
|---|---|---|
| Holz | Holz | 0,2 – 0,4 |
| | Stein | 0,3 – 0,4 |
| | Metall | 0,4 – 0,5 |
| Glas | Glas | 0,4 |
| Stahl | Stahl | 0,15 – 0,25 |
| | Eis | 0,01 |
| Bremsbelag | Stahl | 0,5 – 0,6 |
| Autoreifen | Asphalt | 0,3 – 0,6 |
| | Beton | 0,35 – 0,7 |
| | Eis | 0,05 – 0,2 |

Werte gelten für trockene Flächen, bei gefetteten sind sie rund 30 % geringer.

### Rollreibungszahlen

| | auf | $f_r / r$ |
|---|---|---|
| Stahlkugel | Stahlblech | 0,005 |
| Stahlrad | Stahlschiene, gehärtet | 0,001 |
| Zahnrad | Zahnrad | 0,01 – 0,05 |
| Fahrradreifen | Asphalt | 0,007 |
| Autoreifen | Asphalt | 0,010 |
| | Beton | 0,015 |
| | Pflaster | 0,015 – 0,03 |
| | Schotter | 0,02 – 0,03 |
| | Erdweg | 0,05 – 0,15 |
| | Sand, lose | 0,15 – 0,3 |

Werte sind stark geschwindigkeitsabhängig, mit steigender Geschwindigkeit abnehmend.

### Härteskala nach Mohs (Ritzbarkeit mineralischer und metallischer Oberflächen)

| Härtegrad | Mineral | 10³ N/mm² * | Beispiel | 10³ N/mm² * |
|---|---|---|---|---|
| 1 | Talk (Speckstein) | 0,0235 | Graphit | 0,025 |
| 2 | Gips ($CaSO_4 \cdot 2\,H_2O$) | 0,353 | Blei | 0,03 |
| 3 | Kalkspat ($CaCO_3$) | 1,079 | Silber | 0,2 |
| 4 | Flussspat ($CaF_2$) | 1,863 | Aluminium | 0,25 – 0,39 |
| 5 | Apatit | 5,296 | Kupfer | 0,4 – 0,9 |
| 6 | Feldspat | 7,845 | Titan | 1,6 |
| 7 | Quarz | 10,983 | Gusseisen | 2,8 |
| 8 | Topas | 14,024 | Wolfram | 2,5 |
| 9 | Korund | 19,613 | Hartbronze | 3,6 |
| 10 | Diamant | > 98 | Chrom-Vanadium-Stahl | 4,5 |

* Angaben zum Erzielen einer bestimmten Eindringtiefe mit der Spitze einer Vierkantpyramide aus härterem Material.
Werte in den Beispielen sind Richtwerte, die vom Reinheitsgrad und Herstellungsverfahren abhängen.

## Elastizitäts-, Scher- und Kompressionsmodule fester Körper *(l = Länge; d = Durchmesser)*

| Stoff | $E$ | $G$ | $K$ | $\mu$ | Stoff | $E$ | $G$ | $K$ | $\mu$ |
|---|---|---|---|---|---|---|---|---|---|
| Aluminium | 72 | 27 | 75 | 0,34 | Kupfer | 120 | 47 | 72 | 0,35 |
| Blei | 17 | 6 | 44 | 0,44 | Marmor | 73 | 28 | 62 | 0,30 |
| α-Eisen | 218 | 84 | 172 | 0,28 | Quarz | 76 | 33 | 38 | 0,17 |
| V2A-Stahl | 195 | 80 | 170 | 0,28 | Nickel | 208 | 78 | 53 | 0,31 |
| Gold | 81 | 28 | 180 | 0,42 | Silber | 81 | 29 | 98 | 0,37 |

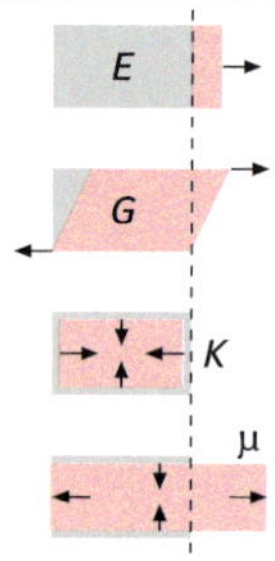


$E$ = Elastizitätsmodul in MPa
$G$ = Schermodul in MPa
$K$ = Kompressionsmodul in MPa
$\mu = (\Delta d/d)/(\Delta l/l)$ Poisson-Zahl

$F_{\text{elastisch}}/A_{\text{Querschnitt}} = E \cdot \Delta l/l_0$

$v_{\text{log.Welle}} = \sqrt{(K + \frac{4}{3}G)/\varrho}$

$v_{\text{trans.Welle}} = \sqrt{G/\varrho}$ ($\varrho$ = Dichte)

## Fallbeschleunigung $g$ in $\text{m} \cdot \text{s}^{-2}$

| | | | | | | | |
|---|---|---|---|---|---|---|---|
| **Rostock** | 9,8144 | **Frankfurt** | 9,8105 | **Palermo** | 9,8000 | **Buenos Aires** | 9,7971 |
| **Hamburg** | 9,8139 | **Stuttgart** | 9,8090 | **Algier** | 9,7991 | **Nordpol** | 9,832186 |
| **Berlin** | 9,8129 | **München** | 9,8073 | **Quito** | 9,7728 | **Äquator** | 9,780327 |
| **Leipzig** | 9,8118 | **Zürich** | 9,8067 | **Rio de Janeiro** | 9,7881 | in 2880 km Höhe | |
| **Köln** | 9,8116 | **Rom** | 9,8035 | **Johannesburg** | 9,7855 | $= \frac{1}{2} g_0 = 4{,}903$ | |

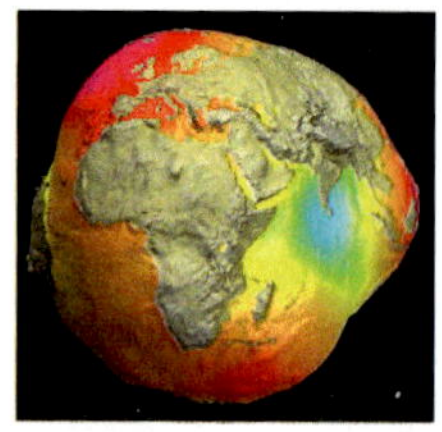

Da die Erde keine exakte Kugel ist, sind die Werte nicht auf andere Orte gleicher geografischer Länge oder Breite übertragbar. Das Foto zeigt die Erde mit Blick auf Afrika und Europa, wobei durch Farben und extrem vergrößerte Formabweichungen die Höhenunterschiede gegenüber einer vollkommenen Kugel angedeutet werden. Blau bedeutet −100 m, Blaugrün −60 m, Grün −20 m, Gelb +20 m, Rot +60 m, Violett +100m.

Normwert: $g_n = 9{,}806\,65\,\text{m/s}^2$

Für die geografische Breite $\varphi$ und die Höhe $h$ in Metern über Normalnull ist:

$$g = \left(9{,}8063 - 0{,}0264 \cos 2\varphi - 0{,}000\,003 \frac{h}{\text{m}}\right) \text{m/s}^2$$

| $\varphi$ in $h = 0\,\text{m}$ | 0° | 10° | 20° | 30° | 40° | 50° | 60° | 70° | 80° | 90° |
|---|---|---|---|---|---|---|---|---|---|---|
| $g$ in $\text{m/s}^2$ | 9,780 | 9,782 | 9,786 | 9,793 | 9,802 | 9,811 | 9,819 | 9,826 | 9,831 | 9,832 |

## Trägheitsmomente homogener Körper der Masse $m$ (Achsen durch Schwerpunkt)

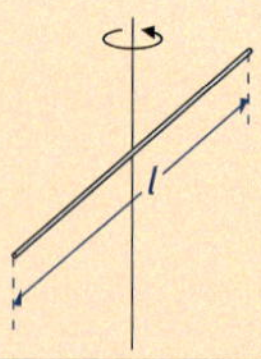


$J = \frac{m}{12} l^2$

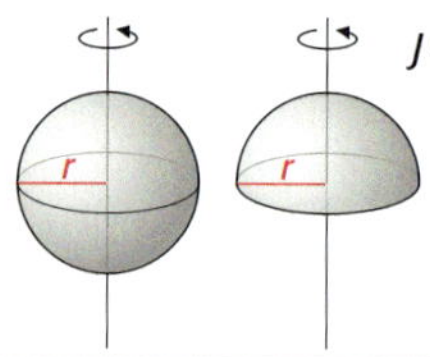


$J = \frac{2}{5} m r^2$

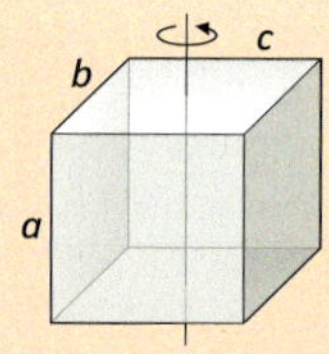


$J = \frac{m}{12}(b^2 + c^2)$

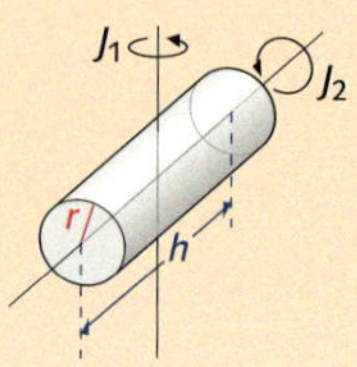


$J_1 = \frac{m}{12}(3r^2 + h^2)$

$J_2 = \frac{m}{2} r^2$

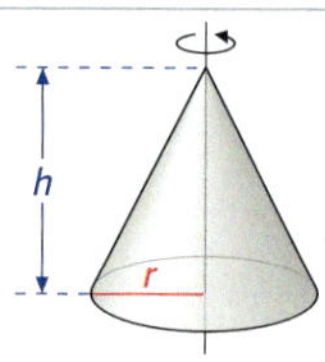


$J = \frac{3}{10} m r^2$

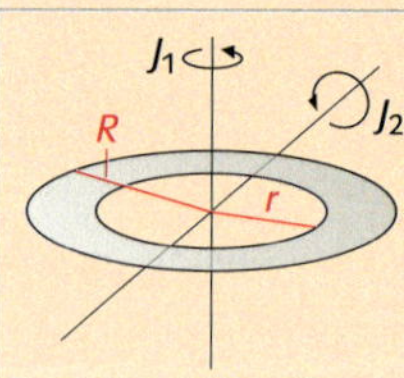


$J_1 = \frac{m}{2}(R^2 + r^2)$

$J_2 = \frac{m}{4}(R^2 + r^2)$

## Widerstandsbeiwerte $c_w$ verschiedener Körperformen

| | | | | | | | |
|---|---|---|---|---|---|---|---|
| Kreisscheibe | 1,11 | Kegel | 30° | 0,34 | Kleinwagen | | 0,4 |
| Kugel | 0,4 | Kegel | 60° | 0,51 | großer Pkw | | 0,35 |
| Halbkugel | 1,33 | Walze | | 0,85 | Sportwagen | | 0,28 |
| Halbkugel | 0,34 | Stromlinienkörper | | 0,1 | Fallschirm | | 0,9 |

Luftwiderstand: $F_L = \frac{1}{2} c_w \cdot \varrho_L \cdot A \cdot v^2$ ($\varrho_L$ = Dichte der Luft, $A$ = Querschnittsfläche, $v$ = Geschwindigkeit)

### Beaufort-Skala

| Windstärke | Auswirkungen | Geschwindigkeit in m/s |
|---|---|---|
| 0 | Rauch steigt senkrecht hoch | 0 – 0,2 |
| 1 | nur durch Rauch angezeigt | 0,3 – 1,5 |
| 2 | Blätter säuseln, Windfahne zeigt an | 1,6 – 3,3 |
| 3 | Blätter und dünne Zweige bewegen sich | 3,4 – 5,4 |
| 4 | Zweige und dünne Äste bewegen sich | 5,5 – 7,9 |
| 5 | kleine Laubbäume beginnen zu schwanken | 8,0 – 10,7 |
| 6 | starke Äste in Bewegung | 10,8 – 13,8 |
| 7 | fühlbare Hemmung beim Gehen | 13,9 – 17,1 |
| 8 | bricht Zweige von den Bäumen, erschwert erheblich das Gehen im Freien | 17,2 – 20,7 |
| 9 | kleine Schäden an Häusern (Dachziegel werden abgeworfen) | 20,8 – 24,4 |
| 10 | entwurzelt Bäume, bedeutende Schäden an Häusern | 24,5 – 28,4 |
| 11 | verbreitete Sturmschäden (sehr selten im Binnenland) | 28,5 – 32,6 |
| 12 | schwerste Verwüstungen | 32,7 – 36,9 |

### Erdbebenstärke (Richter-Skala)

| Stärke* *M* | Folgen *(Anzahl der Verletzten/Toten auch von Besiedlungsdichte und Geländeform abhängig)* | Energie *E*** in J | in t TNT | Anzahl weltweit |
|---|---|---|---|---|
| 0 – 1,9 | Tiere reagieren in ihrem Verhalten, sonst nur mit dem Seismograph nachweisbare Erschütterungen | bis $4 \cdot 10^{9}$ | bis 0,7 | > $10^{6}$ pro Jahr |
| 2 – 2,9 | Nur bei Ruhe kaum merkliche Erschütterungen feststellbar, frei hängende Körper pendeln leicht | bis $9 \cdot 10^{10}$ | bis 22 | $3 \cdot 10^{5}$ pro Jahr |
| 3 – 3,9 | Leichte Erschütterungen, die von einigen Menschen bemerkt werden, leises Klirren von Gläsern | bis $3 \cdot 10^{12}$ | bis 700 | $5 \cdot 10^{4}$ pro Jahr |
| 4 – 4,9 | Beben von den meisten Menschen im Umkreis von 30 km bemerkt, an Häusern kleine Schäden möglich | bis $9 \cdot 10^{13}$ | bis $2 \cdot 10^{4}$ (kleine Kernwaffe) | 6200 pro Jahr |
| 5 – 5,9 | Menschen werden im Schlaf aufgeweckt, Möbel bewegen sich, Bäume und Masten schwanken, stürzen um; Risse im Putz | bis $3 \cdot 10^{15}$ | bis $8 \cdot 10^{5}$ (mittl. Kernwaffe) | 800 pro Jahr |
| 6,0 – 6,9 | Leichte Gebäude schwer, massive Bauwerke leicht beschädigt, an Meeresküsten treten Flutwellen auf, Panik, Todesopfer | bis $9 \cdot 10^{16}$ | bis $2 \cdot 10^{7}$ (große Kernwaffe) | 100 pro Jahr |
| 7,0 – 7,9 | Panik, viele Tote und Verletzte, die meisten Gebäude, auch „erdbebensichere", zerstört, Leitungen gerissen, Schienen verbogen, Erdrutsche | bis $3 \cdot 10^{18}$ | bis $7 \cdot 10^{8}$ (150-m-Meteorit) | 18 pro Jahr |
| 8,0 – 8,9 | Schwere Verwüstung und Landschaftsveränderungen, breite Erdspalten, bis zu 40 m hohe Flutwellen an den Küsten | bis $9 \cdot 10^{19}$ | bis $2 \cdot 10^{10}$ (300-m-Meteorit) | alle 5 Jahre |
| > 9 | Großflächige totale Zerstörung mit Vernichtung allen Lebens, Verschiebung ganzer Erdschollen, Inseln entstehen/verschwinden | – | – | unbekannt |

* Näherungsweise hängt die Beben-Magnitude *M* logarithmisch mit der Energie *E* wie folgt zusammen: $M = 2 + \frac{2}{3} \cdot \lg E$
** geschätzte Energie zur Erzeugung des Bebens im Bebenzentrum im Vergleich mit der Energie von Kernwaffenexplosionen bzw. Meteoriteneinschlägen

### Luftdruck und Höhe über Meeresspiegel (*T* = konstant)

| Höhe über NN | 0 m | 100 m | 200 m | 300 m | 500 m | 700 m | 1000 m | 2000 m | 5000 m | 10 000 m |
|---|---|---|---|---|---|---|---|---|---|---|
| Druck in hPa | 1013 | 1001 hPa | 990 hPa | 977 hPa | 955 hPa | 929 hPa | 899 hPa | 795 hPa | 540 hPa | 264 hPa |

internationale Höhenformel $p_h = 1013\,\text{hPa}\left(1 - \frac{6{,}5\,h}{288000\,\text{m}}\right)^{5{,}255}$

| Minimum | | Maximum | |
|---|---|---|---|
| Taifun im Pazifik (1979) | 869,9 hPa | Mongolei (2001) | 1085,7 hPa |
| Osnabrück (1989) | 948,6 hPa | Berlin (1967) | 1057,8 hPa |

### Luftdichte in g/dm³ und Temperatur (trockene Luft)

| −30 °C | −25 °C | −20 °C | −15 °C | −10 °C | −5 °C | 0 °C | 5 °C | 10 °C | 15 °C | 20 °C | 25 °C | 30 °C | 35 °C | 40 °C | 45 °C |
|---|---|---|---|---|---|---|---|---|---|---|---|---|---|---|---|
| 1,453 | 1,425 | 1,395 | 1,369 | 1,342 | 1,318 | 1,293 | 1,270 | 1,248 | 1,226 | 1,205 | 1,185 | 1,165 | 1,147 | 1,128 | 1,110 |

bei 100 °C ist $\varrho = 0{,}947\,\text{g/dm}^3$; bei 200 °C ist $\varrho = 0{,}747\,\text{g/dm}^3$
in guter Näherung gilt: $\rho(T) = p/(R \cdot T)$ mit $p$ = Luftdruck in hPa, Gaskonstante $R = 287\,\text{J/(K} \cdot \text{kg)}$, $T$ = Temperatur in K

### Energieumsatz des Menschen (70 kg) in kJ für eine Tätigkeit von 1 h Dauer

| | | | | | | | |
|---|---|---|---|---|---|---|---|
| Liegen | 50 | Tanzen | 800 | Rad fahren (10 km/h) | 1000 | Skilanglauf (Ebene) | 1900 |
| Sitzen | 200 | Gymnastik | 700 | Rad fahren (15 km/h) | 1600 | Schwimmen (langsam) | 1500 |
| Autofahren (Stadt) | 250 | Gehen (5 km/h) | 900 | Rad fahren (30 km/h) | 3200 | Dauerlauf (12 km/h) | 2700 |
| Bügeln, Kochen | 400 | Gartenarbeit | 1100 | Wandern (bergig) | 1500 | Schwimmen (schnell) | 3000 |
| Putzen | 520 | Schneeschaufeln | 2100 | Ballsport | 1250 | Skilanglauf (schnell) | 4700 |

Es ist 1 kcal = 1/4,1868 kJ = 0,2388 kJ
Die Werte sind vom Alter und der körperlichen Fitness abhängig. Frauen haben im Vergleich zu Männern (mit Ausnahme bei extremen Belastungen) bei gleichem Körpergewicht einen um 10 bis 20 Prozent niedrigeren Energiebedarf.

### Energiebedarf des Menschen in kJ pro Tag

| Alter | männlich kJ/Tag | weiblich kJ/Tag |
|---|---|---|
| 1–3 | 4600 | 4200 |
| 4–6 | 6280 | 5850 |
| 10–12 | 9630 | 8350 |
| 13–14 | 11 300 | 9200 |
| 15–18 | 10450 | 8370 |
| 19–24 | 10 450 | 7950 |
| 25–51 | 10 050 | 7950 |
| 51–65 | 9200 | 7500 |
| über 65 | 8370 | 6700 |

| Berufstätigkeit | pro Tag |
|---|---|
| Büroarbeit | 250 |
| Labor | 300 |
| Fließband | 300 |
| Verkäufer | 400 |
| Hauswirtschaft | bis 600 |
| Schlosser | 630 |
| Maurer | 700 |
| Landwirt | 830 |
| Masseur | 850 |
| Waldarbeiter | 900 |

### Grundumsatz in kJ/Tag

| Alter | männlich | weiblich |
|---|---|---|
| Jahre | 172 cm/70 kg | 165 cm/60 kg |
| 15–18 | 7900 | 6200 |
| 19–35 | 7300 | 6000 |
| 51–65 | 6200 | 5200 |
| 66–75 | 5800 | 5000 |

Der Grundumsatz ist die Energie, die ein Mensch bei völliger Ruhe zum Aufrechterhalten der Lebensfunktion benötigt. Es gelten folgende Faustregeln:
Mann: 4,2 kJ/kg  Frau: 3,8 kJ/kg
bzw. 167 kJ/m² Hautoberfläche

### Nährstoffe

| | |
|---|---|
| **1 g Fett** | ≙ 38 kJ |
| **1 g Kohlenhydrate** | ≙ 18 kJ |
| **1 g Eiweiß** | ≙ 17 kJ |
| **1 g Alkohol** | ≙ 30 kJ |

Blutalkoholgehalt in %
$= \frac{m_{Alkohol}}{m_{Körper} \cdot r}$ ($m$ in kg)
Mann: $r = 0{,}7$
Frau: $r = 0{,}6$

Die mit der Nahrung aufgenommene Energie wird zu etwa 4/5 zur Aufrechterhaltung der Körpertemperatur und zu 1/5 in chemische Energie umgesetzt, mit deren Nutzung dann u. a. die Muskelarbeit verrichtet werden kann.

### Nährwert von 100 g Nahrungsmitteln in kJ (Richtwerte)

| | | | | | | | |
|---|---|---|---|---|---|---|---|
| **Kalbskotelett** | 470 | **Milch (3,5 % Fett)** | 269 | **Bier (Export)** | 206 | **Tomaten** | 88 |
| **Rinderfilet** | 487 | **Schellfisch** | 302 | **Wein** | 280 | **Sauerkraut** | 105 |
| **Huhn** | 560 | **Kabeljau** | 319 | **Quark (mager)** | 340 | **Kohl** | 126 |
| **Rinderleber** | 580 | **Forelle** | 428 | **Roggenbrot** | 1080 | **Erdbeeren** | 155 |
| **Schweinefilet** | 685 | **Hühnerei** | 620 | **Weißbrot** | 1084 | **Spargel** | 109 |
| **Schinkenwurst** | 950 | **Bückling** | 907 | **Brötchen** | 1113 | **Kartoffel** | 302 |
| **Ente** | 953 | **Thunfisch** | 1189 | **Reis** | 1474 | **Erbsen** | 286 |
| **Schinken (gekocht)** | 1100 | **Honig** | 1361 | **Knäckebrot** | 1491 | **Apfel** | 239 |
| **Gans** | 1436 | **Erdnüsse (geröstet)** | 2642 | **Eierteigwaren** | 1541 | **Weintrauben** | 307 |
| **Schinken (roh)** | 1600 | **Walnüsse** | 2898 | **Emmentaler** | 1672 | **Banane** | 403 |
| **Salami (deutsche)** | 2170 | **Olivenöl** | 3767 | **Butter** | 3167 | **Feigen (getrocknet)** | 1163 |

1 g Kohlenhydrate ≙ 18 kJ; 1 g Eiweiß ≙ 17 kJ; 1 g Fett ≙ 38 kJ

### Schallgeschwindigkeiten

| Luft (trocken)* | $c$ in m/s | bei 18 °C | $c$ in m/s | bei 15 °C | $c$ in m/s | bei 20 °C | $c$ in m/s |
|---|---|---|---|---|---|---|---|
| −10 °C | 325 | Aluminium | 5100 | Petroleum | 1330 | Wasserstoff | 1270 |
| −5 °C | 329 | Glas | 5200 | Wasser (rein) | 1468 | Helium | 981 |
| 0 °C | 331 | Eisen (Stahl) | 5170 | Meerwasser | 1500 | Ammoniak | 415 |
| 10 °C | 337 | Beton | 4000 | Ethanol | 1150 | Stickstoff | 334 |
| 15 °C | 340 | Ziegelstein | 3600 | Quecksilber | 1400 | Sauerstoff | 315 |
| 20 °C | 343 | Messing | 3500 | Glycerin | 1900 | Kohlenstoffdioxid | 266 |
| 25 °C | 346 | Eichenholz | 3400 | Benzin | 1130 | Eis (−4 °C) | 3250 |

* Bei der Temperatur $T$ in K gilt: $c_T = 331 \cdot \sqrt{\frac{T}{273\,\text{K}}}$ m/s. Für ideale Gase gilt: $c = \sqrt{\varkappa \cdot p/\varrho}$ (Adiabatenexponent: $\varkappa_{Luft} = 1{,}4$, $p$ = Druck, $\varrho$ = Dichte)
In Seilen ist: $c = \sqrt{F_{Zug}/A \cdot \varrho_{Seil}}$ ($F_{Zug}$ = Zugkraft am Seil, $A$ = Querschnittsfläche, $\varrho_{Seil}$ = Dichte des Seilmaterials);
In festen Körpern und Flüssigkeiten gilt: $c = \sqrt{E/\varrho}$ ($E$ = Elastizitäts-/Kompressionsmodul, $\varrho$ = Dichte);

### Schallstärke (Schallpegel)

| | | Schalldruckpegel | Schallleistungspegel | Schallpegelmaß* |
|---|---|---|---|---|
| $U_1$ | Bezugsgröße | Druck: $p_0 = 2 \cdot 10^{-5}$ Pa | Leistung: $P_{a,0} = 10^{-12}$ W | in dB(A) |
| $U_2$ | Hörschwelle | $p = p_0$ | $P_a = P_{a,0}$ | 0 dB(A) |
| | Schmerzschwelle | $p = 10^7 p_0$ | $P_a = 10^{14} P_{a,0}$ | 140 dB(A) |

* bewertet nach Empfindlichkeitskurve A für die Frequenzabhängigkeit der menschlichen Schallstärkeempfindung.
Der Pegel $a$ in dB (Dezibel) beträgt beim Schalldruck $a = 20 \cdot \lg p/p_0$ dB und bei der Schallleistung $a = 10 \cdot \lg P_a/P_{a,0}$ dB.

| Leistungsverhältnis $I/I_0$ | Schallpegel in dB | Beispiel Schallquelle/Vorgang | Befindlichkeit, Folgen bei Dauerschall | weitere Beispiele aus der Umwelt |
|---|---|---|---|---|
| $10^0$ | 0 | Hörschwelle bei 2 kHz | – | 25 dB – ruhiges Zimmer |
| $10^1$ | 10 | ruhiges Atmen (1 m) | – | 30 dB – Flüstern |
| $10^2$ | 20 | Blätterrauschen (aus der Ferne) | – | 40 dB – Bibliothek-Leseraum |
| $10^3$ | 30 | leiser Zimmerventilator (1 m) | Beginn der Beeinträchtigung | 50 dB – dezente Radiomusik in Zimmerlautstärke |
| $10^4$ | 40 | normales Sprechen (1 m) | Konzentrationsstörungen | |
| $10^5$ | 50 | Kühlschrank (1 m) | übliche Wohngeräusche | 60 dB – Standgeräusch Pkw |
| $10^6$ | 60 | lauter Rasenmäher (10 m) | Ruhestörung | 70 dB – sehr lautes Schreien |
| $10^7$ | 70 | lauter Haarföhn (1 m) | Lästigkeit | 75 dB – Staubsaugen |
| $10^8$ | 80 | vorbeifahrender Lkw (7,5 m) | Erschrecken | 80 dB – laute Bahnhofstraße |
| $10^9$ | 90 | Hauptverkehrsstraße (10 m) | Hörschäden bei 40 h / Woche | 90 dB – im vollen Hallenbad |
| $10^{10}$ | 100 | Presslufthammer (1 m) | Taubheit durch Kopfhörer | 100 dB – Autobahn (50 m) |
| $10^{11}$ | 110 | Martinshorn (10 m) | Alarmwirkung, Unwohlsein | 100 dB – Diskothek |
| $10^{12}$ | 120 | Rock-Konzert-Lautsprecher (1 m) | Gehörschäden in kurzer Zeit | 110 dB – Kettensäge |
| $10^{13}$ | 130 | lautes Händeklatschen (1 m) | Schmerzschwelle | 140 dB – Düsenjäger beim Start |
| $10^{15}$ | 150 | startendes Großflugzeug (20 m) | schwerer Körperschäden | |
| $10^{18}$ | 180 | Mondrakete (20 m) | tödlich | |

Die Lautstärke von gleich lauten Pkw addiert sich z. B. wie folgt: 1 Pkw – 70 dB; 2 Pkw – 73 dB; 3 Pkw – 75 dB; 4 Pkw – 76 dB; 8 Pkw – 79 dB; 10 Pkw – 80 dB. Das Leistungsverhältnis entspricht dem Energie-Verhältnis, es sinkt bei Verdopplung der Entfernung nach dem $1/r$-Gesetz für den Druck $p$ jeweils um 6 dB.

### Schwingungsfrequenzen der Tonleiter in Hz

| Intervall | Prime | | Sekunde | | Terz | Quarte | | Quinte | | Sexte | | Septime | Oktave |
|---|---|---|---|---|---|---|---|---|---|---|---|---|---|
| $f : f_0$ | 1 | | 9/8 | | 5/4 | 4/3 | | 3/2 | | 5/3 | | 15/8 | 2 |
| Ton | c′ | cis′ | d′ | dis′ | e′ | f′ | fis′ | g′ | gis′ | a′ | ais′ | h′ | c″ |
| rein | 264 | 278 | 297 | 313 | 330 | 352 | 374 | 396 | 418 | 440 | 467 | 495 | 528 |
| temperiert* | 262 | 277 | 294 | 311 | 330 | 349 | 370 | 392 | 415 | 440 | 466 | 494 | 524 |

* Frequenzverhältnis vom Grundton c′ ($f_0$) ausgehend für die Ganztonschritte; temperierte (gleichschwebende) Stimmung mit gleich großen Halbtonschritten des $\sqrt[12]{2}$ = 1,059fachen der Frequenz des vorherigen Tones.

### Dichte und Sättigungsdampfdruck von Wasser

| $\vartheta$ in °C | 0 | 10 | 20 | 30 | 40 | 50 | 60 | 70 | 80 | 90 | 100 |
|---|---|---|---|---|---|---|---|---|---|---|---|
| $\varrho$ in kg/dm³ | 0,99984 | 0,9997 | 0,9982 | 0,9957 | 0,9922 | 0,9881 | 0,9832 | 0,9778 | 0,9718 | 0,9653 | 0,9584 |
| $p_S$ in Pa | 613 | 1227 | 2293 | 4240 | 7313 | 12332 | 19865 | 31197 | 42329 | 70127 | 101325 |

### Dampfdruck $p_d$ von Flüssigkeiten bei 20 °C in $10^2$ Pa

| | | | | | | | |
|---|---|---|---|---|---|---|---|
| Wasserdampf | 23 | Benzol | 100 | Essigsäure | 16 | n-Propan | 8364 |
| Ethanol | 59 | Diethylether | 587 | Chlorwasserstoff | 57 | n-Butan | 2088 |
| Methanol | 125 | Quecksilber | 0,16 | $CCl_4$ | 121 | n-Pentan | 561 |

### Maximale Feuchte (Dichte von Wasserdampf) in Luft bei 1013 hPa

| $\vartheta$ in °C | $\varrho_d$ in g/m³ | $\vartheta$ in °C | $\varrho_d$ in g/m³ | $\vartheta$ in °C | $\varrho_d$ in g/m³ | $\vartheta$ in °C | $\varrho_d$ in g/m³ | $\vartheta$ in °C | $\varrho_d$ in g/m³ |
|---|---|---|---|---|---|---|---|---|---|
| −20 | 0,88 | −8 | 2,53 | 4 | 6,37 | 16 | 13,65 | 28 | 27,27 |
| −18 | 1,06 | −6 | 2,99 | 6 | 6,80 | 18 | 15,40 | 30 | 30,40 |
| −16 | 1,27 | −4 | 3,52 | 8 | 8,28 | 20 | 17,31 | 32 | 33,82 |
| −14 | 1,52 | −2 | 4,14 | 10 | 9,41 | 22 | 19,45 | 34 | 37,58 |
| −12 | 1,81 | 0 | 4,85 | 12 | 10,68 | 24 | 21,80 | 36 | 41,62 |
| −10 | 2,14 | 2 | 5,57 | 14 | 12,09 | 26 | 24,40 | 38 | 46,11 |

### Wärmeleitfähigkeit $\lambda$ von Stoffen bei 20 °C in W/(m · K)

| | | | | | | | |
|---|---|---|---|---|---|---|---|
| Aluminium | 234 | Platin | 70,1 | Glas | 0,4–0,8 | Ethanol | 0,17 |
| Duraluminium | 165 | Silicium | 148 | Quarzglas | 1,36 | Quecksilber | 8,72 |
| Blei | 34,8 | Silber | 419 | Jenaer Glas | 1,18 | Wasser | 0,6 |
| Eisen | 74,4 | Zink | 112 | Porzellan | 1,42 | Eis (0 °C) | 2,21 |
| Baustahl | 59 | Zinn | 65,1 | Ziegel | 0,4–1,0 | Luft | 0,03 |
| Rostfreier Stahl | 14 | Beton | 1,2–1,5 | Hohllochziegel | 0,2 | Sauerstoff | 0,026 |
| Gold | 31,1 | Gasbeton | 0,14 | Holz (trocken) | 0,1–0,4 | Stickstoff | 0,026 |
| Kupfer | 384 | Dämmmatte | 0,02 | Benzin | 0,12 | Kohlenstoffdioxid | 0,016 |
| Messing (70 % Cu) | 112 | Styropor | 0,04 | Petroleum | 0,13 | Wasserstoff | 0,184 |
| Nickel | 66,3 | Granit | 2,9 | Motorenöl | 0,14 | Helium | 0,151 |

Bei Elementen gelten die Werte für Reinstoffe.
Es ist $\lambda = \Delta P \cdot l/(A \cdot \Delta T)$, wobei $\Delta P = \Delta E/\Delta t$ die bei einem Temperaturunterschied $\Delta T$ in der Zeitspanne $\Delta t$ durch den Körper der Länge $l$ und der Querschnittsfläche $A$ durchgeleitete Energie $\Delta E$ bedeutet.

### Dichte $\varrho$ und Wärmeleitfähigkeit $\lambda$ von Baustoffen

| | Dichte in kg · m⁻³ | Wärmeleitzahl in W/(m · K) | | Dichte in kg · m⁻³ | Wärmeleitzahl in W/(m · K) |
|---|---|---|---|---|---|
| Ziegel (massiv) | 1600 | 0,68 | Mineralfaser | 110 | 0,041 |
| Kalksandstein | 1600 | 0,79 | Hartschaum | 30 | 0,041 |
| Stahlbeton | 2400 | 2,33 | Kork | 160 | 0,044 |
| Gasbeton | 600 | 0,14 | Fichte | 480 | 0,20 |

### Spezifischer Heizwert (Endprodukte gasförmig bei 1013 hPa, 20 °C) in MJ/kg

| | | | | | |
|---|---|---|---|---|---|
| Anthrazit | 32,3 | Benzin | 44–53 | Acetylen | 48,2 |
| Braunkohle (roh) | 7,6–11,6 | Benzol | 40 | Butan | 45,7 |
| Braunkohlebrikett | 21 | Brennspiritus | 39 | Erdgas | 38,2 |
| Holz frisch/trocken | 10,0/15,5 | Dieselkraftstoff | 41–44 | Kohlenstoffmonooxid | 10,1 |
| Hüttenkoks | 29,0 | Erdöl | 42–48 | Methan | 50,0 |
| Ruß | 34 | Ethanol | 27 | Propan | 46,5 |
| Torf (trocken) | 15,5 | Heizöl (EL) | 43 | Schwefelwasserstoff | 15,2 |
| Trockenspiritus | 19,0 | Methanol | 20 | Steinkohlegas | 36,0 |
| Steinkohle | 32,5 | Petroleum | 50 | Wasserstoff | 120,0 |

### Viskosität $\eta$ von Flüssigkeiten in mPa · s = $10^{-3}$ N · s · m$^{-2}$ (wenn nicht anders angegeben bei 20 °C)

| | | | | | | | | |
|---|---|---|---|---|---|---|---|---|
| Wasser | bei 0 °C | 1,78 | Wasserstoff | bei 0 °C | 0,000 84 | Ethanol | | 1,12 |
| | 20 °C | 1,00 | Luft | bei 0 °C | 0,017 | Methanol | | 0,59 |
| | 40 °C | 0,66 | | 20 °C | 0,018 | Benzol | | 0,65 |
| | 60 °C | 0,47 | | 50 °C | 0,020 | Motorenöl *bei 98 °C* | SAE20 | 8,54 |
| | 80 °C | 0,35 | Glycerin | bei 0 °C | 10 000 | | SAE30 | 11,48 |
| | 100 °C | 0,29 | | 10 °C | 4 000 | | SAE40 | 14,95 |
| Wasserdampf | bei 100 °C | 0,0124 | | 20 °C | 1 480 | Heizöl | EL | 520 |
| Quecksilber | | 1,55 | | 60 °C | 81 | | M | 6 980 |
| Blut | bei 37 °C | 2,7 | Rizinusöl | 15 °C | 990 | | S | 43 700 |

## Elektrische Schaltzeichen (in einzelnen Spezialgebieten der Technik davon abweichend)

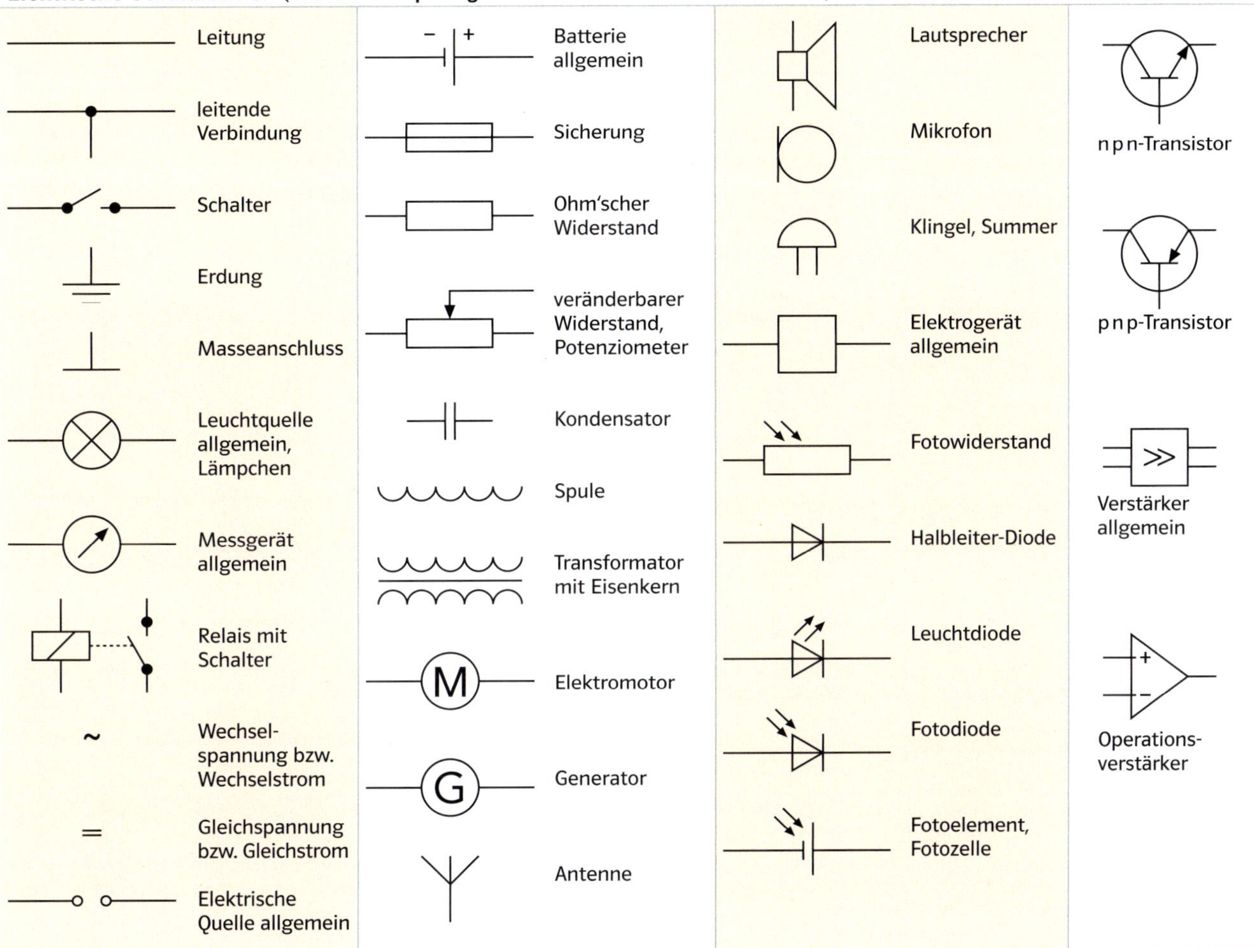


## Spezifischer Widerstand bei 18 °C *

| Reinstoffe | Ω · mm²/m | Legierungen/Mischungen | Ω · mm²/m | Isolierende Stoffe | Ω · mm²/m |
|---|---|---|---|---|---|
| Aluminium | 0,027 | Akku-Säure | $1{,}5 \cdot 10^{4}$ | Bernstein | $> 10^{22}$ |
| Blei | 0,210 | Beton | bis 5 | Erde | $10^{9}$ |
| Eisen | 0,097 | Chromnickelstahl | 1,10 | Glas | $10^{16}$–$10^{20}$ |
| Elektrodenkohle | 50–100 | Konstantan (60 % Cu, 40 % Ni) | 0,49 | Glimmer | $10^{19}$–$10^{21}$ |
| Gold | 0,024 | Kupfer (legiert) | bis 0,490 | Hartgummi | $10^{18}$–$10^{20}$ |
| Graphit | 1,40 | Manganin (84 % Cu, 4 % Ni, 12 % Mn) | 0,43 | Holz (trocken) | $10^{11}$–$10^{14}$ |
| Kupfer | 0,017 | Meerwasser | $2 \cdot 10^{5}$ | Paraffin | $10^{18}$–$10^{20}$ |
| Magnesium | 0,045 | Messing (66 % Cu, 34 % Zn) | 0,02–0,08 | Papier | $10^{15}$–$10^{16}$ |
| Nickel | 0,079 | Nickelin (58 % Cu, 41 % Ni, 1 % Mn) | 0,42 | Polystyrol | $5 \cdot 10^{18}$ |
| Quecksilber | 0,958 | Silicium, n-leitend | 870 | Porzellan | $10^{19}$–$10^{20}$ |
| Platin | 0,106 | Silicium, p-leitend | 280 | Siegellack | $10^{22}$ |
| Silicium | $2{,}5 \cdot 10^{9}$ | Stahl | 0,12–1,70 | Wasser (destilliert) | $3 \cdot 10^{10}$ |
| Silber | 0,016 | | | | |
| Titan | 0,420 | physiologische Kochsalzlösung | $0{,}50 \cdot 10^{8}$ | Skelettmuskel | $0{,}6$–$1{,}2 \cdot 10^{9}$ |
| Zink | 0,059 | Blut | $1{,}49 \cdot 10^{8}$ | Fett | $1$–$5 \cdot 10^{9}$ |
| Zinn | 0,11 | Körperflüssigkeit | $0{,}65 \cdot 10^{8}$ | Knochen | $4{,}5$–$16 \cdot 10^{9}$ |
| Wolfram | 0,056 | Herzmuskel | $0{,}5$–$1 \cdot 10^{9}$ | Haut | $10^{10}$–$3 \cdot 10^{13}$ |

* Grau unterlegte physiologische Werte bei 37 °C; bis auf spezielle Legierungen sind alle Werte von der Temperatur und von Beimengungen abhängig.

### Sprungtemperaturen zur Supraleitung in K

| | | | | | |
|---|---|---|---|---|---|
| **Blei** | 7,196 | **Palladium** | 3,3 | **$La_3Ge$** | 23,2 |
| **Lanthan** | 4,88 | **Thallium** | 2,68 | **$Nb_3Sn$** | 18,1 |
| **Tantal** | 4,47 | **Aluminium** | 1,175 | **$La_3In$** | 10,4 |
| **Helium** | 4,183 | **Zink** | 0,85 | **Keramik-Supraleiter** | |
| **Quecksilber** | 4,15 | **Wolfram** | 0,0154 | $TlBa_2Ca_2Cu_3O_8$ | 138 |
| **Zinn** | 3,72 | **Platin** | 0,0019 | $HgBa_2Ca_2Cu_3O_8$ | 133 |
| **Indium** | 3,3 | **Rhodium** | 0,000 325 | $YBa_2Ca_2Cu_3O_7$ | 92 |

Unter sehr hohem Druck (≈ $3 \cdot 10^{10}$ Pa) werden auch andere Elemente (wie z. B. Phosphor bei 22 K) supraleitend.

### Thermoelektrische Spannung* für $\Delta T$ = 1 K bei 0 °C in $10^{-6}$ V/K

| | | | | | | | | | |
|---|---|---|---|---|---|---|---|---|---|
| **Selen** | +997 | **Eisen** | +13,4 | **Gold** | +0,1 | **Blei** | −2,8 | **Kalium** | −14,3 |
| **Tellur** | +397 | **Lithium** | +8,7 | **Silber** | −0,2 | **Aluminium** | −3,2 | **Cobalt** | −20,1 |
| **Germanium** | +297 | **Zink** | +0,3 | **Wolfram** | −1,1 | **Platin** | −5,9 | **Nickel** | −20,4 |
| **Antimon** | +33 | **Cadmium** | +0,2 | **Zinn** | −2,6 | **Calcium** | −10,9 | **Wismut** | −72,8 |
| **PbTe (+Na)** | +160 | **ZnSb (+Sn, Ag)** | +125 | **ZnSb** | +88 | **PbTe** | −109 | **PbSe (+Ti)** | −144 |
| **$Bi_2Te_3$** | +126 | **CdSb** | +105 | **Cu*** | 0 | **PbS** | −103 | **$Bi_2Te_4Se$ (+AgJ)** | −155 |

* bezogen auf Kupfer: Werte stark temperaturabhängig; hat etwa eine Lötstelle die Temperatur 0 °C, so gilt z. B.:

| für $\Delta T$ = | Eisen-Konstantan | Kupfer-Konstantan | Nickel mit 10 % Chrom-Konstantan |
|---|---|---|---|
| 100 °C | 5,3 mV | 4,3 mV | 4,1 mV |
| 200 °C | 10,8 mV | 9,3 mV | 8,1 mV |
| 300 °C | 16,3 mV | 1,9 mV | 12,2 mV |

### Elektrochemische Spannung gegenüber Wasserstoff-Elektrode in V *

| | | | | | | | | | |
|---|---|---|---|---|---|---|---|---|---|
| **Lithium$^{+}$** | −3,05 | **Aluminium$^{3+}$** | −1,66 | **Cobalt$^{2+}$** | −0,28 | **Iod$^{+}$** | +0,54 | **Brom$^{+}$** | +1,07 |
| **Kalium$^{+}$** | −2,93 | **Zink$^{2+}$** | −0,76 | **Nickel$^{2+}$** | −0,25 | **Kupfer$^{+}$** | +0,52 | **Platin$^{2+}$** | +1,20 |
| **Natrium$^{+}$** | −2,71 | **Eisen$^{2+}$** | −0,41 | **Blei$^{2+}$** | −0,13 | **Silber$^{+}$** | +0,80 | **Chlor$^{+}$** | +1,36 |
| **Magnesium$^{2+}$** | −2,36 | **Cadmium$^{2+}$** | −0,40 | **Wasserstoff$^{+}$** | 0 | **Quecksilber$^{2+}$** | +0,85 | **Gold$^{+}$** | +1,70 |

* Die Standard-Wasserstoffelektrode aus Platin wird bei $T$ = 298,15 K (25 °C) und $p$ = 1013,25 hPa mit Wasserstoff umspült; die Spannung ist negativ, wenn die zweite Elektrode Elektronen an die Wasserstoff-Elektrode abgibt; positiv, wenn sie Elektronen aufnimmt. Die Spannung zwischen zwei Materialien ist die Differenz der Werte.

### Permittivitätszahlen $\varepsilon_r$ bei 20 °C (Vakuum $\varepsilon_r$ = 1)

| | | | | | | | | | |
|---|---|---|---|---|---|---|---|---|---|
| **Benzol** | 2,3 | **Glimmer** | 5–8 | **Marmor** | 8,5 | **Petroleum** | 2,1 | **Rizinusöl** | 4,6 |
| **Bernstein** | 2,8 | **Glycerin** | 41,1 | **Neopren** | 6,9 | **Plexiglas** | 3,4 | **Silicium** | 12 |
| **Eis (0 °C)** | 3,0 | **Hartgummi** | 3,5 | **Öl** | 2,2–2,5 | **Polystyrol** | 2,4 | **Strontiumtitanat** | 310 |
| **Ethanol** | 25 | **Hartpapier** | 4,5 | **Olivenöl** | 3,1 | **Porzellan** | 6 | **Titanoxid** | 40–80 |
| **Germanium** | 16 | **Holz** | 3–9 | **Papier** | 2,5–3,5 | **Pyrex** | 4,7 | **Trafo-Öl** | 4,5 |
| **Glas** | 5–7 | **Luft (0 °C)** | 1,000 54 | **Paraffin** | 1,9–2,4 | **Quarzglas*** | 4,4 | **Wasser**** | 80,4 |

* Wert gilt für Ausrichtung ⊥ zur optischen Achse; ∥ zur optischen Achse ist $\varepsilon_r$ = 4,7; ** bei 25 °C ist $\varepsilon_r$ = 78,5

### Funkenschlagweite bei 1013 hPa, 20 °C in trockener Luft (für kugelförmige Elektroden mit $r$ = 1 cm, eine davon geerdet)

| | | | | | | | | | | |
|---|---|---|---|---|---|---|---|---|---|---|
| **Schlagweite in cm** | 0,1 | 0,2 | 0,3 | 0,5 | 0,7 | 1,0 | 1,5 | 2,0 | 3,0 | 4,0 |
| **Spannung in kV** | 4,4 | 8,2 | 12 | 18 | 23 | 31 | 40 | 47 | 57 | 64 |

### Elektrische Feldstärken in $N \cdot C^{-1}$ (≙ $V \cdot m^{-1}$)

| | | | | | |
|---|---|---|---|---|---|
| **bei Schönwetter** | | **380 kV-Leitung** | | **Durchschlagsfestigkeit** | |
| – am Erdboden | 130 | – am Erdboden | $1{,}5 \cdot 10^{4}$ | – trockene Luft | $3 \cdot 10^{6}$ |
| – in 10 km Höhe | 10 | **Rundfunkempfang möglich** | | – Glas | $2 \cdot 10^{6}$ |
| **bei feuchter Witterung** | | – UKW-Stereo | $1{,}5 \cdot 10^{-5}$ | – Trafo-Öl | $5 \cdot 10^{6}$ |
| – am Erdboden | bis 500 | **Handy** | | – Gas in Leuchtstofflampe | 70 |
| – bei Gewitter | 5000–20 000 | – am Ohr | 13–20 | **zulässige Grenzwerte** | |
| **bei Blitzschlag zwischen** | | | | Maximalwert für Arbeiter | 1000 |
| – Wolke und Erde | $10^{5}$–$10^{6}$ | | | allgemein in Deutschland | 5000 |

### Magnetische Flussdichten in T (1 T = 1 N/(A · m) = 1 kg/(A · s²) = 1 Wb/m²)

| | | | | | |
|---|---|---|---|---|---|
| kleinster Wert durch Abschirmung | $10^{-14}$ | an der Erdoberfläche | $5 \cdot 10^{-4}$ | großer Elektromagnet | 1,6 |
| im interstellaren Raum | $10^{-10}$ | Stabmagnet* | $2 \cdot 10^{-2}$ | Zyklotron-Ablenkfeld | 2 |
| van Allen-Strahlungsgürtel | $10^{-5}$ | Massenspektrometer | 0,6 | supraleitender Magnet** | $4 \cdot 10$ |

* Mit magnetischen Werkstoffen wie AlNiCo (Aluminium, Nickel, Cobalt) oder Neodym-Eisen-Bor lassen sich Permanentmagnete mit Flussdichten von über 1,4 T herstellen, sodass z. B. kleine, wenige cm große Stab- oder Scheibenmagnete (etwa 100 cN schwer) Haltekräfte von 50 N ausüben können.

** Der supraleitende Elektromagnet im Protonenbschleuniger Hera besteht z. B. aus Spulen mit 0,8 mm dicken Kupferdrähten, in denen 1200 je 15 µm dicke Niob-Tantal-Fäden eingebettet sind. 24 Drähte werden zu einem Kabel verdrillt, aus dem die Spulen gewickelt sind. Bei −269 °C erzeugt dieser Elektromagnet eine Flussdichte von 4,9 T, wodurch die beiden Spulenhälften mit mehr als $10^6$ N/m aufeinander gepresst werden.

### Magnetfeld der Erde

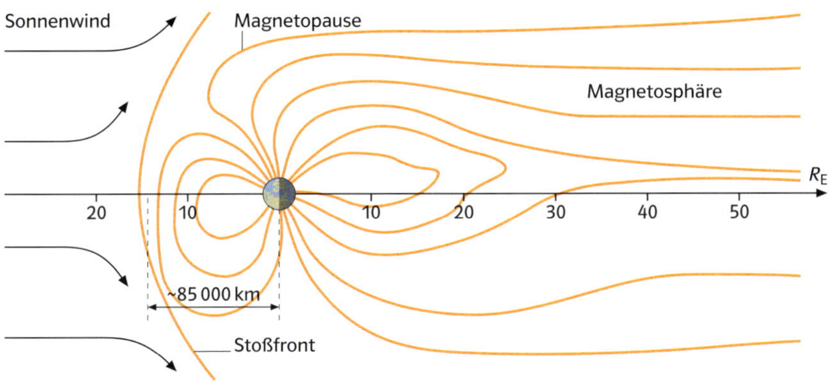


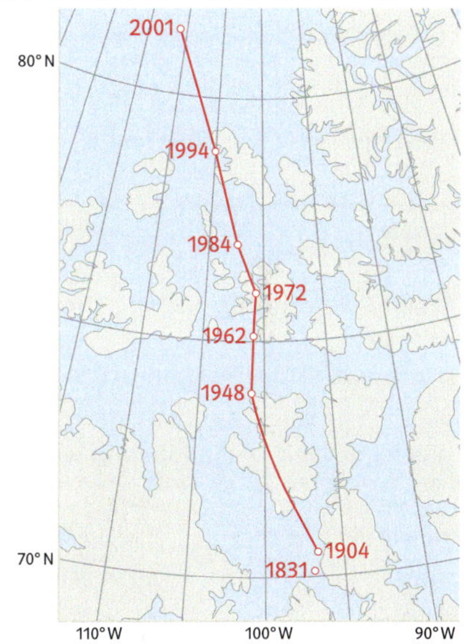


Das Magnetfeld der Erde wird durch Ionen und Elektronen im Sonnenwind verformt. Auf der Sonnenseite entsteht bei etwa 15 Erdradien eine Stoßfront, auf der gegenüberliegenden Seite erstreckt es sich dagegen bis 1000 Erdradien weit.
Die Pole des Erdmagneten wandern im Laufe der Zeit infolge veränderlicher Materieströme des Geodynamos im Erdinneren, die Karte zeigt Nordamerika.

### Permeabilitätszahlen $\mu_r$ nichtferromagnetischer Stoffe bei 20 °C

| | | | | | | | |
|---|---|---|---|---|---|---|---|
| Palladium | $1 + 754 \cdot 10^{-6}$ | Zinn | $1 + 2 \cdot 10^{-6}$ | Bismut | $1 - 166 \cdot 10^{-6}$ | Kupfer | $1 - 9{,}8 \cdot 10^{-6}$ |
| Chrom | $1 + 324 \cdot 10^{-6}$ | $FeCl_2$* | $1 + 1470 \cdot 10^{-6}$ | Antimon | $1 - 116 \cdot 10^{-6}$ | Natrium | $1 - 2{,}4 \cdot 10^{-6}$ |
| Platin | $1 + 270 \cdot 10^{-6}$ | $Fe_2Cl_3$* | $1 + 3758 \cdot 10^{-6}$ | Quecksilber | $1 - 33 \cdot 10^{-6}$ | Wasser | $1 - 9 \cdot 10^{-6}$ |
| Wolfram | $1 + 71 \cdot 10^{-6}$ | $NiCl_2$* | $1 + 709 \cdot 10^{-6}$ | Gold | $1 - 29 \cdot 10^{-6}$ | Ethanol | $1 - 8 \cdot 10^{-6}$ |
| Titan | $1 + 70 \cdot 10^{-6}$ | Sauerstoff** | $1 + 3400 \cdot 10^{-6}$ | Silber | $1 - 25 \cdot 10^{-6}$ | Benzol | $1 - 8 \cdot 10^{-6}$ |
| Aluminium | $1 + 23 \cdot 10^{-6}$ | Sauerstoff*** | $1 + 1{,}9 \cdot 10^{-6}$ | Diamant | $1 - 22 \cdot 10^{-6}$ | $CO_2$*** | $1 - 1{,}0 \cdot 10^{-9}$ |
| Magnesium | $1 + 12 \cdot 10^{-6}$ | Stickoxid*** | $1 + 0{,}83 \cdot 10^{-6}$ | Zink | $1 - 13 \cdot 10^{-6}$ | $H_2$*** | $1 - 2{,}3 \cdot 10^{-9}$ |
| Kalium | $1 + 5 \cdot 10^{-6}$ | Luft*** | $1 + 0{,}38 \cdot 10^{-6}$ | Schwefel | $1 - 10 \cdot 10^{-6}$ | $N_2$*** | $1 - 5{,}0 \cdot 10^{-9}$ |

$\mu_r > 1$: paramagnetische Stoffe; $\mu_r < 1$: diamagnetische Stoffe; * gesättigte Lösungen; ** als Flüssigkeit; *** Gase bei 1 hPa

### Permeabilitätszahlen $\mu_r$ von Ferromagnetika bei 20 °C

| | anfangs unmagnetisiert | bei maximaler Magnetisierung | | anfangs unmagnetisiert | bei maximaler Magnetisierung |
|---|---|---|---|---|---|
| reines Eisen | 250 | 680 | Trafo-Blech | 600 | 7500 |
| reines Nickel | 280 | 2500 | Ferrite (Me-$Fe_2O_4$) | bis 18 000 | |
| reines Cobalt | 80 | 200 | Permalloy (Ni-Fe) | 8 000 | 100 000 |
| Stahl | 400 | 4 500 | µ-Metall (Ni-Fe-Cu-Cr) | 15 000 | 120 000 |
| Siliciumeisen | 450 | 8 000 | Speziallegierungen | 100 000 | 800 000 |

Sämtliche Werte sind Größenordnungwerte und stark von Herstellung und genauer chemischer Zusammensetzung bestimmt. Bei den Ferriten bedeutet Me eines oder mehrere der Metalle Mangan, Nickel, Zink oder Magnesium.

### Permeabilitätszahlen $\mu_r$ von Ferromagnetika bei 20 °C

| | | | | | | |
|---|---|---|---|---|---|---|
| **Gusseisen** | Feldstärke $B$ | 0,04 T | 0,27 T | 0,65 T | 0,85 T | 0,98 T |
| | Permeabilität $\mu_r$ | 81 | 181 | 129 | 85 | 65 |
| **Dynamoblech** | Feldstärke $B$ | 1,03 T | 1,42 T | 1,62 T | 1,72 T | 1,80 T |
| | Permeabilität $\mu_r$ | 2060 | 942 | 323 | 172 | 120 |

Werte sind stark von Herstellung und genauer chemischer Zusammensetzung beeinflusst.

### Hall-Konstante $R_H$ in $10^{-11}\,m^3/C$

| | | | | | | | |
|---|---|---|---|---|---|---|---|
| **Aluminium** | −3,5 | **Cadmium** | +6,0 | **Palladium** | −8,6 | **Wolfram** | +1,2 |
| **Wismut*** | −60 000 | **Gold** | −7,2 | **Platin** | −2,0 | **Zink** | +6,4 |
| **Blei** | +0,9 | **Kupfer** | −5,3 | **Silber** | −8,9 | **Zinn** | −0,3 |

Bei negativem Vorzeichen sind Elektronen, bei positivem Defektelektronen die für die Hallspannung $U_H = R_H \cdot I \cdot B/d$ verantwortlichen Ladungsträger.
* Werte können zwischen −55 000 und −65 000 liegen.

### Beweglichkeit von Elektronen $\mu_-$ bzw. Löchern $\mu_+$ bei 20 °C in $10^{-3}\,m^2/(V \cdot s)$

| | $\mu_-$ | $\mu_+$ | | $\mu_-$ | $\mu_+$ | | $\mu_-$ | $\mu_+$ | | $\mu_-$ | $\mu_+$ |
|---|---|---|---|---|---|---|---|---|---|---|---|
| Diamant | 180 | 120 | Silber | 5,6 | – | AgCl | 5 | | GaSb | 400 | 140 |
| Silicium | 130 | 50 | Kupfer | 3,0 | – | PbS | 55 | 60 | InAs | 3300 | 46 |
| Germanium | 450 | 350 | Cadmium | – | 0,8 | PbSe | 90 | 70 | InSb | 7700 | 125 |
| Wismut | 750 | – | Zink | – | 1,7 | PbTe | 1700 | – | InP | 340 | 65 |

Die Beweglichkeit im elektrischen Feld ist als $\mu = v_D/E$ definiert ($v_D$ = Driftgeschwindigkeit; $E$ = Feldstärke); sie ist stark temperaturabhängig.

### Beweglichkeit $\mu$ von Ionen in wässriger Lösung bei 25 °C in $10^{-8}\,m^2/(V \cdot s)$

| | | | | | | | | | |
|---|---|---|---|---|---|---|---|---|---|
| **Wasserstoff$^+$** | 36,23 | **Silber$^+$** | 6,42 | **Zink$^{2+}$** | 5,56 | **$OH^-$** | 20,64 | **$CO_3^{2-}$** | 7,46 |
| **Rubidium$^+$** | 7,92 | **Calcium$^{2+}$** | 6,16 | **Kupfer$^{2+}$** | 5,56 | **$SO_4^{2-}$** | 8,29 | **$NO_3^{2-}$** | 7,40 |
| **$NH_4^+$** | 7,63 | **Strontium$^{2+}$** | 6,16 | **Natrium$^+$** | 5,19 | **Chlor$^-$** | 7,91 | **$MnO_4^{2-}$** | 6,50 |
| **Kalium$^+$** | 7,62 | **Eisen$^{2+}$** | 5,60 | **Lithium$^+$** | 4,01 | **Iod$^-$** | 7,69 | **$CH_3COO^-$** | 4,24 |

Werte sind stark temperaturabhängig; im Feld der Feldstärke $E$ ist $m = v_D \cdot E$ ($v_D$ = Driftgeschwindigkeit)

### Frequenz, Sendeleistung und Sicherheitsabstände typischer Sendeanlagen*

| Sender | Frequenzbereich | Max. Sendeleistung | Sicherheitsabstand |
|---|---|---|---|
| TV-Sender | 50 – 800 MHz | ≈ 1 000 000 W | 45 m |
| UKW-Radiosender | 80 – 120 MHz | 30 W – 100 000 W | 9,50 m |
| D-Netz Basisstation (Autobahn) | 900 MHz | 50 W | 5,20 m |
| D-Netz Basisstation (Wohngebiet) | 900 MHz | 10 W | 3,50 m |
| C-Netz Basisstation | 450 MHz | 32 W | 3,20 m |
| Richtfunkantenne | 3000 – 300 000 MHz | 0,5 W (pro Kanal) | kein Abstand |
| T-D1-Handy | 900 MHz | 2 W | kein Abstand |
| E-Netz-Handy | 1800 MHz | 1 W | kein Abstand |

* Die Grenzwerte gelten für die allgemeine Bevölkerung und beruhen auf der thermischen Wirkung absorbierter elektromagnetischer Strahlung. Beim Bestrahlen der Haut mit einer Leistungsdichte von 58 mW/cm² und der Frequenz von 3 GHz wird z. B. eine Erwärmung nach einer Sekunde bemerkt. Eine Halbierung der Leistungsdichte vervierfacht die Zeit der Wahrnehmung. Für alle Frequenzen gilt als Maximalwert 80 mW/kg, der der gesamte Körper ausgesetzt sein darf. Für beruflich exponierte Personen ist das Fünffache, also 0,4 Watt/kg, noch zulässig.

### Grenzwerte für hochfrequente Felder (nach DIN VDE 0848)

| Frequenz $f$ | Effektivwert der elektrischen Feldstärke $E$ | Effektivwert der magnetischen Feldstärke $B$* |
|---|---|---|
| 10 – 400 MHz | 27,5 V/m | 0,073 A/m |
| 400 – 2 000 MHz | $1{,}375 \cdot \sqrt{f}$ V/m (f Zahlenwert) | $0{,}0037 \cdot \sqrt{f}$ A/m (f Zahlenwert) |
| 2 000 – 300 000 MHz | 61,0 V/m | 0,16 A/m |

Die Grenzwerte im mittleren Frequenzbereich werden mit der Quadratwurzel der Frequenz der Strahlung in MHz als Faktor berücksichtigt.

* Aus historischen Gründen wird die Größe $B$ im internationalen Einheitensystem als magnetische Flussdichte bezeichnet, obwohl sie formal analog zur elektrischen Feldstärke $E$ definiert wird.

### Abbildung mit einer Sammellinse

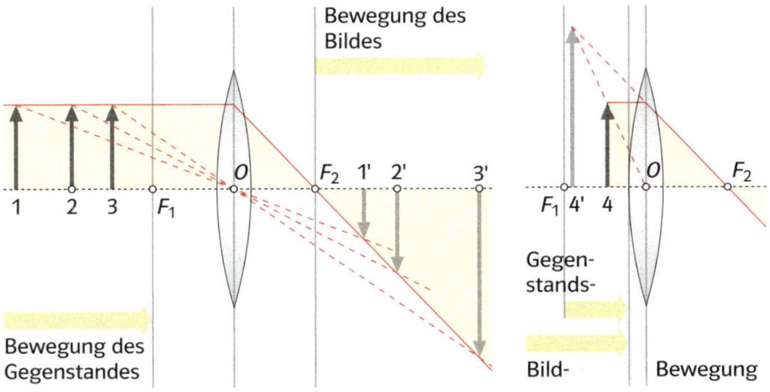


| Gegenstands-weite *g* | Bildweite *b* | Art des Bildes | Anwendungsbeispiel |
|---|---|---|---|
| $g = \infty$ | $b = f$ | „punktförmig" | Brennglas |
| **1** $g > 2f$ | $f < b < 2f$ | umgekehrt, verkleinert, reell | Fotoapparat |
| **2** $g = 2f$ | $b = 2f$ | umgekehrt, gleich groß, reell | Bildumkehrung, Bestimmung von *f* |
| **3** $2f > g > f$ | $b > 2f$ | umgekehrt, vergrößert, reell | Projektor, parallele Lichtstrahlen |
| $g = f$ | $b = \infty$ | – | Herstellung paralleler Lichtstrahlen, Lupe |
| **4** $g < f$ | $\|b\| > g$ | aufrecht, vergrößert, virtuell | Auch bei der Lupe möglich |

### Abbildung mit einem Hohlspiegel

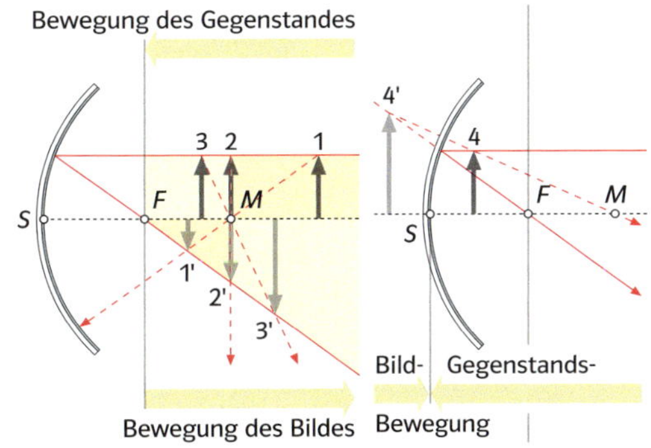


| Bildweite *b* | Art des Bildes | Anwendungsbeispiel |
|---|---|---|
| $b = f$ | „punktförmig" | Wärmegewinnung |
| $f < b < 2f$ | umgekehrt, verkleinert, reell | Spiegelfernrohr |
| $b = 2f = r$ | umgekehrt, gleich groß, reell | Messung der Brennweite |
| $b > 2f$ | umgekehrt, vergrößert, reell | Abblendlicht |
| $b = \infty$ | – | Fernlicht |
| $\|b\| > g$ | aufrecht, vergrößert, virtuell | Zahnarztspiegel, Rasierspiegel |

### Farbaddition

Beispiel: Rot + Grün = Gelb;
Blau + Rot + Grün = Weiß

### Farbsubtraktion

Weiß – (Gelb + Blaugrün) = Grün;
Weiß – (Purpur + Gelb + Blaugrün) = Schwarz

### Farbenkreis

Eine Farbe ergibt sich durch Addieren ihrer beiden Nachbarn

### Farbendreieck

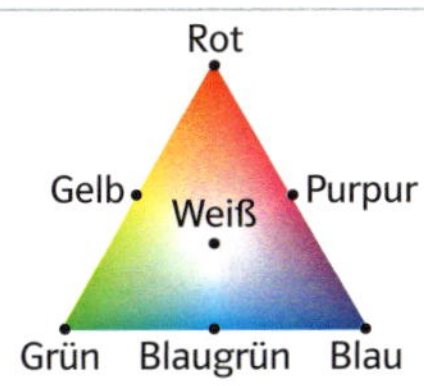


Farbe durch Seitenkoordinaten (zur Mitte: Helligkeitsabstufungen)

### Hauptspektrallinien in nm

| | | | | | | | | | | | | |
|---|---|---|---|---|---|---|---|---|---|---|---|---|
| **Natrium** | | | 590 | 589 | | | | | | | | |
| **Wasserstoff** | | 656 | | | 486 | | 434 | 410 | | | | |
| **Helium** | 707 | 668 | 588 | 502 | 492 | 471 | 447 | | | | | |
| **Cadmium** | | 644 | | 509 | 468 | 466 | | | | | 326 | |
| **Quecksilber** | | | 578 | 546 | 492 | | 435 | 408 | 405 | 365 | 334 | 313 |

### Fraunhoferlinien in nm (A und B stammen von der Erdatmosphäre)

| | A (rot) | B (rot) | C (orange) | D (gelb) | E (grün) | F (blau) | G (blau) | H (violett) |
|---|---|---|---|---|---|---|---|---|
| **$\lambda$ in nm** | 761 | 687 | 656 | 589 | 527 | 486 | 431 | 397 |
| **Herkunft** | O | O | $H_\alpha$ | Na | Fe | $H_\beta$ | Fe | Ca |

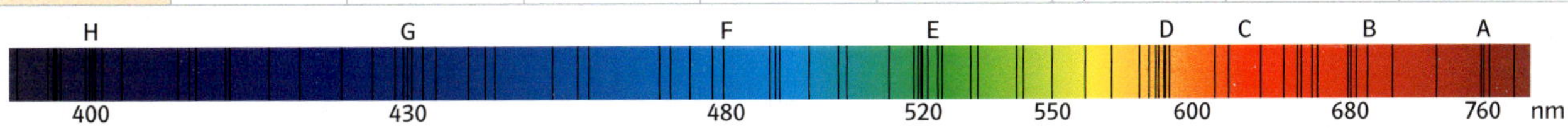

### Brechzahlen bei Einfall aus dem Vakuum mit $\lambda$ = 589,3 nm*

| | | | | | | | |
|---|---|---|---|---|---|---|---|
| **Aceton** | 1,36 | **Glimmer** | 1,599 | **Methanol** | 1,329 | **Schwefelkohlenstoff** | 1,628 |
| **Aragonit ($CaCO_3$)** | 1,686 | **Glycerin** | 1,455 | **Plexiglas** | 1,491 | **Steinsalz** | 1,544 |
| **Baryt ($BaSO_4$)** | 1,648 | **Kaliumbromid** | 1,560 | **Pyridin** | 1,628 | **Topas** | 1,637 |
| **Benzol** | 1,501 | **Kaliumchlorid** | 1,490 | **Quarzglas** | 1,458 | **Toluol** | 1,496 |
| **Diamant** | 2,417 | **Kaliumiodid** | 1,609 | **Quarzkristall** | 1,542 | **Turmalin** | 1,65 |
| **Diethylether** | 1,353 | **Kanadabalsam** | 1,542 | **Rizinusöl** | 1,478 | **Vakuum** | 1,000 |
| **Ethanol** | 1,36 | **Kochsalz** | 1,544 | **Rohrzucker** | 1,571 | **Wasser** | 1,333 |
| **Eis (0 °C)** | 1,309 | **Kronglas (schweres)** | 1,615 | **Rübenzucker (30 %-Lsg.)** | 1,38 | **Xylol ($C_6H_4(CH_3)_2$)** | 1,503 |
| **Flintglas (schweres)** | 1,753 | **Leinöl** | 1,486 | **Rübenzucker (80 %-Lsg.)** | 1,49 | **Zedernholzöl** | 1,505 |
| **Flussspat ($CaF_2$)** | 1,434 | **Lithiumfluorid** | 1,392 | **Rutil ($TiO_2$)** | 2,903 | **Zimtaldehyd ($C_9H_8O$)** | 1,619 |
| **Glaubersalz** | 1,398 | **Luft (trocken, 0 °C)** | 1,000 28 | **Saphir/Rubin** | 1,768 | **Zirkon (ZrSiO4)** | 1,923 |

* Je nach Herkunft und chemischer Reinheit der Stoffe sind Abweichungen ab der 1. Nachkommastelle möglich.

### Dispersion einiger Stoffe

| Wellenlänge | Ethanol | Wasser | Schwefel-Kohlenstoff | Flintglas (leicht) | Quarzglas | Kalkspat (ordentlich) | (außerordentlich) |
|---|---|---|---|---|---|---|---|
| 687 nm (rot) | 1,358 | 1,330 | 1,62 | 1,60 | 1,45 | 1,65 | 1,48 |
| 589 nm (gelb) | 1,361 | 1,333 | 1,63 | 1,61 | 1,46 | 1,66 | 1,49 |
| 431 nm (blau) | 1,370 | 1,341 | 1,68 | 1,63 | 1,47 | 1,68 | 1,50 |

### Frequenzbereiche elektromagnetischer Wellen

| Sendefrequenz | Wellenlänge | Anwendungsbereich |
|---|---|---|
| 30 kHz – 300 kHz | 10 km – 1 km | Langwelle: See- und Raumfahrt |
| 300 kHz – 3 MHz | 1 km – 0,1 km | Mittelwellen-Rundfunk |
| 3 MHz – 30 MHz | 100 m – 10 m | Kurzwellen-Rundfunk |
| 30 MHz – 300 MHz | 10 m – 1 m | UKW-Radio, Fernsehen (VHF) |
| 300 MHz – 3 GHz | 1 m – 0,1 m | Fernsehen, Mobilfunk |
| 3 GHz – 30 GHz | 10 cm – 1 cm | Satellitenfunk |

### Wellenlängenbereiche elektromagn. Wellen

| Farbe | Wellenlänge in $10^{-9}$ m (nm) | Frequenz in $10^{14}$ Hz |
|---|---|---|
| Rot | 660 – 780 | 4,55 – ,85 |
| Orange | 595 – 660 | 5,04 – 4,55 |
| Gelb | 575 – 595 | 5,22 – 5,04 |
| Grün | 490 – 575 | 6,12 – 5,22 |
| Blau | 440 – 490 | 6,82 – 6,12 |
| Violett | 390 – 420 | 7,69 – 7,14 |

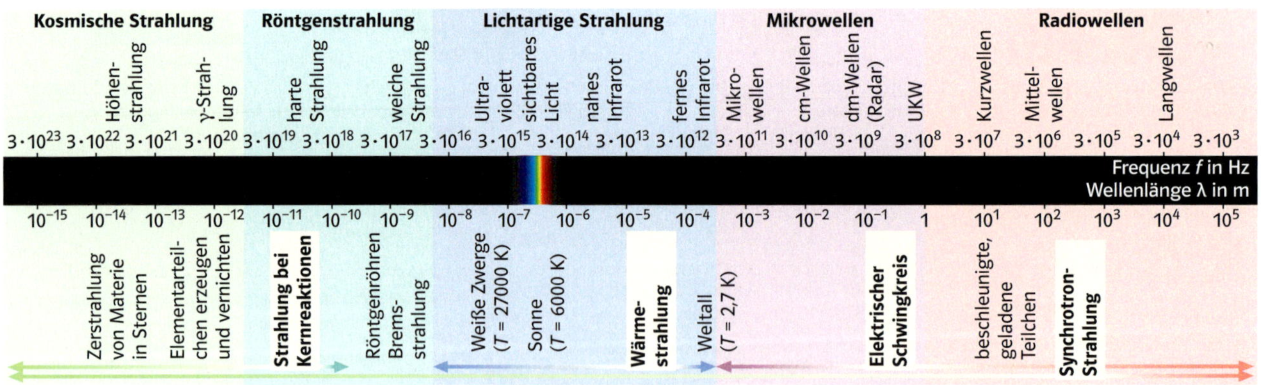

### Grundregeln des Strahlenschutzes

| | | | | | | | |
|---|---|---|---|---|---|---|---|
| 1 | Möglichst **großer Abstand** zur Strahlenquelle | 2 | Möglichst **kurze Aufenthaltsdauer** in der Strahlung | 3 | Möglichst **viel Abschirmung** der Strahlung | 4 | Möglichst **wenig Stoffaufnahme** durch Atmung/Nahrung |

### q-Faktor (Qualitätsfaktor) zur biologischen Wirksamkeit von Strahlungsarten*

| | | | | | | | |
|---|---|---|---|---|---|---|---|
| **Röntgenstrahlung** | 1 | **β-Strahlung** | 1 | **thermische Neutronen** | 3 | **α-Strahlung** | 20 |
| **γ-Strahlung** | 1 | **Protonen** | 10 | **schnelle Neutronen** | 10 | **schwere Ionen**** | 20 |

* Werte geben nur Größenordnungen der biologischen Wirkung durch Ionisation an, die sich durch Vergleich mit der Wirkung einer γ-Strahlung gleicher Energiedosis $D_E$ ergeben; das Produkt $D_q = q \cdot D_E$ heißt Äquivalentdosis.; ** Rückstoßkerne nach Zerfall

### Strahlenbelastung des Menschen (Durchschnittswerte*)

| **Natürliche Radioaktivität im Menschen (70 kg) durch** | |
|---|---|
| $^{40}_{19}K$ | 4500 Bq |
| $^{14}_{6}C$ | 3800 Bq |
| $^{87}_{37}Rb$ | 650 Bq |
| $^{210}_{82}Pb$; $^{210}_{83}Bi$; $^{210}_{84}Po$ | 60 Bq |
| $^{210}_{86}Rn$ | 30 Bq |
| $^{3}_{1}H$ | 25 Bq |
| $^{7}_{4}Be$ | 25 Bq |
| $^{222}_{86}Rn$ | 15 Bq |
| Sonstige | 7 Bq |
| **Summe** | ≈ 9100 Bq |

**Belastung durch kosmische Strahlung**

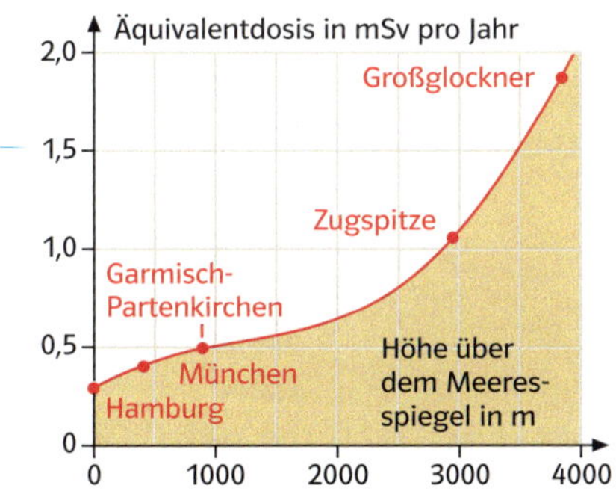


| **Ort/Land** | **mSv/Jahr** |
|---|---|
| Schleswig-Holstein | 0,14 |
| Weserbergland | 0,58 |
| Braunschweig | 0,58 |
| Harz | 1,02 |
| Spessart | 1,02 |
| Bayerischer Wald | 1,46 |
| Katzenbuckel (BW) | 6,30 |
| | |
| Indien (Kerala) | bis 27 |
| Brasilien (Atlantikküste) | bis 87 |

* menschlicher Körper ≈ 130 Bq/kg; Nahrungsmittel ≈ 40 Bq/kg

### Jährliche Strahlenbelastung[1] durch

| **kosmische Strahlung** | | **terrestrische Strahlung[2] im Freien** | |
|---|---|---|---|
| in Meereshöhe | 0,45 mSv | Brandenburg | 0,2 mSv |
| in 1000 m Höhe | 0,75 mSv | Bremen | 0,3 mSv |
| in 3000 m Höhe | 1,45 mSv | Baden-Würtemberg | 0,4 mSv |
| **Ernährung[3]** | 0,4 mSv | Nordrhein-Westfalen | 0,4 mSv |
| **medizinische Behandlung** | 1,8 mSv | Rheinland-Pfalz | 0,4 mSv |
| **Kernwaffentests, Reaktorunglücke** | 0,04 mSv | Thüringen | 0,4 mSv |
| **Fernsehgeräte, Fliegen** | 0,02 mSv | Bayern | 0,5 mSv |
| **Kernreaktoren** | 0,001 mSv | Saarland | 0,5 mSv |

[1] Durchschnittswerte der Bevölkerung; [2] vorwiegend durch Zerfall von Uran-238, Thorium-232 und Radon-222; [3] vorwiegend durch Zerfall von Kalium-40

### Strahlenschäden durch kurzzeitige Belastung mit

| | |
|---|---|
| **250 – 500 mSv** | Veränderung im Blutbild, Schäden an Embryos |
| **1000 mSv** | Beginn der Strahlenkrankheit: Übelkeit, Erbrechen, Haarausfall |
| **2000 mSv** | Strahlenkrankheit, Hautschäden |
| **3000 mSv** | Blutungen, schwere Veränderungen im Blutbild |
| **4000 mSv** | schwere Entzündungen, 50 % Todesfälle |
| **ab 5000 mSv** | mehr als 90 % Todesfälle |

Die Explosion der „kleinen" Atombomben auf Hiroshima und Nagasaki im August 1945 tötete von rund 570 Tausend Einwohnern etwa 190 Tausend, in den Folgejahren starben durch Strahlenschäden weitere 60 Tausend.

### Grenzwerte für beruflich strahlenexponierte Personen*

| **Körperbereich** | **mSv/a** |
|---|---|
| alle übrigen Organe und Gewebe | 150 |
| Hände, Unterarme, Füße, Unterschenkel, Knöchel (einschließlich ihrer Haut) | 500 |
| Schilddrüse, restliche Knochenoberfläche und Haut | 300 |
| Gebärmutter, Keimdrüsen, rotes Knochenmark | 50 |

* Für die normale Bevölkerung gelten jeweils $\frac{1}{10}$ dieser Werte.

### Biologische Strahlenwirkung in weichem Körpergewebe

| Strahlung | Erzeugung | Ladung in e | Energie in MeV | linearer Energieverlust | |
|---|---|---|---|---|---|
| | | | | in eV/$10^{-9}$ m | Ionenpaare/$10^{-6}$ m |
| α-Strahlen | Kernzerfall $^{239}$Pu | +2 | 1–5,5 | 300–120 | 9000–3700 |
| $β^-$-Strahlen* | Kernzerfall | −1 | 0,5–3,0 | 0,3 | 8,5 |
| Röntgenstrahlung | Röntgenröhre | 0 | 0,01–0,15 | 13–0,5 | 400–15 |
| Protonen | Beschleuniger | +1 | 8–150 | 13–1,7 | 380–50 |
| Neutronen | Kernreaktionen | 0 | 0,07–50 | 30 000–3,3 | $10^6$–100 |

* gilt auch für Elektronen von einem Kreisbeschleuniger mit 20–30 MeV

### Halbwertsdicke $d_{1/2}$ bei unterschiedlichen Energien einer γ-Strahlung in cm

| Stoff | 0,01 MeV | 0,1 MeV | 1 MeV | 10 MeV | Stoff | 0,01 MeV | 0,1 MeV | 1 MeV | 10 MeV |
|---|---|---|---|---|---|---|---|---|---|
| Luft | 105,5 | 3467 | 8459 | 26 592 | Eisen | 0,0005 | 0,237 | 1,47 | 3,00 |
| Graphit | 0,14 | 2,03 | 4,84 | 15,9 | Kupfer | 0,0003 | 0,169 | 1,32 | 2,55 |
| Wasser | 0,13 | 4,05 | 9,81 | 31,6 | Zinn | 0,0008 | 0,147 | 1,20 | 2,66 |
| Aluminium | 0,01 | 1,52 | 4,20 | 11,3 | Blei | 0,0007 | 0,037 | 0,40 | 1,44 |

### Austrittsarbeit $W_A$* von Elektronen fester Elemente in eV

| | | | | | | | |
|---|---|---|---|---|---|---|---|
| **Aluminium** | 4,08 | **Caesium** | 1,84 | **Kalium** | 1,81 | **Silber** | 4,08 |
| **Barium** | 2,52 | **Calcium** | 3,20 | **Kohlenstoff** | 4,36 | **Silicium** | 3,59 |
| **Bismut** | 4,32 | **Eisen** | 4,72 | **Kupfer** | 4,7 | **Wolfram** | 4,53 |
| **Blei** | 4,14 | **Germanium** | 4,62 | **Natrium** | 2,28 | **Zink** | 4,31 |
| **Cadmium** | 4,04 | **Gold** | 4,42 | **Platin** | 5,32 | **Zinn** | 4,39 |

* durch Glühemission, Feldemission oder Fotoeffekt; für Werte in $10^{-19}$ J ist der Faktor 1,6 (in der Regel) ausreichend genau.

### Ionisationsenergie $E_{ion}$ gasförmiger Elemente in eV

| Atom | 1. Elektron | 2. Elektron | Atom | 1. Elektron | 2. Elektron | Atom | 1. Elektron | 2. Elektron |
|---|---|---|---|---|---|---|---|---|
| Wasserstoff | 13,597 | – | Sauerstoff | 13,62 | 35,11 | Phosphor | 10,48 | 19,72 |
| Helium | 24,57 | 54,42 | Fluor | 17,42 | 34,97 | Schwefel | 10,36 | 23,33 |
| Lithium | 5,39 | 75,63 | Neon | 21,56 | 40,96 | Chlor | 6,47 | 23,80 |
| Beryllium | 9,33 | 18,21 | Natrium | 5,14 | 47,29 | Argon | 15,75 | 27,57 |
| Bor | 8,30 | 25,15 | Magnesium | 7,65 | 15,04 | Kalium | 4,34 | 31,62 |
| Kohlenstoff | 11,25 | 24,39 | Aluminium | 5,98 | 18,83 | Calcium | 6,10 | 11,87 |
| Stickstoff | 14,53 | 29,60 | Silicium | 8,15 | 16,34 | Quecksilber | 10,43 | 18,76 |

### Frequenz der $K_α$-Linie im charakteristischen Röntgenspektrum in $10^{18}$ Hz

| | | | | | | | | | | | | | | | | | | | |
|---|---|---|---|---|---|---|---|---|---|---|---|---|---|---|---|---|---|---|---|
| Al | 0,32 | Si | 0,42 | K | 0,77 | Ca | 0,89 | Ti | 1,08 | V | 1,19 | Mn | 1,42 | Cr | 1,31 | Co | 1,67 |
| Fe | 1,54 | Cu | 1,94 | Ni | 1,80 | Zn | 2,07 | Zr | 3,82 | Nb | 4,01 | Mo | 4,22 | Pd | 4,97 | Ag | 5,06 |

## Atomare Teilchen

| Teilchen | Symbol | Nuklidzeichen | Ladung | Lebensdauer | Ruhemasse | Ruheenergie |
|---|---|---|---|---|---|---|
| Elektron | $e^-$ | ${}^{-1}_{0}e$ | −e | stabil | $m_{e^-} = 9{,}1094 \cdot 10^{-31}\,kg$ | 0,511 MeV |
| Positron[1] | $e^+$ | ${}^{+1}_{0}e$ | +e | stabil | $m_{e^+} = 9{,}1094 \cdot 10^{-31}\,kg$ | 0,511 MeV |
| Proton | p | ${}^{1}_{1}H^+$ | +e | stabil | $m_p = 1{,}6726 \cdot 10^{-27}\,kg$ | 938,280 MeV |
| Neutron[2] | n | ${}^{1}_{0}n$ | 0 | 930 s | $m_N = 1{,}6749 \cdot 10^{-27}\,kg$ | 939,573 MeV |
| Deuteron[3] | d | ${}^{2}_{1}H^+$ | +e | stabil | $m_D = 3{,}3445 \cdot 10^{-27}\,kg$ | 1875,628 MeV |
| α-Teilchen[4] | α | ${}^{4}_{2}He^{++}$ | +2e | stabil | $m_{He} = 6{,}6468 \cdot 10^{-27}\,kg$ | 3727,409 MeV |

[1] Das Positron ist das Antiteilchen des Elektrons. Trifft es mit einem Elektron zusammen, werden beide annihiliert, die Teilchen verschwinden und es entstehen zwei entgegengesetzt gerichtet Gammaquanten, die Ruhe- und Bewegungsenergie sowie den Gesamtimpuls der Teilchen übernehmen.
[2] Freie Neutronen sind instabil.
[3] Kern des Wasserstoffisotops Deuterium ${}^{2}_{1}H$, das mit Sauerstoff das so genannte schwere Wasser bildet.
[4] Kern des Heliumisotops He-4

## Reichweite und Energie von $\alpha$-Strahlung in Luft (1013 hPa, 15 °C)

| | | | | | | |
|---|---|---|---|---|---|---|
| **Energie in MeV** | 1,0 | 2,0 | 3,0 | 5,0 | 7,5 | 10,0 |
| **Reichweite in cm** | 0,55 | 1,07 | 1,71 | 3,45 | 6,53 | 10,55 |

## Reichweite und Energie von $\beta$-Strahlung in Aluminium*

| | | | | | | |
|---|---|---|---|---|---|---|
| **Energie in MeV** | 0,1 | 0,2 | 0,4 | 0,8 | 1,0 | 2,0 |
| **Reichweite in $10^{-3}$ cm** | 5 | 17 | 50 | 117 | 150 | 370 |

* Reichweiten in anderen Stoffen ergeben sich durch Multiplikation der Reichweite in Aluminium mit $\varrho_{Alu}/\varrho_{Stoff}$.

## Transurane *(Stand 2011)*

| | Symbol | $Z$ | $A$ | $t_{1/2}$ | | Symbol | $Z$ | $A$ | $t_{1/2}$ |
|---|---|---|---|---|---|---|---|---|---|
| Neptunium | Np | 93 | 237 | $2{,}1 \cdot 10^6$ a | Lawrencium | Lr | 103 | 262 | 3,6 h |
| Plutonium | Pu | 94 | 244 | $8{,}0 \cdot 10^7$ a | Rutherfordium | Rf | 104 | 261 | 78 s |
| Americium | Am | 95 | 243 | 7400 a | Dubnium | Db | 105 | 262 | 34 s |
| Curium | Cm | 96 | 247 | $1{,}6 \cdot 10^7$ a | Saeborgium | Sg | 106 | 266 | 21 s |
| Berkelium | Bk | 97 | 247 | 1400 a | Bohrium | Bh | 107 | 267 | 17 s |
| Californium | Cf | 98 | 251 | 900 a | Hassium | Hs | 108 | 269 | 9 s |
| Einsteinium | Es | 99 | 252 | 472 d | Meitnerium | Mt | 109 | 268 | 70 ms |
| Fermium | Fm | 100 | 257 | 101 d | Darmstadtium | Ds | 110 | 273 | 118 ms |
| Mendelevium | Md | 101 | 258 | 52 d | Roentgenium | Rg | 111 | 272 | 1,5 ms |
| Nobelium | No | 102 | 259 | 58 min | Copernicium | Cn | 112 | 285 | 29 s |

$Z$ = Kernladungszahl; $A$ = Atommassenzahl; $t_{1/2}$ = Halbwertszeit des jeweils langlebigsten Nuklids; ab $Z = 107$ sind die Daten noch unsicher.

## Kernbindungsenergie pro Nukleon in MeV

| | | | | | | | | | | | | | | | |
|---|---|---|---|---|---|---|---|---|---|---|---|---|---|---|---|
| **$^{1}H$** | – | **$^{2}H$** | 1,11 | **$^{3}He$** | 2,83 | **$^{4}He$** | 7,07 | **$^{7}Li$** | 5,60 | **$^{11}B$** | 7,39 | **$^{12}C$** | 7,67 | **$^{16}O$** | 8,02 | **$^{20}Ne$** | 7,96 |
| **$^{24}Mg$** | 8,37 | **$^{31}P$** | 8,46 | **$^{84}Kr$** | 8,72 | **$^{120}Sn$** | 8,51 | **$^{157}Gd$** | 8,21 | **$^{197}Au$** | 7,91 | **$^{237}Ac$** | 7,65 | **$^{238}U$** | 7,51 | **$^{239}Pu$** | 7,56 |

## Radioaktive Zerfallsreihen

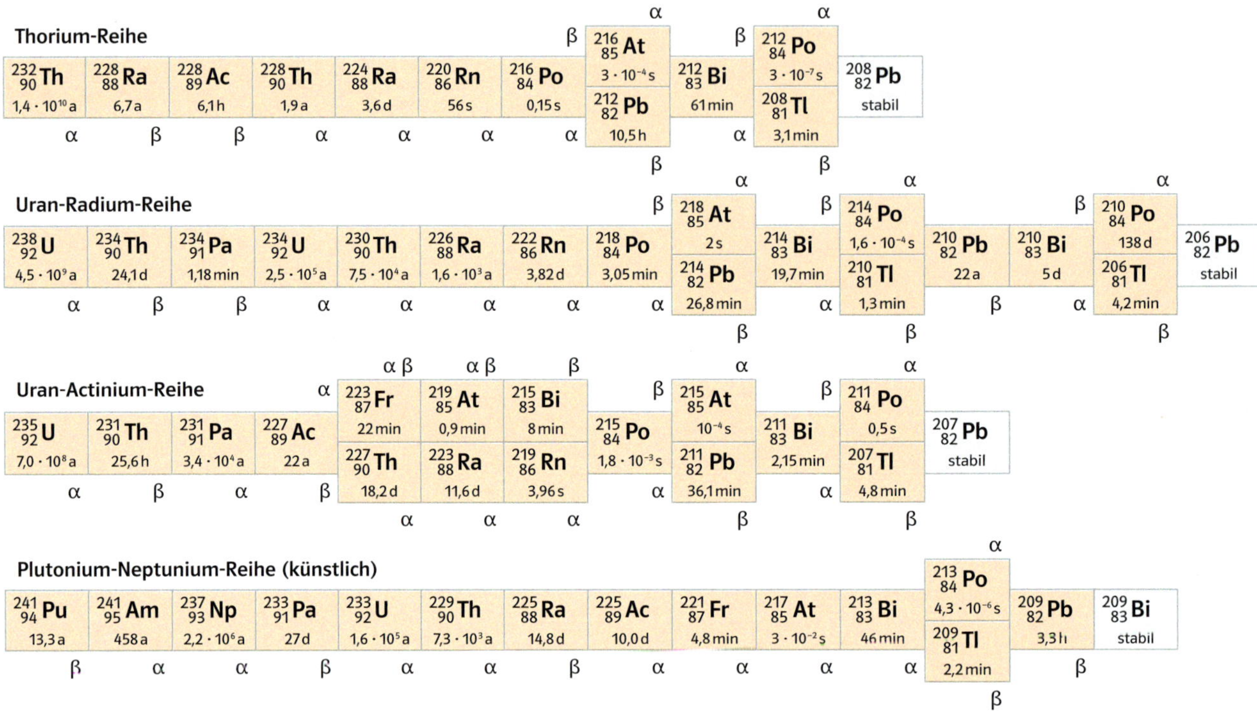


## Ausgewählte Isotope

| 1 | 2 | 3 | 4 | 5 | 1 | 2 | 3 | 4 | 5 |
|---|---|---|---|---|---|---|---|---|---|
| H | 1 | 1 | 1,0072765 | stabil, 99,985 % | I | 53 | 123 | 122,877045 | γ/13,3 h |
| | 1 | 2 | 2,0135534 | stabil, 0,015 % | | 53 | 127 | 126,875396 | stabil, 100 % |
| | 1 | 3 | 3,0155004 | $\beta^-$/12,346 a | | 53 | 131 | 130,877045 | $\beta^-$/8,05 d |
| He | 2 | 3 | 3,014932 | stabil, 0,00013 % | Ba | 56 | 137 | 136,874780 | stabil, 11,2 % *) |
| | 2 | 4 | 4,001506 | stabil, 99,99987 % | | 56 | 138 | 137,874290 | stabil, 71,9 % |
| | 2 | 6 | 6,017793 | $\beta^-$/0,802 s | | 56 | 144 | 143,871420 | $\beta^-$/11,9 s |
| Li | 3 | 6 | 6,013479 | stabil, 7,4 % | Tl | 81 | 206 | 205,932065 | $\beta^-$/4,19 min |
| | 3 | 7 | 7,014358 | stabil, 92,6 % | Pb | 82 | 206 | 205,929471 | stabil, 24,1 % |
| Be | 4 | 9 | 9,009992 | stabil, 100 % | | 82 | 207 | 206,930619 | stabil, 22,1 % |
| B | 5 | 10 | 10,010196 | stabil, 20 % | | 82 | 208 | 207,931516 | stabil, 52,4 % |
| | 5 | 11 | 11,006562 | stabil, 80 % | Po | 84 | 210 | 209,936795 | α/138,38 d |
| C | 6 | 12 | 11,996708 | stabil, 98,89 % | | 84 | 218 | 217,962850 | α/3,05 min |
| | 6 | 13 | 13,000044 | stabil, 1,11 % | Rn | 86 | 219 | 218,962302 | α/3,96 s |
| | 6 | 14 | 13,999948 | $\beta^-$/5730 a | | 86 | 220 | 219,964222 | α/55,4 s |
| O | 8 | 16 | 15,990526 | stabil, 99,756 % | | 86 | 222 | 221,970352 | α/3,824 d |
| | 8 | 17 | 16,994741 | stabil, 0,039 % | Ra | 88 | 224 | 223,971945 | α/3,64 d |
| | 8 | 18 | 17,994771 | stabil, 0,205 % | | 88 | 226 | 225,977085 | α/1620 a |
| K | 19 | 39 | 38,953287 | stabil, 93,2 % | | 88 | 228 | 227,982865 | $\beta^-$/5,75 a |
| | 19 | 40 | 39,953577 | $\beta^-$/1,2 · 10⁹ a | U | 92 | 233 | 232,989061 | α/1,62 · 10⁵ a |
| | 19 | 41 | 40,951407 | stabil, 6,7 % | | 92 | 234 | 233,990431 | α/2,47 · 10⁵ a |
| Fe | 26 | 56 | 55,920676 | stabil, 91,8 % | | 92 | 235 | 234,99346 | α/7,04 · 10⁸ a |
| Kr | 36 | 82 | 81,893731 | stabil, 11,6 % | | 92 | 236 | 235,995221 | α/2,39 · 10⁷ a |
| | 36 | 83 | 82,891754 | stabil, 11,5 % | | 92 | 237 | 236,998211 | $\beta^-$/6,75 d |
| | 36 | 84 | 83,891754 | stabil, 57,0 % | | 92 | 238 | 238,000301 | α/4,47 · 10⁹ a |
| | 36 | 85 | 84,910890 | $\beta^-$/10,78 a | | 92 | 239 | 239,003821 | $\beta^-$/23,5 min |
| | 36 | 86 | 85,890867 | stabil, 17,3 % | Pu | 94 | 239 | 239,000534 | α/2,439 · 10⁴ a |

*) angeregter Zustand $T_{1/2}$ = 2,55 min
Angegeben sind in Spalte **1** = Element, **2** = Kernladung, **3** = Massenzahl, **4** = Kernmasse in u (1 u = 1,66053837 · 10⁻²⁷ kg), **5** = Halbwertszeit bzw. Häufigkeit im natürlichen Isotopengemisch

### Natürliche radioaktive Isotope

| | 1 | 2 | 3 | 4 | 5 | 6 | | 1 | 2 | 3 | 4 | 5 | 6 |
|---|---|---|---|---|---|---|---|---|---|---|---|---|---|
| Polonium | Po | 84 | 210 | 209,982876 | α | 138,4 d | Aktinium | Ac | 89 | 227 | 227,02775 | β⁻ | 22 s |
| | | | 211 | 210,986657 | α | 0,5 s | | | | 228 | 228,03108 | β⁻ | 6,1 h |
| | | | 212 | 211,988866 | α | $3 \cdot 10^{-7}$ s | Thorium | Th | 90 | 227 | 227,02771 | α | 18,5 d |
| | | | 214 | 213,995201 | α | $1{,}3 \cdot 10^{-4}$ s | | | | 228 | 228,02875 | β⁻ | 1,91 a |
| | | | 215 | 214,99942 | α | $1{,}8 \cdot 10^{-3}$ s | | | | 230 | 230,03309 | α | $8 \cdot 10^{4}$ a |
| | | | 216 | 216,00192 | α | 0,15 s | | | | 231 | 231,03629 | β | 25 h |
| | | | 218 | 218,00893 | α | 3 min | | (100 %) | | 232 | 232,03812 | α | $1{,}4 \cdot 10^{10}$ a |
| Astatin | At | 85 | 215 | 214,99866 | α | $10^{-4}$ s | | | | 234 | 234,04358 | β⁻ | 24 h |
| | | | 218 | 218,00861 | α | 2 s | Proaktinium | Pa | 91 | 231 | 231,03588 | α | $3{,}4 \cdot 10^{4}$ a |
| Radon | Rn | 86 | 219 | 219,00948 | α | 4,0 s | | | | 234 | 234,04330 | β⁻ | 6,7 h |
| | | | 220 | 220,01140 | α | 55 s | Uran | U | 92 | | | | |
| | | | 222 | 222,01753 | α | 3,83 d | | (0,056 %) | | 234 | 234,04090 | α | $2{,}5 \cdot 10^{5}$ a |
| Francium | Fr | 87 | 223 | 223,01974 | β⁻ | 22 min | | (0,72 %) | | 235 | 235,04392 | α | $7{,}1 \cdot 10^{8}$ a |
| Radium | Ra | 88 | 223 | 223,01850 | α | 11,4 d | | (99,27 %) | | 238 | 238,05077 | α | $4{,}5 \cdot 10^{9}$ a |
| | | | 224 | 224,02022 | α | 3,6 d | | | | | | | |
| | | | 226 | 226,02536 | α | $1{,}6 \cdot 10^{3}$ a | | | | | | | |
| | | | 228 | 228,03114 | β | 5,8 a | | | | | | | |

**1** = Symbol; **2** = Ordnungszahl; **3** = Massenzahl; **4** = Atommasse in u; **5** = Strahlungsart; **6** = Halbwertszeit

### Technisch wichtige radioaktive Isotope und ihre Strahlung

| Isotop | Symbol | $t_{1/2}$ | Strahlung, Energie (MeV) | | | | Isotop | Symbol | $t_{1/2}$ | Strahlung, Energie (MeV) | | | |
|---|---|---|---|---|---|---|---|---|---|---|---|---|---|
| | | | α | β⁻ | β⁺ | γ | | | | α | β⁻ | β⁺ | γ |
| Wasserstoff* (Tritium) | $^{3}_{1}T$ | 12,3 a | – | 0,018 | – | – | Silber* | $^{110}_{47}Ag$ | 270 d | – | 0,087 | – | 1,3 |
| Kohlenstoff* | $^{14}_{6}C$ | 5760 a | – | 0,158 | – | – | Iod* | $^{123}_{53}I$ | 13,2 h | – | – | – | 0,159 |
| Stickstoff* | $^{13}_{7}N$ | 10 min | – | – | 1,19 | – | | $^{131}_{53}I$ | 8,14 d | – | 0,61 | – | 0,346; 0,639 |
| Sauerstoff* | $^{15}_{8}O$ | 124 s | – | – | 1,73 | – | Cäsium* | $^{137}_{55}Cs$ | 26,6 a | – | 0,52 | – | 0,662 |
| Natrium* | $^{22}_{11}Na$ | 2,6 a | – | – | 0,54 | 1,274 | Wolfram* | $^{185}_{74}W$ | 73,2 d | – | 0,43 | – | 0,125 |
| | $^{24}_{11}Na$ | 15 h | – | 1,39 | – | 1,368; 2,753 | Gold* | $^{198}_{79}Au$ | 2,7 d | – | 0,96 | – | 0,412 |
| Phosphor* | $^{32}_{15}P$ | 14,3 d | – | 1,71 | – | – | Polonium | $^{210}_{84}Po$ | 138 d | 5,31 | – | – | 0,80 |
| Schwefel* | $^{35}_{16}S$ | 87 d | – | 0,167 | – | – | Radon | $^{222}_{86}Rn$ | 3,83 d | 5,49 | – | – | 0,51 |
| Chlor* | $^{36}_{17}Cl$ | $3 \cdot 10^{5}$ a | – | 0,71 | – | – | | $^{220}_{86}Rn$ | 55 s | 6,29 | – | – | 0,54 |
| | $^{38}_{17}Cl$ | 48 min | – | 4,8 | – | 2,2; 1,6 | Radium | $^{226}_{88}Ra$ | 1601 a | 4,78 | – | – | 0,186 |
| Kalium* | $^{42}_{19}K$ | 12,4 h | – | 3,55 | – | 1,52 | | | | 4,60 | | | |
| Calcium* | $^{45}_{20}Ca$ | 164 d | – | 0,254 | – | – | Uran | $^{234}_{92}U$ | $2{,}5 \cdot 10^{5}$ a | 4,77 | – | – | 0,12; 0,05 |
| Chrom* | $^{51}_{24}Cr$ | 27,8 d | – | – | – | 0,32 | | $^{235}_{92}U$ | $7{,}1 \cdot 10^{8}$ a | 4,35 | – | – | 0,18; 0,14 |
| Eisen* | $^{59}_{26}Fe$ | 45 d | – | 0,46 | – | 1,29; 1,10 | | | | 4,56 | | | |
| Cobalt* | $^{60}_{27}Co$ | 5,25 a | – | 0,31 | – | 1,33; 1,73 | | $^{238}_{92}U$ | $4{,}5 \cdot 10^{9}$ a | 4,19 | – | – | 0,048 |
| Kupfer* | $^{64}_{29}cu$ | 12,8 h | – | 0,57 | 0,66 | 1,34 | Neptunium* | $^{239}_{93}Np$ | 2,3 d | 0,72 | – | – | 0,33 |
| Zink* | $^{65}_{30}Zn$ | 246 d | – | – | 0,326 | 1,12 | Plutonium* | $^{239}_{94}Pu$ | $2{,}44 \cdot 10^{4}$ a | 5,15 | – | – | 0,42 |
| | | | | | | | | | | 5,13 | | | |

* künstlich hergestellt; $t_{1/2}$ = Halbwertszeit

### Elementarteilchen (Auswahl)

| Gruppe | Name | Symbol | Masse m in MeV/c² | Ladung $Q$ in e = 1,602 18 · $10^{-19}$ C | Spin $s$ | Mittlere Lebensdauer $T$ in s | Zerfallsmöglichkeit[1] |
|---|---|---|---|---|---|---|---|
| **Hadronen** | | | | | | | |
| Baryonen | Proton | p | 938,27 | +1 | 1/2 | stabil | – |
| | Neutron | n | 939,57 | 0 | 1/2 | 930 s | $n \rightarrow p e^- \bar{\nu}_e$ |
| | Lambda-Null | $\Lambda^0$ | 1115,6 | 0 | 1/2 | $2,6 \cdot 10^{-10}$ | $\Lambda^0 \rightarrow p \pi^-$ |
| | Sigma-Plus | $\Sigma^+$ | 1189,4 | +1 | 1/2 | $0,8 \cdot 10^{-10}$ | $\Sigma^+ \rightarrow p \pi^0$ |
| | Sigma-Stern-Minus | $\Sigma^{*-}$ | 1385 | −1 | 1/2 | $1,3 \cdot 10^{-10}$ | $\Sigma^{*-} \rightarrow \Delta^0 \pi^-$ |
| | Delta-Null | $\Delta^0$ | 1235 | 0 | 1/2 | $0,4 \cdot 10^{-10}$ | $\Delta^0 \rightarrow n \pi^0$ |
| | Xi-Null | $\Xi^0$ | 1315 | −1 | 1/2 | $3,0 \cdot 10^{-10}$ | $\Xi^0 \rightarrow \Delta^0 \pi^0$ |
| | Xi-Minus | $\Xi^-$ | 1321 | −1 | 1/2 | $1,6 \cdot 10^{-10}$ | $\Xi^- \rightarrow \Delta^0 \pi^-$ |
| | Xi-Stern-Minus | $\Xi^{*-}$ | 1385 | −1 | 1/2 | $0,5 \cdot 10^{-10}$ | $\Xi^{*-} \rightarrow \Xi^0 \pi^-$ |
| | Omega-Minus | $\Omega^-$ | 1672 | −1 | 3/2 | $0,8 \cdot 10^{-10}$ | $\Omega^- \rightarrow \Delta^0 K^-$ |
| Mesonen | Pion-Minus | $\pi^-$ | 139,6 | −1 | 0 | $2,6 \cdot 10^{-8}$ | $\pi^- \rightarrow \mu^- \nu_\mu$ |
| | Pion-Null | $\pi^0$ | 135,0 | 0 | 0 | $0,8 \cdot 10^{-16}$ | $\pi^0 \rightarrow \gamma\gamma$ |
| | Pion-Plus | $\pi^+$ | 139,6 | +1 | 0 | $2,6 \cdot 10^{-8}$ | $\pi^+ \rightarrow \mu^+ \bar{\nu}_\mu$ |
| | Kaon | $K^+$ | 493,7 | +1 | 0 | $1,2 \cdot 10^{-8}$ | $K^+ \rightarrow \pi^+ \pi^0$ |
| | Eta-Null | $\eta^0$ | 548,8 | 0 | 0 | $2,5 \cdot 10^{-19}$ | $\eta^0 \rightarrow \gamma\gamma$ |
| **Leptonen** | | | | | | | |
| | Elektron | $e^-$ | 0,511 | −1 | 1/2 | stabil | – |
| | Myon | $\mu^-$ | 105,7 | −1 | 1/2 | $2,2 \cdot 10^{-6}$ | $\mu^- \rightarrow e^- \bar{\nu}_e \nu_\mu$ |
| | Anti-Elektronneutrino | $\bar{\nu}_e$ | 0 | 0 | 1/2 | stabil | – |
| | Myon-Neutrino | $\nu_\mu$ | 0 | 0 | 1/2 | stabil | – |
| **Photon** | | | | | | | |
| | Energiequant | $\gamma$ | $h \cdot f$ | 0 | 1/2 | ∞ | – |

[1] Es existieren meist mehrere Zerfallmöglichkeiten. Die Stabilität ist im Rahmen der Messtechnik sicher.
Jedes Teilchen hat ein Antiteilchen mit entgegengesetzter Ladung, es wird mit einem Querstrich gekennzeichnet; $\bar{\bar{p}}$ ist wieder p. Teilchen und Antiteilchen vernichten sich gegenseitig. Die Spinquantenzahl ist in Vielfachen von $h/(2\pi)$ angegeben. Die Lebensdauer entspricht der Zerfallskonstanten beim radioaktiven Zerfall. Die Liste ließe sich mit mehr als 100 weiteren Teilchen verlängern.

### Quark und Antiquarks

| Quark | up | down | charm | strange | top | bottom | Antiquark | up | down | charm | strange | top | bottom |
|---|---|---|---|---|---|---|---|---|---|---|---|---|---|
| Symbol | u | d | c | s | t | b | Symbol | $\bar{u}$ | $\bar{d}$ | $\bar{c}$ | $\bar{s}$ | $\bar{t}$ | $\bar{b}$ |
| Masse $m$* | ≈ 0,005 | ≈ 0,01 | ≈ 1,5 | ≈ 0,1 | ≈ 175 | ≈ 4,7 | Masse $m$* | ≈ 0,01 | ≈ 1,5 | ≈ 0,1 | ≈ 175 | ≈ 4,7 | ≈ 0,01 |
| Ladung $Q$** | 2/3 | −1/3 | 2/3 | −1/3 | 2/3 | −1/3 | Ladung $Q$** | −2/3 | 1/3 | −2/3 | 1/3 | −2/3 | 1/3 |
| Baryonenzahl $B$ | 1/3 | 1/3 | 1/3 | 1/3 | 1/3 | 1/3 | Baryonenzahl $B$ | −1/3 | −1/3 | −1/3 | −1/3 | −1/3 | −1/3 |

| Baryon | Quarks | Ladung** | Masse* | Meson | Quarks | Ladung** | Masse* | Lepton | Quarks | Ladung** | Masse* |
|---|---|---|---|---|---|---|---|---|---|---|---|
| Proton | uud | +1 | 0,938 | $\pi^0$ | $u\bar{u}/d\bar{d}$ | 0 | 0,135 | Elektron | – | −1 | 0,0051 |
| Neutron | udd | 0 | 0,940 | $\pi^+$ | ud | +1 | 0,140 | Myon | – | −1 | 0,1056 |
| $\Lambda^0$ | uds | 0 | 1,115 | $K^0$ | ds | 0 | 0,498 | Tauon | – | −1 | 1,784 |
| $\Sigma^+$ | uus | +1 | 1,189 | $K^+$ | us | +1 | 0,494 | $\nu_e$ | – | 0 | < 50 eV |
| $\Xi^-$ | dss | −1 | 1,321 | $D^0$ | cu | 0 | 1,97 | $\nu_\mu$ | – | 0 | < 0,5 |
| $\Omega^-$ | sss | −1 | 1,672 | $y^0$ | bb | 0 | 9,46 | $\nu_\tau$ | – | 0 | < 70 |

* in GeV (1 GeV = 1,602 177 33 · $10^{-10}$ J ≙ 1,782 662 696 · $10^{-27}$ kg); ** in e (1 e = 1,602 177 33 · $10^{-19}$ C)

## Erhaltungssätze und Prinzipien in der Physik (Auswahl)

| | |
|---|---|
| **Allgemeines** | Messbare Vorgänge lassen sich durch Gesetzmäßigkeiten – in mathematischer Form – beschreiben. In Theorien werden die Gesetzmäßigkeiten einzelner Phänomenbereiche **kausal** aus einer Reihe grundlegender Gesetze und zweckdienlicher Annahmen hergeleitet. Während die Gesetze naturgegebene Sachverhalte beschreiben, sind die Annahmen plausible, in ihrer Allgemeinheit nur empirisch belegbare Postulate (Bedingungen) und Prinzipien (Leitlinien), die einerseits über die Richtigkeit einzelner Aussagen einer Theorie entscheiden, andererseits als Axiome ein Minimum von Grundaussagen darstellen, mit denen die kausale Verknüpfung aller in der Theorie erfassten Gesetzmäßigkeiten möglich ist. |
| **Erhaltungssätze** | |
| Energie | Die Summe der Einzelenergien eines abgeschlossenen Systems bleibt bei allen Vorgängen über alle Zeiten hin konstant. Die Gesamtenergie ist konstant. |
| Impuls | Die Summe der Einzelimpulse eines abgeschlossenen Systems bleibt bei allen Vorgängen über alle Zeiten hin konstant. Der Gesamtimpuls ist konstant. |
| Drehimpuls | Die Summe der Einzeldrehimpulse eines abgeschlossenen Systems bleibt bei allen Vorgängen über alle Zeiten hin konstant. Der Gesamtdrehimpuls ist konstant. |
| Masse | Die Summe der Massen aller Körper eines Systems bleibt bei allen Vorgängen über alle Zeiten hin unverändert. Bei relativistischen oder kernphysikalischen Vorgängen ist Masse äquivalent zur Energie mit der Energieerhaltung erfasst. |
| Ladung | Die Summe der in einem abgeschlossenen System vorhandenen Ladung ist bei allen Vorgängen über alle Zeiten hin konstant. Die Gesamtladung ist konstant. |
| Baryonenzahl | Jedes Baryon (wie z. B. das Proton, Neutron, Lambda-, Sigma- oder Xi-Teilchen) hat die Baryonenzahl +1, jedes seiner Antiteilchen −1. Die Summe der Baryonenzahlen eines Systems ändert sich nicht. |
| Leptonenzahl | Jedes Elektron, Myon oder Neutrino (sie gehören zu den Leptonen) hat die Leptonenzahl +1, jedes seiner Antiteilchen −1. Die Summe der Leptonenzahlen eines Systems ändert sich nicht, wobei auch noch die Leptonenzahl der Myonen und Myonen-Neutrinos mit ihren Antiteichen erhalten bleibt. |
| **Prinzipien** | |
| Einfachheit | Jede grundlegende Gesetzmäßigkeit kann in mathematisch „einfach" strukturierten Formeln ausgedrückt werden. |
| Ursache/Wirkung | Für jeden Zustand gibt es eine Ursache, die aus einem zeitlich vorangehenden Ereignis zwingend folgt (**Kausalität**). Diese Kausalität muss in der modernen Physik eingeschränkt werden, weil die Ausbreitungsgeschwindigkeit bei Wechselwirkungen endlich ist (es gibt keine Fernwirkung) und für Objekte der Quantenphysik eine exakte raum-zeitliche Lokalisierung nicht möglich ist. |
| Minimalprinzip | In der geometrischen Optik breitet sich Licht (elektromagnetische Wellen) auf dem Weg von $P_1$ nach $P_2$ mit dem kleinsten Zeitbedarf aus (**Fermat'sches Prinzip**). |
| Huygens´sches Prinzip | In homogenen Medien ist die Wellenfront für einen späteren Zeitpunkt durch die einhüllende Fläche aller Elementarwellen gleicher Frequenz und Ausbreitungsgeschwindigkeit gegeben. |
| Hauptsätze der Thermodynamik | Energetische Vorgänge entwickeln sich selbsttätig nur in Richtung einer Entropiezunahme und ein (relatives) Minimum der Energie hin. |
| Relativität | In der klassischen Physik sind Gesetzmäßigkeiten bei Bewegungsvorgängen gegenüber Orts- und Zeitkoordinaten-Transformationen invariant. Bei relativistischen Bewegungen ist Relativität mithilfe von Lorentz-Transformationen gegeben, wenn nach Einstein das Prinzip der Konstanz der Vakuumlichtgeschwindigkeit, unabhängig vom Bewegungszustand zugrunde gelegt wird. |
| Pauli-Prinzip | Zwei Elektronen (allgemein Fermionen, also Teilchen mit halbzahligem Spin ↑ bzw. ↓) können sich nicht im gleichen Zustand befinden. |
| Materie-Antimaterie | Zu jedem Elementarteilchen existiert ein Antiteilchen, das dieselbe Masse oder Lebensdauer hat, während ihre Ladung, Baryonen- bzw. Leptonenzahl, Strangeness und Charme entgegengesetztes Vorzeichen haben. |

## Basiseinheiten des SI (Internationales Einheitensystem)[1]

| Einheit | Definition | Bemerkungen |
|---|---|---|
| m<br>Meter | 1 m ist die Länge der Strecke, die Licht im Vakuum während 1/299 792 458 Sekunden durchläuft. | Die Lichtgeschwindigkeit $c_0$ im Vakuum ist eine Konstante. Da die Sekunde als Basiseinheit ebenfalls festliegt, ist wegen $s = v \cdot t$ auch die Länge 1 m definiert. |
| kg<br>Kilogramm | 1 kg ist die Masse eines Kilogrammprototys (Urkilogramm), der sich in Sèvres (Paris) befindet. | Der internationale Kilogrammprototpy ist ein Platin-Iridium-Zylinder, der etwa die Masse von 1 l Wasser hat. |
| s<br>Sekunde | 1 s ist das 9 192 631 700fache der Periodendauer der Strahlung, die vom Caesiumisotop $^{113}_{55}Cs$ bei einem genau festgelegten Quantensprung von Elektronen in seiner Atomhülle ausgesandt wird. | Die so definierte Sekunde unterscheidet sich von der früher durch astronomische Beobachtungen festgeleten Sekunde als der 31 556 925,9747ste Teil des Jahres 1900 nur um $10^{-10}$ s. |
| A<br>Ampere | 1 A ist die Stromstärke in zwei parallelen, geraden und unendlich langen Leitern im Vakuum, wenn sie im Abstand 1 m mit der Kraft $2 \cdot 10^{-7}$ N je 1 m Länge aufeinander wirken. | Eine Verwirklichung dieser Definition in ein Messverfahren ist nicht möglich (unendlich lange Drähte, unendlich kleiner Querschnitt). Doch gibt es Versuchsanordnungen, die dieser Messvorschrift sehr nahe kommen. |
| K<br>Kelvin | 1 K ist der 273,16te Teil der thermodynamischen Temperatur des Tripelpunkts von Wasser. | Beim Tripelpunkt des Wassers existieren alle drei Aggregatzustände stabil nebeneinander. Das ist bei $T = 273{,}16$ K und $p = 6$ hPa der Fall. |
| mol<br>Mol | 1 mol ist die Stoffmenge eines Systems, das aus ebenso vielen Teilchen besteht, wie es Atome in 12 g des Isotops $^{12}_{6}C$ gibt. | Jedes System, das ein Mengenmerkmal aufweist, hat die Stoffmengeneigenschaft. |
| cd<br>Candela | 1 cd ist die Lichtstärke (Strahlungsleistung) einer Strahlungsquelle mit der Frequenz $540 \cdot 10^{12}$ Hz, die in einen bestimmten räumlichen Winkelbereich mit der Stärke $\frac{1}{683}$ W/sr ausgesandt wird. | Diese Definition entspricht in ihrem Wert der früheren Definition über den schwarzen Strahler, erlaubt jedoch eine genauere Reproduzierbarkeit. (1 sr = 1 Steradiant) |

[1] In den nächsten Jahren werden vermutlich einige der Basiseinheiten neu definiert:
1 kg – über eine exakte Festlegung des Planck'schen Wirkungsquantums in Verbindung mit atomaren Wechselwirkungen;
1 A – entweder durch eine exakte Festlegung der Elementarladung oder über eine quantenphysikalische Definition von 1 Ω.
1 K – durch eine Festlegung der Boltzmann-Konstanten $k$
1 mol – durch eine Festlegung der Avogadro-Konstanten $N_A$

## Weitere Einheiten mit speziellen Namen

| Größenart | Einheiten | | Definition |
|---|---|---|---|
| Masse | u | (atomare Masseneinheit) | $1\,u = \frac{1}{12}$ der Masse des Atoms $^{12}_{6}C = 1{,}660\,538\,73 \cdot 10^{-27}$ kg |
| | t | (Tonne) | 1 t = 1000 kg |
| Frequenz | Hz | (Hertz) | $1\,Hz = 1\,s^{-1}$ |
| Kraft | N | (Newton) | $1\,N = 1\,kg \cdot m \cdot s^{-2}$ |
| Druck | Pa | (Pascal) | $1\,Pa = 1\,N \cdot m^{-2}$ |
| | bar | (Bar) | $1\,bar = 10^5\,Pa$ |
| Energie | J | (Joule) | $1\,J = 1\,Nm = 1\,Ws = 1\,kg \cdot m^2 \cdot s^{-2}$ |
| Arbeit | eV | Elektronenvolt) | $1\,eV = 1{,}602\,177\,33 \cdot 10^{-19}\,J$ |
| Wärme | SKE | (Steinkohleeinheit) | 1 t SKE = 8147,2 kWh = 29,7 MJ |
| Temperatur | °C | (Grad Celsius) | 1 °C = 1 K (Temperaturunterschied) |
| Leistung | W | (Watt) | $1\,W = 1\,J \cdot s^{-1} = 1\,kg \cdot m^2 \cdot s^{-3}$ |
| Ladung | C | (Coulomb) | $1\,C = 1\,A \cdot s$ |
| Spannung | V | (Volt) | $1\,V = 1\,W \cdot A^{-1} = 1\,kg \cdot m^2 \cdot A^{-1} \cdot s^{-3}$ |
| Widerstand | Ω | (Ohm) | $1\,\Omega = 1\,V \cdot A^{-1} = 1\,kg \cdot m^2 \cdot A^{-2} \cdot s^{-3}$ |
| Kapazität | F | (Farad) | $1\,F = 1\,C \cdot V^{-1} = 1\,A^2 \cdot s^4 \cdot kg^{-1} \cdot m^{-2}$ |
| magnetischer Fluss | Wb | (Weber) | $1\,Wb = 1\,V \cdot s = 1\,kg \cdot m^2 \cdot A^{-1} \cdot s^{-2}$ |
| magnetische Flussdichte | T | (Tesla) | $1\,T = 1\,Wb \cdot m^{-2} = 1\,kg \cdot A^{-1} \cdot s^{-2}$ |
| Induktivität | H | (Henry) | $1\,H = 1\,Wb \cdot A^{-1} = 1\,kg \cdot m^2 \cdot A^{-2} \cdot s^{-2}$ |
| Aktivität | Bq | (Becquerel) | $1\,Bq = 1\,s^{-1}$ |
| Energiedosis | 1 Gy | (Gray) | $1\,Gy = 1\,J \cdot kg^{-1}$ |
| Äquivalentdosis | Sv | (Sievert) | $1\,Sv = 1\,J \cdot kg^{-1}$ |

## Nicht zulässige Einheiten

| Größenart | Einheit | Zusammenhang | Größenart | Einheit | Zusammenhang |
|---|---|---|---|---|---|
| Länge | Ångström | 1 Å = $10^{-10}$ m | Temperatur | Grad | 1 grd = 1 K |
| Kraft | Kilopond | 1 kp = 9,806 65 N | Leistung | PS | 1 PS = 75 kp · m · $s^{-1}$ |
| | Dyn | 1 dyn = $10^{-5}$ N | magnetischer Fluss | Maxwell | 1 M = $10^{-8}$ Wb |
| Druck | Atmosphäre | 1 at = 98 066,5 Pa | magnetische Flussdichte | Gauß | 1 G = $10^{-4}$ T |
| | Torr | 1 Torr = $\frac{101325}{760}$ Pa | magnetische Feldstärke | Oerstedt | 1 Oe = 79,577 A · $m^{-1}$ |
| | mm Quecksilbersäule | 1 mm Hg = 1 Torr | Leuchtdichte | Stilb | 1 sb = $10^4$ cd · $m^{-2}$ |
| | mm Wassersäule | 1 mm WS = 9,81 Pa | Aktivität | Curie | 1 Ci = 3,7 · $10^{10}$ $s^{-1}$ |
| Energie, Arbeit, Wärme | Kalorie | 1 cal = 4,1868 J | | Rutherford | 1 Rd = $10^6$ $s^{-1}$ |
| | Kilokalorie | 1 kcal = 4,1868 kJ | Energiedosis | Rad | 1 rd = 0,01 J · $kg^{-1}$ |
| | Kilopondmeter | 1 kp · m = 9,806 65 J | Äquivalentdosis | Rem | 1 rem = 0,01 J · $kg^{-1}$ |
| | Erg | 1 erg = $10^{-7}$ J | Ionendosis | Röntgen | 1 R = 2,6 · $10^{-4}$ C · $kg^{-1}$ |

## Spezielle Einheiten und ausländische Einheiten außerhalb des SI

| | | | | |
|---|---|---|---|---|
| **1 geografische Meile** | 7420 m | **1 inch (in)** | 2,54 cm (1 Zoll) | |
| **1 Seemeile (sm)** | 1852 m | **1 foot (ft)** | 30,48 cm | |
| **1 Knoten (kn) = 1 sm · $h^{-1}$** | | **1 yard (yd) = 3 ft** | 91,44 cm | |
| **1 Faden** | 1,829 m | **1 mile (mi)** | 1609 m | |
| **1 Ar (a)** | 100 $m^2$ | **1 acre (ac)** | 4047 $m^2$ | |
| **1 Hektar (ha) = 100 a** | $10^4$ $m^2$ | **1 ounce (oz)** | 28,35 g | |
| **1 Liter (l)** | 1000 $cm^3$ = 1 $dm^3$ | **1 pound (lb) = 16 oz** | 453,6 g | |
| **1 Hektoliter (hl)** | 100 l = 0,1 $m^{-3}$ | **1 quart (qu) = 28 lbs** | 12,70 kg | |
| **1 Festmeter (fm)** | 1 $m^3$ | **1 short ton = 2000 lbs** | 907,2 kg | |
| **1 Bruttoregistertonne (BRT)** | 2,831 685 $m^3$ | **1 long ton = 2240 lbs** | 1016 kg | |
| **1 Karat (ct)** | 0,2051 g | **1 °Fahrenheit (°F)** | $\frac{5}{9}$ °C allgemein: x °C = ($\frac{9}{5}$x + 32) °F | |
| **1 Dioptrie (dpt)** | 1 $m^{-1}$ | | **englisch** | **amerikanisch** |
| **1 Lumen (lm)** | 1 cd sr | **1 pint (liq. pt)** | 0,5683 l | 0,4732 l |
| **1 Lux (lx)** | 1 lm $m^{-2}$ | **1 gallon (gal)** | 4,5461 l | 3,7854 l |
| **1 Siemens (S)** | 1 $\Omega^{-1}$ | **1 petroleum barrel (bbl)** | 159,758 l | 158,987 l |

### Vorsilben für dezimale Vielfache und Teile von Einheiten

| Vorsilbe | Exa (E) | Peta (P) | Tera (T) | Giga (G) | Mega (M) | Kilo (k) | Hekto (h) | Deka (da) |
|---|---|---|---|---|---|---|---|---|
| bedeutet | $10^{18}$ | $10^{15}$ | $10^{12}$ | $10^{9}$ | $10^{6}$ | $10^{3}$ | $10^{2}$ | $10^{1}$ |
| **Vorsilbe** | **Dezi (d)** | **Zenti (c)** | **Milli (m)** | **Mikro (μ)** | **Nano (n)** | **Piko (p)** | **Femto (f)** | **Atto (a)** |
| bedeutet | $10^{-1}$ | $10^{-2}$ | $10^{-3}$ | $10^{-6}$ | $10^{-9}$ | $10^{-12}$ | $10^{-15}$ | $10^{-18}$ |

### Winkeleinheiten *

| Ebener Winkel | | rad (Radiant) | ° (Grad) | gon (Gon) | Raumwinkel |
|---|---|---|---|---|---|
| 1 rad = 1 m/m | = | 1 | 57,296 | 63,662 | sr (Steradiant) 1 sr = 1 $m^2/m^2$ |
| 1° = 60′ = 3600″ | = | $\frac{\pi}{180}$ = 0,017 453 3 | 1 | 1,111 | Vollkugel = $4\pi$ sr |
| 1 gon | = | $\frac{\pi}{200}$ = 0,015 708 | 0,900 | 1 | Halbkugel = $2\pi$ sr |

* Die Einheit 1 Grad darf nicht mit den Vorsilben für Vielfache oder Teile verwendet werden, sondern nur mit 10er-Potenzen als Vielfache.

### Zeiteinheiten *

| | s (Sekunde) | min (Minute) | h (Stunde) | d (Tag) | a (Jahr) |
|---|---|---|---|---|---|
| **1 s =** | 1 | $1{,}667 \cdot 10^{-2}$ | $2{,}778 \cdot 10^{-4}$ | $1{,}157 \cdot 10^{-5}$ | $3{,}171 \cdot 10^{-8}$ |
| **1 min =** | 60 | 1 | $1{,}667 \cdot 10^{-2}$ | $6{,}944 \cdot 10^{-4}$ | $1{,}903 \cdot 10^{-6}$ |
| **1 h =** | 3600 | 60 | 1 | $4{,}167 \cdot 10^{-2}$ | $1{,}142 \cdot 10^{-4}$ |
| **1 d =** | 86400 | 1440 | 24 | 1 | $2{,}740 \cdot 10^{-3}$ |
| **1 a =** | $3{,}1536 \cdot 10^{7}$ | $5{,}256 \cdot 10^{5}$ | 8760 | 365 | 1 |

* Außer der Einheit 1 Sekunde dürfen die anderen Zeiteinheiten nicht mit den Vorsilben für Teile bzw. Vielfache verwendet werden, sondern nur mit Zehnerpotenzen als Vielfache.

### Krafteinheiten *

| | N | cN | kN | MN |
|---|---|---|---|---|
| **1 N =** | 1 | 100 | 0,001 | $1 \cdot 10^{-6}$ |
| **1 cN =** | 0,01 | 1 | $1 \cdot 10^{-5}$ | $1 \cdot 10^{-8}$ |
| **1 kN =** | 1000 | $1 \cdot 10^{5}$ | 1 | 0,001 |
| **1 MN =** | $1 \cdot 10^{6}$ | $1 \cdot 10^{8}$ | 1000 | 1 |
| 1 kp ≈ | 9,81 N | | 1 p ≈ | 10 mN |

* 1 kp (Kilopond) = 9,806 65 N, 1 p (Pond) = 0,009 81 N sind alte, nicht mehr zu verwendende Einheiten.

### Druckeinheiten *

| | Pa | MPa | bar | mbar | at | atm | Torr |
|---|---|---|---|---|---|---|---|
| **1 Pa =** | 1 | $1 \cdot 10^{-6}$ | $1 \cdot 10^{-5}$ | 0,001 | $1{,}02 \cdot 10^{-5}$ | $9{,}87 \cdot 10^{-6}$ | 0,0075 |
| **1 MPa =** | $1 \cdot 10^{6}$ | 1 | 10 | $1 \cdot 10^{4}$ | 10,2 | 9,87 | 7500,6 |
| **1 bar =** | $1 \cdot 10^{5}$ | 0,1 | 1 | 1000 | 1,02 | 0,987 | 750 |
| **1 mbar =** | 100 | $1 \cdot 10^{-4}$ | 0,001 | 1 | $1{,}02 \cdot 10^{-5}$ | $9{,}87 \cdot 10^{-4}$ | 0,75 |
| **1 at =** | 98 066,5 | 0,0981 | 0,981 | 981 | 1 | 0,968 | 735,5 |
| **1 atm =** | 101 325 | 0,1013 | 1,013 | 1013 | 1,0333 | 1 | 760 |
| **1 Torr =** | 133 | $1{,}33 \cdot 10^{-4}$ | $1{,}33 \cdot 10^{-3}$ | 1,33 | 0,001 36 | 0,001 32 | 1 |

* Die Einheiten 1 at = technische Atmosphäre, 1 atm = physikalische Atmosphäre und 1 Torr = 1 mmHg sind nicht mehr zu verwenden.

### Energieeinheiten

| | J | kJ | kWh | MeV | kcal |
|---|---|---|---|---|---|
| **1 J =** | 1 | 0,001 | $2{,}78 \cdot 10^{-7}$ | $6{,}241 \cdot 10^{12}$ | $2{,}39 \cdot 10^{-4}$ |
| **1 kJ =** | 1000 | 1 | $2{,}78 \cdot 10^{-4}$ | $6{,}241 \cdot 10^{15}$ | 0,293 |
| **1 kWh =** | $3{,}6 \cdot 10^{6}$ | 3600 | 1 | $2{,}25 \cdot 10^{19}$ | 860 |
| **1 MeV =** | $1{,}602 \cdot 10^{-13}$ | $1{,}602 \cdot 10^{-16}$ | $4{,}45 \cdot 10^{-20}$ | 1 | $3{,}38 \cdot 10^{-17}$ |
| **1 kcal =** | 4186,8 | 4,1868 | 0,001 163 | $2{,}61 \cdot 10^{16}$ | 1 |

* Die Einheit 1 kcal (Kilokalorie) ist veraltet.

### Leistungseinheiten *

| | W | kW | PS |
|---|---|---|---|
| **1 W =** | 1 | 0,001 | 0,00136 |
| **1 kW =** | 0174533 | 1 | 1,36 |
| **1 PS =** | 736 | 0,736 | 1 |

* Die Einheit 1 PS (Pferdestärke) ist veraltet.

**Naturkonstanten und Normwerte**

| | | | |
|---|---|---|---|
| **Lichtgeschwindigkeit im Vakuum** | $c_0 = 2{,}99792458 \cdot 10^8 \frac{m}{s}$ | **atomare Masseneinheit [amu]** | $1\,u = 1{,}660538782 \cdot 10^{-27}\,kg = 931{,}494028\,MeV/c^2$ |
| **Gravitationskonstante** | $\gamma = 6{,}67428 \cdot 10^{-11} \frac{m^3}{kg \cdot s^2}$ | **Elektronvolt** | $1\,eV = 1{,}602176487 \cdot 10^{-19}\,J$ |
| **Elementarladung** | $e = 1{,}602176487 \cdot 10^{-19}\,C$ | **Ruhemasse des Elektrons** | $m_e = 9{,}10938215 \cdot 10^{-31}\,kg = 0{,}510998910\,MeV/c^2$ |
| **elektrische Feldkonstante** | $\varepsilon_0 = 8{,}854187817 \cdot 10^{-12} \frac{C}{V \cdot m}$ | **spezifische Ladung des Elektrons** | $\frac{e}{m_e} = 1{,}758820150 \cdot 10^{11} \frac{C}{kg}$ |
| **magnetische Feldkonstante*** | $\mu_0 = 1{,}2566370614 \cdot 10^{-6} \frac{V \cdot s}{A \cdot m}$ | **Ruhemasse des Protons** | $m_p = 1{,}672621637 \cdot 10^{-27}\,kg = 938{,}272013\,MeV/c^2$ |
| **Faraday'sche Konstante** | $F = 9{,}64853399 \cdot 10^4 \frac{C}{mol}$ | **Massenverhältnis Proton : Elektron** | $\frac{m_p}{m_e} = 1836{,}1527673$ |
| **absoluter Nullpunkt ($T$ = 0 K)** | $\vartheta = -273{,}15\,°C$ | **Ruhemasse des Neutrons** | $m_n = 1{,}674927211 \cdot 10^{-27}\,kg = 939{,}565346\,MeV/c^2$ |
| **allgemeine Gaskonstante** | $R = 8{,}314472 \frac{J}{K \cdot mol}$ | **Ruhemasse des H-Atoms** | $m_H = 1{,}673534 \cdot 10^{-27}\,kg$ |
| **Boltzmann-Konstante** | $k = 1{,}3806504 \cdot 10^{-23} \frac{J}{K}$ | **magn. Moment des Elektrons** | $\mu_e = -9{,}2847701 \cdot 10^{-24} \frac{J}{T}$ |
| **Stefan-Boltzmann-Konstante** | $\sigma = 5{,}670400 \cdot 10^{-8} \frac{W}{m^2 \cdot K^4}$ | **magn. Moment des Protons** | $\mu_p = 1{,}41060761 \cdot 10^{-26} \frac{J}{T}$ |
| **Avogadro-Konstante** | $N_A = 6{,}02214179 \cdot 10^{23} \frac{1}{mol}$ | **Feinstruktur-Konstante** | $\alpha = \frac{1}{137{,}0359891}$ |
| **Planck'sches Wirkungsquantum** | $h = 6{,}62606896 \cdot 10^{-34}\,J \cdot s = 4{,}13566733 \cdot 10^{-15}\,eV \cdot s$ | **Hubble-Konstante** (Fluchtgeschwindigkeit $v = H \cdot r$ von Galaxien je Mpc Entfernung $r$)** | $H = 74{,}2 \frac{km}{s \cdot Mpc}$ |
| **Comptonwellenlänge des Elektrons** | $\lambda_C = 2{,}426310238 \cdot 10^{-12}\,m$ | **Normfallbeschleunigung** | $g_0 = 9{,}80665 \frac{m}{s^2}$ |
| **Solarkonstante oberhalb Lufthülle** | $S = 1{,}367 \cdot 10^3 \frac{W}{m^2}$ | **Normdruck** | $p_0 = 101325\,Pa = 1013{,}25\,hPa$ |
| **Wien'sche Konstante** | $b = 2{,}8977685 \cdot 10^{-3}\,m \cdot K$ | **Normtemperatur** | $\vartheta = 0\,°C$ bzw. $T = 273{,}15\,K$ |
| **Rydberg-Konstante** | $R_\infty = 1{,}09737316568 \cdot 10^7 \frac{1}{m}$ | **Norm(Mol-)volumen idealer Gase** | $V_{m0} = 22{,}41383 \frac{dm^3}{mol}$ |
| **Rydberg-Frequenz für H-Atom** | $R_H = 3{,}289841960361 \cdot 10^{15} \frac{1}{s}$ | **Tripelpunkt des Wassers** | $T = 273{,}16\,K$ |

* per Definition $\mu_0 = 4\pi \cdot 10^{-7}\,V \cdot s \cdot A^{-1} \cdot m^{-1}$, mit Rückwirkung auf die Festlegung für 1 A und $\varepsilon_0$;
** Kehrwert von $H$ ergibt ein Alter für das Weltall (≈ 13,7 Mrd. Jahre).

### Einheiten und Begriffe

| | | |
|---|---|---|
| **Astronomische Einheit** | 1 AE = $1{,}495\,978\,706\,91 \cdot 10^{11}$ m<br>*(engl. 1 AU)* | mittlere Entfernung der Erde beim Umlauf um die Sonne |
| **Lichtjahr** | 1 LJ = 63 240 AE = $9{,}460\,528\,4 \cdot 10^{15}$ m<br>(engl. 1 ly) | Entfernung, die das Licht im Vakuum in 1 Jahr zurücklegt |
| **Parsec** | 1 pc = 3,262 LJ = 206 265 AE = $3{,}085\,677\,6 \cdot 10^{16}$ m | Entfernung, in der 1 AE unter dem Winkel 1″<br>(es ist 1° = 3600″) erscheint |
| **Äquator-System** | Koordinatensystem am Himmel, das durch Projektion des Längen- und Breitengrad-Netzes der Erde auf die unendlich entfernt angenommene Himmelskugel entsteht. | Die gedachten Verlängerungen von Erdachse und Äquatorebene am Himmel definieren die Himmelspole und den Himmelsäquator. |

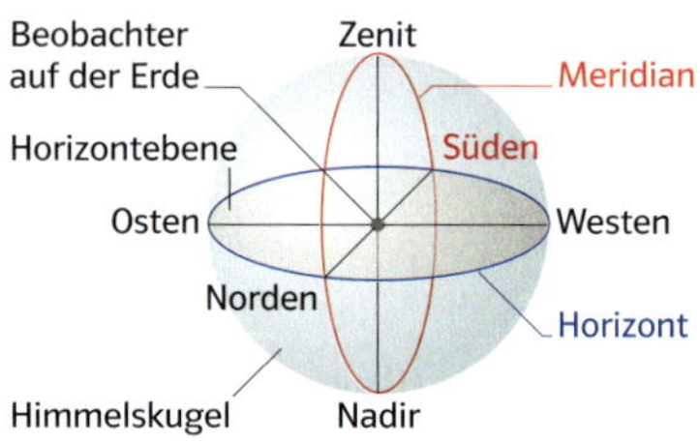


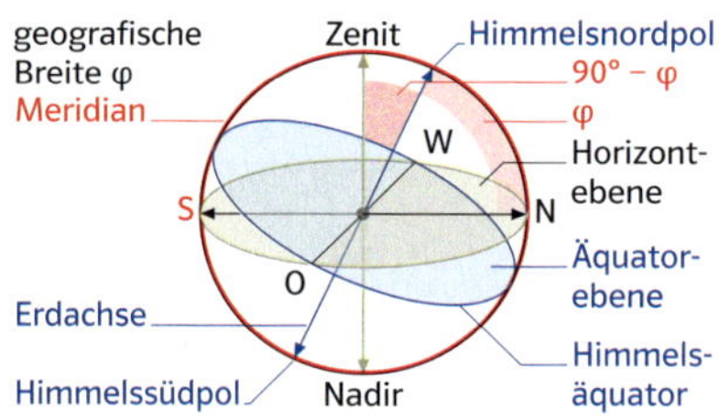


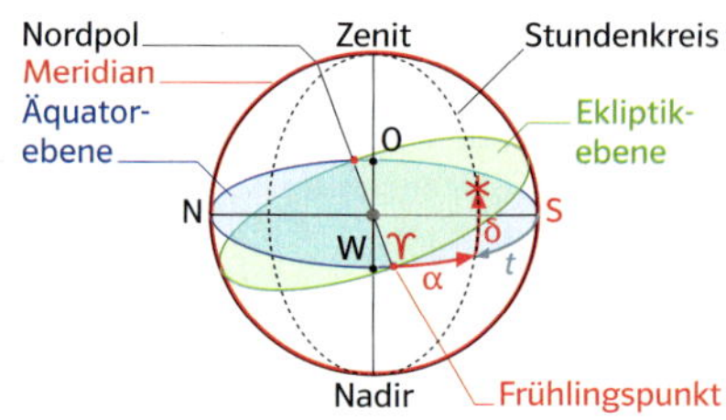


| | | |
|---|---|---|
| **Deklination** | *δ* ist der Winkelabstand eines Gestirns vom Himmelsäquator; sie wird nach Norden positiv, nach Süden negativ gezählt (Pole = ±90°, Äquator = 0°). | Von der täglichen, scheinbaren Bewegung unabhängige Zählung der Höhe eines Gestirns über der Äquatorebene |
| **Rektaszension** | *α* ist der Winkel zwischen den Großkreisen des Frühlingspunkts und des Gestirns auf dem Himmelsäquator, in Zeiteinheiten (360° ≙ 24 h) gezählt[2]. | Der Frühlingspunkt ist der Schnittpunkt von Himmelsäquator und Ekliptik, an dem sich die Sonne im Frühjahr befindet |
| **Stundenwinkel** | *t* ist der Winkel zwischen Stundenkreis (Großkreis durch Zenit und momentanen Ort des Gestirns) und Himmelsmeridian (vom Längenkreis des Ortes bestimmt), gemessen auf dem Himmelsäquator. | Der Winkel wächst mit der täglichen Erdrotation und gibt an, welche Zeit seit der oberen (südlichen) Kulmination[3] des Sterns vergangen ist. |
| **Tag (mittl. Sonnentag)** | 1 d = 24 h = 1440 min = 86400 s<br>= 1,002 737 904 Sterntage | Ursprünglich ein Mittelwert der unterschiedlich langen Sonnentage im Jahr |
| **Sterntag (mittl. Sterntag)** | 1 d* = 23 h 56 min 4,091 s = 86 164,091 s<br>= 0,997 269 572 d | Zeitspanne zwischen zwei wiederkehrenden Kulminationen[3] eines Gestirns |
| **siderisches Jahr**[1] | 1 $a^{sid}$ = 365 d 6 h 9 min 9 s<br>= 365,256 360 d | Umlaufdauer der Erde um die Sonne relativ zum Fixsternhimmel |
| **Sonnenjahr**[1] | 1 $a^{trop}$ = 365 d 5 h 48 min 46 s<br>= 365,242 199 d | Auf den Frühlingspunkt[4] bezogene Umlaufdauer der Erde um die Sonne |
| **Sekunde**[1] | 1 s ist Basiseinheit des SI-Einheitensystems, die durch extrem genaue Atomuhren geliefert wird. | Die Länge der Sekunde ist unabhängig von astronomischen Vorgängen. |

[1] Die Rotationsgeschwindigkeit der Erde nimmt infolge der Gezeitenreibung langsam ab. Die Jahreslänge von 365 bzw. 366 Tagen zu konstant 86 400 s (das ist die SI-Einheit „Sekunde" von Atomuhren) pro Tag muss daher gelegentlich der zunehmenden astronomischen Jahreslänge durch Einfügen von extra „Schaltsekunden" angepasst werden.

[2] ausgehend vom Frühlingspunkt im Gegenuhrzeigersinn.

[3] Die Kulminationen (Höchststände) der Gestirne im Süden liegen alle auf demselben Großkreis, dem Meridian der Himmelskugel, der durch die Himmelspole sowie durch den Zenit des Ortes verläuft

[4] Die Ekliptik ist die scheinbare Bahn der Sonne um die Erde im Laufe eines Jahres durch den Fixsternhimmel. Bei Tagundnachtgleiche im Frühjahr schneidet die Sichtlinie von der Erde zur Sonne die Ekliptik im Frühlingspunkt. Er ist der Nullpunkt der Rektaszension, dem Winkel zum Stundenkreis des Sterns, der von Süden aus in Stunden-Minuten-Sekunden-Einheiten gezählt wird. Wegen der Präzession der Erdachse verschiebt sich der Frühlingspunkt entgegen der scheinbaren Sonnenbewegung um 0,014 Grad pro Jahr (das sind 360° in rund 25 800 Jahren). Deshalb ist ein mittlerer Sterntag um 0,008 s kürzer als ein siderischer.

## Einheiten und Begriffe

| | | |
|---|---|---|
| **numerische Exzentrizität $\varepsilon$** | $a$ = große Halbachse<br>$b$ = kleine Halbachse<br>$\varepsilon = \sqrt{1 - \frac{b^2}{a^2}}$<br>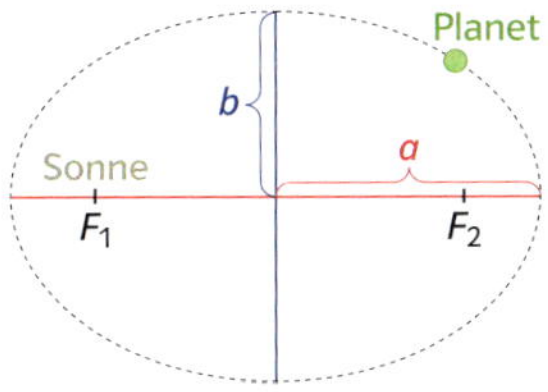<br> | Die Form der Ellipsenbahn mit der Sonne in einem Brennpunkt ist durch ihre beiden Halbachsen festgelegt. Je näher $\varepsilon$ bei 0 liegt, umso weniger weicht die Ellipse von der Kreisform ab.<br>(In der Grafik ist die Ellipsenform zur Verdeutlichung stark übertrieben.) |
| **Leuchtkraft $L$ eines Sterns** | $L = \frac{E}{t} = E \cdot 4\pi r^2$<br>Außerdem gilt: $L = \sigma \cdot A \cdot T^4$<br>($\sigma$ = Stefan-Boltzmann-Konstante) | Die Leuchtkraft $L$ gibt an, wie viel Energie ein Stern pro Zeiteinheit abstrahlt. Sie hängt vom Radius $r$ (bzw. der Fläche $A = \pi \cdot r^2$) und der Temperatur $T$ an seiner Oberfläche ab. |
| **scheinbare Helligkeit $m$** | $m_1 - m_2 = -2{,}5\,\text{mag} \cdot \lg\left(\frac{E_1}{E_2}\right)$<br>Bezugspunkt ist der Fixstern Wega mit $m_1 = 0$ mag | Das Verhältnis der scheinbaren Helligkeiten $m$ und $m + 1$ zweier Sterne ist definiert worden (es folgt dem Weber-Fechner'schen Gesetz). |
| **absolute[1] Helligkeit $M$** | Für den Unterschied zwischen absoluter und scheinbarer Helligkeit gilt ein<br>Entfernungsmodul: $m - M = 5\,\text{mag} \cdot \lg\left(\frac{r}{10\,\text{pc}}\right)$ | $m$ ist die scheinbare Helligkeit eines Sterns mit der Leuchtkraft $L$, also proportional $r^{-2}$.<br>$M$ ist die Helligkeit des Sterns mit derselben Leuchtkraft $L$, wenn er sich im Abstand von 10 pc befinden würde. |
| **Vergrößerung, Auflösungsvermögen[2]** | $V = \frac{f_{\text{Obj}}}{f_{\text{Oku}}}$; $m = m_0 + 2{,}5 \cdot \log\left(\frac{D}{d}\right)^2$; $A = \frac{1{,}22\,\lambda}{D}$<br>$m_0$ = Grenzhelligkeit des Auges<br>$m$ = Grenzhelligkeit mit Fernrohr<br>$D$ = Objektivdurchmesser $d$ = Pupillendurchmesser<br>$Ö = D/f$ = Öffnungsverhältnis | Auflösungsvermögen $A$ und Öffnungsverhältnis $Ö$ begrenzen die Vergrößerung $V$. Die maximale Helligkeit eines Sternbildes wird von den Durchmessern des Objektivs $D$ und der Pupille $d$ bestimmt. Ohne sichtbare Beugungsringe wird ein Stern optimal (1 mm) abgebildet, wenn $\lvert f_{\text{Oku}} \rvert = f_{\text{Obj}}/D$ ist. |

[1] Die Sonne würde mit ihrer Leuchtkraft aus der Entfernung von 10 pc als ein Stern der Größe $4{,}6^{\text{m}}$ erscheinen.
[2] Wird $A$ mit $(360/2\pi) \cdot 3600 = 206\,265$ multipliziert, so erhält man das Auflösungsvermögen in Bogensekunden; in der Regel wird von $m_0 = 6\,\text{mag}$ und $d \le 7\,\text{mm}$ ausgegangen.

### Helligkeitsverhältnisse bei den Größenklassen $m = 1\,\text{mag}$ bis $m = 6\,\text{mag}$*

| Größenklassenunterschied in mag | 0,0 | 1,0 | 2,0 | 3,0 | 4,0 | 5,0 | 6,0 |
|---|---|---|---|---|---|---|---|
| Helligkeitsverhältnis | 1 | 2,51 | 6,3 | 15,9 | 39,8 | 100 | 251 |

* Per Definition beträgt der Unterschied der Helligkeiten zwischen zwei Größenklassen $\Delta m = 1$, also $\lg(E_2/E_1) = \frac{-2}{5}$ bzw. $E_2/E_1 = 10^{\frac{-2}{5}} = \sqrt[5]{100}$. Einem Größenklassenunterschied von 5 entspricht demnach ein Helligkeitsverhältnis von 1:100.

### Helligkeit der Planeten, des Zwergsterns Pluto und einiger Fixsterne (bei den Planeten die größte Helligkeit in Erdnähe)

| Helligkeit | Sonne | Vollmond | Venus | Mars | Jupiter | Saturn | Uranus | Neptun | Pluto |
|---|---|---|---|---|---|---|---|---|---|
| $m$ in mag | −26,73 | −12,5 | −4,4 | −3,1 | −2,7 | −0,6 | 5,3 | 7,5 | 14,0 |
| | Sirius | Arktur | Wega | Rigel | Atair | Spica | Aldebaran | Pollux | Polarstern |
| $m$ in mag | −1,6 | −0,1 | 0,03 | 0,12 | 0,8 | 0,9 | 1,1 | 1,2 | +8,6 |
| $M$ in mag | +1,4 | −0,3 | +0,5 | −7,1 | +2,2 | −3,6 | −0,2 | +0,7 | −4,6 |

### Refraktion und Absorption der Atmosphäre – van-Allen-Gürtel

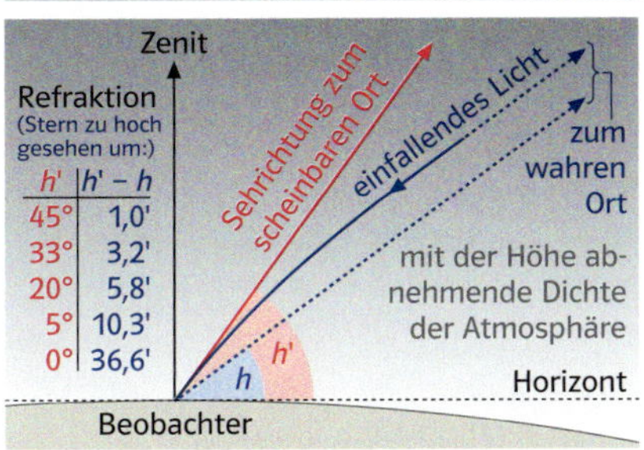


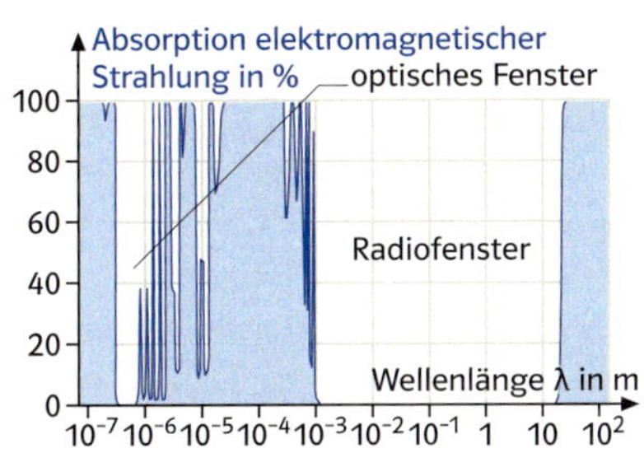


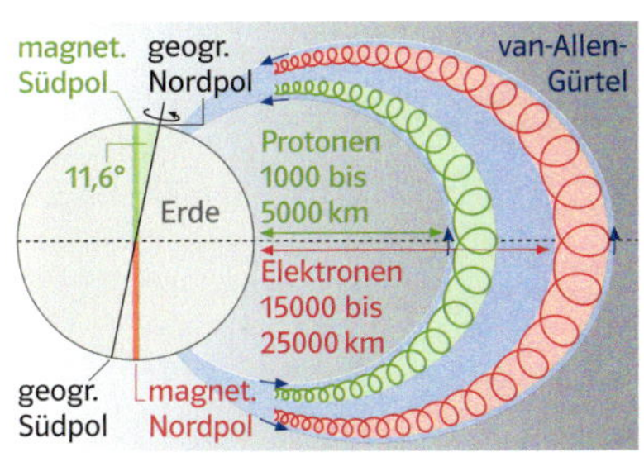

## Ekliptik mit Sternbildern des Tierkreises*

| Sternbild *(lateinischer Name)* | | Breite |
|---|---|---|
| Widder *(Aries)* | ♈ | 25° |
| Stier *(Taurus)* | ♉ | 37° |
| Zwillinge *(Gemini)* | ♊ | 28° |
| Krebs *(Cancer)* | ♋ | 20° |
| Löwe *(Leo)* | ♌ | 36° |
| Jungfrau *(Virgo)* | ♍ | 44° |
| Waage *(Libra)* | ♎ | 23° |
| Skorpion *(Scorpius)* | ♏ | 25° |
| Schütze *(Sagittarius)* | ♐ | 33° |
| Steinbock *(Capricornus)* | ♑ | 28° |
| Wassermann *(Aquarius)* | ♒ | 24° |
| Fische *(Pisces)* | ♓ | 37° |

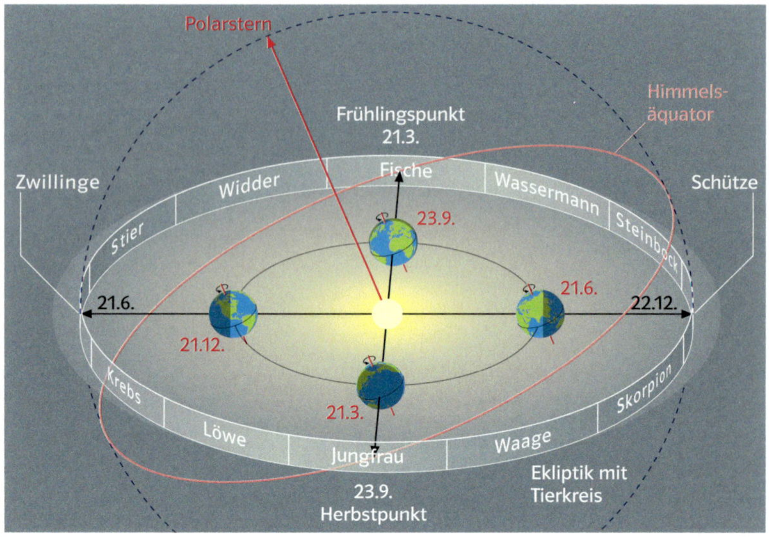


* Im scheinbaren Lauf um die Erde wandert der Auftreffpunkt des Sehstrahles von der Erde zur Sonne auf die Himmelskugel beim mittäglichen Höchststand während eines Jahres durch 12 Sternbilder. Die Gesamtheit dieser längs der Ekliptik angeordneten Sternbilder bildet den Tierkreis. Er besteht aus 12 gleich großen Tierkreisbereichen (ehemals Sternbilder gleichen Namens). Infolge der Präzession der Erdachse (mit 50,26″ pro Jahr) um den Himmelspol in rund 25 800 Jahren (damit rotiert auch der Frühlingspunkt) fallen heute die Sternbilder nicht mehr mit den vor mehr als 2500 Jahren im Jahreslauf fixierten Tierkreisbildern zusammen. Der Frühlingspunkt befindet sich nach Definition am Beginn des Sternbildes Widder. Das Sternbild Widder ist heute in den Tierkreissektor der Fische verschoben, das Sternbild Fische liegt im Tierkreissektor des Wassermanns usw.

## Winkel am Himmel

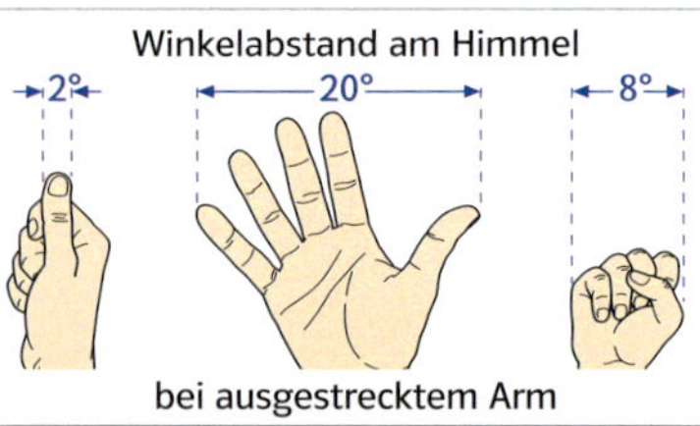


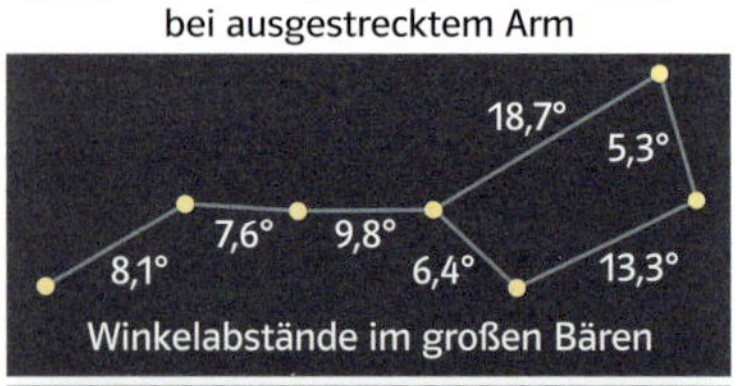


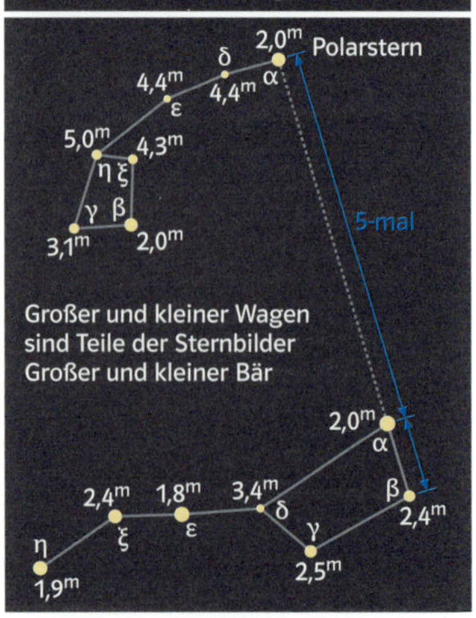


## Einige Sternbilder (nicht maßstäblich und vollständig)

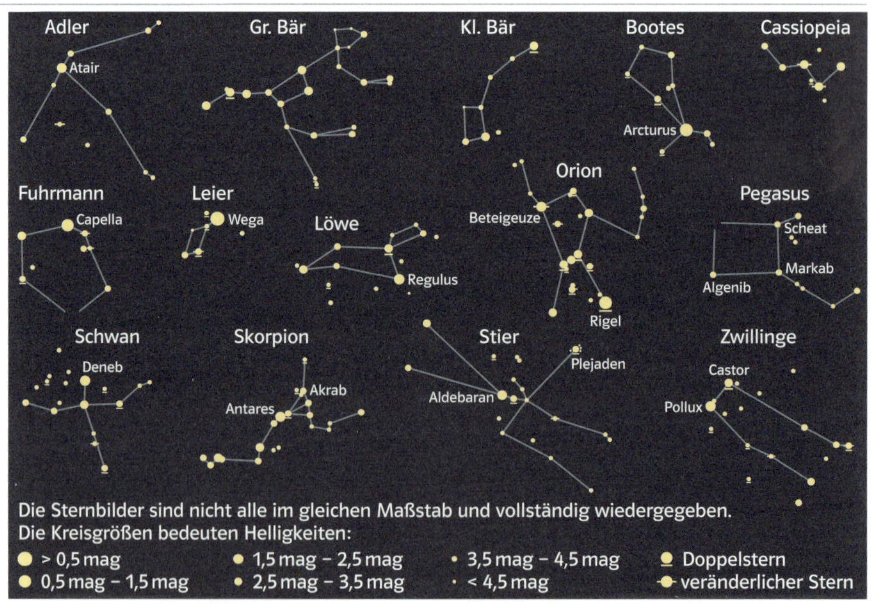


| Sichtbarkeit in Deutschland | | | | | | | |
|---|---|---|---|---|---|---|---|
| Adler | Jul – Aug | Cepheus | immer | Krebs | Feb – Mär | Schwan | Jul – Aug |
| Andromeda | Okt – Nov | Drache | immer | Löwe | Mär – Apr | Skorpion | Jun – Jul |
| Bär, großer | immer | Fuhrmann | Dez – Jan | Leier | Jul – Aug | Stier | Dez – Jan |
| Bär, kleiner | immer | Giraffe | immer | Orion | Jan – Feb | Waage | Apr – Aug |
| Bootes | Mai – Jun | Herkules | Jun – Jul | Pegasus | Sep – Okt | Wasserm. | Sep – Okt |
| Cassiopeia | immer | Jungfrau | Apr – Mai | Perseus | Nov – Dez | Zwillinge | Jan – Feb |

## Astronomische Konstanten der Sonne

| | | | | | |
|---|---|---|---|---|---|
| **mittl. Äquatorradius** | $6{,}950 \cdot 10^5$ km | **Fallbeschleunigung**[6] | $274\,\mathrm{m} \cdot \mathrm{s}^{-2}$ | **Solarkonstante**[9] | $1{,}37 \cdot 10^3\,\mathrm{J} \cdot \mathrm{s}^{-1}$ |
| **Oberfläche**[1] | $6{,}087 \cdot 10^{12}\,\mathrm{km}^2$ | **Fluchtgeschwindigkeit** | $6{,}177 \cdot 10^5\,\mathrm{m} \cdot \mathrm{s}^{-1}$ | **scheinbare Helligkeit** $m_{vis}$ | $-26{,}70$ |
| **Volumen**[2] | $1{,}412 \cdot 10^{18}\,\mathrm{km}^3$ | **Neigung der Rotationsachse**[7] | 7° 15′ | **absolute Helligkeit** $M_{vis}$ | 4,37 |
| **Masse**[3] | $1{,}98843 \cdot 10^{30}$ kg | **Rotationsdauer am Äquator** | 24,6 d | **Dicke der Photosphäre** | ≈ 300 km |
| **mittlere Dichte**[4] | $1{,}408 \cdot 10^3\,\mathrm{kg} \cdot \mathrm{m}^{-3}$ | **Rotationsdauer in Polnähe** | 35 d | **Magnetfeld-Photosphäre** | $\approx 3 \cdot 10^4$ T |
| **Massenverlust**[5] | $4{,}295 \cdot 10^9\,\mathrm{kg} \cdot \mathrm{s}^{-1}$ | **Oberflächentemperatur** | 5780 K | *in Sonnenflecken* | $\approx 4 \cdot 10^7$ T |
| bis heute | $\approx 5 \cdot 10^{26}$ kg | **Strahlungsleistung**[8] | $3{,}85 \cdot 10^{26}$ W | (Sonnenfleckendurchm. | $\approx 5 \cdot 10^4$ km) |
| durch Sonnenwind | $\approx 10^9\,\mathrm{kg} \cdot \mathrm{s}^{-1}$ | **Kerntemperatur** | $\approx 15 \cdot 10^6$ K | **Umlaufdauer**[10] | $225 \cdot 10^6$ Jahre |
| **Alter** | $\approx 4{,}5 \cdot 10^9$ Jahre | **Sonnenkorona** | $\approx 2{,}7 \cdot 10^6$ K | **Spektraltyp** | G2 |

[1] 11930 Erdoberflächen; [2] 1304000 Erdvolumen; [3] 333000 Erdmassen; [4] 0,26fache Erddichte; [5] durch Kernfusion von $\approx 4{,}64 \cdot 10^{11}$ kg Wasserstoff zu $\approx 4{,}60 \cdot 10^{11}$ kg Helium; Geschwindigkeit des Sonnenwindes ≈ 480 km/s; [6] 28fache Erdbeschleunigung; [7] Neigung gegenüber der Ekliptik; [8] Strahlungsleistung bzw. Leuchtkraft in der Entfernung von 1 AE; [9] oberhalb Lufthülle; [10] Umlauf des Sonnensystems um das galaktische Zentrum mit ≈ 220 km/s

## Astronomische Konstanten der Erde

| | | | | | |
|---|---|---|---|---|---|
| **Masse** | $5{,}97223 \cdot 10^{24}$ kg | **Höhe stationärer Satellit** | $3{,}6 \cdot 10^4$ km | **mittlere Bahngeschwindigkeit** | $29{,}8\,\mathrm{km} \cdot \mathrm{s}^{-1}$ |
| der Atmosphäre | $5{,}1 \cdot 10^{18}$ kg | **Abstand zur Sonne**[4] | $149{,}6 \cdot 10^6$ km | **siderische Umlaufdauer** | 1,0004 a |
| **Äquatorradius**[1] | $6{,}378 \cdot 10^6$ m | *Minimum*[4] | $147 \cdot 10^6$ km | **siderische Rotation** | 23,93419 h |
| **Abplattung**[2] | $\frac{a-b}{a} = \frac{1}{298} = 0{,}0034$ | *Maximum*[4] | $152 \cdot 10^6$ km | **Präzession der Erdachse** | 25700 a |
| **mittlere Dichte** | $5{,}517 \cdot 10^3\,\mathrm{kg} \cdot \mathrm{m}^{-3}$ | **Exzentrizität**[5] | 0,0167 | **Albedo**[8] | 0,37 |
| **Fallbeschleunigung**[3] | $9{,}7803\,\mathrm{m} \cdot \mathrm{s}^{-2}$ | **Bahnneigung**[6] | 0° | **magnetische Flussdichte**[9] | $48 \cdot 10^{-6}$ T |
| **Fluchtgeschwindigkeit** | $11{,}17 \cdot 10^3\,\mathrm{m} \cdot \mathrm{s}^{-1}$ | **Äquatorneigung**[7] | 23° 26′ 21,4119″ | **Neigung der Feldachse**[9] | 11,6° |

[1] Mittelwert; [2] $a$ = 12756 km = Äquatordurchmesser, $b$ = 12714 km = Poldurchmesser; [3] am Äquator; Mittelwert ≈ Normfallbeschleunigung $9{,}80665\,\mathrm{m/s^{-2}}$; [4] Mittelwert (Minimum Anfang Januar, Maximum Anfang Juli); [5] numerische Exzentrizität (bei Kreisbahn wäre $\varepsilon = 0$); [6] Wert per Definition; [7] entsprechend Neigung der Erdachse; [8] Albedo ist das Verhältnis des Richtung Erde reflektierten Lichtes zum senkrecht einfallenden Sonnenlicht; [9] Betrag in Frankfurt/Main; das Magnetfeld ändert sich ständig in Betrag und Richtung, der Betrag nimmt zur Zeit deutlich ab; die Flussdichte an den Magnetpolen (Feldlinien senkrecht zur Erdoberfläche) beträgt zur Zeit ≈ 72 µT, am Äquator (Feldlinien parallel zur Erdoberfläche) ≈ 26 µT (Werte von 1995).

## Astronomische Konstanten des Mondes

| | | | | | |
|---|---|---|---|---|---|
| **Masse**[1] | $7{,}349 \cdot 10^{22}$ kg | **Fluchtgeschwindigkeit** | $2{,}38 \cdot 10^3\,\mathrm{m} \cdot \mathrm{s}^{-1}$ | **Albedo**[10] | 0,067 |
| **Äquatorradius**[2] | 1738 km | **Exzentrizität**[6] | 0,0549 | **Temperatur** *(Tagseite)*[11] | ≈ +125 °C |
| **Abplattung**[3] | $\frac{a-b}{a} = 5 \cdot 10^{-4}$ | **mittlere Bahngeschwindigkeit** | $1{,}023\,\mathrm{km} \cdot \mathrm{s}^{-1}$ | **Temperatur** *(Neumond)* | ≈ −160 °C |
| **mittlere Dichte**[4] | $3{,}341 \cdot 10^3\,\mathrm{kg} \cdot \mathrm{m}^{-3}$ | **siderische Umlaufdauer** | 27,32166 d | **Temperatur** *(Nachtseite)* | ≈ −130 °C |
| **Fallbeschleunigung** | $1{,}62\,\mathrm{m} \cdot \mathrm{s}^{-2}$ | **Bahnneigung**[7] | 5° 8′ 43″ | **Magnetfeld** | keines |
| **Abstand zur Erde**[5] | $384{,}4 \cdot 10^3$ km | **Äquatorneigung**[7] | 1° 33′ | **Finsternis, max. Dauer** | 7,5 min |
| *Minimum* | $356{,}410 \cdot 10^3$ km | **siderische Rotation**[8] | 27,32166 d | *Schattenbereich*[12] | max. 260 km |
| *Maximum* | $406{,}740 \cdot 10^3$ km | **Helligkeit/Vollmond**[9] | −12,55 mag | *Geschwindigkeit*[13] | $28\,\mathrm{km} \cdot \mathrm{min}^{-1}$ |

[1] 1/81,30 Erdmasse [2] 0,272 Erdradien, höchste Erhebung über Umgebung von 11350 m [3] $a$ = 3476 km = Äquatordurchmesser, $b$ = Poldurchmesser [4] 0,606 Erddichte [5] 60,33 Erdradien [6] numerische Exzentrizität (bei Kreisbahn wäre $\varepsilon = 0$) [7] Mittelwert, gegen Ekliptik [8] Umlaufdauer und Rotationsdauer sind gleich [9] in mittlerer Entfernung [10] Albedo ist das Verhältnis der Richtung Erde reflektierten zur senkrecht einfallenden Strahlung [11] bei Vollmond [12] Kernschattenbereich maximal 200 km lang [13] Bewegung des Schattenbereichs auf der Erdoberfläche

## Eigenschaften der Planeten (zusätzlich zum Vergleich Pluto, Sonne und Erdmond)

| | Merkur | Venus | Erde | Mars | Jupiter | Saturn | Uranus | Neptun | Pluto | Sonne | Erdmond |
|---|---|---|---|---|---|---|---|---|---|---|---|
| |  |  |  |  |  |  |  |  |  | 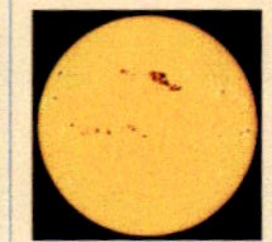 |  |
| **Durchmesser am Äquator in km** | 4879,4 | 12103,8 | 12748,3 | 6794 | 142984 | 120536 | 51118 | 49528 | 2302 | 1390400 | 3474 |
| **Abplattung** [1] $\frac{a-b}{a}$ | 0 | 0 | $\frac{1}{298} = 0{,}0034$ | $\frac{1}{193} = 0{,}009$ | $\frac{1}{15{,}4} = 0{,}064$ | $\frac{1}{9{,}3} = 0{,}108$ | $\frac{1}{33} = 0{,}03$ | $\frac{1}{52} = 0{,}02$ | ? | 0 | $5 \cdot 10^{-4}$ |
| **Masse in kg** | $3{,}302 \cdot 10^{23}$ | $4{,}869 \cdot 10^{24}$ | $5{,}974 \cdot 10^{24}$ | $6{,}419 \cdot 10^{23}$ | $1{,}899 \cdot 10^{27}$ | $5{,}685 \cdot 10^{26}$ | $8{,}663 \cdot 10^{25}$ | $1{,}028 \cdot 10^{26}$ | $1{,}3 \cdot 10^{22}$ | $1{,}989 \cdot 10^{30}$ | $7{,}35 \cdot 10^{22}$ |
| **mittlere Dichte in $10^3\,kg \cdot m^{-3}$** | 5,50 | 5,24 | 5,52 | 3,94 | 1,33 | 0,709 | 1,20 | 1,76 | 2,0 | 1,41 | 3,34 |
| **Fallbeschleunigung am Äquator in $m \cdot s^{-2}$** | 3,70 | 8,87 | 9,780 | 3,72 | 25,85 | 7,2 | 7,77 | 10,7 | 0,8 | 274,0 | 1,62 |
| **Entweichgeschwindigkeit in $km \cdot s^{-1}$** | 4,25 | 10,36 | 11,17 | 5,03 | 60,22 | 33,4 | 20,8 | 23,3 | ≈ 1 | 618 | 2,38 |
| **siderische Rotationsdauer in d** [2] | 58,6462 | 243,16 [2] | 0,9972697 | 1,026389 | 0,41319 am Äquator | 0,444 | 0,72 [5] | 0,658 [6] | 6,3875 | 25,380 bei 16° Breite | 27,322 = Umlaufdauer |
| **Neigung der Rotationsachse zur Umlaufbahn** | 0° | 177,3° | 23,45° | 25,19° | 3,07 | 26,73 | 97,86° | 29,56° | 120° | 7,25° gegen Ekliptik | 1,53° |
| **max./min.** [3] **Temperatur in °C** | 426/−217 | 462 | 48/−51 | 17/−143 | −128 | −178 | −216 | −214 | −223/−233 | 6053 | 123/−233 |
| **Albedo** [4] | 0,06 | 0,76 | 0,367 | 0,150 | 0,52 | 0,47 | 0,51 | 0,41 | 0,04−0,06 | — | 0,067 |
| **größte scheinbare Helligkeit in mag** | −0,2 | −4,08 | — | −1,94 | −2,4 | +0,8 | +5,8 | +7,6 | +14,7 | −26,74 | −12,55 bei Vollmond |
| **Anzahl der benannten Monde** [7] | — | — | 1 | 2 | 49 | 34 + Ringsystem | 21 + Ringsystem | 8 + Ringsystem | 1 | — | — |

[1] *a* = Äquator-, *b* = Poldurchmesser
[2] R bedeutet: der Planet dreht sich entgegengesetzt zum Laufsinn um die Sonne.
[3] nicht berücksichtigt sind Abweichungen durch „jahreszeitliche" Schwankungen der Sonneneinstrahlung
[4] Albedo ist das Verhältnis des reflektierten zum senkrecht einfallenden Licht (Albedo von Wolken: 0,4−0,8, von Schnee und Eis: 0,85, Wasserflächen: 0,04−0,5, Vegetation: 0,09−0,25; von Landflächen: 0,08−0,4)
[5] die Rotationsachse liegt nahezu in der Ebene der Bahn um die Sonne, im Gegensatz zu den fast senkrecht stehenden Achsen der anderen Planeten
[6] Rotationszeit für den Kern ≈ 16 d
[7] bei Jupiter, Saturn, Uranus und Neptun sind weitere Monde bekannt.

### Bahndaten der Planeten (mit Pluto – seit 2006 nur noch – wie viele andere – als Zwergplanet geführt) und Erdmond zum Vergleich

| Name und Zeichen | mittlere Entfernung von der Sonne in AE | $10^6$ km | Lichtzeit $t$ | siderische Umlaufdauer $T$ in a [1] | mittlere Umlaufgeschwindigkeit in km · $s^{-1}$ | numerische Exzentrizität $\varepsilon$ [2] | Bahnneigung $i$ gegen die Ekliptik[3] | kleinste / größte Entfernung w von der Erde in AE | in AE |
|---|---|---|---|---|---|---|---|---|---|
| Merkur ☿ | 0,387 | 57,909 | 3,2 min | 0,240 9 | 47,872 5 | 0,205 62 | 7,005 04 | 0,52 | 1,47 |
| Venus ♀ | 0,723 | 108,209 | 6,0 min | 0,615 8 | 35,021 4 | 0,006 77 | 3,394 59 | 0,26 | 1,73 |
| Erde ♁ | 1,000 | 149,598 | 8,3 min | 1,000 0 | 29,785 9 | 0,017 36 | 0,000 42 | – | – |
| Mars ♂ | 1,524 | 227,936 | 12,7 min | 1,880 7 | 24,130 9 | 0,093 38 | 1,849 93 | 0,37 | 2,67 |
| Jupiter ♃ | 5,203 | 778,412 | 43,2 min | 11,856 5 | 13,069 7 | 0,048 54 | 1,304 65 | 3,95 | 6,45 |
| Saturn ♄ | 9,579 | 1426,725 | 1,3 h | 29,423 5 | 9,672 4 | 0,054 07 | 2,485 25 | 8,54 | 11,07 |
| Uranus ⛢ | 19,191 | 2870,972 | 2,7 h | 83,747 4 | 6,835 2 | 0,042 77 | 0,773 17 | 17,29 | 21,07 |
| Neptun ♆ | 30,069 | 4498,253 | 4,2 h | 163,723 0 | 5,477 8 | 0,010 86 | 1,767 52 | 28,80 | 31,33 |
| Pluto ♇ | 39,442 | 5906,380 | 5,5 h | 248,020 8 | 4,749 0 | 0,247 58 | 17,129 62 | 28,67 | 50,3 |
| Erdmond ☾ | 0,002 57 | 0,384 4 | 1,3 s | 27,321 66 d | 1,023 | 0,054 9 | 5,10 | 356 410 km | 406 740 km |

[1] Werte beziehen sich auf die Erde 1 a = 365,256354167 d mit 1 d = 86400 s; [2] die numerische Exzentrizität gibt die Abweichung von einer Kreisbahn mit dem Radius der großen Halbachse an [3] Angabe in Winkelgrad

### Monde der Planeten des Sonnensystems

| Planet Mond | Entfernung $a$ vom Planet in $10^3$ km | siderische Umlaufdauer $T$ in d (Tagen) | Masse relativ zur Planetenmasse |
|---|---|---|---|
| **Erde** | | | |
| Erdmond | 384,405 | 27,322 | $1{,}23 \cdot 10^{-3}$ |
| **Mars** | | | |
| 1 Phobos | 9,377 | 0,319 | $1{,}7 \cdot 10^{-8}$ |
| 2 Deimos | 23,459 | 1,258 | $3{,}7 \cdot 10^{-9}$ |
| **Jupiter (Auswahl)** | | | |
| 1 Io | 421,60 | 1,769 | $4{,}68 \cdot 10^{-5}$ |
| 2 Europa | 670,9 | 3,551 | $2{,}52 \cdot 10^{-5}$ |
| 3 Ganymed | 1 070 | 7,155 | $7{,}80 \cdot 10^{-5}$ |
| 4 Callisto | 1 883 | 16,689 | $5{,}66 \cdot 10^{-5}$ |
| 5 Amalthea | 181,4 | 0,498 | $3{,}8 \cdot 10^{-9}$ |
| 6 Himalia | 11 480 | 250,566 | $5{,}0 \cdot 10^{-9}$ |
| 7 Elara | 11 741 | 259,653 | $4 \cdot 10^{-10}$ |
| 8 Pasiphae | 23 624 | 735 R | $1 \cdot 10^{-10}$ |
| 9 Sinope | 23 939 | 758 R | $4 \cdot 10^{-11}$ |
| 10 Lysithea | 11 720 | 259,22 | $4 \cdot 10^{-11}$ |
| 11 Carme | 23 404 | 692 R | $5 \cdot 10^{-11}$ |
| 12 Ananke | 21 276 | 631 R | $2 \cdot 10^{-11}$ |
| 13 Leda | 11 165 | 238,72 | $3 \cdot 10^{-12}$ |
| 14 Thebe | 222 | 0,675 | $4 \cdot 10^{-10}$ |
| 15 Adrastea | 129 | 0,298 | $1 \cdot 10^{-11}$ |
| 16 Metis | 128 | 0,295 | $5 \cdot 10^{-11}$ |

| Planet Mond | Entfernung $a$ vom Planet in $10^3$ km | siderische Umlaufdauer $T$ in d (Tagen) | Masse relativ zur Planetenmasse |
|---|---|---|---|
| **Saturn (Auswahl)** | | | |
| 1 Mimas | 185,52 | 0,945 | $6{,}7 \cdot 10^{-8}$ |
| 2 Enceladus | 238,02 | 1,370 | $1{,}83 \cdot 10^{-7}$ |
| 3 Thetys | 294,66 | 1,888 | $1{,}09 \cdot 10^{-6}$ |
| 4 Dione | 377,40 | 2,737 | $1{,}85 \cdot 10^{-6}$ |
| 5 Rhea | 527,04 | 4,518 | $4{,}07 \cdot 10^{-6}$ |
| 6 Titan | 1 221,85 | 15,945 | $2{,}37 \cdot 10^{-4}$ |
| 7 Hyperion | 1 481,00 | 21,277 | $1{,}9 \cdot 10^{-8}$ |
| 8 Iapetus | 3 561,30 | 79,331 | $3{,}47 \cdot 10^{-6}$ |
| 9 Phoebe | 12 952 | 550,48 R | $1{,}3 \cdot 10^{-8}$ |
| 10 Janus | 151,47 | 0,695 | $4{,}0 \cdot 10^{-9}$ |
| **Uranus (Auswahl)** | | | |
| 1 Ariel | 191,24 | 2,520 | $1{,}56 \cdot 10^{-5}$ |
| 2 Umbriel | 265,97 | 4,144 | $1{,}35 \cdot 10^{-5}$ |
| 3 Titania | 435,84 | 8,706 | $4{,}06 \cdot 10^{-5}$ |
| 4 Oberon | 582,60 | 13,463 | $3{,}47 \cdot 10^{-5}$ |
| 5 Miranda | 129,78 | 1,414 | $7{,}59 \cdot 10^{-7}$ |
| 6 Sycorax | 12 179 | 1 289 | $6{,}20 \cdot 10^{-8}$ |
| **Neptun (Auswahl)** | | | |
| 1 Triton | 354,80 | 5,877 R | $2{,}10 \cdot 10^{-4}$ |
| 2 Proteus | 117,60 | 1,121 | $4{,}90 \cdot 10^{-7}$ |
| 3 Nereide | 5 513,40 | 360,16 | $3{,}04 \cdot 10^{-7}$ |

R bedeutet retrograde Rotation: der um seine Achse rotierende Planet wird vom Mond im entgegengesetzten Drehsinn umlaufen

# Chemie

## Molare und atomare Größen



## Lösungen



## Reaktionskinetik



## Chemisches Gleichgewicht



## Energie und chemische Reaktion



## Elektrochemie

# Chemische Daten

| Stoffmenge, Teilchenmasse, Teilchenanzahl | | | |
|---|---|---|---|
| **Stoffmenge $n$** | $n(\text{X}) = \frac{N(\text{X})}{N_A}$<br><br>$N_A = 6{,}02214 \cdot 10^{23}\,\text{mol}^{-1}$ | $n(\text{X})$ Stoffmenge der Teilchen X<br>$N(\text{X})$ Anzahl der Teilchen X<br><br>$N_A$ Avogadrokonstante | mol<br>1<br><br>$\text{mol}^{-1}$ |
| **molare Masse $M$ und Stoffmenge $n$** | $M(\text{X}) = \frac{m(\text{X})}{n(\text{X})}$ | $M(\text{X})$ molare Masse der Teilchen X<br>$m(\text{X})$ Masse aller Teilchen X<br>$n(\text{X})$ Stoffmenge der Teilchen X | $\text{g} \cdot \text{mol}^{-1}$<br>g<br>mol |
| **Masse $m_t$ eines Teilchens** | $m_t(\text{X}) = \frac{M(\text{X})}{N_A}$ | $m_t(\text{X})$ Masse des Teilchens X<br>$M(\text{X})$ molare Masse der Teilchen X<br>$N_A$ Avogadro-Konstante | g<br>$\text{g} \cdot \text{mol}^{-1}$<br>$\text{mol}^{-1}$ |
| **Masse des Kohlenstoffnuklids $^{12}$C** | $m_t(^{12}C)$<br>$\frac{m_t(^{12}\text{C})}{12} = 1{,}66054 \cdot 10^{-27}\,\text{kg} = 1\,\text{u}$ | u atomare Masseneinheit | |
| **molares Volumen $V_m$**<br><br>**molares Normvolumen $V_{m,n}$** | $V_m = \frac{V}{n} = \frac{M}{\varrho}$<br>$V_{m,n} = \frac{V_n}{n}$<br><br>Normtemperatur $T_n = 273{,}15\,\text{K}$<br>Normdruck $p_n = 101{,}325\,\text{kPa}$ | $V_m$ molares Volumen<br>$V$ Volumen<br>$n$ Stoffmenge<br>$\varrho$ Dichte<br>$V_{m,n}$ molares Normvolumen<br>$V_n$ Normvolumen | $\text{l} \cdot \text{mol}^{-1}$<br>l<br>mol<br>$\text{g} \cdot \text{l}^{-1}$<br>$\text{l} \cdot \text{mol}^{-1}$<br>l |
| **Teilchenanzahl $N$ einer aus gleichen Teilchen aufgebauten Stoffportion der Masse $m$** | $N = \frac{m \cdot N_A}{M} = n \cdot N_A \iff N = \frac{V \cdot N_A}{V_m}$ | $N$ Teilchenanzahl<br>$m$ Masse<br>$N_A$ Avogadro-Konstante<br>$n$ Stoffmenge<br>$M$ molare Masse<br>$V$ Volumen<br>$V_m$ molares Volumen | 1<br>g<br>$\text{mol}^{-1}$<br>mol<br>$\text{g} \cdot \text{mol}^{-1}$<br>l<br>$\text{l} \cdot \text{mol}^{-1}$ |
| **Anzahlverhältnis $\frac{x}{y}$ einer Verbindung $A_xB_y$** | $m(\text{A}) = N(\text{A}) \cdot m_t(\text{A})$<br>$\frac{x}{y} = \frac{N(\text{A})}{N(\text{B})} = \frac{m(\text{A}) \cdot m_t(\text{B})}{m_t(\text{A}) \cdot m(\text{B})}$<br>$= \frac{n(\text{A})}{n(\text{B})} = \frac{m(\text{A}) \cdot M(\text{B})}{M(\text{A}) \cdot m(\text{B})}$ | $\frac{x}{y}$ Anzahlverhältnis der Atomarten A und B<br>$m(\text{A}), m(\text{B})$ Massen der elementaren Stoffe A und B<br>$m_t(\text{A}), m_t(\text{B})$ Atommassen<br>$M(\text{A}), M(\text{B})$ molare Massen der Atome A und B | <br><br>g<br><br>u<br>$\text{g} \cdot \text{mol}^{-1}$ |

| Konzentrationsmaße | | | |
|---|---|---|---|
| **Stoffmengen-konzentration *c*** | $c(X) = \frac{n(X)}{V_L} = \frac{m(X)}{M(X) \cdot V_L}$ | $c(X)$ Stoffmengenkonzentration der Teilchen X<br>$n(X)$ Stoffmenge der Teilchen X<br>$V_L$ Volumen der Lösung<br>$m(X)$ Masse aller Teilchen<br>$M(X)$ molare Masse der Teilchen X | $mol \cdot l^{-1}$<br>mol<br>l<br>g<br>$g \cdot mol^{-1}$ |
| **Massen-konzentration *β*** | $\beta_i = \frac{m_i}{V_L}$ | $\beta_i$ Massenkonzentration der gelösten Komponente *i*<br>$m_i$ Masse der gelösten Komponente *i*<br>$m_L$ Masse der Lösung<br>$\varrho_L$ Dichte der Lösung | $g \cdot l^{-1}$<br>g<br>g<br>$g \cdot l^{-1}$ |
| **Volumen-konzentration *σ*** | $\sigma_i = \frac{V_i}{V_L} = \frac{V_i \cdot \varrho_L}{m_L}$<br>Beispiel: $\sigma_i = 0{,}01 = 1\%$ | $\sigma_i$ Volumenkonzentration der Komponente *i*<br>$V_i$ Volumen der gelösten Komponente *i* | 1<br>l |
| **Molalität *b*** | $b(X) = \frac{n(X)}{m_{Lm}} = \frac{m(X)}{M(X) \cdot m_{Lm}}$<br>$b(X) = c(X) \cdot \frac{V_L}{m_{Lm}}$ | $b(X)$ Molalität der Teilchen X<br>$n(X)$ Stoffmenge der Teilchen X<br>$m_{Lm}$ Masse des Lösungsmittels<br>$m(X)$ Masse aller Teilchen X<br>$M(X)$ molare Masse der Teilchen X<br>$c(X)$ Stoffmengenkonzentration<br>$V_L$ Volumen der Lösung | $mol \cdot kg^{-1}$<br>mol<br>kg<br>g<br>$g \cdot mol^{-1}$<br>$mol \cdot l^{-1}$<br>l |
| **Massenanteil *w*** | $w_i = \frac{m_i}{m_1 + m_2 + \ldots + m_N}$ | $w_i$ Massenanteil der Komponente *i*<br>$m_i$ Masse der gelösten Komponente *i*<br>$m_1, m_2, \ldots, m_N$ Massen der Komponenten 1, 2, …, *N* | 1<br>g<br>g |
| **Volumenanteil *φ*** | $\varphi_i = \frac{V_i}{V_i + V_2 + \ldots + V_N}$ | $\varphi_i$ Volumenanteil der Komponente *i*<br>$V_i$ Volumen der Komponente *i*<br>$V_1, V_2, \ldots, V_N$ Volumina der Komponenten 1, 2,…, *N* | 1<br>l<br>l |
| **Stoffmengen-anteil *x*** | $x_i = \frac{n(X_i)}{n(X_1) + n(X_2) + \ldots + n(X_N)}$ | $x_i$ Stoffmengenanteil der Teilchen $X_i$<br>$n(X_i)$ Stoffmenge der Teilchen $X_i$<br>$n(X_1), n(X_2), \ldots, n(X_N)$ Stoffmengen der Teilchen $X_1, X_2, \ldots, X_N$ | 1<br>mol<br>mol |
| **Beziehungen zwischen Gehaltsgrößen** | $c(X) = \frac{\beta_i}{M(X)}$<br>$c(X) = \frac{\sigma_i}{M(X) \cdot \varrho_i}$<br>$c(X) = \frac{w_i}{M(X) \cdot \varrho_L}$<br>$\beta_i = w_i \cdot \varrho_i$ | $c(X)$ Stoffmengenkonzentration der Teilchen X der gelösten Komponente *i*<br>$M(X)$ molare Masse der Teilchen X<br>$\beta_i$ Massenkonzentration der Komponente *i*<br>$\sigma_i$ Volumenkonzentration der Komponente *i*<br>$\varrho_i$ Dichte der Komponente *i*<br>$\varrho_L$ Dichte der Lösung<br>$w_i$ Massenanteil der Komponente *i* | $mol \cdot l^{-1}$<br>$g \cdot mol^{-1}$<br>$g \cdot l^{-1}$<br>1<br>$g \cdot cm^{-3}$<br>$g \cdot cm^{-3}$<br>1 |

## Konzentrationsmaße

| | | | | |
|---|---|---|---|---|
| **Mischungsregel** | $\frac{V_1}{V_2} = \frac{c_3 - c_2}{c_1 - c_3}$<br>mit $V_3 = V_1 + V_2$<br><br>– dies gilt im allgemeinen bei der Verwendung gleicher Lösungsmittel –<br><br>und $c_2 < c_3$<br>und $c_3 < c_1$<br><br>$\frac{m_1}{m_2} = \frac{w_3 - w_2}{w_1 - w_3}$ | $V_1$ | Volumen der Ausgangslösung 1 | l |
| | | $V_2$ | Volumen der Ausgangslösung 2 | l |
| | | $c_1$ | Konzentration der Ausgangslösung 1 | $mol \cdot l^{-1}$ |
| | | $c_2$ | Konzentration der Ausgangslösung 2 | $mol \cdot l^{-1}$ |
| | | $c_3$ | gewünschte Konzentration | $mol \cdot l^{-1}$ |
| | | $V_3$ | Volumen der Mischung | l |
| | | $m_1, m_2$ | Massen der Lösungen 1 und 2 | g |
| | | $w_1$ | Massenanteil des Stoffes in der Ausgangslösung 1 | 1 |
| | | $w_2$ | Massenanteil des Stoffes in der Ausgangslösung 2 | 1 |
| **Titration** | $n = c \cdot V$<br>$n_1 = n_2$<br><br>$c_1 = \frac{c_2 \cdot V_2}{V_1}$<br><br>$c(H_2SO_4)$ ist durch 2<br>$c(H_3PO_4)$ ist durch 3<br>zu dividieren<br>$m_1 = M_1 \cdot c_2 \cdot V_2$<br><br>$w_1 = \frac{M_1 \cdot c_2 \cdot V_2}{\varrho_L \cdot V_1}$ | $c_1$ | Stoffmengenkonzentration der Probelösung | $mol \cdot l^{-1}$ |
| | | $c_2$ | Stoffmengenkonzentration der Maßlösung | $mol \cdot l^{-1}$ |
| | | $V_1$ | Volumen der Probelösung | l |
| | | $V_2$ | Volumen der Maßlösung | l |
| | | $m_1$ | Masse | g |
| | | $M_1$ | molare Masse des Stoffes in der Probelösung | $g \cdot mol^{-1}$<br>$g \cdot cm^{-3}$ |
| | | $\varrho_L$ | Dichte der Probelösung | 1 |
| | | $w_1$ | Massenanteil des Stoffes 1 | |

## Gefriertemperaturerniedrigung und Siedetemperaturerhöhung

| | | | | |
|---|---|---|---|---|
| **Gefriertemperaturerniedrigung $\Delta T_G$ einer Lösung** | $\Delta T_G = E_G \cdot b$ | $\Delta T_G$ | Gefriertemperaturerniedrigung | K |
| | | $E_G$ | kryoskopische Konstante | $K \cdot kg \cdot mol^{-1}$ |
| | | $b$ | Molalität | $mol \cdot kg^{-1}$ |
| **Siedetemperaturerhöhung $\Delta T_S$ einer Lösung** | $\Delta T_S = E_S \cdot b$ | $\Delta T_S$ | Siedetemperaturerhöhung | K |
| | | $E_S$ | ebullioskopische Konstante | $K \cdot kg \cdot mol^{-1}$ |
| **Bestimmung der molaren Masse $M$(X) der Teilchen X eines Stoffes $i$ durch Messung von $\Delta T_G$ bzw. von $\Delta T_S$** | $M(X) = \frac{E_G \cdot m_i}{\Delta T_G \cdot m_{Lm}}$<br><br>$M(X) = \frac{E_S \cdot m_i}{\Delta T_S \cdot m_{Lm}}$ | $M(X)$ | molare Masse der Teilchen X der gelösten Komponente $i$ | $g \cdot mol^{-1}$ |
| | | $E_G$ | kryoskopische Konstante | $K \cdot kg \cdot mol^{-1}$ |
| | | $m_i$ | Masse der gelösten Komponente $i$ | g |
| | | $\Delta T_G$ | Gefriertemperaturerniedrigung | K |
| | | $m_{Lm}$ | Masse des Lösungsmittels | kg |
| | | $E_S$ | ebullioskopische Konstante | $K \cdot kg \cdot mol^{-1}$ |
| | | $\Delta T_S$ | Siedetemperaturerhöhung | K |

## Dampfdruck

| | | | |
|---|---|---|---|
| **Dampfdruck $p_L$ einer Lösung**<br>Raoult'sches Gesetz | $p_L = p_{Lm} \cdot x_{Lm}$ | $p_L$ Dampfdruck der Lösung<br>$p_{Lm}$ Dampfdruck des reinen Lösungsmittels<br>$x_{Lm}$ Stoffmengenanteil des Lösungsmittels | Pa<br>Pa<br>1 |
| **Dampfdruckerniedrigung $\Delta p$** | $\Delta p = p_{Lm} \cdot x_i$ | $\Delta p$ Dampfdruckerniedrigung<br>$x_i$ Stoffmengenanteil der Teilchen der gelösten Komponente *i* | Pa<br>1 |

## Reaktionskinetik

### Reaktionsgeschwindigkeit

| | | | |
|---|---|---|---|
| **mittlere (durchschnittliche) Reaktionsgeschwindigkeit $\bar{v}$** | $\bar{v} = \frac{c_2 - c_1}{t_2 - t_1} = \frac{\Delta c}{\Delta t}$ | $\bar{v}$ mittlere Reaktionsgeschwindigkeit<br>$\Delta c$ Konzentrationsänderung<br>$\Delta t$ Zeitintervall | $mol \cdot l^{-1} \cdot s^{-1}$<br>$mol \cdot l^{-1}$<br>s |
| **momentane Reaktionsgeschwindigkeit $v$ im Zeitpunkt $t$** | $v = \lim_{\Delta t \to 0} \frac{\Delta c}{\Delta t} = \frac{dc}{dt}$<br>Bei der Messung der Abnahme der Konzentration eines Eduktes ist das Vorzeichen von $v$ negativ; misst man die Zunahme der Konzentration eines Produktes, ist $v$ positiv. | $v$ momentane Reaktionsgeschwindigkeit<br>$\Delta c$ Konzentrationsänderung<br>$\Delta t$ Zeitintervall | $mol \cdot l^{-1} \cdot s^{-1}$<br>$mol \cdot l^{-1}$<br>s |
| | Für die Reaktion<br>a A + b B + … → c C + d D + … gilt:<br>$v = \frac{1}{c}\frac{dc(C)}{dt} = \frac{1}{d}\frac{dc(D)}{dt}$<br>$= -\frac{1}{a}\frac{dc(A)}{dt} = -\frac{1}{b}\frac{dc(B)}{dt}$<br>$v = \frac{1}{\nu_i}\frac{dc(X_i)}{dt} = \frac{1}{V_L}\frac{d\xi}{dt}$ | A, B, … Edukte<br>C, D, … Produkte<br>a, b, c, d, … stöchiometrische Koeffizienten<br>$\nu_i$ stöchiometrischer Koeffizient des Reaktionspartners *i*<br>$X_i$ Teilchen des Reaktionspartners *i*<br>$\xi$ Umsatzvariable (s. S. 168)<br>$V_L$ Volumen der Lösung | <br><br>1<br>1<br><br>mol<br>l |

### Geschwindigkeitsgleichungen

| | | | |
|---|---|---|---|
| **Reaktion 0. Ordnung** | Die Reaktionsgeschwindigkeit $v$ ist unabhängig von der Konzentration des Reaktanten A.<br>Es gilt das Geschwindigkeitsgesetz<br>$v = -k_0$<br>und damit<br>$c_0(A) - c_t(A) = k_0 \cdot t$ | $v$ Reaktionsgeschwindigkeit<br>$k_0$ Geschwindigkeitskonstante<br>$c_0(A)$ Anfangskonzentration von A<br>$c_t(A)$ Konzentration von A zur Zeit $t$<br>$t$ Zeit | $mol \cdot l^{-1} \cdot s^{-1}$<br>$mol \cdot l^{-1} \cdot s^{-1}$<br>$mol \cdot l^{-1}$<br>$mol \cdot l^{-1}$<br>s |

## Geschwindigkeitsgleichungen

| | | | |
|---|---|---|---|
| **Reaktion 1. Ordnung** | Gilt für die Reaktion A → B + C das Geschwindigkeitsgesetz<br>$v = -k_1 \cdot c(\mathrm{A})$,<br>so ist $c_t(\mathrm{A}) = c_0(\mathrm{A}) \cdot \mathrm{e}^{-k_1 \cdot t}$<br>$= c_0(\mathrm{A}) \cdot 10^{-0{,}4343 \cdot k_1 \cdot t}$<br>oder $\ln \frac{c_0(\mathrm{A})}{c_t(\mathrm{A})} = k_1 \cdot t$<br>$\Longleftrightarrow 2{,}3026 \cdot \lg \frac{c_0(\mathrm{A})}{c_t(\mathrm{A})} = k_1 \cdot t$ | $v$ Reaktionsgeschwindigkeit<br>$k_1$ Geschwindigkeitskonstante<br>$c(\mathrm{A})$ Konzentration von A<br>$c_t(\mathrm{A})$ Konzentration von A zur Zeit $t$<br>$c_0(\mathrm{A})$ Anfangskonzentration von A<br>$t$ Zeit<br>$T_{\frac{1}{2}}$ Halbwertszeit | $\mathrm{mol \cdot l^{-1} \cdot s^{-1}}$<br>$\mathrm{s^{-1}}$<br>$\mathrm{mol \cdot l^{-1}}$<br>$\mathrm{mol \cdot l^{-1}}$<br>$\mathrm{mol \cdot l^{-1}}$<br>s<br>s |
| **Halbwertszeit $T_{\frac{1}{2}}$** | $T_{\frac{1}{2}} = \frac{\ln 2}{k_1} = \frac{0{,}693}{k_1}$ | | |
| **Reaktion 2. Ordnung** | Gilt für die Reaktion a A + b B → c C + d D das Geschwindigkeitsgesetz<br>$v = -k_2 \cdot c^2(\mathrm{A})$<br>oder $v = -k_2 \cdot c(\mathrm{A}) \cdot c(\mathrm{B})$<br>mit $c_0(\mathrm{A}) = c_0(\mathrm{B})$,<br>so ist $\frac{1}{c_t(\mathrm{A})} - \frac{1}{c_0(\mathrm{A})} = k_2 \cdot t$ | $v$ Reaktionsgeschwindigkeit<br>$k_2$ Geschwindigkeitskonstante<br>$c(\mathrm{A})$, $c(\mathrm{B})$ Konzentration von A und B<br>$c_0(\mathrm{A})$, $c_0(\mathrm{B})$ Anfangskonzentrationen von A und B<br>$c_t(\mathrm{A})$ Konzentration von A zur Zeit $t$<br>$t$ Zeit | $\mathrm{mol \cdot l^{-1} \cdot s^{-1}}$<br>$\mathrm{l \cdot mol^{-1} \cdot s^{-1}}$<br>$\mathrm{mol \cdot l^{-1}}$<br>$\mathrm{mol \cdot l^{-1}}$<br>$\mathrm{mol \cdot l^{-1}}$<br>s |
| **Halbwertszeit $T_{\frac{1}{2}}$** | $T_{\frac{1}{2}} = \frac{1}{k_2 \cdot c_0(\mathrm{A})}$ | $T_{\frac{1}{2}}$ Halbwertszeit | s |
| **Reaktionsordnung *n*** | Gilt für die Reaktion<br>a A + b B + … → c C + d D + …<br>das Geschwindigkeitsgesetz<br>$v = -k_2\, c^x(\mathrm{A}) \cdot c^y(\mathrm{B}) \cdot \ldots$<br>so ist die Gesamtordnung $n$ der Reaktion<br>$n = x + y + \ldots$ | A, B, … Edukte<br>C, D, … Produkte<br>a, b, c, d, … stöchiometrische Koeffizienten<br>$x$, $y$, … Teilordnungen<br>$n$ Gesamtordnung | |

## Aktivierungsenergie

| | | | |
|---|---|---|---|
| **Arrhenius-Gleichung** | $k = A \cdot \mathrm{e}^{-E_\mathrm{a}/(R \cdot T)}$<br>oder<br>$\ln\{k\} = -\frac{E_\mathrm{a}}{R} \cdot \frac{1}{T} + \ln\{A\}$ | $k$ Geschwindigkeitskonstante<br>$A$ Häufigkeitsfaktor<br>$E_\mathrm{a}$ Aktivierungsenergie<br>$R$ universelle Gaskonstante<br>$T$ thermodynamische Temperatur<br>{ } Zahlenwert von …<br>$k_1$, $k_2$ Geschwindigkeitskonstanten bei den Temperaturen $T_1$, $T_2$ | abhängig vom Geschwindigkeitsgesetz<br>$[A] = [k]$<br>$\mathrm{J \cdot mol^{-1}}$<br>$\mathrm{J \cdot K^{-1} \cdot mol^{-1}}$<br>K<br>abhängig vom Geschwindigkeitsgesetz |
| **Bestimmung der Aktivierungsenergie $E_\mathrm{a}$** | $E_\mathrm{a} = -m \cdot R$<br>mit<br>$m = \frac{\ln\{k_2\} - \ln\{k_1\}}{T_2^{-1} - T_1^{-1}}$ | | |
| | Zur Auftragung von ln {$k$} gegen $T^{-1}$ müssen mindestens für zwei Temperaturen $T_1$, $T_2$ die entsprechenden Geschwindigkeitskonstanten $k_1$, $k_2$ bestimmt werden. | 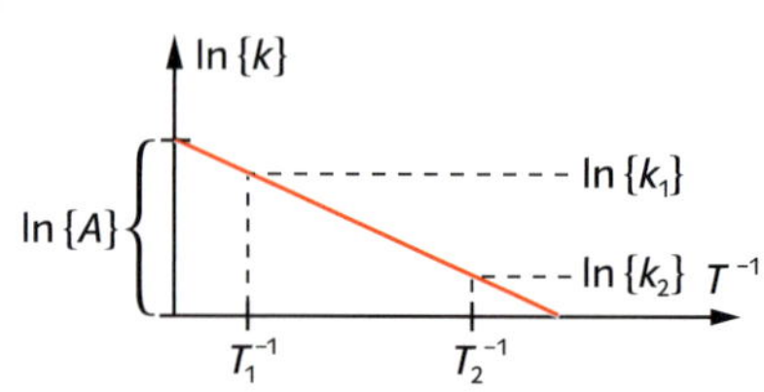 | |

## Gleichgewichtskonstante

| | | | |
|---|---|---|---|
| **Massenwirkungsgesetz** | Für die Gleichgewichtsreaktion $aA + bB + \ldots \rightleftharpoons cC + dD + \ldots$ gilt bei Verwendung der Konzentrationen der Reaktanten | A, B, … Edukte<br>C, D, … Produkte<br>a, b, c, d, … stöchiometrische Koeffizienten | |
| **mit $K_c$** | $K_c = \frac{c^c(C) \cdot c^d(D) \cdot \ldots}{c^a(A) \cdot c^b(B) \cdot \ldots}$ | $K_c$ Gleichgewichtskonstante | abhängig von {a, b, c, d, …} |
| | Bei Verwendung der Partialdrücke gilt: | $c$ Konzentration | $mol \cdot l^{-1}$ |
| **mit $K_p$** | $K_p = \frac{p^c(C) \cdot p^d(D) \cdot \ldots}{p^a(A) \cdot p^b(B) \cdot \ldots}$ | $K_p$ Gleichgewichtskonstante | abhängig von {a, b, c, d, …} |
| **Zusammenhang zwischen $K_c$ und $K_p$** | $K_c = K_p \cdot (R \cdot T)^{-\Delta n}$<br>$\Delta n = (c + d + \ldots) - (a + b + \ldots)$ | $p$ Partialdruck<br>$R$ universelle Gaskonstante<br>$T$ thermodynamische Temperatur | Pa<br>$J \cdot K^{-1} \cdot mol^{-1}$<br>K |

## Dissoziationsgrad

| | | | |
|---|---|---|---|
| **Dissoziationsgrad $\alpha$** | In dem Dissoziationsgleichgewicht $AB \rightleftharpoons A + B$ ist der Dissoziationsgrad<br>$\alpha = \frac{c(A)}{c_0} = \frac{c(B)}{c_0} = \frac{c(A)}{c(AB) + c(A)}$ | $\alpha$ Dissoziationsgrad<br>$c$ Konzentration<br>$c_0$ Anfangskonzentration (vor der Dissoziation) | 1<br>$mol \cdot l^{-1}$<br>$mol \cdot l^{-1}$ |
| **Ostwald'sches Verdünnungsgesetz** | $\frac{\alpha^2 \cdot c_0}{1 - \alpha} = K_D$<br>Bei geringer Dissoziation ($\alpha < 1$) gilt die Näherung<br>$\alpha \approx \sqrt{\frac{K_D}{c_0}}$ | $K_D$ Dissoziationskonstante | $mol \cdot l^{-1}$ |

## Säure-Base-Gleichgewichte

| | | | |
|---|---|---|---|
| **Ionenprodukt des Wassers** | $c(H_3O^+) \cdot c(OH^-) = K_W$<br>$\Longleftrightarrow pH + pOH = pK_W$<br>Bei $\vartheta = 25\,°C$ ist<br>$K_W = 10^{-14}\,mol^2 \cdot l^{-2} \Longleftrightarrow pK_W = 14$ | $c(H_3O^+)$ Oxoniumionenkonzentration<br>$c(OH^-)$ Hydroxidionenkonzentration<br>$K_W$ Ionenprodukt des Wassers | $mol \cdot l^{-1}$<br>$mol \cdot l^{-1}$<br>$mol^2 \cdot l^{-2}$ |
| **$pK_W$-Wert**<br>**pH-Wert**<br>**pOH-Wert** | $pK_W = -\lg\{K_W\}$<br>$pH = -\lg\{c(H_3O^+)\}$<br>$pOH = -\lg\{c(OH^-)\}$ | $K_W$ Ionenprodukt des Wassers<br>{ } Zahlenwert von … | $mol^2 \cdot l^{-2}$ |

## Säure-Base-Gleichgewichte

| | | | |
|---|---|---|---|
| **Protolysegleichgewicht einer Säure HA** | Für die Reaktion $HA + H_2O \rightleftharpoons A^- + H_3O^+$ gilt: $K_S = \frac{c(H_3O^+) \cdot c(A^-)}{c(HA)}$ | $K_S$ Säurekonstante<br>$c(H_3O^+)$ Oxoniumionenkonzentration<br>$c(A^-)$ Konzentration des Säureanions $A^-$<br>$c(HA)$ Konzentration der Säure HA<br>$K_B$ Basekonstante<br>$c(OH^-)$ Hydroxidionenkonzentration<br>$c(HB)$ Konzentration der Säure HB<br>$c(B^-)$ Konzentration der Base $B^-$<br>{ } Zahlenwert von … | $mol \cdot l^{-1}$<br>$mol \cdot l^{-1}$<br>$mol \cdot l^{-1}$<br><br>$mol \cdot l^{-1}$<br>$mol \cdot l^{-1}$<br>$mol \cdot l^{-1}$<br>$mol \cdot l^{-1}$<br>$mol \cdot l^{-1}$ |
| **Protolysegleichgewicht einer Base $B^-$** | Für die Reaktion $B^- + H_2O \rightleftharpoons HB + OH^-$ gilt: $K_B = \frac{c(OH^-) \cdot c(HB)}{c(B^-)}$ | | |
| **$pK_S$-Wert** (Säureexponent) | $pK_S = -\lg\{K_S\}$ | | |
| **$pK_B$-Wert** (Baseexponent) | $pK_B = -\lg\{K_B\}$ | | |
| **$pK_S$- und $pK_B$-Wert** | Bei $\vartheta = 25\,°C$ ist $pK_S + pK_B = 14$ | | |
| **pH-Wert einer schwachen Säure HA** | $pH = \frac{pK_S - \lg\{c_0(HA)\}}{2}$ | $c_0$ Anfangskonzentration (vor der Protolyse)<br>$pK_S$ Säureexponent<br>$pK_B$ Baseexponent<br>{ } Zahlenwert von … | $mol \cdot l^{-1}$ |
| **pOH-Wert einer schwachen Base $B^-$** | $pOH = \frac{pK_B - \lg\{c_0(B^-)\}}{2}$ | | |
| **Protolysegrad $\alpha_S$ einer schwachen Säure HA** | $\alpha_S = \sqrt{\frac{K_S}{c_0(HA)}}$ | $\alpha$ Protolysegrad<br>$K_S$ Säurekonstante<br>$c_0(HA)$ Anfangskonzentration der Säure HA<br>$K_B$ Basekonstante<br>$c_0(B^-)$ Anfangskonzentration der Base $B^-$ | 1<br>$mol \cdot l^{-1}$<br>$mol \cdot l^{-1}$<br><br>$mol \cdot l^{-1}$<br>$mol \cdot l^{-1}$ |
| **Protolysegrad $\alpha_B$ einer schwachen Base $B^-$** | $\alpha_B = \sqrt{\frac{K_B}{c_0(B^-)}}$ | | |
| **Lösungen sauer oder basisch wirkender Salze** | **pH-/pOH-Wert von**<br>a) sauer wirkendes Kation $BH^+$<br>$BH^+ + H_2O \rightleftharpoons B + H_3O^+$<br>$pH = \frac{pK_S - \lg\{c_0(BH^+)\}}{2}$<br>b) basisch wirkendes Anion $A^-$<br>$A^- + H_2O \rightleftharpoons HA + OH^-$<br>$pOH = \frac{pK_B - \lg\{c_0(A^-)\}}{2}$ | $pK_S$ Säureexponent<br>$c_0(BH^+)$ Anfangskonzentration des Kations $BH^+$<br>$pK_B$ Baseexponent<br>$c_0(A^-)$ Anfangskonzentration des Anions $A^-$<br>{ } Zahlenwert von … | <br>$mol \cdot l^{-1}$<br><br>$mol \cdot l^{-1}$ |
| **Pufferlösungen**<br>Henderson-Hasselbalch-Gleichungen | pH-/pOH-Wert eines Gemisches aus schwacher Säure HA und ihrer korrespondierenden Base $A^-$<br>$pH = pK_S + \lg\frac{c(A^-)}{c(HA)}$<br>$pOH = pK_B + \lg\frac{c(HA)}{c(A^-)}$ | $pK_S$ Säureexponent<br>$c(A^-)$ Konzentration des Anions $A^-$<br>$c(HA)$ Konzentration der Säure HA<br>$pK_B$ Baseexponent | <br>$mol \cdot l^{-1}$<br>$mol \cdot l^{-1}$ |

## Säure-Base-Gleichgewichte

| | | | |
|---|---|---|---|
| **pH-Wert eines Ampholyten**<br><br>**isoelektrischer Punkt** | Gleichgewichte in der wässrigen Lösung eines Ampholyten $HA^-$<br>$H_2A + H_2O \rightleftharpoons HA^- + H_3O^+$<br>$HA^- + H_2O \rightleftharpoons A^{2-} + H_3O^+$<br>$\mathrm{pH} = \frac{\mathrm{p}K_{S(1)} + \mathrm{p}K_{S(2)}}{2}$<br>isoelektrischer Punkt IP einer Monoaminomonocarbonsäure<br>$\mathrm{IP} = \frac{\mathrm{p}K_S(-COOH) + \mathrm{p}K_S(-NH_3^+)}{2}$ | $\mathrm{p}K_{S(1)}$ Säureexponent der 1. Protolysestufe<br>$\mathrm{p}K_{S(2)}$ Säureexponent der 2. Protolysestufe<br>$\mathrm{p}K_S(-COOH)$ Säureexponent der COOH-Gruppe<br>$\mathrm{p}K_S(-NH_3^+)$ Säureexponent der $NH_3^+$-Gruppe | |

## Löslichkeitsprodukt

| | | | |
|---|---|---|---|
| **Löslichkeitsprodukt $K_L$ einer Verbindung $A_xB_y$**<br><br>**$\mathrm{p}K_L$-Wert** | $K_L = c^x(A) \cdot c^y(B)$<br><br>$\mathrm{p}K_L = -\lg\{K_L\}$ | $K_L$ Löslichkeitsprodukt<br>$c(A), c(B)$ Konzentrationen von A und B<br>$x, y$ stöchiometrische Indizes<br>$\{\,\}$ Zahlenwert von … | $(\mathrm{mol} \cdot \mathrm{l}^{-1})^{x+y}$<br>$\mathrm{mol} \cdot \mathrm{l}^{-1}$ |

## Energie und chemische Reaktion

### Innere Energie und Enthalpie

| | | | |
|---|---|---|---|
| **innere Energie *U*** | Die Differenz der inneren Energie $\Delta U = U_{Ende} - U_{Anfang}$ eines Systems ist die Summe der von dem System in Form von Wärme $Q$ und Arbeit $W$ aufgenommenen oder abgegebenen Energie:<br>$\Delta U = Q + W$<br><br>**Vorzeichenkonvention**<br>Die dem System zugeführte Wärme $Q$ und Arbeit $W$ erhalten positive Vorzeichen. Werden Wärme und Arbeit vom System an die Umgebung abgegeben, erhalten sie negative Vorzeichen. | $U$ innere Energie<br>$\Delta U$ Differenz der inneren Energien<br>$Q$ Wärme<br>$W$ Arbeit | $\mathrm{J = N \cdot m}$<br>J<br>J<br>J |
| **Enthalpie *H***<br><br>**Enthalpiedifferenz Δ*H*** | $H = U + p \cdot V$<br><br>$\Delta H = H_{Ende} - H_{Anfang}$<br><br>$\Delta H = \Delta U + p \cdot \Delta V = Q_p$<br>(für $p$ = konstant)<br><br>**Vorzeichenkonvention für Δ*H***<br>– endotherme Reaktion<br>$\Delta H > 0$ Aufnahme von Enthalpie<br>– exotherme Reaktion<br>$\Delta H < 0$ Abgabe von Enthalpie | $H$ Enthalpie<br>$U$ innere Energie<br>$p$ Druck<br>$V$ Volumen<br>$\Delta H$ Enthalpiedifferenz<br>$\Delta U$ Differenz der inneren Energien<br>$\Delta V$ Volumenänderung<br>$Q_p$ bei konstantem Druck ausgetauschte Wärme | J<br>J<br>$\mathrm{Pa = N \cdot m^{-2}}$<br>$\mathrm{m^3}$<br>J<br>J<br>$\mathrm{m^3}$<br>J |

## Innere Energie und Enthalpie

| | | | |
|---|---|---|---|
| **kalorimetrische Bestimmung der Reaktionsenthalpie $\Delta_r H$** | $\Delta_r H = (C_k + c_W \cdot m_W) \cdot (\vartheta_2 - \vartheta_1)$<br>$C_k$ wird durch Eichung bestimmt. | $\Delta_r H$ Reaktionsenthalpie<br>$C_k$ Wärmekapazität des Kalorimetergefäßes (= „Wasserwert")<br>$c_W$ spezifische Wärmekapazität des Wassers<br>$m_W$ Masse des Wassers<br>$\vartheta_1$ Anfangstemperatur<br>$\vartheta_2$ Endtemperatur | J<br>$J \cdot K^{-1}$<br><br>$J \cdot K^{-1} \cdot g^{-1}$<br><br>g<br>°C<br>°C |
| **molare Standard-Bildungsenthalpie $\Delta_f H_m^0$** | Die molare Standard-Bildungsenthalpie $\Delta_f H_m^0$ einer Verbindung ist die molare Standard-Reaktionsenthalpie der Reaktion, durch die 1 mol der Verbindung aus ihren Elementen entsteht.<br><br>**Festlegung**<br>$\Delta_f H_m^0$ (Element, stabilste Modifikation) = 0<br>$\Delta_f H_m^0$ ($H_3O^+$) = 0 | $\Delta_f H_m^0$ molare Standard-Bildungsenthalpie | $J \cdot mol^{-1}$ |
| **molare Standard-Reaktionsenthalpie $\Delta_r H_m^0$** | Für die Reaktion<br>$a\,A + b\,B + \ldots \rightarrow c\,C + d\,D + \ldots$ gilt:<br><br>$\Delta_r H_m^0 = [c \cdot \Delta_f H_m^0 (C) + d \cdot \Delta_f H_m^0 (D) + \ldots] - [a \cdot \Delta_f H_m^0 (A) + b \cdot \Delta_f H_m^0 (B) + \ldots]$ | $\Delta_r H_m^0$ molare Standard-Reaktionsenthalpie<br>A, B, … Edukte<br>C, D … Produkte<br>a, b, c, d, … stöchiometrische Koeffizienten<br>$\Delta_f H_m^0$ molare Standard-Bildungsenthalpie | $J \cdot mol^{-1}$<br><br><br><br><br><br>$J \cdot mol^{-1}$ |
| **Satz von Hess** | $\Delta_r H_m^0 (1 \rightarrow 2) + \Delta_r H_m^0 (2 \rightarrow 3) = \Delta_r H_m^0 (1 \rightarrow 3)$<br>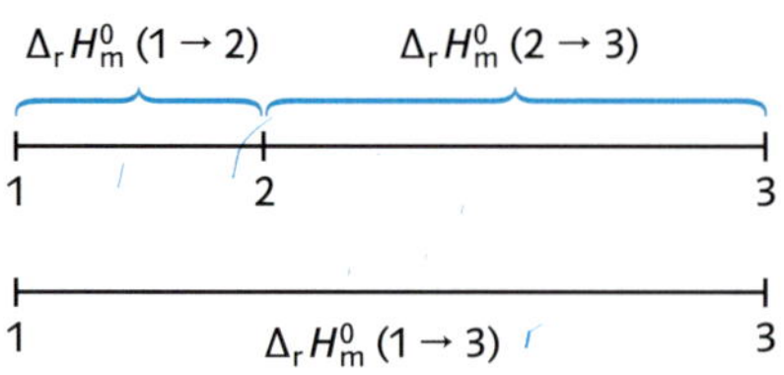 | $\Delta_r H_m^0 (x \rightarrow y)$ molare Standard-Reaktionsenthalpie für den Übergang von Zustand $x$ nach Zustand $y$ | $J \cdot mol^{-1}$ |

## Entropie und freie Enthalpie

| | | | |
|---|---|---|---|
| **Entropie *S* und thermodynamische Wahrscheinlichkeit *W*** | $S = k \cdot \ln W$<br><br>Thermodynamische Wahrscheinlichkeit heißt: Anzahl der Realisierungsmöglichkeiten eines Makrozustandes durch Mikrozustände | $S$ Entropie<br>$k$ Boltzmann-Konstante<br>$W$ thermodynamische Wahrscheinlichkeit | $J \cdot K^{-1}$<br>$J \cdot K^{-1}$<br>1 |

## Entropie und freie Enthalpie

| | | | |
|---|---|---|---|
| **Entropieänderung $\Delta S$ eines geschlossenen Systems** | $\Delta S = \frac{Q_{rev}}{T}$<br><br>Bei einem irreversiblen Vorgang erhöht sich die Entropie $S$ in einem isolierten System:<br>$\Delta S > 0$<br><br>Kennzeichen einer spontanen Reaktion ist die Zunahme der Gesamtentropie<br>$\Delta S_{Gesamt} = \Delta S_{System} + \Delta S_{Umgebung} > 0$<br><br>Am absoluten Nullpunkt der thermodynamischen Temperatur ($T = 0\,K$) ist die Entropie idealer Kristalle von elementaren Stoffen und Verbindungen Null ($S = 0$). | $\Delta S$ Entropieänderung<br>$Q_{rev}$ dem System reversibel zugeführte Wärme<br>$T$ Temperatur, bei der die Wärmezufuhr erfolgt | $J \cdot K^{-1}$<br>J<br><br>K |
| **molare Entropie $S_{m,T}$ bei der Temperatur $T$**<br>(ohne Phasenumwandlung) | Für sehr kleine Temperaturintervalle $T_2 - T_1$, in denen $C_{p,m}$ = konstant ist, gilt:<br>$S_{m,T} = \int_{T_1}^{T_2} C_{m,p} \frac{dT}{T} = C_{m,p} \ln \frac{T_2}{T_1}$<br>Für $\vartheta = 25\,°C$ und<br>$p = 101{,}325\,kPa$ gilt:<br><br>$S_{m,T} = S^0_m$ | $S_{m,T}$ molare Entropie bei der Temperatur $T$<br>$C_{m,p}$ molare Wärmekapazität bei konstantem Druck<br>$T$ Temperatur<br>$S^0_m$ molare Standard-Entropie | $J \cdot K^{-1} \cdot mol^{-1}$<br><br>$J \cdot K^{-1} \cdot mol^{-1}$<br><br>K<br>$J \cdot K^{-1} \cdot mol^{-1}$ |
| **molare Standard-Reaktionsentropie $\Delta_r S^0_m$** | Für die Reaktion<br>$aA + bB + \ldots \rightarrow cC + dD + \ldots$ gilt:<br><br>$\Delta_r S^0_m = [c \cdot S^0_m(C) + d \cdot S^0_m(D) + \ldots] - [a \cdot S^0_m(A) + b \cdot S^0_m(B) + \ldots]$ | $\Delta_r S^0_m$ molare Standard-Reaktionsentropie<br>A, B, … Edukte<br>C, D, … Produkte<br>a, b, c, d, … stöchiometrische Koeffizienten<br>$S^0_m$ molare Standard-Entropie | $J \cdot K^{-1} \cdot mol^{-1}$<br><br><br><br><br><br>$J \cdot K^{-1} \cdot mol^{-1}$ |
| **freie Enthalpie $G$**<br>Gibbs-Energie<br><br>**Gibbs-Helmholtz-Gleichung** | $G = H - T \cdot S$<br><br>Unter isothermen Bedingungen gilt:<br><br>$\Delta_r G = \Delta_r H - T \cdot \Delta_r S$<br><br>Für Standardbedingungen ($T^0 = 298{,}15\,K$, $p^0 = 101{,}325\,kPa$) gilt:<br><br>$\Delta_r G^0 = \Delta_r H^0 - T^0 \cdot \Delta_r S^0$ | $G$ freie Enthalpie<br>$H$ Enthalpie<br>$T$ Temperatur<br>$T^0$ thermodynamische Standardtemperatur<br>$S$ Entropie<br>$\Delta_r G$ freie Reaktionsenthalpie<br>$\Delta_r H$ Reaktionsenthalpie<br>$\Delta_r S$ Reaktionsentropie<br>$\Delta_r G^0$ freie Standard-Reaktionsenthalpie<br>$\Delta_r H^0$ Standard-Reaktionsenthalpie<br>$\Delta_r S^0$ Standard-Reaktionsentropie | J<br>J<br>K<br>K<br><br>$J \cdot K^{-1}$<br>J<br>J<br>$J \cdot K^{-1}$<br>J<br>J<br>$J \cdot K^{-1}$ |

## Innere Energie und Enthalpie

| | | | |
|---|---|---|---|
| **Umsatzvariable $\xi$** | Für die Reaktion<br>$a\,A + b\,B \rightarrow c\,C + d\,D$ gilt:<br>$\frac{\Delta n(A)}{-a} = \frac{\Delta n(B)}{-b} = \frac{\Delta n(C)}{c} = \frac{\Delta n(D)}{d} = \Delta\xi$<br>Die Umsatzvariable $\xi$ ist ein Maß für den Verlauf des Stoffumsatzes einer chemischen Reaktion. Für die Änderung von $\xi$ gilt:<br>$d\xi = \frac{dn_i}{\nu_i}$<br>Zu Beginn der Reaktion ist $\xi = 0$, bei vollständigem Umsatz ist $\xi = 1$ mol. | A, B Edukte<br>C, D Produkte<br>a, b, c, d stöchiometrische Koeffizienten<br>$\Delta n$ Änderung der Stoffmenge<br>$\Delta\xi$ Änderung der Umsatzvariablen<br>$\xi$ Umsatzvariable<br>$n_i$ Stoffmenge der Teilchenart $i$<br>$\nu_i$ stöchiometrischer Koeffizient der Teilchenart $i$ (entspricht dem Betrag nach stöchio metrischen Koeffizienten, hat jedoch bei Edukten negatives Vorzeichen) | <br><br><br>mol<br>mol<br>mol<br>mol<br>1 |
| **molare freie Reaktionsenthalpie $\Delta_r G_m$ und Umsatzvariable $\xi$** | $\Delta_r G_m = \frac{dG}{d\xi}$ | $\Delta_r G_m$ molare freie Reaktionsenthalpie | $J \cdot mol^{-1}$ |

**Das Minimum der freien Enthalpie in Abhängigkeit von der Umsatzvariablen**

**nahezu vollständige Reaktion**

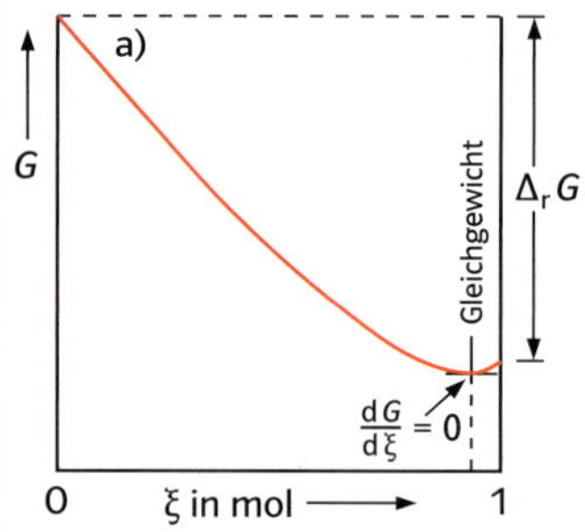


**exergonische Reaktion**
$\frac{dG}{d\xi} < 0$

**im Gleichgewichtsgemisch überwiegen die Produkte**

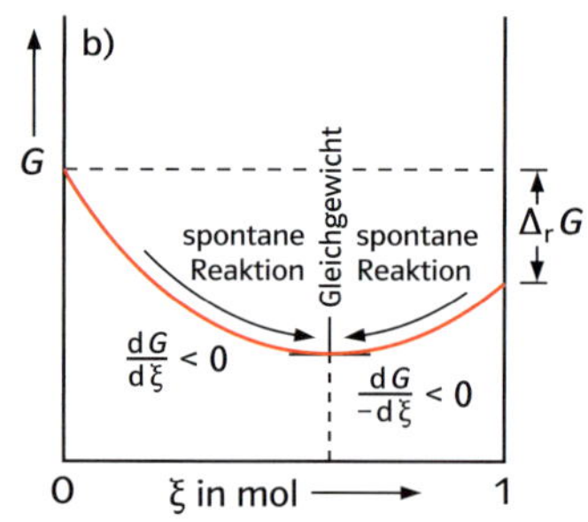


**Gleichgewichtszustand**
$\frac{dG}{d\xi} = 0$

**im Gemisch überwiegen die Edukte**

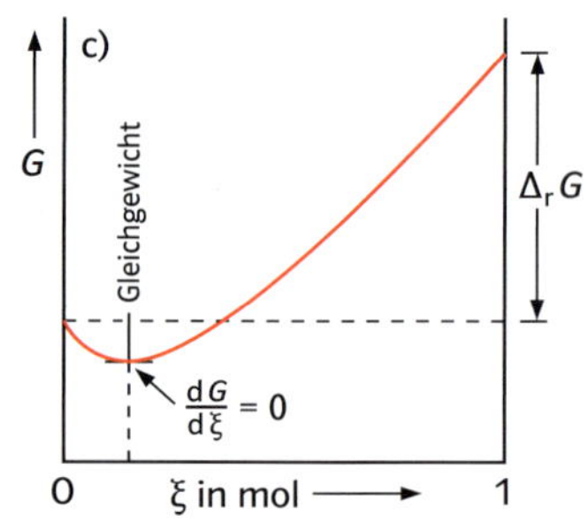


**endergonische Reaktion**
$\frac{dG}{d\xi} > 0$

| | | | |
|---|---|---|---|
| **molare freie Standard-Bildungsenthalpie $\Delta_f G_m^0$ einer Verbindung** | Die molare freie Standard-Bildungsenthalpie $\Delta_f G_m^0$ einer Verbindung ist die molare freie Standard-Reaktionsenthalpie der Reaktion, durch die 1 mol der Verbindung aus ihren Elementen entsteht.<br>**Festlegung**<br>$\Delta_f G_m^0$ (Element, stabilste Modifikation) = 0<br>$\Delta_f G_m^0 (H_3O^+) = 0$ | $\Delta_f G_m^0$ molare freie Standard-Bildungsenthalpie | $J \cdot mol^{-1}$ |

## Entropie und freie Enthalpie

| | | | |
|---|---|---|---|
| **molare freie Standard-Reaktionsenthalpie $\Delta_r G^0_m$** | Für die Reaktion<br>a A + b B + … → c C + d D + … gilt:<br><br>$\Delta_r G^0_m = [c \cdot \Delta_f G^0_m\,(C) + d \cdot \Delta_f G^0_m\,(D) + \ldots] - [a \cdot \Delta_f G^0_m\,(A) + b \cdot \Delta_f G^0_m\,(B) + \ldots]$ | $\Delta_r G^0_m$ molare freie Standard-Reaktionsenthalpie<br>A, B, … Edukte<br>C, D, … Produkte<br>a, b, c, d, … stöchiometrische Koeffizienten | $J \cdot mol^{-1}$ |
| **molare freie Reaktionsenthalpie $\Delta_r G_m$ und Massenwirkungsgesetz** | $\Delta_r G_m = \Delta_r G^0_m + R \cdot T \cdot \ln \dfrac{\{c^c\,(C)\} \cdot \{c^d\,(D)\} \cdot \ldots}{\{c^a\,(A)\} \cdot \{c^b\,(B)\} \cdot \ldots}$<br><br>$\Longleftrightarrow \Delta_r G_m = \Delta_r G^0_m + R \cdot T \cdot \ln \{Q\}$<br><br>Bei Reaktionen in der Gasphase rechnet man mit Partialdrücken statt mit Konzentrationen bzw. Aktivitäten. | $\Delta_f G^0_m$ molare freie Standard-Bildungsenthalpie<br>$\Delta_r G_m$ molare freie Reaktionsenthalpie<br>$R$ universelle Gaskonstante<br>$T$ thermodynamische Temperatur<br>$c$ Konzentration<br>{ } Zahlenwert von …<br>$Q$ Massenwirkungsquotient<br>$K$ Gleichgewichtskonstante<br>$\xi$ Umsatzvariable | $J \cdot mol^{-1}$<br>$J \cdot mol^{-1}$<br>$J \cdot K^{-1} \cdot mol^{-1}$<br>K<br>$mol \cdot l^{-1}$<br><br>1 |
| **molare freie Standard-Reaktionsenthalpie $\Delta_r G^0_m$ und Gleichgewichtskonstante $K$** | Im Gleichgewicht ist $\Delta_r G_m \left[= \dfrac{dG}{d\xi}\right] = 0$<br><br>$\Delta_r G^0_m = -R \cdot T \cdot \ln \{K\} = -2{,}3026 \cdot R \cdot T \cdot \lg \{K\}$ | | |
| **Van't-Hoff-Gleichung für die Temperaturabhängigkeit der Gleichgewichtskonstanten** | $\ln \dfrac{K_1}{K_2} = -\dfrac{\Delta_r H^0_m}{R} \cdot \left[\dfrac{1}{T_2} - \dfrac{1}{T_1}\right]$<br>oder<br>$\lg \dfrac{K_1}{K_2} = -\dfrac{\Delta_r H^0_m}{2{,}3026 \cdot R} \cdot \left[\dfrac{1}{T_2} - \dfrac{1}{T_1}\right]$<br><br>Bedingung für die Anwendung der Gleichung<br>$\Delta_r H^0_m$ muß im Temperaturintervall von $T_1$ bis $T_2$ hinreichend temperaturunabhängig sein. | $K_1$, $K_2$ Gleichgewichtskonstanten bei $T_1$ und $T_2$<br><br>$\Delta_r H^0_m$ molare Standard-Reaktionsenthalpie<br>$R$ universelle Gaskonstante<br>$T_1$ Anfangstemperatur<br>$T_2$ Endtemperatur | abhängig von der Reaktion<br>$J \cdot mol^{-1}$<br><br>$J \cdot K^{-1} \cdot mol^{-1}$<br>K<br>K |

## Leitfähigkeit von Elektrolytlösungen

| | | | | |
|---|---|---|---|---|
| **Leitwert $G$** | $G = \frac{1}{R}$ | $G$ | Leitwert | $\Omega^{-1}$ = S (Siemens) |
| | | $R$ | elektrischer Widerstand | $\Omega$ |
| **elektrische Leitfähigkeit $\varkappa$** | $\varkappa = \frac{1}{\varrho} = G\frac{l}{A}$ | $\varkappa$ | elektrische Leitfähigkeit | $S \cdot cm^{-1}$ |
| | | $\varrho$ | spezifischer Widerstand | $\Omega \cdot cm$ |
| **Zellenkonstante $k_G$** (Gefäßkonstante für eine Leitfähigkeitsmeßzelle mit fixierten Elektroden) | $k_G = \frac{l}{A}$ | $l$ | Leiterlänge bzw. Elektrodenabstand | cm |
| | | $A$ | Leiterquerschnitt bzw. Elektrodenoberfläche | $cm^2$ |
| | | $k_G$ | Zellenkonstante | $cm^{-1}$ |
| **Leitfähigkeit $\Lambda$, bezogen auf die Stoffmengenkonzentration** | $\Lambda = \frac{\varkappa}{c}$ | $\Lambda$ | Leitfähigkeit, bezogen auf die Stoffmengenkonzentration | $S \cdot mol^{-1} \cdot cm^2$ |
| | | $c$ | Konzentration des Elektrolyten | $mol \cdot l^{-1} = 10^{-3}\ mol \cdot cm^{-3}$ |
| **Äquivalentleitfähigkeit $\Lambda_{eq}$** | $\Lambda_{eq} = \frac{\varkappa}{z \cdot c}$ | $\Lambda_{eq}$ | Äquivalentleitfähigkeit | $S \cdot mol^{-1} \cdot cm^2$ |
| | | $\varkappa$ | elektrische Leitfähigkeit | $S \cdot cm^{-1}$ |
| | | $z$ | Betrag der Ionenladung | 1 |
| | | $c$ | Konzentration des Elektrolyten | $mol \cdot l^{-1} = 10^{-3}\ mol \cdot cm^{-3}$ |

## Faraday-Gesetz

| | | | | |
|---|---|---|---|---|
| **Stoffmenge $n$(A) der elektrolytisch abgeschiedenen Teilchenart A** | $n(A) = \frac{Q}{z \cdot F} = \frac{I \cdot t}{z \cdot F}$ | $n$(A) | Stoffmenge der Teilchenart A | mol |
| | | $Q$ | durch den Elektrolyten geflossene Ladung | C (Coulomb) |
| | | $z$ | Zahl der bei der Abscheidung eines Teilchens A an der Elektrode ausgetauschten Elektronen | 1 |
| | | $F$ | Faraday-Konstante | $C \cdot mol^{-1}$ |
| | | $I$ | Stromstärke | A |
| | | $t$ | Zeit | s |

## Galvanische Zellen

| | | | | |
|---|---|---|---|---|
| **Einzelpotential $\varphi$** (Halbzellenpotential, häufig auch mit $E$ symbolisiert)<br>Nernst'sche Gleichung | Für das Redoxsystem Red $\rightleftarrows$ Ox + $z$e$^-$ gilt:<br>$\varphi = \varphi^0 + \frac{R \cdot T}{z \cdot F} \cdot \ln \frac{c(Ox)}{c(Red)}$<br>Für $\vartheta$ = 25 °C und mit dekadischem Logarithmus gilt:<br>$\varphi = \varphi^0 + \frac{0{,}059\,V}{z} \cdot \lg \frac{c(Ox)}{c(Red)}$ | Red | reduzierte Form des Redoxsystems (Reduktor) | |
| | | Ox | oxidierte Form des Redoxsystems (Oxidator) | |
| | | $\varphi$ | Einzelpotential | V |
| | | $\varphi^0$ | Standard-Einzelpotential | V |
| | | $R$ | universelle Gaskonstante | $J \cdot K^{-1} \cdot mol^{-1}$ |
| | | $T$ | thermodynamische Temperatur | K |
| | | $F$ | Faraday-Konstante | $C \cdot mol^{-1}$ |
| | | $z$ | Anzahl der pro Teilchen ausgetauschten Elektronen | 1 |
| | | X | Metall, Wasserstoff | |
| | | { } | Zahlenwert von … | |
| | | Y | Nichtmetall | |
| | | $c$ | Konzentration | $mol \cdot l^{-1}$ |

...

Galvanische Zellen

| | | | |
|---|---|---|---|
| | Bei der Anwendung der Nernst'schen Gleichung werden an Redoxsystemen beteiligte reine kondensierte Phasen (reine Feststoffe und Flüssigkeiten) sowie unter Standarddruck ($p_0$ = 101,325 kPa) stehende Gase konventionsgemäß so behandelt, als ob sie in der Standardkonzentration (genauer: Standardaktivität) $c_0 = 1\ \text{mol} \cdot \text{l}^{-1}$ ($a_0 = 1\ \text{mol} \cdot \text{l}^{-1}$) vorlägen.<br><br>Für das Redoxsystem $X \rightleftharpoons X^{z+} + ze^-$ gilt z.B.:<br>$\varphi = \varphi^0 + \frac{0{,}059\,\text{V}}{z} \cdot \lg \{c(X^{z+})\}$<br><br>Für das Redoxsystem $Y^{z-} \rightleftharpoons Y + ze^-$ gilt z.B.:<br>$\varphi = \varphi^0 - \frac{0{,}059\,\text{V}}{z} \cdot \lg \{c(Y^{z-})\}$ | | |
| **Zellenspannung *U* (Potentialdifferenz) gemessen im stromlosen Zustand** | Kombination von zwei Redoxsystemen (Halbzellen)<br>D $\text{Red1} \rightleftharpoons \text{Ox1} + z_1e^- \quad \vert \cdot z_2$<br>A $z_2e^- + \text{Ox2} \rightleftharpoons \text{Red2} \quad \vert \cdot z_1$<br>$z_2\text{Red1} + z_1\text{Ox2} \rightleftharpoons z_2\text{Ox1} + z_1\text{Red2}$<br><br>$U = \varphi_A - \varphi_D \qquad U^0 = \varphi^0_A - \varphi^0_D$<br>$U = U^0 - \frac{R \cdot T}{z_1 \cdot z_2 \cdot F} \cdot \ln \frac{c^{z_2}(\text{Ox1}) \cdot c^{z_1}(\text{Red2})}{c^{z_2}(\text{Red1}) \cdot c^{z_1}(\text{Ox2})}$<br><br>Für eine Konzentrationszelle ist $U^0 = 0$ | $U$ Zellenspannung im stromlosen Zustand<br>$\varphi_A, \varphi_D$ Einzelpotentiale der Akzeptor- bzw. Donatorhalbzelle<br>$\varphi^0_A, \varphi^0_D$ Standard-Einzelpotentiale der Akzeptor- bzw. Donatorhalbzelle<br>$U^0$ Standardzellenspannung im stromlosen Zustand<br>$c$ Konzentration<br>$z$ Anzahl der pro Teilchen ausgetauschten Elektronen | V<br>V<br>V<br>V<br>$\text{mol} \cdot \text{l}^{-1}$ |
| **Gleichgewichtskonstante *K* und Zellenspannung *U***<br><br>**Freie Reaktionsenthalpie $\Delta_r G$ und Zellenspannung *U*** | Im Gleichgewicht ($U$ = 0) gilt:<br>$U^0 = \frac{R \cdot T}{z_1 \cdot z_2 \cdot F} \cdot \ln \{K\}$<br>Für $t$ = 25 °C ist<br>$U^0 = \frac{0{,}059\,\text{V}}{z_1 \cdot z_2} \cdot \ln \{K\}$<br><br>$\Delta_r G = -z_1 \cdot z_2 \cdot F \cdot U$ | $U^0$ Standardzellenspannung im stromlosen Zustand<br>$R$ universelle Gaskonstante<br>$T$ thermodynamische Temperatur<br>$F$ Faraday-Konstante<br>$\{K\}$ Zahlenwert der Gleichgewichtskonstanten<br>$\Delta_r G$ Freie Reaktionsenthalpie<br>$U$ Zellenspannung im stromlosen Zustand | V<br>$\text{J} \cdot \text{K}^{-1} \cdot \text{mol}^{-1}$<br>K<br>$\text{C} \cdot \text{mol}^{-1}$<br>$\text{J} \cdot \text{mol}^{-1}$<br>V |

**Chemische Elemente**

| Name | Zeichen | Ordnungszahl | Atommasse in u | Atom-, Ionenradius in pm (Oxidationszahl) | Dichte [1] in $g \cdot cm^{-3}$ (Gase: $g \cdot l^{-1}$) | Schmelztemperatur in °C [4] | Siedetemperatur in °C [4] |
|---|---|---|---|---|---|---|---|
| Actinium | Ac | 89 | 227,0277 | 112 (III) | 10,1 | 1050 | 3200 |
| Aluminium | Al | 13 | 26,981 538 6 | 125,54 (III) | 2,70 | 660 | 2467 |
| Antimon | Sb | 51 | 121,760 | 141,60 (V) | 6,68 | 630 | 1750 |
| Argon | Ar | 18 | 39,948 | | 1,66 | −189 | −186 |
| Arsen | As | 33 | 74,921 60 | 121,46 (V) | 5,72 | 817 p | 613 s |
| Astat | At | 85 | 209,9871 | 145 | | 302 | 337 |
| Barium | Ba | 56 | 137,327 | 198,135 (II) | 3,51 | 725 | 1640 |
| Beryllium | Be | 4 | 9,012 182 | 89,45 | 1,85 | 1278 | 2970 |
| Bismut | Bi | 83 | 208,980 40 | 146,76 (V) | 9,8 | 271 | 1560 |
| Blei | Pb | 82 | 207,2 | 154,78 (IV) | 11,4 | 327 | 1740 |
| Bor | B | 5 | 10,811 | 81,23 (III) | 2,34 | 2180 | 2550 s |
| Brom | Br | 35 | 79,904 | 114,196 (−I) | 3,12 | −7 | 59 |
| Cadmium | Cd | 48 | 112,411 | 141,95 (II) | 8,65 | 321 | 765 |
| Caesium | Cs | 55 | 132,905 451 9 | 235,167 (I) | 1,88 | 28 | 669 |
| Calcium | Ca | 20 | 40,078 | 174,100 (II) | 1,54 | 839 | 1484 |
| Cer | Ce | 58 | 140,116 | 165,101 (III) | 6,65 | 799 | 3426 |
| Chlor | Cl | 17 | 35,452 7 | 99,181 (−I) | 2,95 | −101 | −35 |
| Chrom | Cr | 24 | 51,996 1 | 118,26 (VI) | 7,20 | 1857 | 2672 |
| Cobalt | Co | 27 | 58,933 195 | 116,61 (III) | 8,9 | 1495 | 2870 |
| Eisen | Fe | 26 | 55,845 | 116,65 (III) | 7,87 | 1535 | 2750 |
| Fluor | F | 9 | 18,998 403 2 | 64,138 (−I) | 1,58 | −219 | −188 |
| Francium | Fr | 87 | 223,019 7 | 180 (I) | | 27 | 677 |
| Gallium | Ga | 31 | 69,723 | 125,62 (III) | 5,90 | 30 | 2403 |
| Germanium | Ge | 32 | 72,64 | 122,53 (IV) | 5,32 | 937 | 2830 |
| Gold | Au | 79 | 196,966 569 | 134,137 (I) | 19,32 | 1064 | 3080 |
| Hafnium | Hf | 72 | 178,49 | 144,76 (IV) | 13,3 | 2227 | 4602 |
| Helium | He | 2 | 4,002 602 | | 0,17 | −272 p | −269 |
| Indium | In | 49 | 114,818 | 150,80 (III) | 7,30 | 156 | 2080 |
| Iod | I | 53 | 126,904 47 | 133,220 (−I) | 4,93 | 113 | 184 |
| Iridium | Ir | 77 | 192,217 | 127,68 (III) | 22,41 | 2410 | 4130 |
| Kalium | K | 19 | 39,098 3 | 203,138 (I) | 0,86 | 63 | 760 |
| Kohlenstoff | C | 6 | 12,010 7 | 77,16 (IV) | 2,25 [2] | 3650 [2] | 4827 |
| Krypton | Kr | 36 | 83,798 | | 3,48 | −157 | −152 |
| Kupfer | Cu | 29 | 63,546 | 117,77 (I) | 8,92 | 1083 | 2567 |
| Lanthan | La | 57 | 138,905 47 | 169,103 (III) | 6,17 | 921 | 3457 |
| Lithium | Li | 3 | 6,941 | 123,76 (I) | 0,53 | 180 | 1342 |
| Magnesium | Mg | 12 | 24,305 0 | 136,72 (II) | 1,74 | 649 | 1107 |
| Mangan | Mn | 25 | 54,938 045 | 118,25 (VII) | 7,20 | 1244 | 1962 |
| Molybdän | Mo | 42 | 95,94 | 130,59 (VI) | 10,2 | 2610 | 5560 |
| Natrium | Na | 11 | 22,989 769 28 | 157,102 (I) | 0,97 | 98 | 883 |
| Neon | Ne | 10 | 20,179 7 | | 0,84 | −249 | −246 |
| Nickel | Ni | 28 | 58,693 4 | 115,69 (II) | 8,90 | 1455 | 2730 |
| Niob | Nb | 41 | 92,906 38 | 134,64 (V) | 8,57 | 2468 | 4742 |
| Osmium | Os | 76 | 190,23 | 126,39 (VIII) | 22,5 | 2700 | 5300 |

s: sublimiert; p: unter Druck
1) Dichteangaben für 20 °C und 101,3 kPa
2) Angaben gelten für Graphit; Diamant: Schmelztemp. 3550, Dichte 3,51
3) Angaben gelten für weißen Phosphor; Roter Phosphor: Schmelztemp. 590 p, Dichte 2,34
4) bei 101,3 kPa
5) rhomischer Schwefel

## Chemische Elemente

| Name | Zeichen | Ordnungszahl | Atommasse in u | Atom-, Ionenradius in pm (Oxidationszahl) | Dichte [1] in $g \cdot cm^{-3}$ (Gase: $g \cdot l^{-1}$) | Schmelztemperatur in °C [4] | Siedetemperatur in °C [4] |
|---|---|---|---|---|---|---|---|
| Palladium | Pd | 46 | 106,42 | 128,86 (II) | 12,0 | 1554 | 2970 |
| Phosphor | P | 15 | 30,973762 | 110,35 (V) | 1,82 [3] | 44 [3] | 280 |
| Platin | Pt | 78 | 195,084 | 130,80 (II) | 21,4 | 1772 | 3827 |
| Polonium | Po | 84 | 208,9824 | 146 | 9,4 | 254 | 962 |
| Praseodym | Pr | 59 | 140,90765 | 165,99 (III) | 6,77 | 931 | 3512 |
| Protactinium | Pa | 91 | 231,03588 | 78 (V) | 15,4 | 1840 | 4030 |
| Quecksilber | Hg | 80 | 200,59 | 144, 102 (II) | 13,55 | −39 | 356 |
| Radium | Ra | 88 | 226,0254 | 148 (II) | 5,0 | 700 | 1140 |
| Radon | Rn | 86 | 222,0176 | | 9,23 | −71 | −62 |
| Rhenium | Re | 75 | 186,207 | 128,53 (VII) | 20,5 | 3180 | 5627 |
| Rhodium | Rh | 45 | 102,90550 | 125,67 (III) | 12,4 | 1966 | 3727 |
| Rubidium | Rb | 37 | 85,4678 | 216,152 (I) | 1,53 | 39 | 686 |
| Ruthenium | Ru | 44 | 101,07 | 125,68 (III) | 12,3 | 2310 | 3900 |
| Sauerstoff | O | 8 | 15,9994 | 66, 140 (−II) | 1,33 | −219 | −183 |
| Scandium | Sc | 21 | 44,955912 | 144, 75 (III) | 3,0 | 1541 | 2831 |
| Schwefel | S | 16 | 32,065 | 104, 184 (−II) | 2,07 [5] | 119 | 444 |
| Selen | Se | 34 | 78,96 | 117, 198 (−II) | 4,81 | 217 | 685 |
| Silber | Ag | 47 | 107,8682 | 134, 115 (I) | 10,5 | 962 | 2212 |
| Silicium | Si | 14 | 28,0855 | 117, 40 (IV) | 2,32 | 1410 | 2355 |
| Stickstoff | N | 7 | 14,00674 | 70, 146 (−III) | 1,17 | −210 | −196 |
| Strontium | Sr | 38 | 87,62 | 191,118 (II) | 2,60 | 769 | 1384 |
| Tantal | Ta | 73 | 180,94788 | 134,64 (V) | 16,6 | 2996 | 5425 |
| Technetium | Tc | 43 | 97,9072 | 127,56 (VII) | 11,5 | 2172 | 4877 |
| Tellur | Te | 52 | 127,60 | 137,221 (−II) | 6,0 | 449 | 990 |
| Thallium | Tl | 81 | 204,3833 | 155,89 (III) | 11,8 | 303 | 1457 |
| Thorium | Th | 90 | 232,03806 | | 11,7 | 1750 | 4790 |
| Titan | Ti | 22 | 47,867 | 132,61 (IV) | 4,51 | 1660 | 3287 |
| Uran | U | 92 | 238,02891 | 142,89 (IV) | 19,0 | 1132 | 3818 |
| Vanadium | V | 23 | 50,9415 | 122,54 (V) | 5,96 | 1890 | 3380 |
| Wasserstoff | H | 1 | 1,00794 | 30,210 (−I) | 0,084 | −259 | −253 |
| Wolfram | W | 74 | 183,84 | 130,60 (VI) | 19,3 | 3410 | 5660 |
| Xenon | Xe | 54 | 131,293 | | 5,49 | −112 | −107 |
| Yittrium | Y | 39 | 88,90585 | 162,90 (III) | 4,47 | 1522 | 3338 |
| Zink | Zn | 30 | 65,409 | 125,73 (II) | 7,14 | 419 | 907 |
| Zinn | Sn | 50 | 118,710 | 140,69 (IV) | 7,30 | 232 | 2270 |
| Zirconium | Zr | 40 | 91,224 | 145,72 (IV) | 6,49 | 1852 | 4377 |

## Elektronegativität

**Hauptgruppen**

| I | II | III | IV | V | VI | VII |
|---|---|---|---|---|---|---|
| H 2,1 | | | | | | |
| Li 1,0 | Be 1,5 | B 2,0 | C 2,5 | N 3,0 | O 3,5 | F 4,0 |
| Na 0,9 | Mg 1,2 | Al 1,5 | Si 1,8 | P 2,1 | S 2,5 | Cl 3,0 |
| K 0,8 | Ca 1,0 | Ga 1,6 | Ge 1,8 | As 2,0 | Se 2,4 | Br 2,8 |
| Rb 0,8 | Sr 1,0 | In 1,7 | Sn 1,8 | Sb 1,9 | Te 2,1 | I 2,5 |

**Anorganische Verbindungen**

| Name | Formel | Molare Masse in g · mol⁻¹ (gerundet) | Dichte [1] in g · cm⁻³ Gase in g · l⁻¹ | Schmelztemperatur in °C [2] | Siedetemperatur in °C [2] |
|---|---|---|---|---|---|
| Aluminiumchlorid | $AlCl_3$ | 133,3 | 2,44 | S 183 | |
| Aluminiumhydroxid | $Al(OH)_3$ | 78,0 | 2,4 | Z 170 | |
| Aluminiumoxid | $Al_2O_3$ | 102,0 | 4,0 | 2050 | 2980 |
| Ammoniak | $NH_3$ | 17 | 0,77 | −78 | −33 |
| Ammoniumchlorid | $NH_4Cl$ | 53,5 | 1,52 | S 340 Z | |
| Ammoniumhydrogencarbonat (Hirschhornsalz) | $NH_4HCO_3$ | 79,1 | 1,58 | Z 105 | |
| Ammoniumeisen(II)-sulfat (Mohr'sches Salz) | $(NH_4)_2Fe(SO_4)_2 \cdot 6\,H_2O$ | 392,1 | 1,9 | Z 100 | |
| Ammoniumnitrat | $NH_4NO_3$ | 80,1 | 1,73 | Z 170 | |
| Ammoniumsulfat | $(NH_4)_2SO_4$ | 132,1 | 1,77 | Z 280 | |
| Bariumchlorid | $BaCl_2$ | 208,2 | 3,86 | 962 | 1562 |
| Bariumhydroxid | $Ba(OH)_2$ | 171,3 | 4,5 | 407 | Z 600 |
| Bariumoxid | $BaO$ | 153,3 | 5,7 | ≈ 1920 | |
| Bariumsulfat | $BaSO_4$ | 233,9 | 4,3 − 4,5 | Z > 1400 | |
| Blei(II)-chlorid | $PbCl_2$ | 278,1 | 5,85 | 501 | 950 |
| Blei(II)-nitrat | $Pb(NO_3)_2$ | 331,2 | | Z 470 | |
| Blei(II)-oxid | $PbO$ | 223,2 | 9,53 | 890 | |
| Blei(II, IV)-oxid (Mennige) | $Pb_3O_4$ | 685,6 | 9,1 | Z 550 | |
| Blei(IV)-oxid | $PbO_2$ | 239,2 | 9,38 | Z 290 | |
| Blei(II)-sulfat | $PbSO_4$ | 303,3 | 6,1 − 6,4 | 1170 | |
| Blei(II)-sulfid | $PbS$ | 239,3 | 7,5 | 1120 | |
| Bromwasserstoff | $HBr$ | 80,9 | 3,64 | −87 | −67 |
| Calciumcarbid | $CaC_2$ | 64,1 | 2,22 | 2160 | |
| Calciumcarbonat | $CaCO_3$ | 100,1 | 2,6 − 2,8 | Z 825 | |
| Calciumchlorid | $CaCl_2$ | 111,0 | 2,16 | > 1600 | |
| Calciumfluorid (Flussspat) | $CaF_2$ | 78,1 | | ≈ 1400 | 2513 |
| Calciumhydroxid | $Ca(OH)_2$ | 74,1 | 2,1 − 2,3 | Z 550 | |
| Calciumoxalat | $CaC_2O_4 \cdot H_2O$ | 146,1 | 2,2 | Z 180 | |
| Calciumoxid | $CaO$ | 56,1 | 3,3 | ≈ 2600 | 2850 |
| Calciumphosphat | $Ca_3(PO_4)_2$ | 310,2 | 3,14 | 1670 | |
| Calciumsulfat (Marienglas) | $CaSO_4 \cdot 2\,H_2O$ | 172,2 | 2,3 | Z 128 | |
| Chlorwasserstoff | $HCl$ | 36,5 | 1,64 | −114 | −85 |
| Chrom(III)-chlorid | $CrCl_3$ | 158,4 | 2,76 | ≈ 1150 | S 1300 |
| Chrom(III)-oxid | $Cr_2O_3$ | 152,0 | 5,22 | 2435 | ≈ 3000 |
| Cobalt(II)-chlorid | $CoCl_2$ | 129,8 | 3,36 | 724 | |
| Eisen(III)-chlorid | $FeCl_3$ | 162,2 | 2,90 | ≈ 300 | Z ≈ 316 |
| Eisen(II)-hydroxid | $Fe(OH)_2$ | 89,9 | 3,4 | Z | |
| Eisen(II)-oxid | $FeO$ | 71,9 | 5,7 | 1360 | Z ≈ 3400 |
| Eisen(II,III)-oxid | $Fe_3O_4$ | 231,5 | 5,1 | 1538 | |
| Eisen(III)-oxid | $Fe_2O_3$ | 159,7 | 5,42 | Z 1565 | |
| Pyrit | $FeS_2$ | 120,0 | 5,0 | 1171 | Z |
| Eisen(II)-sulfid | $FeS$ | 87,9 | 4,8 | 1195 | |
| Fluorwasserstoff | $HF$ | 20,0 | 0,99 | −83 | 19,5 |

S: Sublimation, Z: Zersetzung
1) Dichteangabe für Feststoffe 20 − 25°C für Gase bei 0°C und 101,3 kPa
2) bei 101,3 kPa

### Anorganische Verbindungen

| Name | Formel | Molare Masse in $g \cdot mol^{-1}$ (gerundet) | Dichte 1) in $g \cdot cm^{-3}$ Gase in $g \cdot l^{-1}$ | Schmelztemperatur in °C 2) | Siedetemperatur in °C 2) |
|---|---|---|---|---|---|
| Hydrazin | $N_2H_4$ | 32,0 | 1,00 | 2 | 113 |
| Iodwasserstoff | HI | 127,9 | 5,8 | −51 | −35 |
| Kaliumbromid | KBr | 119,0 | 2,75 | 730 | 1380 |
| Kaliumcarbonat | $K_2CO_3$ | 138,2 | 2,42 | 891 | |
| Kaliumchlorat | $KClO_3$ | 122,6 | 2,343 | 370 | Z 550 |
| Kaliumchlorid | KCl | 74,6 | 1,98 | ≈ 770 | ≈ 1420 |
| Kaliumdichromat | $K_2Cr_2O_7$ | 294,2 | 2,7 | 398 | Z 400 |
| Kaliumfluorid | KF | 58,1 | 2,48 | 855 | 1505 |
| Kaliumhexacyanoferrat(II) (gelbes Blutlaugensalz) | $K_4[Fe(CN)_6] \cdot 3\,H_2O$ | 422,4 | 1,85 | Z 70 | |
| Kaliumhexacyanoferrat(III) (rotes Blutlaugensalz) | $K_3[Fe(CN)_6]$ | 329,3 | 1,89 | Z 200 | |
| Kaliumhydroxid | KOH | 56,1 | 2,04 | 360 | 1320 |
| Kaliumiodat | $KIO_3$ | 214 | 3,9 | Z 560 | |
| Kaliumiodid | KI | 166,0 | 3,12 | 723 | 1330 |
| Kaliumnitrat | $KNO_3$ | 101,1 | 2,11 | 334 | Z 400 |
| Kaliumpermanganat | $KMnO_4$ | 158 | 2,70 | Z 240 | |
| Kaliumsulfat | $K_2SO_4$ | 174,3 | 2,67 | 1067 | 1690 |
| Kaliumthiocyanat (Kaliumrhodanid) | KSCN | 97,2 | 1,89 | Z 170 | |
| Kohlenstoffdioxid | $CO_2$ | 44,0 | 1,98 | S −78 | |
| Kohlenstoffdisulfid | $CS_2$ | 76,1 | 1,26 | −111 | 46 |
| Kohlenstoffmonooxid | CO | 28,0 | 1,25 | −204 | −192 |
| Kupfer(I)-chlorid | CuCl | 99,0 | 4,14 | 422 | 1490 |
| Kupfer(II)-chlorid | $CuCl_2$ | 134,5 | 3,39 | 630 | Z 990 |
| Kupfer(I)-oxid | $Cu_2O$ | 143,1 | 6,0 | 1230 | |
| Kupfer(II)-oxid | CuO | 79,5 | 6,4 | 1330 | |
| Kupfer(II)-sulfat | $CuSO_4$ | 159,6 | 3,60 | Z > 200 | |
| Kupfer(II)-sulfat-Pentahydrat | $CuSO_4 \cdot 5\,H_2O$ | 249,7 | 2,28 | Z 110 ($-4H_2O$) | |
| Kupfer(I)-sulfid | $Cu_2S$ | 159,1 | 5,6 | 1130 | |
| Lithiumchlorid | LiCl | 42,4 | 2,07 | 613 | 1360 |
| Magnesiumchlorid | $MgCl_2$ | 95,2 | 2,32 | 713 | 1412 |
| Magnesiumchlorid-Hexahydrat | $MgCl_2 \cdot 6\,H_2O$ | 203,3 | 1,58 | Z ≈ 116 | |
| Magnesiumoxid | MgO | 40,3 | 3,6 | ≈ 2852 | ≈ 3600 |
| Magnesiumsulfat (Bittersalz) | $MgSO_4 \cdot 7\,H_2O$ | 246,5 | 1,68 | Z 150 | Z 1124 |
| Natriumacetat | $CH_3COONa \cdot 3\,H_2O$ | 136,1 | 1,45 | 58 | Z 123 |
| Natriumbromid | NaBr | 102,9 | 3,20 | 747 | 1390 |
| Natriumcarbonat | $Na_2CO_3$ | 106,0 | 2,53 | Z > 800 | |
| Natriumcarbonat (Soda) | $Na_2CO_3 \cdot 10\,H_2O$ | 286,1 | 1,4 | 33 | |
| Natriumchlorid | NaCl | 58,4 | 2,17 | 800 | ≈ 1400 |
| Natriumdihydrogenphosphat | $NaH_2PO_4 \cdot H_2O$ | 138,0 | 2,04 | Z 100 | |
| Natriumhydrogencarbonat | $NaHCO_3$ | 84,0 | 2,16 | Z 270 | |
| Natriumhydroxid | NaOH | 40,0 | 2,13 | 318 | ≈ 1390 |
| Natriumnitrat | $NaNO_3$ | 85,0 | 2,26 | 307 | Z 380 |
| Natriumnitrit | $NaNO_2$ | 69,0 | 2,17 | 275 | Z 320 |
| Natriumsulfat | $Na_2SO_4$ | 142,0 | 2,68 | 884 | |

S: Sublimation, Z: Zersetzung
1) Dichteangabe für Feststoffe 20 – 25°C für Gase bei 0°C und 101,3 kPa
2) bei 101,3 kPa

## Anorganische Verbindungen

| Name | Formel | Molare Masse in g · mol$^{-1}$ (gerundet) | Dichte [1] in g · cm$^{-3}$ Gase in g · l$^{-1}$ | Schmelztemperatur in °C [2] | Siedetemperatur in °C [2] |
|---|---|---|---|---|---|
| Natriumsulfit-Heptahydrat | $Na_2SO_3 \cdot 7H_2O$ | 252,2 | 1,54 | Z 150 | |
| Natriumtetraborat (Borax) | $Na_2B_4O_7 \cdot 10H_2O$ | 381,4 | 1,73 | Z 275 | |
| Natriumthiosulfat | $Na_2S_2O_3 \cdot 5H_2O$ | 248,2 | 1,73 | Z > 40 | |
| Perchlorsäure | $HClO_4$ | 100,5 | 1,76 | −112 | |
| Phosphor(V)-oxid | $P_4O_{10}$ | 283,4 | 2,39 | | S 300 |
| Phosphorsäure | $H_3PO_4$ | 98,0 | 1,83 | 42 | Z 213 |
| Quecksilber(II)-chlorid | $HgCl_2$ | 271,5 | 5,44 | 280 | 303 |
| Quecksilber(II)-oxid | $HgO$ | 216,6 | 11,1 | Z 400 | |
| Quecksilber(II)-sulfid (Zinnober) | $HgS$ | 232,7 | 8,1 | S 584 | |
| Salpetersäure | $HNO_3$ | 63,0 | 1,52 | −42 | 83 |
| Schwefeldioxid | $SO_2$ | 64,1 | 2,93 | −73 | −10 |
| Schwefelsäure (*w* = 98 %) | $H_2SO_4$ | 98,1 | 1,84 | −15 | 338 |
| Schwefeltrioxid | (α-) $SO_3$ | 80,1 | 1,97 | 17 | 45 |
| Schwefelwasserstoff | $H_2S$ | 34,1 | 1,54 | −86 | −60 |
| Silber(I)-bromid | $AgBr$ | 187,8 | 6,47 | 430 | Z > 1300 |
| Silber(I)-chlorid | $AgCl$ | 143,3 | 5,56 | 455 | 1550 |
| Silber(I)-iodid | $AgI$ | 234,8 | 6,0 | 558 | 1506 |
| Silber(I)-nitrat | $AgNO_3$ | 169,9 | 4,3 | 210 | Z 440 |
| Silber(I)-oxid | $Ag_2O$ | 231,7 | 7,1 | Z 230 | |
| Silber(I)-sulfid | $Ag_2S$ | 247,8 | 7,3 | ≈ 830 | Z |
| Siliciumdioxid (Quarz) | $SiO_2$ | 60,1 | 2,65 | 1610 | > 2200 |
| Stickstoff(I)-oxid (Lachgas) | $N_2O$ | 44,0 | 2,00 | −91 | −88 |
| Stickstoffdioxid | $NO_2/N_2O_4$ | 46,0 | 1,4 | −11 | 21 |
| Stickstoffmonooxid | $NO$ | 30,0 | 1,34 | −164 | −152 |
| Wasser | $H_2O$ | 18,0 | 1,00 | 0 | 100 |
| Wasserstoffperoxid<br>Lösung (*w* = 30 %) | $H_2O_2$ | 34,0 | 1,44<br>1,12 | −0,41<br>−26 | 150<br>106 |
| Zinkchlorid | $ZnCl_2$ | 136,3 | 2,91 | 283 | 732 |
| Zinkoxid | $ZnO$ | 81,4 | 5,6 | S > 1300 | |
| Zinksulfat | $ZnSO_4 \cdot 7H_2O$ | 287,6 | 1,96 | 100 | Z 280 |
| Zinksulfid (Wurzit) | $ZnS$ | 97,4 | 4,0 | S 1185 | |

S: Sublimation, Z: Zersetzung
1) Dichteangabe für Feststoffe 20 – 25 °C für Gase bei 0 °C und 101,3 kPa
2) bei 101,3 kPa

### Organische Verbindungen

| Name | Formel | Molare Masse in $g \cdot mol^{-1}$ (gerundet) | Dichte 1) in $g \cdot cm^{-3}$ Gase in $g \cdot l^{-1}$ | Schmelz-temperatur in °C 2) | Siede-temperatur in °C 2) |
|---|---|---|---|---|---|
| Acetylsalicylsäure (ASS) | 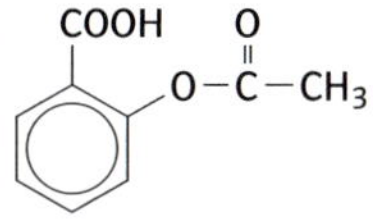 | 180,2 | 1,35 | 135 | |
| Acrylnitril | $CH_2=CH\text{-}CN$ | 53,1 | 0,81 | −82 | 77 |
| Aminobenzol (Anilin) | 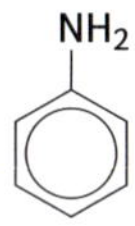 | 93,1 | 1,02 | −6 | 184 |
| Aminoethansäure (Glycin) | $H_2NCH_2COOH$ | 75,1 | 1,16 | Z 250 | |
| Anthracen | 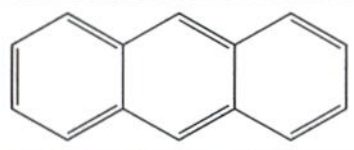 | 178,2 | 1,28 | 216 | 340 |
| Benzaldehyd | 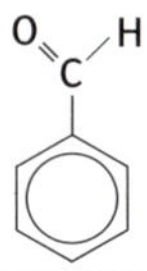 | 106,1 | 1,08 | −56 | 179 |
| Benzoesäure | 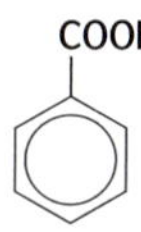 | 122,1 | 1,27 | 122 | 249 |
| Benzol |  | 78,1 | 0,88 | 5,5 | 80 |
| 1,2-Benzoldicarbonsäure (Phthalsäure) | 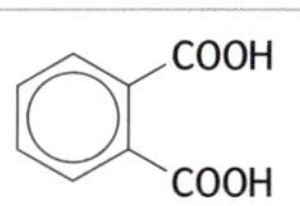 | 166,1 | 1,59 | 207 | Z |
| 1,4-Benzoldicarbonsäure (Terephthalsäure) |  | 166,1 | 1,51 | S ≈ 300 | |
| Benzolsulfonsäure | 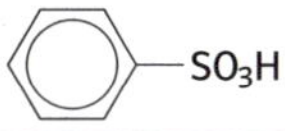 | 158,2 | | ≈ 65 | |
| Brombenzol | 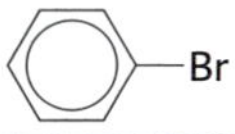 | 157,0 | 1,50 | −31 | 156 |
| 1,3-Butadien | $CH_2=CH-CH=CH_2$ | 54,1 | 0,62 | −109 | −4 |
| Butan | $C_4H_{10}$ | 58,1 | 2,70 | −135 | −1 |
| 1-Butanol | $C_4H_9OH$ | 74,1 | 0,81 | −89 | 117 |
| 2-Butanol | $CH_3CHOHCH_2CH_3$ | 74,1 | 0,80 | −114 | 99 |
| Butansäure (Buttersäure) | $C_3H_7COOH$ | 88,1 | 0,96 | −7 | 164 |
| Butansäureethylester | $C_3H_7COOC_2H_5$ | 116,2 | 0,88 | −93 | 121 |
| Chlorbenzol | 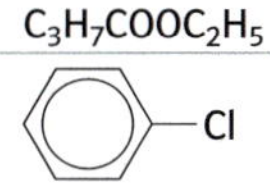 | 112,6 | 1,10 | −45 | 132 |
| Chlorethan | $C_2H_5Cl$ | 64,5 | 0,90 (l) | −142 | 12 |

S: Sublimation; Z: Zersetzung
1) Dichteangabe für Feststoffe 20−25°C für Gase bei 0°C und 101,3 kPa
2) bei 101,3 kPa

## Organische Verbindungen

| Name | Formel | Molare Masse in $g \cdot mol^{-1}$ (gerundet) | Dichte [1] in $g \cdot cm^{-3}$ Gase in $g \cdot l^{-1}$ | Schmelztemperatur in °C [2] | Siedetemperatur in °C [2] |
|---|---|---|---|---|---|
| Chlorethen (Vinylchlorid) | $CH_2{=}CHCl$ | 62,5 | 0,91 | −159 | −14 |
| Chlormethan | $CH_3Cl$ | 50,5 | 2,31 | −98 | −24 |
| Chlorethansäure- (Chloressigsäure) | $ClCH_2COOH$ | 94,5 | 1,40 | 62 | 189 |
| Cyclohexan | 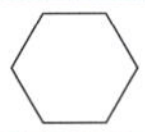 | 84,2 | 0,77 | 6 | 80 |
| Cyclohexen |  | 82,2 | 0,81 | −104 | 83 |
| 2-Chlor-2-methylpropan (t-Butylchlorid) | $(CH_3)_3CCl$ | 92,6 | 0,84 | −26 | 51 |
| Citronensäure | 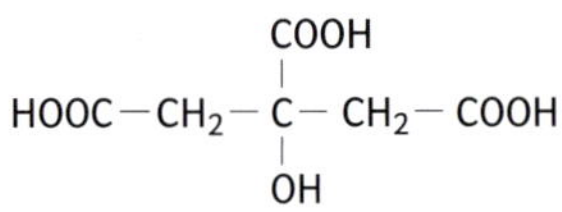 | 192,1 | 1,67 | 153 | Z |
| Decan | $C_{10}H_{22}$ | 142,3 | 0,73 | −30 | 174 |
| Dichlordifluormethan (R 12) | $CCl_2F_2$ | 120,9 | 1,31 | −158 | −30 |
| Dichlormethan | $CH_2Cl_2$ | 84,9 | 1,32 | −95 | 40 |
| Diethylether | $C_2H_5OC_2H_5$ | 74,1 | 0,71 | −116 | 34 |
| 1,3-Dihydroxybenzol (Resorcin) | 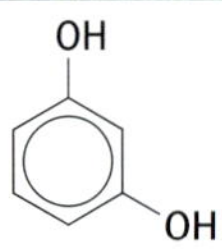 | 110,1 | 1,27 | 110 | ≈ 280 |
| 1,2-Dimethylbenzol (o-Xylol) | 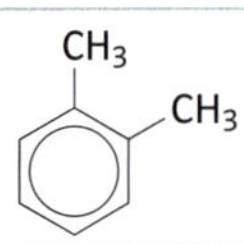 | 106,2 | 0,88 | −25 | 144 |
| 1,3-Dimethylbenzol (m-Xylol) | 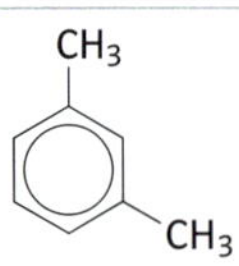 | 106,2 | 0,86 | −48 | 139 |
| 1,4-Dimethylbenzol (p-Xylol) | 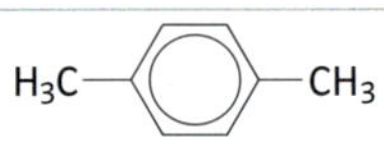 | 106,2 | 0,86 | 13 | 138 |
| Dimethylether | $CH_3OCH_3$ | 46,1 | 2,11 | −141 | −25 |
| 2,2-Dimethylpropan | $CH_3C(CH_3)_2CH_3$ | 72,2 | 0,59 | −17 | 10 |
| Eicosan (Icosan) | $C_{20}H_{42}$ | 282,6 | 0,78 | 36 | 205 |
| Ethan | $C_2H_6$ | 30,1 | 1,36 | −183 | −88 |
| Ethanal (Acetaldehyd) | $CH_3CHO$ | 44,1 | 0,78 | −123 | 20,1 |
| 1,2-Ethandiol (Ethylenglykol) | $HOCH_2CH_2OH$ | 62,1 | 1,11 | −12 | 198 |
| Ethandisäure (Oxalsäure) | HOOC−COOH | 90,0 | 1,9 | 190 | 5 |
| Ethanol | $C_2H_5OH$ | 46,1 | 0,79 | −117 | 78 |
| Ethansäure (Essigsäure) | $CH_3COOH$ | 60,1 | 1,04 | 16,5 | 118 |
| Ethansäureanhydrid | $(CH_3CO)_2O$ | 102,1 | 1,08 | −73 | 140 |
| Ethansäureethylester | $CH_3COOC_2H_5$ | 88,1 | 0,90 | −83 | 77 |

S: Sublimation; Z: Zersetzung
1) Dichteangabe für Feststoffe 20−25°C für Gase bei 0°C und 101,3 kPa
2) bei 101,3 kPa

## Organische Verbindungen

| Name | Formel | Molare Masse in g · mol⁻¹ (gerundet) | Dichte [1] in g · cm⁻³ Gase in g · l⁻¹ | Schmelztemperatur in °C [2] | Siedetemperatur in °C [2] |
|---|---|---|---|---|---|
| Ethansäuremethylester | $CH_3COOCH_3$ | 74,1 | 0,93 | −98 | 56 |
| Ethen (Ethylen) | $CH_2=CH_2$ | 28,1 | 1,26 | −169 | −104 |
| Ethin (Acetylen) | $CH=CH$ | 26,0 | 1,17 | −81 | −84 |
| Ethylbenzol | 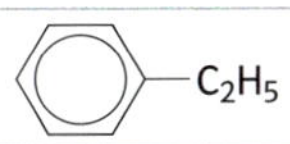  | 106,2 | 0,87 | 95 | 136 |
| Ethylendiamin | $H_2NCH_2CH_2NH_2$ | 60,1 | 0,90 | 8,5 | 117 |
| Furan | 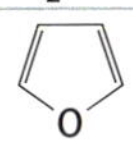  | 68,1 | 0,94 | −86 | 32 |
| α-D-Glucose | $C_6H_{12}O_6$ | 180,2 | 1,54 | 146 | Z |
| Harnstoff | $CO(NH_2)_2$ | 60,1 | 1,34 | Z ≈ 133 | |
| Heptan | $C_7H_{16}$ | 100,2 | 0,68 | −90 | 98 |
| Hexachlorcyclohexan (Lindan) | 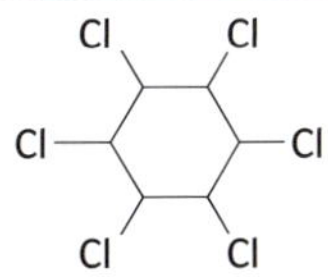  | 290,9 | 1,85 | 113 | 323 |
| Hexadecansäure (Palmitinsäure) | $C_{15}H_{31}COOH$ | 256,4 | ≈ 0,9 | 63 | 352 |
| Hexan | $C_6H_{14}$ | 86,2 | 0,66 | −94 | 68 |
| Hexansäure (Capronsäure) | $C_5H_{11}COOH$ | 116,2 | 0,93 | −3 | 206 |
| 2-Hydroxybenzoesäure (Salicylsäure) | 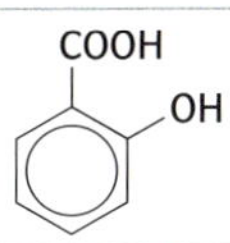  | 138,1 | 1,44 | 159 | Z 200 |
| Hydroxybenzol (Phenol) | 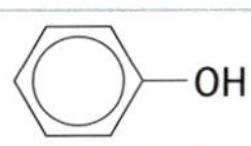  | 94,1 | 1,06 | 40 | 180 |
| 2-Hydroxypropansäure Milchsäure (DL) | $CH_3CHOHCOOH$ | 90,1 | 1,21 | 18 | 122 |
| Isopropylbenzol (Cumol) | 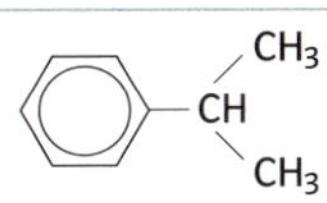  | 120,2 | 0,86 | −97 | 153 |
| Methan | $CH_4$ | 16,0 | 0,72 | −182 | −161 |
| Methanal (Formaldehyd) | HCHO | 30,0 | ≈ 1,3 | −92 | −21 |
| Methanol | $CH_3OH$ | 32,0 | 0,79 | −98 | 65 |
| Methansäure (Ameisensäure) | HCOOH | 46,0 | 1,22 | 8 | 100 |
| Methansäuremethylester | $HCOOCH_3$ | 60,1 | 0,97 | −99 | 32 |
| Methylamin | $CH_3NH_2$ | 31,1 | 1,3 | −93 | −6 |
| Methylbenzol (Toluol) | 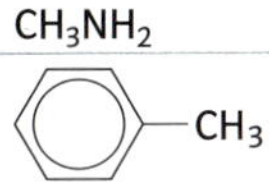  | 92,1 | 0,87 | −95 | 111 |
| 2-Methyl-1,3-butadien | $CH_2=C(CH_3)CH=CH_2$ | 68,1 | 0,68 | −146 | 34 |
| 2-Methylpropan (Isobutan) | $(CH_3)_2CHCH_3$ | 58,1 | 2,65 | −160 | −12 |
| 2-Methyl-2-propanol (tert-Butanol) | $(CH_3)_3COH$ | 74,1 | 0,78 | 24 | 82 |

S: Sublimation; Z: Zersetzung
1) Dichteangabe für Feststoffe 20–25°C für Gase bei 0°C und 101,3 kPa
2) bei 101,3 kPa

## Organische Verbindungen

| Name | Formel | Molare Masse in $g \cdot mol^{-1}$ (gerundet) | Dichte [1] in $g \cdot cm^{-3}$ Gase in $g \cdot l^{-1}$ | Schmelztemperatur in °C [2] | Siedetemperatur in °C [2] |
|---|---|---|---|---|---|
| Naphthalin | 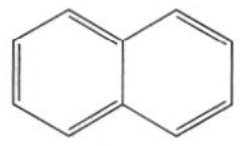 | 128,2 | 1,03 | 80 | 218 |
| Nitrobenzol | 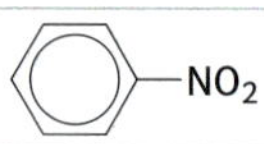 | 123,1 | 1,20 | 5 | 210 |
| Octadecansäure (Stearinsäure) | $C_{17}H_{35}COOH$ | 284,5 | 0,94 | 69 | Z 350 |
| cis-Octadecen-9-säure (Ölsäure) | $C_{17}H_{33}COOH$ | 282,5 | 0,89 | 16 | |
| Octan | $C_8H_{18}$ | 114,2 | 0,70 | −56 | 126 |
| Pentan | $C_5H_{12}$ | 72,2 | 0,63 | −129 | 36 |
| 1-Pentanol | $C_5H_{11}OH$ | 88,2 | 0,81 | −79 | 138 |
| Pentansäure (Valeriansäure) | $C_4H_9COOH$ | 102,1 | 0,94 | −35 | 186 |
| Propan | $C_3H_8$ | 44,1 | 2,02 | −186 | −42 |
| 1-Propanol | $C_3H_7OH$ | 60,1 | 0,80 | −126 | 97 |
| 2-Propanol | $CH_3CHOHCH_3$ | 60,1 | 0,78 | −89 | 82 |
| Propanon (Aceton) | $CH_3COCH_3$ | 58,1 | 0,79 | −95 | 56 |
| Propansäure (Propionsäure) | $C_2H_5COOH$ | 74,1 | 0,99 | −22 | 141 |
| 1,2,3-Propantriol (Glycerin) | $HOCH_2CHOHCH_2OH$ | 92,1 | 1,26 | 18 | Z 290 |
| Propen | $CH_2{=}CHCH_3$ | 42,1 | 1,94 | −185 | −48 |
| Propenal (Acrolein) | $CH_2{=}CHCHO$ | 56,1 | 0,84 | −88 | 52 |
| 2-Propen-1-ol (Allylalkohol) | $CH_2{=}CHCH_2OH$ | 58,1 | 0,85 | | 97 |
| Pyridin | 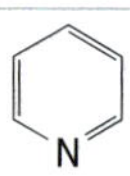 | 79,1 | 0,98 | −41 | 116 |
| Saccharose | $C_{12}H_{22}O_{11}$ | 342,3 | 1,56 | 170 | |
| Tetrachlormethan | $CCl_4$ | 153,8 | 1,59 | −22 | 76 |
| Tetrafluorethen | $F_2C = CF_2$ | 100,0 | 1,5 | −143 | −76 |
| Trichlormethan (Chloroform) | $CHCl_3$ | 119,4 | 1,49 | −63 | 61 |
| Triiodmethan (Iodoform) | $CHI_3$ | 393,7 | 4,0 | Z ≈ 117 | |
| 2,2,4-Trimethylpentan | $(CH_3)_3CCH_2CH(CH_3)_2$ | 114,2 | 0,69 | −107 | 99 |
| Vinylbenzol (Styrol) | 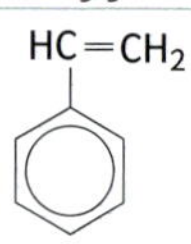 | 104,2 | 0,91 | −31 | 145 |

S: Sublimation; Z: Zersetzung

1) Dichteangabe für Feststoffe 20 – 25°C für Gase bei 0°C und 101,3 kPa

2) bei 101,3 kPa

**Molare Standardgrößen von Elementen und anorganischen Verbindungen**

| Formel | Name | Zustand | molare Standard-Bildungsenthalpie $\Delta_f H^0_m$ in $kJ \cdot mol^{-1}$ | molare freie Standard-Bildungsenthalpie $\Delta_f G^0_m$ in $kJ \cdot mol^{-1}$ | molare Standard-Entropie $S^0_m$ in $J \cdot K^{-1} \cdot mol^{-1}$ |
|---|---|---|---|---|---|
| Ag | Silber | s | 0 | 0 | 42 |
| $Ag^+$ | Silber-Ionen | aq | 106 | 77 | 73 |
| AgBr | Silber(I)-bromid | s | -101 | -97 | 107 |
| AgCl | Silber(I)-chlorid | s | -127 | -110 | 96 |
| AgI | Silber(I)-iodid | s | -62 | -66 | 116 |
| $Ag_2O$ | Silber(I)-oxid | s | -31 | -11 | 122 |
| $Ag_2S$ | Silber(I)-sulfid | s | -33 | -41 | 144 |
| Al | Aluminium | s | 0 | 0 | 28 |
| $Al^{3+}$ | Aluminium-Ionen | aq | -525 | -481 | -322 |
| $Al_2O_3$ | Aluminiumoxid | s | -1676 | -1582 | 51 |
| Ba | Barium | s | 0 | 0 | 62 |
| $Ba^{2+}$ | Barium-Ionen | aq | -538 | -561 | 10 |
| $Ba(OH)_2$ | Bariumhydroxid | s | -946 | -860 | 107 |
| $Ba(OH)_2 \cdot 8\,H_2O$ | Bariumhydroxid-Octahydrat | s | -3347 | -2793 | 427 |
| $BaSO_4$ | Bariumsulfat | s | -1466 | -1354 | 132 |
| $Br_2$ | Brom | l | 0 | 0 | 152 |
| $Br_2$ | Brom | g | 31 | 3 | 245 |
| Br | Brom-Atome | g | 112 | 82 | 175 |
| $Br^-$ | Bromid-Ionen | aq | -122 | -104 | 82 |
| HBr | Bromwasserstoff | g | -36 | -53 | 199 |
| C (Graphit) | Graphit | s | 0 | 0 | 6 |
| C (Diamant) | Diamant | s | 2 | 3 | 2 |
| CO | Kohlenstoffmonooxid | g | -111 | -137 | 198 |
| $CO_2$ | Kohlenstoffdioxid | g | -393 | -394 | 214 |
| $CO_2$ | Kohlenstoffdioxid | aq | -414 | -386 | 118 |
| $CO_3^{2-}$ | Carbonat-Ionen | aq | -677 | -528 | -57 |
| $HCO_3^-$ | Hydrogencarbonat-Ionen | aq | -692 | -587 | 91 |
| $Ca^{2+}$ | Calcium-Ionen | aq | -543 | -554 | -53 |
| $CaCO_3$ | Calciumcarbonat | s | -1207 | -1129 | 93 |
| CaO | Calciumoxid | s | -635 | -604 | 38 |
| $Ca(OH)_2$ | Calciumhydroxid | s | -986 | -899 | 83 |
| $CaSO_4$ | Calciumsulfat | s | -1433 | -1322 | 107 |
| $CaSO_4 \cdot 0{,}5\,H_2O$ | Calciumsulfat-Hemihydrat | s | -1578 | -1437 | 130 |
| $CaSO_4 \cdot 2\,H_2O$ | Calciumsulfat-Dihydrat (Marienglas) | s | -2024 | -1798 | 194 |
| $Cl_2$ | Chlor | g | 0 | 0 | 223 |
| Cl | Chlor-Atome | g | 121 | 105 | 165 |
| $Cl^-$ | Chlorid-Ionen | aq | -167 | -131 | 57 |
| HCl | Chlorwasserstoff | g | -92 | -95 | 187 |
| HCl | Chlorwasserstoff | aq | -167 | -131 | 57 |
| Cu | Kupfer | s | 0 | 0 | 33 |
| $Cu^+$ | Kupfer(I)-Ionen | aq | 72 | 50 | 41 |
| $Cu^{2+}$ | Kupfer(II)-Ionen | aq | 65 | 66 | -100 |
| $[Cu(NH_3)_4]^{2+}$ | Tetraamminkupfer(II)-Ionen | aq | -334 | -256 | 807 |
| $Cu_2O$ | Kupfer(I)-oxid | s | -171 | -148 | 92 |
| CuO | Kupfer(II)-oxid | s | -156 | -128 | 43 |
| $Cu_2S$ | Kupfer(I)-sulfid | s | -80 | -86 | 121 |

s: fest; l: flüssig; g: gasförmig; aq: im Wasser gelöst
Standardbedingungen: $T^0$ = 298 K, $p^0$ = 101,3 kPa, $c^0$ = 1 mol · l$^{-1}$

### Molare Standardgrößen von Elementen und anorganischen Verbindungen

| Formel | Name | Zustand | molare Standard-Bildungsenthalpie $\Delta_f H^0_m$ in kJ · mol⁻¹ | molare freie Standard-Bildungsenthalpie $\Delta_f G^0_m$ in kJ · mol⁻¹ | molare Standard-Entropie $S^0_m$ in J · K⁻¹ · mol⁻¹ |
|---|---|---|---|---|---|
| $CuSO_4$ | Kupfer(II)-sulfat | s | −771 | −662 | 109 |
| $CuSO_4 \cdot 5\,H_2O$ | Kupfer(II)-sulfat-Pentahydrat | s | −2280 | −1880 | 300 |
| $F_2$ | Fluor | g | 0 | 0 | 203 |
| F | Fluor-Atome | g | 79 | 62 | 159 |
| $F^-$ | Fluorid-Ionen | aq | −333 | −279 | −14 |
| HF | Fluorwasserstoff | g | −273 | −275 | 174 |
| Fe | Eisen | s | 0 | 0 | 27 |
| $Fe^{2+}$ | Eisen(II)-Ionen | aq | −89 | −79 | −138 |
| $Fe^{3+}$ | Eisen(III)-Ionen | aq | −49 | −5 | −316 |
| FeO | Eisen(II)-oxid | s | −272 | −251 | 61 |
| $Fe_2O_3$ | Eisen(III)-oxid | s | −824 | −742 | 87 |
| $Fe_3O_4$ | Eisen(II,III)-oxid | s | −1118 | −1015 | 146 |
| FeS | Eisen(II)-sulfid | s | −101,7 | −102 | 60 |
| $FeS_2$ | Eisen(II)-disulfid (Pyrit) | s | −178 | −167 | 53 |
| $H_2$ | Wasserstoff | g | 0 | 0 | 131 |
| H | Wasserstoff-Atome | g | 218 | 203 | 115 |
| $H^+$ | Wasserstoff-Ionen | aq | 0 | 0 | 0 |
| Hg | Quecksilber | l | 0 | 0 | 76 |
| HgO | Quecksilber(II)-oxid | s | −91 | −58 | 70 |
| $I_2$ | Iod | s | 0 | 0 | 116 |
| $I_2$ | Iod | g | 62 | 19 | 261 |
| $I_2$ | Iod | aq | 21 | 16 | 137 |
| $I^-$ | Iodid-Ionen | aq | −55 | −52 | 111 |
| $I^{3-}$ | Triiodid-Ionen | aq | −52 | −51,5 | 174 |
| HI | Iodwasserstoff | g | 26 | 2 | 207 |
| K | Kalium | s | 0 | 0 | 65 |
| K | Kalium-Atome | g | 89 | 61 | 160 |
| $K^+$ | Kalium-Ionen | aq | −252 | −283 | 103 |
| KBr | Kaliumbromid | s | −394 | −380 | 96 |
| KCl | Kaliumchlorid | s | −437 | −409 | 83 |
| $KClO_3$ | Kaliumchlorat | s | −398 | −296 | 143 |
| KI | Kaliumiodid | s | −328 | −323 | 106 |
| $KNO_3$ | Kaliumnitrat | s | −495 | −395 | 133 |
| $K_2SO_4$ | Kaliumsulfat | s | −1438 | −1321 | 176 |
| Li | Lithium | s | 0 | 0 | 29 |
| Li | Lithium-Atome | g | 159 | 127 | 139 |
| $Li^+$ | Lithium-Ionen | aq | −279 | −293 | 13 |
| LiCl | Lithiumchlorid | s | −408 | −384 | 59 |
| Mg | Magnesium | s | 0 | 0 | 33 |
| Mg | Magnesium-Atome | g | 146 | 112 | 149 |
| $Mg^{2+}$ | Magnesium-Ionen | aq | −467 | −455 | −138 |
| MgO | Magnesiumoxid | s | −601 | −569 | 27 |
| $Mn^{2+}$ | Mangan(II)-Ionen | aq | −221 | −228 | −74 |
| $MnO_4^-$ | Permanganat-Ionen | aq | −541 | −447 | 191 |
| $N_2$ | Stickstoff | g | 0 | 0 | 192 |
| N | Stickstoff-Atome | g | 473 | 456 | 153 |
| $NH_3$ | Ammoniak | g | −46 | −16,4 | 193 |

s: fest; l: flüssig; g: gasförmig; aq: im Wasser gelöst
Standardbedingungen: $T^0$ = 298 K, $p^0$ = 101,3 kPa, $c^0$ = 1 mol · l⁻¹

## Molare Standardgrößen von Elementen und anorganischen Verbindungen

| Formel | Name | Zustand | molare Standard-Bildungsenthalpie $\Delta_f H^0{}_m$ in $kJ \cdot mol^{-1}$ | molare freie Standard-Bildungsenthalpie $\Delta_f G^0{}_m$ in $kJ \cdot mol^{-1}$ | molare Standard-Entropie $S^0{}_m$ in $J \cdot K^{-1} \cdot mol^{-1}$ |
|---|---|---|---|---|---|
| $NH_3$ | Ammoniak | aq | −80 | −26,5 | 111 |
| $NH_4^+$ | Ammonium-Ionen | aq | −133 | −79 | 113 |
| $NH_4Cl$ | Ammoniumchlorid | s | −315 | −203 | 95 |
| $NH_4NO_3$ | Ammoniumnitrat | s | −366 | −184 | 151 |
| $(NH_4)_2SO_4$ | Ammoniumsulfat | s | −1181 | −902 | 220 |
| $N_2O$ | Distickstoffmonooxid | g | 82 | 104 | 220 |
| NO | Stickstoffmonooxid | g | 90 | 87 | 211 |
| $NO_2$ | Stickstoffdioxid | g | 37 | 33 | 240 |
| $N_2O_4$ | Distickstofftetraoxid | l | −20 | 98 | 209 |
| $N_2O_5$ | Distickstoffpentaoxid | g | 11 | 115 | 396 |
| $NO_3^-$ | Nitrat-Ionen | aq | −205 | −109 | 146 |
| $HNO_3$ | Salpetersäure | l | −174 | −81 | 156 |
| Na | Natrium | s | 0 | 0 | 51 |
| Na | Natrium-Atome | g | 107 | 77 | 154 |
| $Na^+$ | Natrium-Ionen | aq | −240 | −262 | 59 |
| $Na_2CO_3$ | Natriumcarbonat | s | −1131 | −1048 | 139 |
| $Na_2CO_3 \cdot 10\,H_2O$ | Natriumcarbonat-Decahydrat (Soda) | s | −4081 | −3428 | 563 |
| NaCl | Natriumchlorid | s | −411 | −384 | 72 |
| $Na_2O$ | Natriumoxid | s | −418 | −379 | 75 |
| $Na_2O_2$ | Natriumperoxid | s | −513 | −450 | 95 |
| NaOH | Natriumhydroxid | s | −426 | −380 | 64 |
| $O_2$ | Sauerstoff | g | 0 | 0 | 205 |
| O | Sauerstoff-Atome | g | 249 | 232 | 161 |
| $O_3$ | Ozon | g | 143 | 163 | 239 |
| $H_2O$ | Wasser | l | −286 | −237 | 70 |
| $H_2O$ | Wasser | g | −242 | −229 | 189 |
| $H_2O_2$ | Wasserstoffperoxid | l | −188 | −120 | 110 |
| $OH^-$ | Hydroxid-Ionen | aq | −230 | −157 | 11 |
| P(weiß) | Phosphor (weiß) | s | 0 | 0 | 41 |
| P(rot) | Phosphor (rot) | s | −18 | −12 | 23 |
| $P_4$ | Phosphor | g | 59 | 25 | 280 |
| $P_4O_{10}$ | Tetraphosphordecaoxid | s | −3010 | −2723 | 229 |
| $H_3PO_4$ | Phosphorsäure | aq | −1290 | −1147 | 158 |
| Pb | Blei | s | 0 | 0 | 65 |
| $Pb^{2+}$ | Blei(II)-Ionen | aq | −1,7 | −22,4 | 11 |
| PbO | Blei(II)-oxid | s | −218 | −189 | 69 |
| $PbO_2$ | Blei(IV)-oxid | s | −274 | −215 | 72 |
| $PbSO_4$ | Bleisulfat | s | −923 | −816 | 149 |
| S(rhombisch) | Schwefel | s | 0 | 0 | 32 |
| S(monoklin) | Schwefel | s | 0,4 | 0,1 | 33 |
| $S^{2-}$ | Sulfid-Ionen | aq | 33 | 86 | −15 |
| $H_2S$ | Schwefelwasserstoff | g | −21 | −33 | 206 |
| $SO_2$ | Schwefeldioxid | g | −297 | −300 | 248 |
| $SO_3$ | Schwefeltrioxid | g | −396 | −371 | 257 |
| $H_2SO_4$ | Schwefelsäure | l | −814 | −690 | 157 |
| $H_2SO_4$ | Schwefelsäure | aq | −909 | −744 | 20 |

s: fest; l: flüssig; g: gasförmig; aq: im Wasser gelöst
Standardbedingungen: $T^0 = 298\,K$, $p^0 = 101{,}3\,kPa$, $c^0 = 1\,mol \cdot l^{-1}$

## Molare Standardgrößen von Elementen und anorganischen Verbindungen

| Formel | Name | Zustand | molare Standard-Bildungsenthalpie $\Delta_f H^0_m$ in $kJ \cdot mol^{-1}$ | molare freie Standard-Bildungsenthalpie $\Delta_f G^0_m$ in $kJ \cdot mol^{-1}$ | molare Standard-Entropie $S^0_m$ in $J \cdot K^{-1} \cdot mol^{-1}$ |
|---|---|---|---|---|---|
| $SO_4^{2-}$ | Sulfat-Ionen | aq | −909 | −744 | 20 |
| Si | Silicium | s | 0 | 0 | 19 |
| $SiO_2$ | Siliciumdioxid | s | −911 | −856 | 42 |
| Zn | Zink | s | 0 | 0 | 42 |
| $Zn^{2+}$ | Zink-Ionen | aq | −154 | −147 | −112 |
| ZnO | Zinkoxid | s | −350 | −320 | 44 |
| ZnS | Zinksulfid | s | −206 | −210 | 58 |

s: fest; l: flüssig; g: gasförmig; aq: im Wasser gelöst
Standardbedingungen: $T^0$ = 298 K, $p^0$ = 101,3 kPa, $c^0$ = 1 mol · $l^{-1}$

## Molare Schmelz- und Verdampfungsenthalpien

| Stoff | Schmelztemperatur in °C | molare Schmelzenthalpie $\Delta_S H_m$ in $kJ \cdot mol^{-1}$ | Siedetemperatur in °C | molare Verdampfungsenthalpie $\Delta_V H_m$ in $kJ \cdot mol^{-1}$ |
|---|---|---|---|---|
| Natrium | 98 | 2,6 | 883 | 97 |
| Magnesium | 649 | 8,9 | 1107 | 127,4 |
| Aluminium | 660 | 10,7 | 2467 | 294 |
| Silicium | 1410 | 50,2 | 2355 | 384,5 |
| Phosphor (weiß) | 44 | 0,66 | 280 | 63,7 |
| Schwefel (rhomb.) | 113 | 1,7 | 444 | 53,3 |
| Chlor | −101 | 6,4 | −35 | 20,4 |
| Wasserstoff | −259 | 0,12 | −253 | 0,92 |
| Wasser | 0 | 6 | 100 | 40,7 |
| Schwefelwasserstoff | −86 | 2,4 | −60 | 18,7 |
| Chlorwasserstoff | −114 | 2 | −85 | 16,1 |
| Natriumchlorid | 800 | 28,1 | 1460 | 207 |
| Magnesiumchlorid | 712 | 43,1 | 1418 | 198 |

## Molare Standardgrößen von organischen Verbindungen

| Stoff/Teilchen | Zustand 1) | molare Standard-Bildungsenthalpie $\Delta_f H^0_m$ in $kJ \cdot mol^{-1}$ | molare freie Standard-Bildungsenthalpie $\Delta_f G^0_m$ in $kJ \cdot mol^{-1}$ | molare Standard-Entropie $S^0_m$ in $J \cdot K^{-1} \cdot mol^{-1}$ | molare Verdampfungsenthalpie $\Delta_V H_m$ in $kJ \cdot mol^{-1}$ | molare Verbrennungsenthalpie $-\Delta_c H^0_m$ in $kJ \cdot mol^{-1}$ |
|---|---|---|---|---|---|---|
| **Kohlenwasserstoffe** | | | | | | |
| Methan | g | −75 | −51 | 186,2 | 82 | 891 |
| Ethan | g | −85 | −33 | 229,6 | 14,7 | 1561 |
| Ethen | g | 52,5 | 68 | 219,3 | 13,5 | 1412 |
| Ethin | g | 227 | 209 | 201 | 18 | 1300 |
| Propan | g | −104 | −23 | 270 | 18,8 | 2220 |
| Propen | g | 20,4 | 62,8 | 267 | 18,4 | 2052 |
| Butan | g | −126 | −17 | 310 | 22,4 | 2877 |
| Pentan | l | −173 | −9,2 | 263 | 25,8 | 3513 |
| Cyclopentan | l | −106 | 36,5 | 204 | 27,2 | 3295 |
| Hexan | l | −199 | −4 | 296 | 32 | 4163 |
| Cyclohexan | l | −156 | 27 | 204,3 | 30,1 | 4204 |
| Octan | l | −250 | 7 | 361 | 42 | 5454 |
| Benzol | l | 49 | 124,5 | 173,2 | 30,75 | 3270 |
| Toluol | l | 15 | 114 | 218 | 32 | 3911 |

Standardbedingungen: $T^0$ = 298 K, $p^0$ = 101,3 kPa
1) s: fest; l: flüssig; g: gasförmig; aq: im Wasser gelöst

## Molare Standardgrößen von organischen Verbindungen

| Stoff/Teilchen | Zustand [1] | molare Standard-Bildungsenthalpie $\Delta_f H^0_m$ in $kJ \cdot mol^{-1}$ | molare freie Standard-Bildungsenthalpie $\Delta_f G^0_m$ in $kJ \cdot mol^{-1}$ | molare Standard-Entropie $S^0_m$ in $J \cdot K^{-1} \cdot mol^{-1}$ | molare Verdampfungsenthalpie $\Delta_V H_m$ in $kJ \cdot mol^{-1}$ | molare Verbrennungsenthalpie $-\Delta_c H^0_m$ in $kJ \cdot mol^{-1}$ |
|---|---|---|---|---|---|---|
| **Halogenkohlenwasserstoffe** | | | | | | |
| Chlormethan | g | −82 | −58 | 233 | 21,6 | 687 |
| Dichlormethan | l | −117 | −63 | 179 | 28 | |
| Trichlormethan | l | −132 | −71 | 203 | 29,7 | |
| Trichlormethan | g | −101 | −68 | 295,7 | 31 | |
| Tetrachlormethan | l | −133 | −62,5 | 216,2 | 30,5 | |
| Chlorethan | g | −112 | −60 | 276 | 24,6 | |
| Chlorbenzol | l | 10,6 | 94 | 194 | 35,7 | |
| Brombenzol | l | 44 | 112 | 208 | 36,4 | |
| **Alkohole, Ether, Aldehyde und Ketone** | | | | | | |
| Methanol | l | −239 | −166 | 126,8 | 35,3 | 729 |
| Metnanal | g | −116 | −111 | 219 | 23,3 | 571 |
| Ethanol | l | −277 | −175 | 160,7 | 43,5 | 1367 |
| Ethandiol | l | −454 | −327 | 179 | 57 | 1180 |
| Dimethylether | g | −185 | −114 | 267 | 21,5 | 1460 |
| Ethanal | g | −166 | −133 | 264,3 | 27,2 | 1192 |
| 2-Propanol | l | −318 | −180 | 180 | 40,5 | 2006 |
| Glycerin | l | −666 | −480 | 205 | | 1662 |
| Aceton | l | −248 | −155 | 200 | 29,1 | 1790 |
| Diethylether | l | −282 | −175 | 251 | 26,6 | 2753 |
| Cyclohexanol | l | −352 | −135 | 200 | 42,4 | 3728 |
| Phenol | s | −165 | −50 | 144 | 47,3 | 3057 |
| **Carbonsäuren und ihre Derivate** | | | | | | |
| Methansäure | l | −425 | −361 | 129 | 22,3 | 255 |
| Ethansäure | l | −484 | −389 | 160 | 23,7 | 875 |
| Ethanoat-Ion (Acetat) | aq | −486 | −369 | 86,5 | | |
| Essigsäureethylester | l | −479 | −333 | 259,5 | 32,3 | 2238 |
| Butansäure | l | −534 | −379 | 226 | 42 | 2186 |
| Benzoesäure | s | −385 | −245 | 167,5 | | 3228 |
| Palmitinsäure | s | −903 | −315 | 476 | | 9981 |
| **Organische Stickstoffverbindungen** | | | | | | |
| Methylamin | g | −23 | 32 | 243,4 | | 1061 |
| Harnstoff | s | −333 | −197 | 105 | | 632 |
| Anilin | l | 31 | 148 | 192 | 40,6 | 3400 |
| **Naturstoffe** | | | | | | |
| α-D-Glucose | s | −1274 | −910 | 212 | | 2805 |
| β-D-Glucose | s | −1266 | −909 | 228 | | |
| Saccharose | s | −2222 | −1544 | 360 | | 5644 |
| Glycin, Zwitterion | aq | −523 | −380 | 159 | | |

Standardbedingungen: $T^0 = 298\,K$, $p^0 = 101{,}3\,kPa$

1) s: fest; l: flüssig; g: gasförmig; aq: im Wasser gelöst

### Spezifische Verbrennungsenthalpien 1)

| Energieträger | molare Verbrennungsenthalpie in $MJ \cdot kg^{-1}$ |
|---|---|
| Benzin | −43,5 |
| Benzol | −40,0 |
| Braunkohlenbriketts | −20,1 |
| Brenntorf | −12,6 |
| Erdöl | −42,3 |
| Ethanol | −29,7 |
| Fette | ca. −39 |
| Heizöl | −41,4 |
| Holz | ca. −15 |
| Holzkohle | −26,0 |
| Methanol | −19,0 |
| Steinkohle | −29,3 |
| Traubenzucker | −15,6 |

1) (25 °C, 101,3 kPa)

### Volumenbezogene Verbrennungsenthalpien 1)

| Energieträger | volumenbezogene Verbrennungsenthalpie in $MJ \cdot m^{-3}$ |
|---|---|
| Butan | −124 |
| Erdgas | −32 |
| Ethin | −57 |
| Generatorgas | −5 |
| Kohlenstoffmonooxid | −13 |
| Methan | −36 |
| Propan | −93 |
| Stadtgas | −16 |
| Wassergas | −12 |
| Wasserstoff | −11 |

1) (25 °C, 101,3 kPa)

### Bindungsenergien und Bindungslängen

| Bindung | Bindungsenergie in $kJ \cdot mol^{-1}$ | Bindungslänge in pm | Bindung | Bindungsenergie in $kJ \cdot mol^{-1}$ | Bindungslänge in pm | Bindung | Bindungsenergie in $kJ \cdot mol^{-1}$ | Bindungslänge in pm |
|---|---|---|---|---|---|---|---|---|
| C − C | −348 | 154 | C − N | −301 | 147 | N − N | −159 | 145 |
| C = C | −610 | 134 | C = N | −615 | 130 | N = N | −418 | 125 |
| C ≡ C | −835 | 120 | C ≡ N | −891 | 116 | N ≡ N | −945 | 110 |
| C − H | −414 | 108 | C − O | −356 | 143 | N − H | −390 | 101 |
| C − F | −467 | 138 | C = O | −730 | 122 | N − O | −201 | 136 |
| C − Cl | −336 | 177 | C − S | −269 | 182 | N = O | −587 | 114 |
| C − Br | −282 | 194 | H − H | −436 | 74 | O − O | −144 | 148 |
| C − I | −218 | 214 | H − F | −565 | 92 | $O_2$* | −498 | 121 |
| F − F | −158 | 142 | H − Cl | −431 | 127 | O − H | −463 | 97 |
| Cl − Cl | −242 | 199 | H − Br | −365 | 141 | S − S | −266 | 205 |
| Br − Br | −193 | 228 | H − I | −298 | 161 | S − H | −364 | 134 |
| I − I | −151 | 267 | | | | | | |

*im $O_2$-Molekül liegt keine Doppelbindung vor

### Erste Ionisierungsenergien 1)

| H | | | | | | | He |
|---|---|---|---|---|---|---|---|
| 1,312 | | | | | | | 2,371 |
| **Li** | **Be** | **B** | **C** | **N** | **O** | **F** | **Ne** |
| 0,520 | 0,900 | 0,801 | 1,086 | 1,402 | 1,314 | 1,681 | 2,080 |
| **Na** | **Mg** | **Al** | **Si** | **P** | **S** | **Cl** | **Ar** |
| 0,496 | 0,738 | 0,577 | 0,786 | 1,011 | 1,000 | 1,251 | 1,520 |
| **K** | **Ca** | | | | | | |
| 0,419 | 0,589 | | | | | | |

1) Erste Ionisierungsenergie ($X(g) \longrightarrow X^+(g) + e^-$) der Atome mit den Ordnungszahlen 1 bis 20 in $MJ \cdot mol^{-1}$

### 2. bis 13. Ionisierungsenergie [1)]

| Ordnungszahl | 1 | 2 | 3 | 4 | 5 | 6 | 7 | 8 | 9 | 10 | 11 | 12 | 13 |
|---|---|---|---|---|---|---|---|---|---|---|---|---|---|
| Zeichen | H | He | Li | Be | B | C | N | O | F | Ne | Na | Mg | Al |
| Nummer des abgetrennten Elektrons: 2. | | 5,251 | 7,298 | 1,757 | 2,427 | 2,353 | 2,856 | 3,388 | 3,374 | 3,952 | 4,563 | 1,451 | 1,817 |
| 3. | | | 11,82 | 14,85 | 3,660 | 4,621 | 4,578 | 5,301 | 6,051 | 6,122 | 6,913 | 7,733 | 2,745 |
| 4. | | | | 21,00 | 25,03 | 6,223 | 7,475 | 7,469 | 8,108 | 9,370 | 9,544 | 10,54 | 11,58 |
| 5. | | | | | 32,83 | 37,83 | 9,445 | 10,99 | 11,02 | 12,18 | 13,35 | 13,63 | 14,83 |
| 6. | | | | | | 47,28 | 53,27 | 13,33 | 15,16 | 15,24 | 16,61 | 18,00 | 18,38 |
| 7. | | | | | | | 64,36 | 71,34 | 17,87 | 20,00 | 20,12 | 21,70 | 23,30 |
| 8. | | | | | | | | 84,08 | 92,04 | 23,07 | 25,49 | 25,66 | 27,46 |
| 9. | | | | | | | | | 106,4 | 115,4 | 28,93 | 31,64 | 31,86 |
| 10. | | | | | | | | | | 131,4 | 141,4 | 35,46 | 38,46 |
| 11. | | | | | | | | | | | 159,1 | 170,0 | 42,66 |
| 12. | | | | | | | | | | | | 189,4 | 201,3 |
| 13. | | | | | | | | | | | | | 222,3 |

1) der Atome mit den Ordnungszahlen 2 bis 13 in $MJ \cdot mol^{-1}$

### Elektronenaffinitäten [1)]

| Vorgang | Elektronenaffinität | Vorgang | Elektronenaffinität |
|---|---|---|---|
| $F(g) + e^- \longrightarrow F^-(g)$ | −340 | $O(g) + e^- \longrightarrow O^-(g)$ | −141 |
| $Cl(g) + e^- \longrightarrow Cl^-(g)$ | −355 | $O(g) + e^- \longrightarrow O^{2-}(g)$ | +710 |
| $Br(g) + e^- \longrightarrow Br^-(g)$ | −325 | $S(g) + e^- \longrightarrow S^-(g)$ | −206 |
| $I(g) + e^- \longrightarrow I^-(g)$ | −295 | $S^-(g) + e^- \longrightarrow S^{2-}(g)$ | +648 |

1) in $kJ \cdot mol^{-1}$

### Gitterenergien von Ionenverbindungen [1)]

| Kation \ Anion | $F^-$ | $Cl^-$ | $Br^-$ | $I^-$ | $O^{2-}$ | $S^{2-}$ |
|---|---|---|---|---|---|---|
| $Li^+$ | −1029 | −849 | −804 | −753 | | |
| $Na^+$ | −915 | −781 | −743 | −699 | | |
| $K^+$ | −813 | −710 | −679 | −643 | | |
| $Rb^+$ | −779 | −685 | −656 | −624 | | |
| $Ag^+$ | −943 | −890 | −877 | −867 | | |
| $Mg^{2+}$ | −2883 | −2489 | −2414 | −2314 | −3933 | −3255 |
| $Ca^{2+}$ | −2582 | −2197 | −2125 | −2038 | −3523 | −3021 |
| $Sr^{2+}$ | −2427 | −2109 | −2046 | −1954 | −3310 | −2874 |
| $Ba^{2+}$ | −2289 | −1958 | −1937 | −1841 | −3125 | −2745 |
| $Al^{3+}$ | | | | | −15110 | |

1) bei 25 °C in $kJ \cdot mol^{-1}$

### Hydratationsenergien einiger Ionen [1)]

| Kation | Hydratationsenergie | Kation | Hydratationsenergie | Kation | Hydratationsenergie | Anion | Hydratationsenergie |
|---|---|---|---|---|---|---|---|
| $H^+$ | −1085 | $Be^{2+}$ | −2500 | $Al^{3+}$ | −4610 | $OH^-$ | −365 |
| $Li^+$ | −510 | $Mg^{2+}$ | −1910 | $Fe^{3+}$ | −4430 | $F^-$ | −510 |
| $Na^+$ | −400 | $Ca^{2+}$ | −1580 | | | $Cl^-$ | −380 |
| $K^+$ | −325 | $Sr^{2+}$ | −1430 | | | $Br^-$ | −340 |
| $Rb^+$ | −300 | $Ba^{2+}$ | −1290 | | | $I^-$ | −300 |
| $Cs^+$ | −270 | $Fe^{2+}$ | −1950 | | | $NO_3^-$ | −256 |
| $Ag^+$ | −464 | $Cu^{2+}$ | −2100 | | | | |
| $NH_4^+$ | −301 | $Zn^{2+}$ | −2050 | | | | |

1) bei 25 °C in $kJ \cdot mol^{-1}$

## Löslichkeit von Salzen [1)]

| Formel | Löslichkeit in g pro 100 g Wasser | Formel | Löslichkeit in g pro 100 g Wasser | Formel | Löslichkeit in g pro 100 g Wasser |
|---|---|---|---|---|---|
| $AgNO_3$ | 219,2 | $K_3[Fe(CN)_6]$ | 49* | $Na_2B_4O_7 \cdot 10\,H_2O$ | 3,2* |
| $AlCl_3 \cdot 6\,H_2O$ | 45* | $K_4[Fe(CN)_6] \cdot 3\,H_2O$ | 32* | $NaBr$ | 90,5 |
| $BaCl_2 \cdot 2\,H_2O$ | 35,7 | $KI$ | 144,5 | $NaCH_3COO \cdot 3\,H_2O$ | 51 |
| $Ba(OH)_2 \cdot 8\,H_2O$ | 3,5 | $KMnO_4$ | 6,4 | $Na_2CO_3 \cdot 10\,H_2O$ | 21,7 |
| $CaCO_3$ | $1{,}5 \cdot 10^{-3}$ | $KNO_3$ | 31,7 | $NaCl$ | 35,9 |
| $CaCl_2 \cdot 6\,H_2O$ | 74,5 | $KOH$ | 111,4 | $NaHCO_3$ | 9,4 |
| $Ca(OH)_2$ | 0,12 | $KSCN$ | 220 | $NaH_2PO_4 \cdot 2\,H_2O$ | 94* |
| $CaSO_4 \cdot 2\,H_2O$ | 0,2 | $K_2SO_4$ | 11,2 | $NaNO_2$ | 82 |
| $CuCl_2 \cdot 2\,H_2O$ | 77,0 | $LiCl$ | 82 | $NaNO_3$ | 88,3 |
| $CuSO_4 \cdot 5\,H_2O$ | 20,8 | $LiOH$ | 12,7 | $NaOH$ | 108 |
| $FeCl_3 \cdot 6\,H_2O$ | 50* | $MgCl_2 \cdot 6\,H_2O$ | 54,3 | $Na_2SO_3 . 7\,H_2O$ | 30,0* |
| $KAl(SO_4)_2 \cdot 12\,H_2O$ | 6,0 | $MgSO_4 \cdot 7\,H_2O$ | 35,6 | $Na_2SO_4 \cdot 10\,H_2O$ | 28,0* |
| $KBr$ | 65,9 | $NH_4Cl$ | 37,6 | $Na_2S_2O_3 \cdot 5\,H_2O$ | 70,1 |
| $KCl$ | 34,2 | $(NH_4)_2Fe(SO_4)_2 \cdot 6\,H_2O$ | 25* | $PbCl_2$ | 1,0 |
| $K_2Cr_2O_7$ | 12,5 | $NH_4NO_3$ | 188 | $PbNO_{3)2}$ | 52,2 |
| $KF$ | 93 | $(NH_4)_2SO_4$ | 75,4 | $ZnSO_4 \cdot 7\,H_2O$ | 54 |

1) in g pro 100 g Wasser bei 20 °C bzw. 25 °C (mit * gekennzeichnet) und 101,3 kPa

## Löslichkeitsprodukte schwer löslicher Salze [1)]

| Salz | Löslichkeitsprodukt | | Salz | Löslichkeitsprodukt | |
|---|---|---|---|---|---|
| | $K_L$ [2)] | $pK_L$ | | $K_L$ [2)] | $pK_L$ |
| $AgBr$ | $6{,}3 \cdot 10^{-13}$ | 12,2 | $Cu(OH)_2$ | $5{,}6 \cdot 10^{-20}$ | 19,3 |
| $AgCl$ | $1{,}6 \cdot 10^{-10}$ | 9,8 | $CuS$ | $8 \cdot 10^{-45}$ | 44,1 |
| $AgI$ | $1{,}5 \cdot 10^{-16}$ | 15,8 | $Fe(OH)_2$ | $4{,}8 \cdot 10^{-16}$ | 15,3 |
| $AgOH$ | $1{,}5 \cdot 10^{-8}$ | 7,8 | $Fe(OH)_3$ | $3{,}8 \cdot 10^{-38}$ | 37,4 |
| $Ag_2S$ | $1{,}6 \cdot 10^{-49}$ | 48,8 | $FeS$ | $5 \cdot 10^{-18}$ | 17,3 |
| $Ag_2CO_3$ | $6{,}2 \cdot 10^{-12}$ | 11,2 | $HgS$ | $3 \cdot 10^{-54}$ | 53,5 |
| $Al(OH)_3$ | $1 \cdot 10^{-33}$ | 33,0 | $MgCO_3$ | $2{,}6 \cdot 10^{-5}$ | 4,6 |
| $BaCO_3$ | $8{,}1 \cdot 10^{-9}$ | 8,1 | $MgNH_4PO_4$ | $2{,}5 \cdot 10^{-13}$ | 12,6 |
| $Ba(OH)_2$ | $4{,}3 \cdot 10^{-3}$ | 2,4 | $Mg(OH)_2$ | $2{,}6 \cdot 10^{-12}$ | 11,6 |
| $BaSO_4$ | $1 \cdot 10^{-10}$ | 10,0 | $NaHCO_3$ | $1{,}0 \cdot 10^{-3}$ | 3,0 |
| $CaCO_3$ | $4{,}8 \cdot 10^{-9}$ | 8,3 | $PbCl_2$ | $2{,}0 \cdot 10^{-5}$ | 4,7 |
| $Ca(COO)_2$ | $2{,}6 \cdot 10^{-9}$ | 8,6 | $PbI_2$ | $8{,}7 \cdot 10^{-9}$ | 8,1 |
| $CaF_2$ | $3{,}4 \cdot 10^{-11}$ | 10,5 | $PbS$ | $3{,}4 \cdot 10^{-28}$ | 27,5 |
| $Ca(OH)_2$ | $5{,}5 \cdot 10^{-6}$ | 5,3 | $PbSO_4$ | $1{,}5 \cdot 10^{-8}$ | 7,8 |
| $Ca_3(PO_4)_2$ | $1 \cdot 10^{-25}$ | 25,0 | $Zn(OH)_2$ | $1{,}8 \cdot 10^{-11}$ | 10,7 |
| $CaSO_4$ | $6{,}1 \cdot 10^{-5}$ | 4,2 | $ZnS$ | $6{,}9 \cdot 10^{-26}$ | 25,2 |
| $CuCl$ | $1 \cdot 10^{-6}$ | 6,0 | | | |

1) Die angegebenen Werte gelten für den Temperaturbereich von 18 °C bis 25 °C
2) Für das Löslichkeitsgleichgewicht $A_xB_y \rightleftharpoons x\,A^{m+} + y\,B^{n-}$ hat das Löslichkeitsprodukt $K_L$ die Einheit $(mol \cdot l^{-1})^{x+y}$

## Ionenprodukt des Wassers in Abhängigkeit von der Temperatur

| $t$ in °C | $K_w$ in $10^{-14}$ mol$^2 \cdot$ l$^{-2}$ | $t$ in °C | $K_w$ in $10^{-14}$ mol$^2 \cdot$ l$^{-2}$ | $t$ in °C | $K_w$ in $10^{-14}$ mol$^2 \cdot$ l$^{-2}$ | $t$ in °C | $K_w$ in $10^{-14}$ mol$^2 \cdot$ l$^{-2}$ |
|---|---|---|---|---|---|---|---|
| 0 | 0,1139 | 25 | 1,008 | 50 | 5,474 | 90 | 37 |
| 5 | 0,1846 | 30 | 1,469 | 55 | 7,296 | 100 | 54 |
| 10 | 0,2920 | 35 | 2,089 | 60 | 9,610 | | |
| 15 | 0,4505 | 40 | 2,919 | 70 | 16 | | |
| 20 | 0,6809 | 45 | 4,018 | 80 | 25 | | |

## Stabilitätskonstanten von Komplexionen [1), 2)]

| Metallion | Ligand | Komplexion | $\lg\{K_{St}\}$ | Metallion | Ligand | Komplexion | $\lg\{K_{St}\}$ |
|---|---|---|---|---|---|---|---|
| $Ag^+$ | $CN^-$ | $[Ag(CN)_2]^-$ | 20 | $Cu^{2+}$ | $Cl^-$ | $[Cu(Cl)_4]^{2-}$ | 7 |
| | $NH_3$ | $[Ag(NH_3)_2]^+$ | 7 | | $NH_3$ | $[Cu(NH_3)_4]^{2+}$ | 13 |
| | $S_2O_3{}^{2-}$ | $[Ag(S_2O_3)_2]^{3-}$ | 13 | $Fe^{2+}$ | $CN^-$ | $[Fe(CN)_6]^{4-}$ | 37 |
| $Al^{3+}$ | $F^-$ | $[AlF_6]^{3-}$ | 20 | $Fe^{3+}$ | $CN^-$ | $[Fe(CN)_6]^{3-}$ | 44 |
| | $OH^-$ | $[Al(OH)_4]^-$ | 32 | | $H_2O$, $SCN^-$ | $[Fe(H_2O)_4(SCN)_2]^+$ | 6 |
| $Au^{3+}$ | $CN^-$ | $[Au(CN)_2]^+$ | 21 | $Hg^{2+}$ | $I^-$ | $[HgI_4]^{2-}$ | 30 |
| $Ca^{2+}$ | $EDTA^{4-}$* | $[Ca(EDTA)]^{2-}$ | 11 | $Ni^{2+}$ | $CN^-$ | $[Ni(CN)_4]^{2-}$ | 22 |
| $Co^{2+}$ | $NH_3$ | $[Co(NH_3)_6]^{2+}$ | 5 | | $NH_3$ | $[Ni(NH_3)_6]^{2+}$ | 8 |
| | en* | $[Co(en)_3]^{2+}$ | 14 | | en* | $[Ni(en)_3]^{2+}$ | 13 |
| $Co^{3+}$ | $NH_3$ | $[Co(NH_3)_6]^{3+}$ | 35 | $Zn^{2+}$ | $NH_3$ | $[Zn(NH_3)_4]^{2+}$ | 9 |
| $Cu^+$ | $CN^-$ | $[Cu(CN)_4]^{3-}$ | 28 | | en* | $[Zn(en)_2]^{2+}$ | 14 |
| | | | | | $EDTA^{4-}$* | $[Zn(EDTA)]^{2-}$ | 17 |

1) $\lg\{K_{St}\} = -\,pK_{St} = pK_D = -\lg\{K_D\}$
2) Die $K_{St}$-Werte beziehen sich auf die Gleichgewichte $M + n\,L \rightleftharpoons ML_n$ und gelten für 25 °C
*en steht für Ethylendiamin, *$EDTA^{4-}$ für Ethylendiamintetraacetat-Ion

## Löslichkeit von Gasen in Wasser

| Löslichkeit / Gas | in Liter Gas pro Liter Wasser bei 101,3 kPa | | in Gramm Gas pro Kilogramm Wasser bei 101,3 kPa | | |
|---|---|---|---|---|---|
| | 0 °C | 20 °C | 0 °C | 20 °C | 40 °C |
| **Wasserstoff** | 0,022 | 0,018 | 0,002 | 0,0016 | 0,0014 |
| **Helium** | 0,010 | 0,009 | 0,0018 | 0,0015 | 0,0014 |
| **Stickstoff** | 0,023 | 0,016 | 0,030 | 0,018 | 0,014 |
| **Sauerstoff** | 0,049 | 0,031 | 0,071 | 0,041 | 0,031 |
| **Luft** | 0,029 | 0,019 | 0,039 | 0,023 | |
| **Chlor** | 4,61 | 2,30 | 14,1 | 6,88 | 4,59 |
| **Chlorwasserstoff** | 525 | 446 | 861 | 721 | |
| **Schwefelwasserstoff** | 4,7 | 2,58 | 7,23 | 3,85 | 2,36 |
| **Ammoniak** | 1175 | 654 | 906 | 529 | 316 |
| **Stickstoffmonooxid** | 0,07 | 0,05 | 0,094 | 0,06 | |
| **Kohlenstoffmonooxid** | 0,03 | 0,02 | 0,038 | 0,023 | 0,021 |
| **Kohlenstoffdioxid** | 1,713 | 0,878 | 3,38 | 69 | 0,973 |
| **Schwefeldioxid** | 79,8 | 39,4 | 234 | 113 | 54 |
| **Methan** | 0,056 | 0,033 | 0,040 | 0,022 | 0,016 |
| **Ethan** | 0,099 | 0,043 | 0,134 | 0,060 | 0,037 |
| **Ethen** | 0,226 | 0,118 | 0,285 | 0,014 | |

## Massenanteil, Dichte und Stoffmengenkonzentration von sauren und alkalischen Lösungen [1)]

| Lösungen | konzentrierte Lösungen | | | verdünnte Lösungen | | |
|---|---|---|---|---|---|---|
| | Massenanteil in % | Dichte in $g \cdot cm^{-3}$ | Stoffmengenkonzentration in $mol \cdot l^{-1}$ | Massenanteil in % | Dichte in $g \cdot cm^{-3}$ | Stoffmengenkonzentration in $mol \cdot l^{-1}$ |
| Salzsäure | 37<br>25 | 1,19<br>1,12 | 12,1<br>7,7 | 7,1 | 1,034 | 2,0 |
| Schwefelsäure | 96 | 1,84 | 18,0 | 9,2 | 1,062 | 1,0 |
| Salpetersäure | 65 | 1,40 | 14,5 | 11,8 | 1,065 | 2,0 |
| Phosphorsäure | 85 | 1,69 | 14,7 | 10 | 1,053 | 1,1 |
| Essigsäure | 96 | 1,059 | 16,9 | 11,8 | 1,015 | 2,0 |
| Natronlauge | 32 | 1,35 | 10,8 | 7,4 | 1,083 | 2,0 |
| Ammoniaklösung | 33<br>25 | 0,88<br>0,91 | 17,1<br>13,4 | 5 | 0,977 | 2,9 |
| Natriumcarbonatlösung | 10 | 1,102 | 1,0 | | | |

1) Diese Werte gelten für 20 °C

### p$K_S$- und p$K_B$-Werte in wässriger Lösung 1)

Säurestärke nimmt zu ↑

| p$K_S$ | Säure | korrespondierende Base | p$K_B$ |
|---|---|---|---|
| Vollständige Protonenabgabe | $HClO_4$ | $ClO_4^-$ | Keine Protonenaufnahme |
| | $HI$ | $I^-$ | |
| | $HCl$ | $Cl^-$ | |
| | $H_2SO_4$ | $HSO_4^-$ | |
| −1,74 | $H_3O^+$ | $H_2O$ | 15,74 |
| −1,32 | $HNO_3$ | $NO_3^-$ | 15,32 |
| 1,92 | $HSO_4^-$ | $SO_4^{2-}$ | 12,08 |
| 2,13 | $H_3PO_4$ | $H_2PO_4^-$ | 11,87 |
| 2,22 | $[Fe(H_2O)_6]^{3+}$ | $[Fe(OH)(H_2O)_5]^{2+}$ | 11,78 |
| 3,14 | $HF$ | $F^-$ | 10,86 |
| 3,35 | $HNO_2$ | $NO_2^-$ | 10,65 |
| 3,75 | $HCOOH$ | $HCOO^-$ | 10,25 |
| 4,75 | $CH_3COOH$ | $CH_3COO^-$ | 9,25 |
| 4,85 | $[Al(H_2O)_6]^{3+}$ | $[Al(OH)(H_2O)_5]^{2+}$ | 9,15 |
| 6,52 | $H_2CO_3/CO_2$ | $HCO_3^-$ | 7,48 |
| 6,92 | $H_2S$ | $HS^-$ | 7,08 |
| 7,00 | $HSO_3^-$ | $SO_3^{2-}$ | 7,00 |
| 7,20 | $H_2PO_4^-$ | $HPO_4^{2-}$ | 6,80 |
| 9,25 | $NH_4^+$ | $NH_3$ | 4,75 |
| 9,40 | $HCN$ | $CN^-$ | 4,60 |
| 10,40 | $HCO_3^-$ | $CO_3^{2-}$ | 3,60 |
| 12,36 | $HPO_4^{2-}$ | $PO_4^{3-}$ | 1,64 |
| 13,00 | $HS^-$ | $S^{2-}$ | 1,00 |
| 15,74 | $H_2O$ | $OH^-$ | −1,74 |
| Keine Protonenabgabe | $C_2H_5OH$ | $C_2H_5O^-$ | Vollständige Protonenaufnahme |
| | $NH_3$ | $NH_2^-$ | |
| | $OH^-$ | $O^{2-}$ | |
| | $H_2$ | $H^-$ | |

Basestärke nimmt zu ↓

1) Die Werte gelten für 25 °C

### Erniedrigung der Schmelztemperatur und Erhöhung der Siedetemperatur 1) von Lösungsmitteln

| Lösungsmittel | Schmelztemperatur in °C | Siedetemperatur in °C | $E_G$ in K · kg · mol$^{-1}$ | $E_S$ in K · kg · mol$^{-1}$ |
|---|---|---|---|---|
| Wasser | 0 | 100 | 1,86 | 0,515 |
| Essigsäure | 16,7 | 118 | 3,9 | 3,07 |
| Cyclohexan | 6,5 | 80,7 | 20,2 | 2,79 |
| Benzol | 5,5 | 80,1 | 5,12 | 2,53 |
| Campher | 178 | | 40,0 | |

1) kryoskopische und ebullioskopische Konstanten

### Dampfdruck des Wassers bei verschiedenen Temperaturen

| *t* in °C | *p* in kPa | *t* in °C | *p* in kPa | *t* in °C | *p* in kPa |
|---|---|---|---|---|---|
| −30 | 0,0373 | 25 | 3,166 | 80 | 47,35 |
| −25 | 0,0628 | 30 | 4,242 | 85 | 57,81 |
| −20 | 0,1029 | 35 | 5,622 | 90 | 70,10 |
| −15 | 0,1650 | 40 | 7,375 | 95 | 84,53 |
| −10 | 0,2594 | 45 | 9,582 | 100 | 101,325 |
| −5 | 0,4010 | 50 | 12,334 | 150 | 476 |
| 0 | 0,6106 | 55 | 15,74 | 200 | 1555 |
| 5 | 0,872 | 60 | 19,92 | 250 | 3978 |
| 10 | 1,227 | 65 | 25,01 | 300 | 8592 |
| 15 | 1,704 | 70 | 31,16 | 350 | 16 537 |
| 20 | 2,337 | 75 | 38,56 | 374 [1] | 22 060 [2] |

1) kritische Temperatur 2) kritischer Druck

### Leitfähigkeit Λ von von Elektrolytlösungen

| Salze | *c* in mol · l⁻¹ | | | Saure und alkalische Lösungen | *c* in mol · l⁻¹ | | |
|---|---|---|---|---|---|---|---|
| | 0,1 | 0,01 | 0,001 | | 0,1 | 0,01 | 0,001 |
| $AgNO_3$ | 109,1 | 124,8 | 130,5 | Essigsäure | 5,2 | 16,3 | 49,2 |
| $CaCl_2$ | 204,8 | 240,8 | 260,8 | Salzsäure | 391,3 | 412,0 | 421,4 |
| $CuSO_4$ | 101,2 | 166,2 | 230,6 | Salpetersäure | 385,0 | 406,0 | |
| KCl | 129,0 | 141,3 | 147,0 | Schwefelsäure | 468,6 | 616,0 | 781,6 |
| $KNO_3$ | 120,4 | 132,8 | 141,8 | Calciumhydroxidlösung | | 225,9 | |
| $NH_4Cl$ | 128,6 | 141,3 | 146,8 | Natronlauge | 218,2 | 238,0 | 244,7 |
| $CH_3COONa$ | 72,8 | 83,8 | 88,5 | Ammoniakwasser [1] | 3,3 | 9,6 | 28,0 |
| NaCl | 106,7 | 118,5 | 123,7 | | | | |
| $Na_2SO_4$ | 180,0 | 224,8 | 248,4 | | | | |

Die Leitfähigkeit Λ wird in $S \cdot mol^{-1} \cdot cm^2$ angegeben. Die aufgeführten Werte gelten für 25 °C in wässriger Lösung. 1) bei 18 °C

### Explosionsgrenzen von Gasen und Dämpfen im Gemisch mit Luft

| Gas/Dampf | Volumenanteile in % | |
|---|---|---|
| | unterhalb | oberhalb |
| Aceton | 2,5 | 13 |
| Butan | 1,5 | 8,5 |
| Chlorethan | 3,6 | 14,8 |
| Diethylether | 1,7 | 48 |
| Erdgas | 4,5 | 13,5 |
| Ethan | 3 | 12,5 |
| Ethanal (Acetaldehyd) | 4 | 57 |
| Ethanol | 3,3 | 19 |
| Ethen | 2,7 | 34 |
| Ethin (Acetylen) | 2,3 | 82 |
| Methan | 5 | 15 |
| Methanol | 5,5 | 44 |
| Propan | 2,4 | 9,5 |
| Wasserstoff | 4 | 75 |

Die Explosionsgrenzen geben die Volumenanteile der Gase und Dämpfe (in %) an, unterhalb bzw. oberhalb derer das Gemisch nicht mehr explosionsfähig ist. Die Angaben gelten für 20 °C und Normdruck (101,3 kPa).

**Elektrochemische Spannungsreihe**

Zunahme der Stärke des Reduktionsmittels (↓)

Zunahme der Stärke des Oxidationsmittels (↑)

| Red | ⇌ | Ox + $z \cdot e^-$ | Standardpotential* $\varphi°$ (in Volt) |
|---|---|---|---|
| $2\,F^-$ | ⇌ | $F_2 + 2\,e^-$ | +2,87 |
| $2\,SO_4^{2-}$ | ⇌ | $S_2O_8^{2-} + 2\,e^-$ | +2,00 |
| $4\,H_2O$ | ⇌ | $H_2O_2 + 2\,H_3O^+ + 2\,e^-$ | +1,78 |
| $PbSO_4 + 5\,H_2O$ | ⇌ | $PbO_2 + HSO_4^- + 3\,H_3O^+ + 2\,e^-$ | +1,69 |
| $MnO_2 + 6\,H_2O$ | ⇌ | $MnO_4^- + 4\,H_3O^+ + 3\,e^-$ | +1,68 |
| $Mn^{2+} + 12\,H_2O$ | ⇌ | $MnO_4^- + 8\,H_3O^+ + 5\,e^-$ | +1,49 |
| $Pb^{2+} + 6\,H_2O$ | ⇌ | $PbO_2 + 4\,H_3O^+ + 2\,e^-$ | +1,46 |
| $Au$ | ⇌ | $Au^{3+} + 3\,e^-$ | +1,42 |
| $2\,Cl^-$ | ⇌ | $Cl_2 + 2\,e^-$ | +1,36 |
| $6\,H_2O$ | ⇌ | $O_2 + 4\,H_3O^+ + 4\,e^-$ | +1,23 |
| $Mn^{2+} + 6\,H_2O$ | ⇌ | $MnO_2 + 4\,H_3O^+ + 2\,e^-$ | +1,21 |
| $I_2 + 18\,H_2O$ | ⇌ | $2\,IO_3^- + 12\,H_3O^+ + 10\,e^-$ | +1,20 |
| $2\,Br^-$ | ⇌ | $Br_2 + 2\,e^-$ | +1,07 |
| $NO + 6\,H_2O$ | ⇌ | $NO_3^- + 4\,H_3O^+ + 3\,e^-$ | +0,96 |
| $Hg$ | ⇌ | $Hg^{2+} + 2\,e^-$ | +0,85 |
| $Ag$ | ⇌ | $Ag^+ + e^-$ | +0,80 |
| $2\,Hg$ | ⇌ | $Hg_2^{2+} + 2\,e^-$ | +0,80 |
| $Fe^{2+}$ | ⇌ | $Fe^{3+} + e^-$ | +0,77 |
| $H_2O_2 + 2\,H_2O$ | ⇌ | $O_2 + 2\,H_3O^+ + 2\,e^-$ | +0,68 |
| $MnO_2 + 4\,OH^-$ | ⇌ | $MnO_4^- + 2\,H_2O + 3\,e^-$ | +0,59 |
| $2\,I^-$ | ⇌ | $I_2 + 2\,e^-$ | +0,54 |
| $Cu$ | ⇌ | $Cu^+ + e^-$ | +0,52 |
| $4\,OH^-$ | ⇌ | $O_2 + 2\,H_2O + 4\,e^-$ | +0,40 |
| $Cu$ | ⇌ | $Cu^{2+} + 2\,e^-$ | +0,34 |
| $Ag + Cl^-$ | ⇌ | $AgCl + e^-$ | +0,22 |
| $H_2SO_3 + 5\,H_2O$ | ⇌ | $SO_4^{2-} + 4\,H_3O^+ + 2\,e^-$ | +0,20 |
| $Cu^+$ | ⇌ | $Cu^{2+} + e^-$ | +0,16 |
| $H_2S + 2\,H_2O$ | ⇌ | $S + 2\,H_3O^+ + 2\,e^-$ | +0,14 |
| $H_2 + 2\,H_2O$ | ⇌ | $2\,H_3O^+ + 2\,e^-$ | 0 |
| $Fe$ | ⇌ | $Fe^{3+} + 3\,e^-$ | −0,04 |
| $Pb$ | ⇌ | $Pb^{2+} + 2\,e^-$ | −0,13 |
| $Sn$ | ⇌ | $Sn^{2+} + 2\,e^-$ | −0,14 |
| $H_2O_2 + 2\,OH^-$ | ⇌ | $O_2 + 2\,H_2O + 2\,e^-$ | −0,15 |
| $Ni$ | ⇌ | $Ni^{2+} + 2\,e^-$ | −0,23 |
| $Pb + SO_4^{2-}$ | ⇌ | $PbSO_4 + 2\,e^-$ | −0,36 |
| $Fe$ | ⇌ | $Fe^{2+} + 2\,e^-$ | −0,41 |
| $Zn$ | ⇌ | $Zn^{2+} + 2\,e^-$ | −0,76 |
| $H_2 + 2\,OH^-$ | ⇌ | $2\,H_2O + 2\,e^-$ | −0,83 |
| $SO_3^{2-} + 2\,OH^-$ | ⇌ | $SO_4^{2-} + H_2O + 2\,e^-$ | −0,92 |
| $Al$ | ⇌ | $Al^{3+} + 3\,e^-$ | −1,66 |
| $Mg$ | ⇌ | $Mg^{2+} + 2\,e^-$ | −2,38 |
| $Na$ | ⇌ | $Na^+ + e^-$ | −2,71 |
| $Ca$ | ⇌ | $Ca^{2+} + 2\,e^-$ | −2,76 |
| $Ba$ | ⇌ | $Ba^{2+} + 2e^-$ | −2,90 |
| $K$ | ⇌ | $K^+ + e^-$ | −2,92 |
| $Li$ | ⇌ | $Li^+ + e^-$ | −3,02 |

Standardbedingungen sind:
Konzentration $c^0 = 1\,mol \cdot l^{-1}$ bzw. Druck $p^0 = 101{,}3\,kPa$, Temperatur $\vartheta^0 = 25\,°C$

# Biologie

## Zelle und Stoffwechsel



## Fortpflanzung und Entwicklung



## Genetik



## Ökologie



## Evolution

## Mikroskopie

### Auflösungsvermögen $d_{min}$

Abbe'sche Formel

$$d_{min} = \frac{\lambda}{2n \cdot \sin\alpha}$$

Beispiel:
$\alpha$ (maximal) = 67,5°
$\lambda$ (grünes Licht) = 550 nm
$n$ (Immersionsöl) = 1,52

$$d_{min} = \frac{550\,\text{nm}}{2 \cdot 1{,}40} = 200\,\text{nm} = 0{,}2\,\mu\text{m}$$

0,2 µm ist die theoretisch höchste Auflösung eines Lichtmikroskops

Anmerkung: Das Produkt aus $n$ und $\sin\alpha$ heißt numerische Apertur.

| | | |
|---|---|---|
| $d_{min}$ | Mindestentfernung zweier Objektpunkte, damit sie noch getrennt voneinander abgebildet werden | µm |
| $\lambda$ | Wellenlänge des Lichts | nm |
| $n$ | Brechungszahl des Mediums zwischen Deckglas und Objektiv (Luft: $n$ = 1,0; Immersionsöl: $n$ = 1,52) | Zahl |
| $\alpha$ | halber Öffnungswinkel des Objektivs | Zahl in ° |

### Vergrößerung $V$

**Lupe**

$$V = \frac{l\,(25\,\text{cm})}{f}$$

**Mikroskop**

1. $V = V_{ok} \cdot V_{ob}$

2. $V = \frac{t \cdot l}{f_{ok} \cdot f_{ob}}$

wobei

$$V_{ob} = \frac{t}{f_{ob}}$$

$$V_{ok} = \frac{l\,(25\,\text{cm})}{f_{ok}}$$

| | | |
|---|---|---|
| $V$ | Verhältnis zwischen Bildgröße und Objektgröße | Zahl |
| $f$ | Brennweite | cm |
| $l$ | Bezugssehweite (per Konvention auf 25 cm festgelegter Abstand, aus dem man einen Gegenstand ohne optische Hilfsmittel noch scharf sehen könnte) | cm |
| $f_{ok}$ | Brennweite des Okulars | cm |
| $f_{ob}$ | Brennweite des Objektivs | cm |
| $V_{ok}$ | Vergrößerung des Okulars | Zahl |
| $V_{ob}$ | Vergrößerung des Objektivs ($V_{ok}$ und $V_{ob}$ sind auf dem Objektiv bzw. Okular angegeben.) | Zahl |
| $t$ | Abstand zwischen Brennebene Okular und Brennebene Objektiv (optische Tubuslänge) | cm |

### Größenvergleich von Zellen

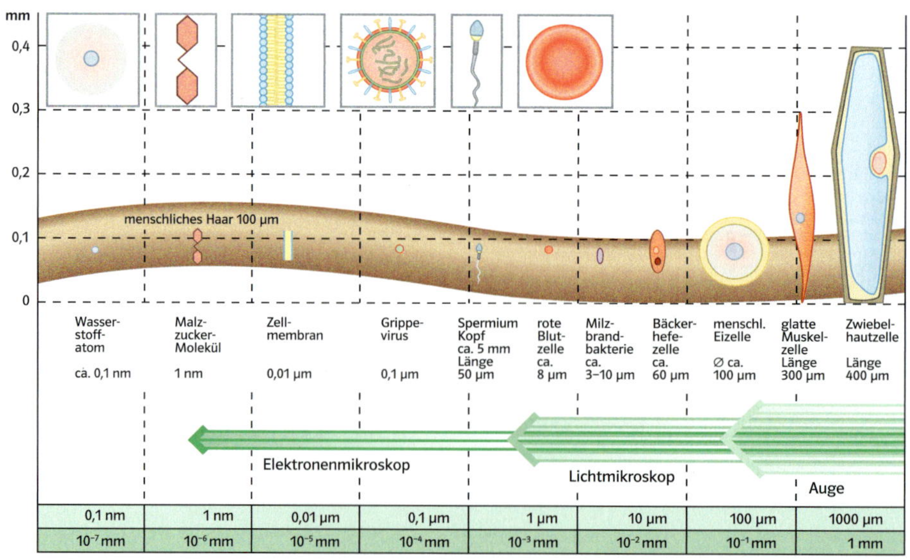

## Physiologie und Biochemie

### Diffusion und Osmose

| | | | |
|---|---|---|---|
| **1. Fick'sches Diffusionsgesetz** | $\frac{dn}{dt} = -D \cdot A \cdot \frac{dc}{dx}$<br><br>Anmerkung: Das Minuszeichen rührt daher, dass der Fluss an Teilchen in einem bestimmten Zeitintervall dem Konzentrationsgradienten entgegengesetzt ist. | $n$ Stoffmenge<br>$t$ Diffusionszeit<br>$A$ Durchtrittsfläche<br>$D$ Diffusionskonstante<br>$x$ Diffusionsweg<br>$c$ Konzentration der Stoffmenge<br>$t_{max}$ maximale Diffusionszeit<br>$c_i$ Konzentration der Stoffmenge an der Innenseite der Membran<br>$c_a$ Konzentration der Stoffmenge an der Außenseite der Membran<br>$z$ Dicke der Membran | mol<br>s<br>$cm^2$<br>$m^2 \cdot s^{-1}$<br>cm<br>$mol \cdot l^{-1}$<br>s<br>$mol \cdot l^{-1}$<br><br>$mol \cdot l^{-1}$<br><br>nm |
| **2. Fick'sches Diffusionsgesetz** | $x = D \cdot \sqrt{t}$<br><br>$t_{max} = \frac{x^2}{2 \cdot D}$<br><br>Anmerkung: Aufgrund des nicht linearen Zusammenhangs zwischen Diffusionsweg und Diffusionszeit ist Diffusion nur über kurze Strecken biologisch sinnvoll, z.B. im synaptischen Spalt. Da bei Insekten Sauerstoff durch Diffusionsvorgänge im Körper verteilt wird, ist ihre Größe begrenzt. | Beispiel: Bei freier Diffusion im Wasser ($D \approx 1{,}0 \cdot 10^{-5}\,cm^2 s^{-1}$) | |
| **Diffusion durch eine Membran**<br><br>(Anwendung des 1. Fick'schen Diffusionsgesetzes) | $\frac{dn}{dt} = -D \cdot A \cdot \frac{(c_i - c_a)}{z}$<br><br>Anmerkung: Je größer der Konzentrationsunterschied ($c_i - c_a$) und je dünner die Membran ($z$) ist, desto größer ist der Fluss einer definierten Stoffmenge in einem bestimmten Zeitintervall. ($dn/dt$) | | |

| | $x$ | $t$ (ca.) |
|---|---|---|
| **Zellmembran** | 7 nm | 25 ns |
| **synaptischer Spalt** | 30 nm | 0,5 µs |
| **Entfernung Zelle von Kapillare** | 20 µm | 0,2 s |
| **kurzes Axon** | 1 cm | 14 h |
| **langes Axon** | 1 m | 16 a |

| | | | |
|---|---|---|---|
| **Diffusionspotential $E_D$**<br><br>Nernst'sche Gleichung | $E_D = \frac{R \cdot T}{z \cdot F} \cdot \ln \frac{c(\text{Ion})_I}{c(\text{Ion})_{II}}$<br><br>Anmerkung: Das elektrochemische Potential einer Nervenzelle kann mit Hilfe der Nernst'schen Gleichung charakterisiert werden. | $E_D$ Gleichgewichtspotential des Ions, d.h. Ionenfluss = 0<br>$R$ universelle Gaskonstante<br>$T$ absolute Temperatur<br>$z$ Ionenwertigkeit<br>$F$ Faraday-Konstante<br>$c(\text{Ion})_I$ Ionenkonzentration der Lösung I<br>$c(\text{Ion})_{II}$ Ionenkonzentration der Lösung II | mV<br><br>$J \cdot mol^{-1} \cdot K^{-1}$<br>K<br>Zahl<br>$C \cdot mol^{-1}$<br>$mol \cdot l^{-1}$<br><br>$mol \cdot l^{-1}$ |
| **Osmotischer Druck $O$** | $O = c \cdot R \cdot T$ | $O$ osmotischer Druck<br>$T$ Temperatur<br>$R$ universelle Gaskonstante<br>$c$ Konzentration des gelösten Stoffs | MPa<br>K<br>$J \cdot mol^{-1} \cdot K^{-1}$<br>$mol \cdot l^{-1}$ |
| **Saugkraft der Zelle $S$** | $S = O - W$ | $S$ Saugkraft<br>$W$ Turgordruck (Wanddruck) | MPa<br>MPa |

## Physiologie und Biochemie

### Enzymatik

**RGT – Regel**

Van't Hoff'sche Regel

„Faustregel" zur ***R***eaktions***g***eschwindigkeit in Abhängigkeit von der ***T***emperatur: Bei einer Temperaturerhöhung von ca. 10 °C verdoppelt sich die Geschwindigkeit einer biochemischen Reaktion.

**Michaelis-Menten-Konstante $K_m$**

$$K_m = \frac{V_{max}}{2}$$

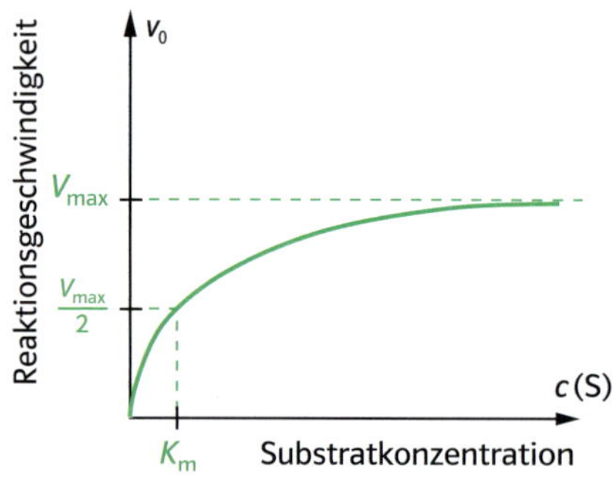


Anmerkung: $K_m$ wird als Maß für die Affinität des Enzyms zum Substrat gesehen, z. B. hoher $K_m$-Wert bedeutet niedrige Affinität.

**Wechselzahl $K_{cat}$**

(turn over number, TON)

$$K_{cat} = \frac{V_{max}}{c(E)}$$

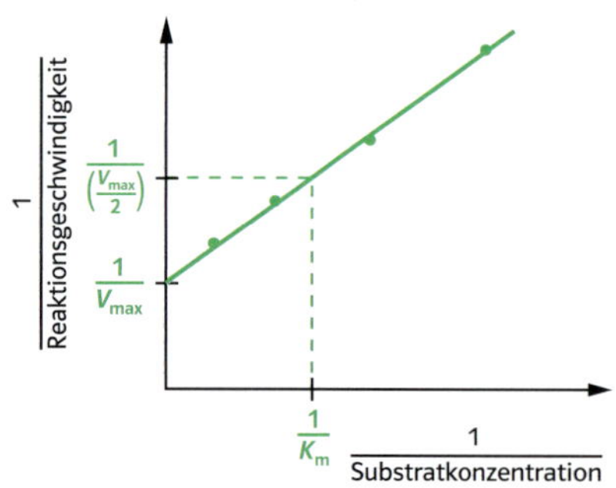


Anmerkung: Wechselzahlen bewegen sich im Bereich von etwa 0,5 (Lysozym) und ca. 1 000 000 (Carboanhydrase).

**Lineweaver-Burk-Gleichung**

$$\frac{1}{v_0} = \frac{K_m}{V_{max}} \cdot \frac{1}{c(S)} + \frac{1}{V_{max}}$$

**Reaktionsgeschwindigkeit $V_0$ einer Enzymreaktion**

$$v_0 = \frac{V_{max} \cdot c(S)}{K_m + c(S)}$$

| | | |
|---|---|---|
| $K_m$ | Substratkonzentration bei halbmaximaler Reaktionsgeschwindigkeit | $mol \cdot l^{-1}$ |
| $V_{max}$ | maximale Reaktionsgeschwindigkeit | $mol \cdot l^{-1} \cdot s^{-1}$ |
| $c(S)$ | Substratkonzentration | $mol \cdot l^{-1}$ |
| $c(E)$ | Enzymkonzentration | $mol \cdot l^{-1}$ |
| $K_{cat}$ | Zahl der Substratmoleküle, die ein Enzymmolekül pro Sekunde umsetzen kann. | $s^{-1}$ |
| $v_0$ | Reaktionsgeschwindigkeit | $mol \cdot l^{-1} \cdot s^{-1}$ |

## Stoff- und Energiewechsel des Menschen

| | | | |
|---|---|---|---|
| **Body-Mass-Index BMI** | $BMI = \frac{\text{Körpermasse in kg}}{(\text{Körpergröße in m})^2}$ <br> Anmerkung: Der *BMI* besitzt bei Kindern unter 14 Jahren keine Gültigkeit. | *BMI* Körpermasseindex | $kg \cdot m^{-2}$ |

**BMI ohne Berücksichtigung des Alters**

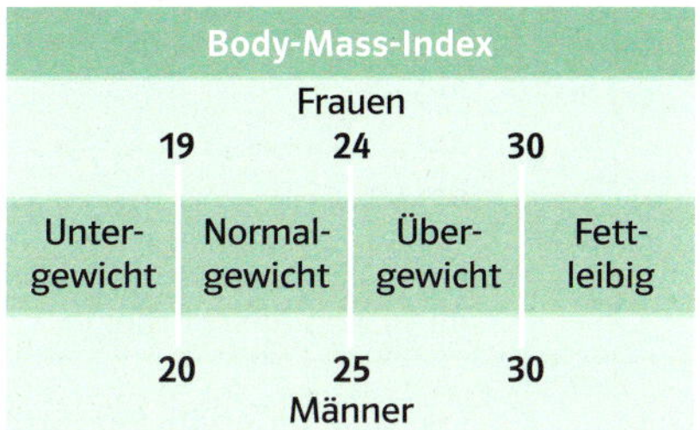


**BMI unter Berücksichtigung des Alters**

| Alter in Jahren | BMI Untergewicht | Normalgewicht | Übergewicht |
|---|---|---|---|
| 19–24 | 19 | 19–24 | über 24 |
| 25–34 | 20 | 20–25 | über 25 |
| 35–44 | 21 | 21–26 | über 26 |
| 45–54 | 22 | 22–27 | über 27 |
| 55–64 | 23 | 23–28 | über 28 |
| über 64 | 24 | 24–29 | über 29 |

| | | | |
|---|---|---|---|
| **Grundumsatz *GU*** | $GU = 4{,}2\,kJ \cdot t \cdot m_k$ <br> bei Jugendlichen: $6{,}2\,kJ \cdot t \cdot m_k$ | *GU* Grundumsatz <br> *t* Zeit <br> $m_k$ Körpermasse | kJ <br> h <br> kg |
| **Leistungsumsatz *LU*** | $LU = t_1 \cdot EV_1 + t_2 \cdot EV_2 + \ldots + t_n \cdot EV_n$ | *LU* Leistungsumsatz <br> *t* Zeit für die ausgeführte Tätigkeit <br> *EV* Energieverbrauch je Stunde der Tätigkeit | kJ <br> h <br> kJ |
| **Gesamtumsatz $U_{ges}$** | $U_{ges} = GU + LU$ | $U_{ges}$ Gesamtumsatz | kJ |
| **Nährstoffbedarf *Nb*** | $Nb = Bf \cdot m_k$ | *Nb* Nährstoffbedarf <br> *Bf* Bedarfsfaktor der Nährstoffe | g <br> g/kg Körpermasse |

**Energiegehalt der Nährstoffe**

Beachte: 4,1868 kJ = 1 kcal

| Nährstoffe | Energiegehalt in kJ/g | in kcal/g | Bedarfsfaktor in g/kg Körpermasse |
|---|---|---|---|
| Kohlenhydrate | 18 | 4,3 | 1,3–1,5 |
| Fette | 38 | 9,3 | 0,8 |
| Eiweiße | 17 | 4,1 | 0,9–1,0 |

| | | | |
|---|---|---|---|
| **Energiebedarf *Eb*** | $Eb = Nb_{KH} \cdot Eg_{KH} + Nb_{Fett} \cdot Eg_{Fett} + Nb_{Eiw} \cdot Eg_{Eiw}$ | *Eb* Energiebedarf <br> *Nb* Nährstoffbedarf der jeweiligen Nährstoffe (KH – Kohlenhydrate, Eiw – Eiweiße) <br> *Eg* Energiegehalt der jeweiligen Nährstoffe | kJ <br> g <br> kJ/g |

## Stoff- und Energiewechsel des Menschen

| | | | |
|---|---|---|---|
| **Blutalkoholgehalt (*BAG*) nach Widmark** | $BAG = \frac{m_{Alkohol}}{m_k \cdot r} = \frac{V_{Alkohol} \cdot \rho}{m_k \cdot r}$<br>Beispiel:<br>Ein 70 kg schwerer Mann trinkt zwei Flaschen Bier (5 Vol % → in 1 Liter Bier sind 50 ml Ethanol enthalten).<br>$BAG = \frac{50\,ml \cdot 0{,}79\,g \cdot ml^{-1}}{70\,000\,g \cdot 0{,}7} = 0{,}8\,‰$ | *BAG* Blutalkoholgehalt<br>*r* Reduktionsfaktor (männlich: 0,7; weiblich: 0,6)<br>$\rho$ Dichte von Alkohol (0,79 g · ml$^{-1}$)<br>$m_{Alkohol}$ aufgenommene Alkoholmenge<br>$m_k$ Körpermasse<br>$V_{Alkohol}$ Volumen des Alkohols | ‰<br><br>$g \cdot ml^{-1}$<br>g<br>g<br>ml |
| **Respiratorischer Quotient *RQ*** | $RQ = \frac{n(CO_2)_{aus} - n(CO_2)_{ein}}{n(O_2)_{ein} - n(CO_2)_{aus}}$<br>$= \frac{n(CO_2\text{ abgegeben})}{n(O_2\text{ aufgenommen})}$<br>$\sim \frac{V(CO_2\text{ abgegeben})}{V(O_2\text{ aufgenommen})}$ | $n(CO_2)_{aus/ein}$ aus- bzw. eingeatmete Stoffmenge an Kohlenstoffdioxid<br>$n(O_2)_{aus/ein}$ aus- bzw. eingeatmete Stoffmenge an Sauerstoff<br>*V* Volumen | mol<br>mol<br>l |

## Fortpflanzung und Entwicklung

### Verhütung und Entbindungstermin

| | | | |
|---|---|---|---|
| **Pearl-Index *PI*** | $PI = \frac{N_S \cdot 12 \cdot 100}{N_F \cdot M}$<br>Beispiel:<br>Verhüten 100 Frauen ($N_F$ = 100) über einen Zeitraum von 1 Jahr (*M* = 12) mit der gleichen Methode und werden 3 Anwenderinnen ungewollt schwanger ($N_S$ = 3), beträgt der *PI* = 3, da:<br>$PI = \frac{3 \cdot 12 \cdot 100}{100 \cdot 12} = 3$<br>Anmerkung: Ein hoher *PI* bedeutet, dass die Methode unsicher ist. | $N_S$ Anzahl der Schwangerschaften<br>$N_F$ Anzahl der Frauen<br>*M* Anzahl der Monate | Zahl<br>Zahl<br>Zahl |

**Sicherheit verschiedener Verhütungsmethoden**

| Methode | *PI* |
|---|---|
| ohne Verhütung | ca. 80 |
| Coitus interruptus | 25 |
| Kondom | 3,3 bis 5 |
| Diaphragma | 3 bis 4 |
| Temperatur-Methode | 2 |
| Antibabypille (Ein-Phasen-Pille) | 0,5 |
| Minipille | 3 |
| Spirale | 2 |
| Sterilisation | unter 0,2 |

## Verhütung und Entbindungstermin

| | | | |
|---|---|---|---|
| **Naegele'sche Regel**<br>Zykluslänge 28 Tage | $Et = M_{d1}$ + 7 Tage − 3 Monate + 1 Jahr<br><br>Hinweis: Es wird von einem Eisprung am 14. Zyklustag ausgegangen<br><br>Beispiel:<br>$M_{d1}$: 03.05.2007<br>$Et$ = 03.05.2007 + 7 Tage − 3 Monate + 1 Jahr = 10.02.2008 | $Et$ errechneter Entbindungstermin<br>$M_{d1}$ erster Tag der letzten Regel-Blutung | |
| **erweiterte Naegele'sche Regel**<br>Zykluslänge ungleich 28 Tage | $Et = M_{d1}$ + 7 Tage − 3 Monate ± $x$ Tage + 1 Jahr<br><br>Beispiel: **Zykluslänge 32 Tage**<br>$M_{d1}$: 03.05.2007<br>$Et$ = 03.05.2007 + 7 Tage − 3 Monate + 4 Tage + 1 Jahr = 14.02.2008 | $x$ Abweichung der Zykluslänge in Tagen | d |

## Genetik

### Allgemeine Grundlagen

| | | |
|---|---|---|
| **1. Mendel'sche Regel**<br>Uniformitätsregel, Reziprozitätsregel | Kreuzt man zwei in einem Merkmal homozygote Individuen der P-Generation untereinander, sind die Nachkommen in der F1-Generation bezogen auf das untersuchte Merkmal untereinander gleich. Dies gilt für den Phänotyp und den Genotyp, wobei dieser bei allen Nachkommen heterozygot ist. | P Parental (Eltern-) Generation<br>F1 erste Filial (Tochter-) Generation<br>F2 zweite Filial (Tochter-) Generation<br>homozygot reinerbig<br>heterozygot mischerbig<br>Phänotyp äußeres Erscheinungsbild<br>Genotyp Erbausstattung<br>Allel Ausprägung eines Gens |
| **2. Mendel'sche Regel**<br>Spaltungsregel | Kreuzt man zwei heterozygote Individuen der F1-Generation untereinander, so spalten sich die Nachkommen in der F2-Generation bezüglich des Phänotyps (und des Genotyps) nach einem bestimmten Zahlenverhältnis auf.<br><br>Anmerkung: Beim dominant-rezessiven Erbgang ist das Zahlenverhältnis der Phänotypen 3 : 1, beim intermediären Erbgang 1 : 2 : 1. Es ist zu beachten, dass es sich hierbei um rein statistische Größen der Wahrscheinlichkeit handelt. | |

## Allgemeine Grundlagen

**3. Mendel'sche Regel**

Unabhängigkeitsregel, Neukombinationsregel

Kreuzt man zwei in mehr als einem Merkmal homozygote Individuen einer Art, so werden die einzelnen Gene unabhängig voneinander verteilt.

| | |
|---|---|
| P | Parental (Eltern-) Generation |
| F1 | erste Filial (Tochter-) Generation |
| F2 | zweite Filial (Tochter-) Generation |
| homozygot | reinerbig |
| heterozygot | mischerbig |
| Phänotyp | äußeres Erscheinungsbild |
| Genotyp | Erbausstattung |
| Allel | Ausprägung eines Gens |

Beispiel: **Kreuzungsschema für die Samen der Saaterbse**

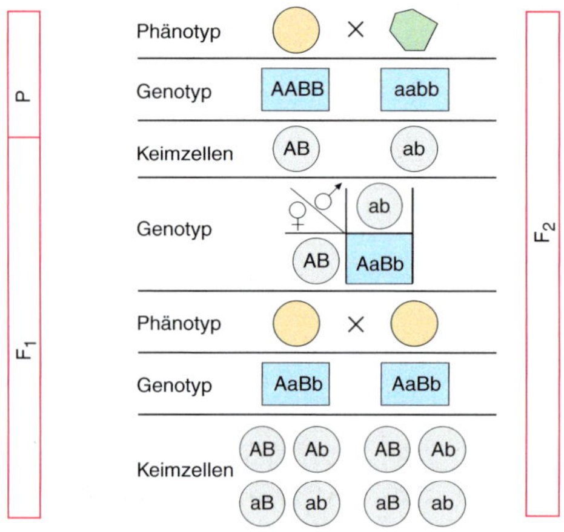


Genotypenverteilung

| ♀ \ ♂ | AB | Ab | aB | ab |
|---|---|---|---|---|
| AB | AABB | AABb | AaBB | AaBb |
| Ab | AABb | AAbb | AaBb | Aabb |
| aB | AaBB | AaBb | aaBB | aaBb |
| ab | AaBb | Aabb | aaBb | aabb |

Phänotypen

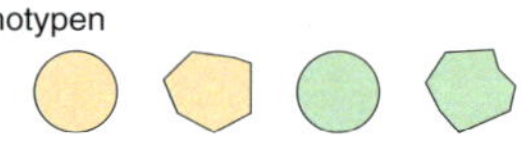


A = dominantes Allel für das Merkmal gelbe Samenfarbe; a = rezessives Allel für das Merkmal grüne Samenfarbe, B = dominantes Allel für das Merkmal runder Samen, b = rezessives Allel für das Merkmal kantiger Samen.

**Genetischer Code**

Die Codesonne gibt an, welches Codon der m-RNA in welche Aminosäure übersetzt wird. Das erste Nucleotid eines Codons (5'-Ende) steht innen, die Codons werden von innen nach außen gelesen. GCA steht z. B. für die Aminosäure Alanin. Der genetische Code auf DNA-Ebene besteht aus den 4 Basen A (Adenin), G (Guanin), C (Cytosin) und T (Thymin). In der RNA wird statt Thymin die Base U (Uracil) eingebaut. Eine Dreiergruppe (= Basentriplett, Codon) codiert je eine Aminosäure.

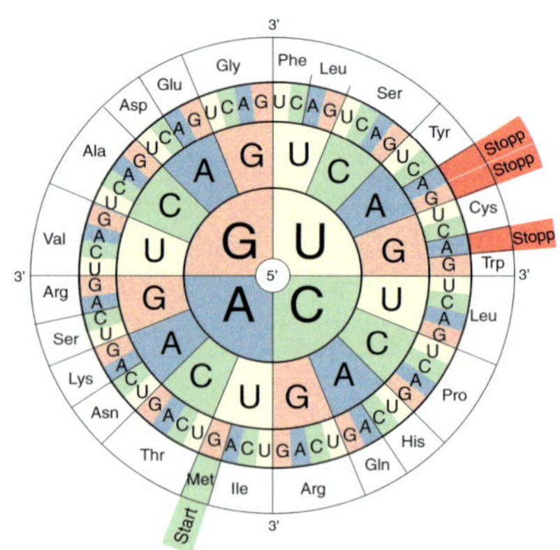


Anmerkung: Manche Aminosäuren sind mehrfach codiert. Der genetische Code ist demnach redundant (= degeneriert). Des Weiteren ist der genetische Code universell, nicht überlappend und kommafrei.

## Allgemeine Grundlagen

### Mutationsrate *Mr*

$$Mr = \frac{N_N}{2N_1}$$

Anmerkung: Für Bakterienkulturen gilt allgemein: ca. $10^{-6}$ bis $10^{-5}$ Mutationen pro Gen und Generation Mutationen können spontan auftreten oder induziert werden.

| | |
|---|---|
| $Mr$ | Zahl der Mutationen pro Gen und Generation |
| $N_N$ | Anzahl der Neumutanten |
| $N_1$ | Gesamtzahl der betrachteten Individuen |

Beispiel: **Mutationsraten**

| **Organismus** | **Mutation** | **Mutationsrate (in Häufigkeit pro Gamet)** |
|---|---|---|
| Mensch (für autosomale dominante Mutationen) | Chorea Huntington | $0{,}1 \cdot 10^{-5}$ |
| Mensch (für x-gekoppelte rezessive Mutationen) | Hämophilie A | $2 - 4 \cdot 10^{-5}$ |
| | Duchenne-Muskeldystrophie | $4 - 10 \cdot 10^{-5}$ |

### Austauschwert $A_w$ in Kopplungsgruppen

relative Genabstände

$$A_w = \frac{N_A}{N_{ges}} \cdot 100\,\%$$

Anmerkung: Mit Hilfe des Austauschwerts und der Dreipunktanalyse können Genkarten aufgestellt werden. Hierbei werden mehrere Austauschwerte zur Ermittlung der Reihenfolge der Gene auf ihrer Kopplungsgruppe verglichen.

| | | |
|---|---|---|
| $A_w$ | 1. Prozentsatz, der angibt, wie viel Kopplungsbrüche es bei einem gekoppelten Genpaar gibt. | % |
| | 2. relatives Maß für die Entfernung zweier Gene auf einem Chromosom (mit dem Abstand der Genorte steigt der Austauschwert) | Morgan-Einheit cM (Centimorgan) |
| $N_A$ | Anzahl der Nachkommen mit Genaustausch (phänotypisch bestimmbare, gleiche Einfachmutanten bei gekoppelt vererbten Genen) | Zahl |
| $N_{ges}$ | Gesamtzahl der Nachkommen | Zahl |

Beispiel: **Dreipunktanalyse**

Organismus: Drosophila melanogaster. Betrachtet werden die beiden gekoppelt vererbten Gene Flügelform und Körperfarbe. Zunächst wird eine Rückkreuzung mit einem doppelt rezessiven Männchen (schwarz, Stummelflügel) durchgeführt.

Bei 17 % ($A_{w1}$) der Nachkommen ($A_{ges}$) ist ein crossing over aufgetreten. Das Gen cn (cinnebar, hellrote Augen) wird mit diesen Erbanlagen gekoppelt vererbt.

Kreuzungsexperimente zeigen, dass die Austauschwerte für die Gene b und cn 9 % ($A_{w2}$) und für die Gene cn und vg 9,5 % ($A_{w3}$) betragen. Daraus kann man schließen, dass cn etwa in der Mitte zwischen den Erbanlagen für schwarze Körperfarbe und stummelförmige Flügel liegen muss.

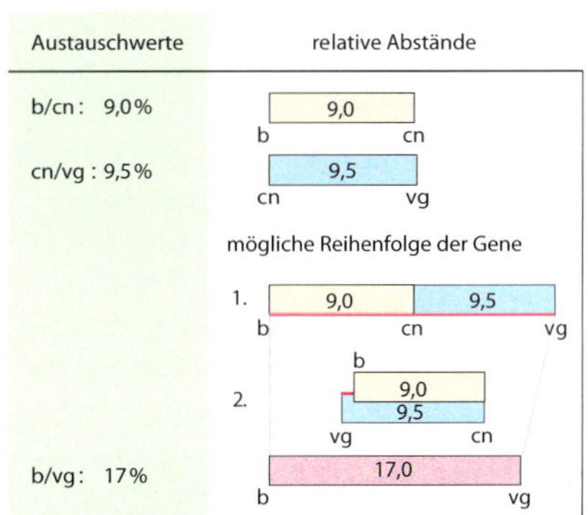


→ Die Reihenfolge der Gene ist b-cn-vg

Genkarte für Chromosom II

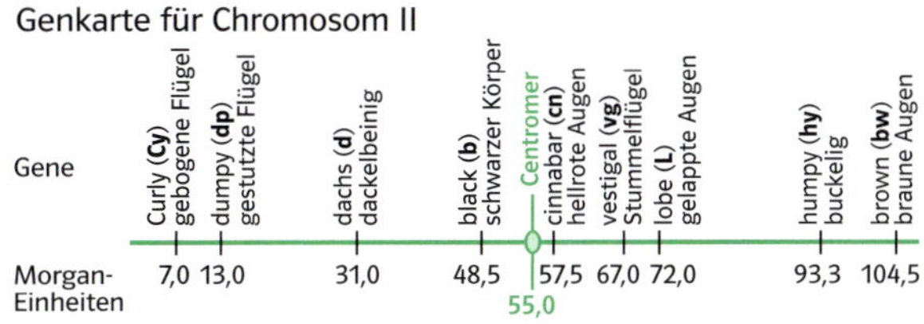

## Zeigerpflanzen

**Zeigerpflanzen für den Boden-pH-Wert**

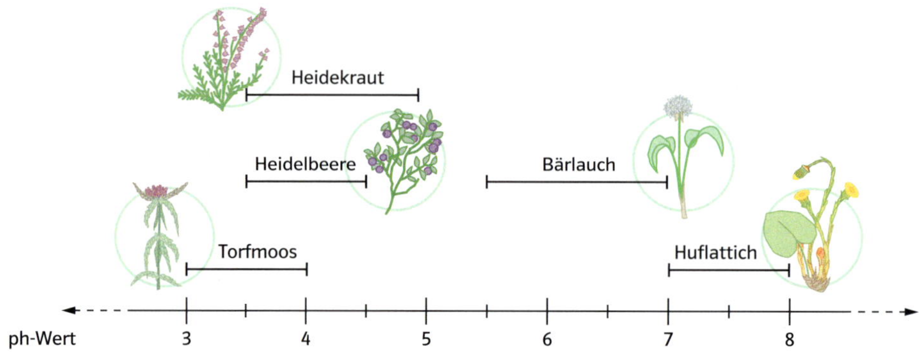


## Wasserqualität

**Saprobienindex S nach Zelinka und Marvan**

$$S = \frac{h_1 \cdot s_1 \cdot g_1 + h_2 \cdot s_2 \cdot g_2 + \ldots}{h_1 \cdot g_1 + h_2 \cdot g_2 + \ldots}$$

$$\frac{\ldots + \ldots + h_n \cdot s_n \cdot g_n}{\ldots + \ldots + h_n \cdot g_n}$$

| | | |
|---|---|---|
| $S$ | Maß für die Gewässergüte | Zahl |
| $n$ | Anzahl der erfassten Arten | Zahl |
| $h$ | Häufigkeit einer Art, also Individuenzahl in einer Wasserprobe | Zahl |
| $s$ | Einstufung in eine der 4 Güteklassen, denen man Zahlenwerte zuordnet (oligosaprob (o) = 1; β-mesosaprob (β) = 2; α-mesosaprob (α) = 3; polysaprob (p) = 4) | Zahl |
| $g$ | Indikationsgewicht, legt Eignung einer Art als Leitorganismus für eine bestimmte Gewässergüteklasse (K) fest; kann die Werte 1, 2, 4, 8, 16 annehmen; starke Bindung an nur eine Güteklasse: $g = 16$; keine Bindung an bestimmte Güteklasse: $g = 1$ | Zahl |

Beispiel: **Bach in Straßennähe**

| **Indikatorart** | ***h*** | ***s*** | ***g*** |
|---|---|---|---|
| Schlammröhrenwurm | 6 | 3,5 | 4 |
| Wasserassel | 42 | 2,7 | 4 |
| Köcherfliegenlarve | 3 | 2,0 | 8 |
| Zuckmückenlarve | 150 | 3,2 | 4 |
| Eiförmige Schlammschnecke | 2 | 2,3 | 4 |

$$S = \frac{6 \cdot 3{,}5 \cdot 4 + 42 \cdot 2{,}7 \cdot 4 + 3 \cdot 2{,}0 \cdot 8 + 150 \cdot 3{,}2 \cdot 4 + 2 \cdot 2{,}3 \cdot 4}{6 \cdot 4 + 42 \cdot 4 + 3 \cdot 8 + 150 \cdot 4} = 3{,}06$$

Dieser Wert entspricht der Güteklasse, es handelt sich um einen relativ stark verschmutzten Bach.

## Wasserqualität

| | | | |
|---|---|---|---|
| **Sauerstoffgehalt $\varrho(O_2)$ nach Winkler** | $\varrho(O_2) = \frac{V(S_2O_3^{2-}) \cdot 0{,}08\,mg \cdot ml^{-1}}{V(Probe) - V(Reagenzien)}$<br>Hinweis:<br>1 ml verbrauchte Natriumthiosulfat-Lösung, $c(Na_2S_2O_3) = 0{,}01\,mol \cdot l^{-1}$, entspricht 0,08 mg Sauerstoff.<br>Anmerkung: In Wasser gelöster Sauerstoff oxidiert in alkalischer Lösung Mangan(II)-chlorid zu höheren Manganhydroxiden, die in stark sauer Lösung Mangan(III)-Ionen bilden. Die Mangan(III)-Ionen oxidieren eine Iodid-Lösung, die dabei entstehende Stoffmenge an Iod ist der Stoffmenge an gelöstem Sauerstoff äquivalent. Das Iod wird schließlich gegen Natriumthiosulfat titriert. | $\varrho(O_2)$ Massenkonzentration des Sauerstoffs bei bestimmter Temperatur<br>$V(S_2O_3^{2-})$ Volumen der bei Titration verbrauchten Natriumthiosulfat-Lösung<br>$V$(Probe) Volumen der entnommenen Gewässer-Probe<br>$V$(Reagenzien) Volumen der zugesetzten Mangan(II)-chlorid-Lösung plus der kaliumiodidhaltigen Natronlauge | $mg \cdot l^{-1}$<br>ml<br>l<br>l |
| **Sauerstoffsättigung** | $\text{Sauerstoffsättigung} = \frac{\varrho(O_2) \cdot 100\,\%}{\varrho(O_2)_{Sättigung}}$<br>**Beispiele für den temperaturabhängigen Sauerstoffsättigungswert:**<br>10,43 mg $O_2 \cdot l^{-1}$ bei 12 °C Wassertemp.<br>8,48 mg $O_2 \cdot l^{-1}$ bei 20 °C Wassertemp. | $\varrho(O_2)_{Sättigung}$ temperaturabhängiger Sauerstoffsättigungswert | $mg \cdot l^{-1}$ |
| **Sauerstoffdefizit** | $\varrho(O_2)_{Defizit} = \varrho(O_2) - \varrho(O_2)_{Sättigung}$ | | |
| **Biochemischer Sauerstoff-Bedarf *BSB*** | $BSB_5 = \varrho(O_2)_{d0} - \varrho(O_2)_{d5}$<br>$BSB_2 = \varrho(O_2)_{d0} - \varrho(O_2)_{d2}$<br>Anmerkung: Der obere Grenzwert für den $BSB_5$ liegt in Deutschland bei 40 mg $\cdot\, l^{-1}$. | $\varrho(O_2)_{d0}$ Massenkonzentration des Sauerstoffs der Gewässerprobe direkt nach Entnahme<br>$\varrho(O_2)_{d2/d5}$ Massenkonzentration des Sauerstoffs der Gewässerprobe zwei bis fünf Tage nach Entnahme | $mg \cdot l^{-1}$<br>$mg \cdot l^{-1}$ |

## Vegetationsaufnahme (nach Braun-Blanquet)

**Artmächtigkeit**

| Stufen | Individuenanzahl auf der Untersuchungsfläche | Deckungsgrad |
|---|---|---|
| R | < 3 | < 1% |
| + | < 10 | < 5% |
| 1 | > 10 | < 5% |
| | < 10 | > 5% |
| 2 | > 50 | 2–25% |
| 3 | beliebig | 25–50% |
| 4 | beliebig | 50–75% |
| 5 | beliebig | 75–100% |

Größe der Probefläche 10–30 m² ; Wälder 100–500 m²

## Vegetationsaufnahme (nach Braun-Blanquet)

**Soziabilität**

| Stufen | Verteilung |
|---|---|
| 1 | einzeln wachsend |
| 2 | gruppen- oder horstweise wachsend |
| 3 | truppweise wachsend (kleine Flecken oder Polster) |
| 4 | in kleinen Kolonien wachsend, Teppiche bildend |
| 5 | in großen Herden |

Anmerkung: Die Soziabilität gibt die Verteilung der Individuen auf der Probefläche an.

**Vitalität**

| Stufen | Zustand |
|---|---|
| ○○ | sehr schwach entwickelt, ohne Reproduktionstendenz |
| ○ | deutlich geschwächt (Kümmerwuchs), mit nur schwacher Reproduktion |
| ● | normal entwickelt, mit Reproduktion |
| ●● | überaus kräftig entwickelt, mit ausgeprägter Reproduktion |

## Wasserhaushalt von Pflanzen

| | | | |
|---|---|---|---|
| **Wassergehalt** | $\text{Wassergehalt} = \frac{FM - TM}{FM} \cdot 100\,\%$ | FM Frischmasse<br>TM Trockenmasse | mg<br>mg |
| **Aschemasse** | $AM = TM - VM$ | VM Verlustmasse beim Glühen | mg |

## Biodiversität

**Diversitätsindex nach Shannon $H_S$**

$$H_S = -\Sigma(p_i \cdot \log p_i)$$

| | | |
|---|---|---|
| $S$ | Artenanzahl | Zahl |
| $p_i$ | relative Häufigkeit von Art $i$ | Zahl |

Anmerkung: Der Diversitätsindex ist dann hoch, wenn auf einer Probefläche die Artenzahl hoch ist und die Arten in möglichst gleichen Anteilen auftreten (siehe Beispiel).

**Aspekte der Diversität**

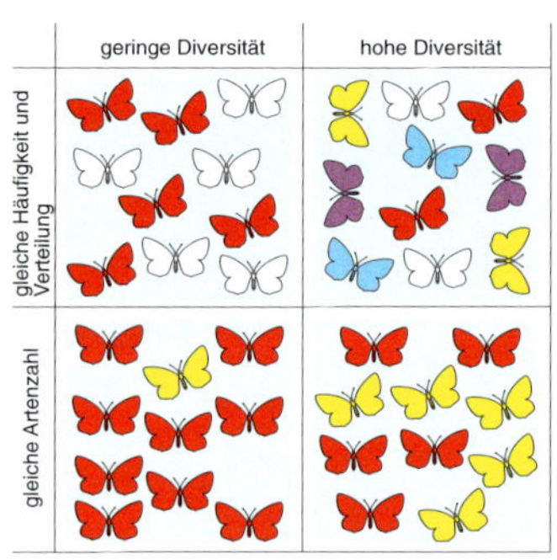


Beispiel: **Probefläche**

| Art | Anzahl | $i$ | $p_i$ | $\log p_i$ | $p_i \cdot \log p_i$ |
|---|---|---|---|---|---|
| Erdmaus | 10 | 1 | 0,25 | −1,386 | −0,34657 |
| Feldmaus | 10 | 2 | 0,25 | −1,386 | −0,34657 |
| Rötelmaus | 10 | 3 | 0,25 | −1,386 | −0,34657 |
| Waldmaus | 10 | 4 | 0,25 | −1,386 | −0,34657 |
| Summe: | 40 | | | Summe: −1,3863 | |
| | | | | **$H_s$ = 1,3863** | |

## Populationsbiologie

| | | | |
|---|---|---|---|
| **Geburtenrate *b***<br>birth | $b = \frac{\Delta N_n}{\Delta t \cdot N}$ | $N$ Anzahl der vorhandenen Individuen<br>$N_0$ Ausgangsindividuenanzahl<br>$\Delta N_n$ Anzahl der pro Zeiteinheit neu hinzukommender Individuen<br>$\Delta t$ Zeiteinheit<br>$\Delta N_m$ pro Zeiteinheit gestorbene Individuen<br>$r$ Wachstumsrate, anteiliger Zuwachs der Population pro Zeitschritt | Zahl<br><br>Zahl<br>Zahl<br><br>min; h<br>Zahl<br><br>$min^{-1}$; $h^{-1}$ |
| **Sterberate *d***<br>death | $d = \frac{\Delta N_m}{\Delta t \cdot N}$ | | |
| **Wachstumsrate *r***<br>Vermehrungsrate | $r = b - d$<br>$= \frac{\Delta N_n - \Delta N_m}{\Delta t \cdot N} = \frac{\Delta N}{\Delta t \cdot N}$<br>Als Differentialgleichung gilt:<br>$r = \frac{dN}{dt} \cdot \frac{1}{N} = \frac{\ln N - \ln N_0}{t}$<br>Anmerkung: In vielen Ländern weist die menschliche Bevölkerung Wachstumsraten zwischen 0,01 (1%) und 0,03 (3%) auf; in Deutschland hingegen z. B. ist die Wachstumsrate negativ. | | |

### Modell zum exponentiellen Wachstum

| | | | |
|---|---|---|---|
| **neue Populationsgröße** | $N_1 = N_0 + \text{Zuwachs}_0$ | $N_t$ Populationsgröße (Individuenzahl) nach $t$ Zeitschritten ($N_{1,2,3,\ldots}$)<br>$r$ Wachstumsrate, anteiliger Zuwachs der Population pro Zeitschritt | Zahl<br><br>$s^{-1}$; $min^{-1}$; $h^{-1}$ |
| **Zuwachs** | $\text{Zuwachs}_0 = N_0 \cdot r$ | | |
| **Populationswachstum** | $N_1 = N_0 + N_0 \cdot r = N_0 \cdot (1 + r)$<br>für die nächsten Zeitpunkte:<br>$N_2 = N_1 \cdot (1 + r)$<br>$= N_0 \cdot (1 + r) \cdot (1 + r)$<br>$= N_0 \cdot (1 + r)^2$<br>$N_3 = N_2 \cdot (1 + r)$<br>$= N_0 \cdot (1 + r)^3$ | 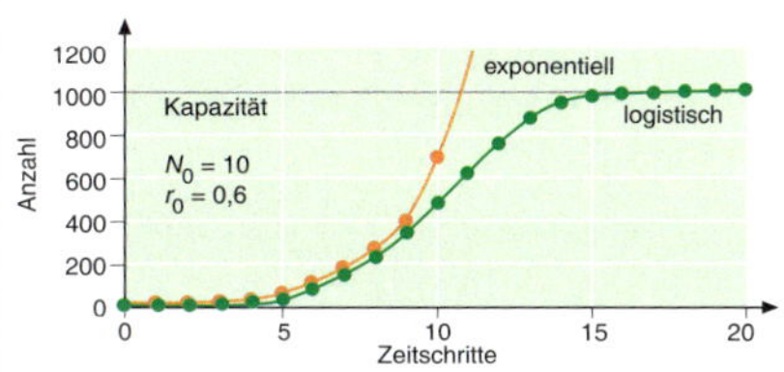<br>**Modellannahmen:**<br>- keine Berücksichtigung von Zuwanderung und Abwanderung<br>- unbegrenztes Wachstum<br>- konstante Geburten- und Sterberaten, d. h., Wachstumsrate ist unveränderlich | |
| **allgemein** | $N_t = N_0 \cdot (1 + r)^t$ | | |

## Populationsbiologie

### Modell zum logistischen Wachstum

| | | | |
|---|---|---|---|
| **Abhängigkeit der aktuellen Wachstumsrate von der aktuellen Anzahl** | $r_t = r_0 \cdot (1 - N_t : K)$ | $N_t$ Populationsgröße (Individuenzahl) nach $t$ Zeitschritten ($N_{1, 2, 3, \ldots}$)<br>$r$ Wachstumsrate, anteiliger Zuwachs der Population pro Zeitschritt<br>$r_t$ aktuelle Wachstumsrate<br>$r_0$ ursprüngliche Wachstumsrate<br>$K$ Umweltkapazität; gibt an, wie viele Individuen maximal in einem Lebensraum leben können | Zahl<br>$s^{-1}$; $min^{-1}$; $h^{-1}$<br>$s^{-1}$; $min^{-1}$; $h^{-1}$<br>$s^{-1}$; $min^{-1}$; $h^{-1}$<br>Zahl |
| **Gleichung für logistisches Wachstum** | $N_{t+1} = N_t + N_t \cdot r_0 \cdot (1 - N_t : K)$ | | |

| | | | |
|---|---|---|---|
| **Bakterienvermehrung in statischer Kultur in der log-Phase** | $N_n = N_0 \cdot 2^n$<br>$n = \frac{\lg N - \lg N_0}{\lg 2}$ | $N_0$ ursprüngliche Zellanzahl<br>$N_n$ Zellanzahl nach $n$ Teilungen<br>$n$ Anzahl der Zellteilungen | Zahl<br>Zahl<br>Zahl |

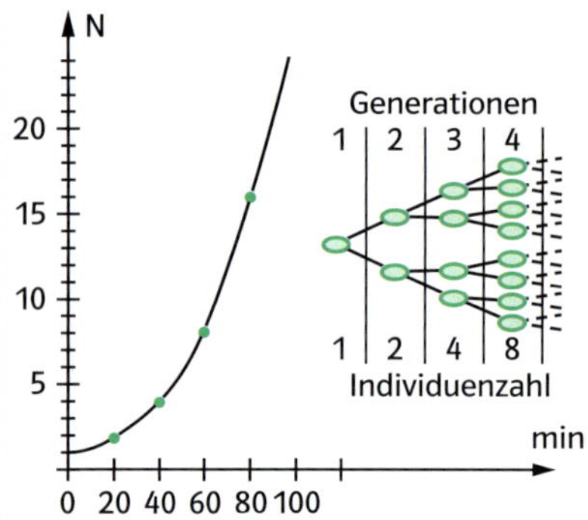

theoretische Vermehrung

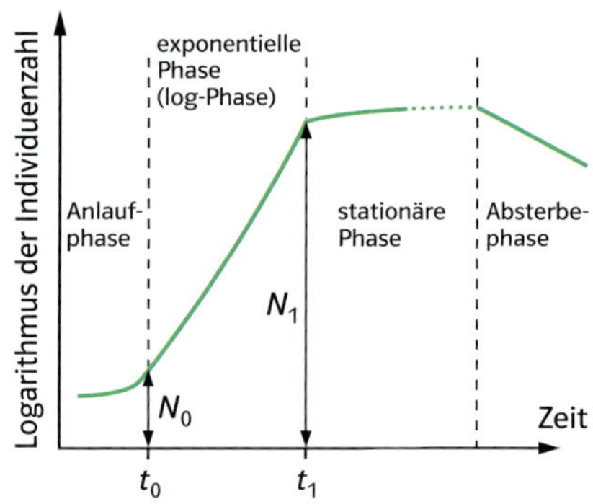


| | | | |
|---|---|---|---|
| **Wachstumsrate *r* der Bakterienkultur** | $r = \frac{n}{t} = \frac{\lg N - \lg N_0}{t \cdot \lg 2}$ | $r$ Wachstumsrate<br>$t$ Zeit | $s^{-1}$; $min^{-1}$; $h^{-1}$<br>s; min; h |
| **Generationszeit *g*** | $g = \frac{t}{n} = \frac{1}{r}$ | | |

Beispiel: Vermehrung einer Zellsuspension in 10 Stunden von $10^3$ auf $10^9$ Zellen

$$r = \frac{\lg 10^9 - \lg 10^3}{0{,}3010 \cdot 10\,h} = \frac{2}{h}$$

$$\rightarrow g = \frac{1}{2}\ \text{Stunde}$$

Beispiele **für Generationszeiten:**

| Bakterium | Generationszeit |
|---|---|
| Escherichia coli | 20 min |
| Treponema pallidum | 4–18 h |
| Mycobacterium tuberculosis | 18 h |

### Populationsbiologie

| | | |
|---|---|---|
| **1. Lotka-Volterra-Regel** | Die Zahlen von Räuber- und Beuteorganismen schwanken periodisch. Die Maxima der beiden Wachstumskurven sind phasenverschoben, die Maxima der Räuberpopulation folgen denen der Beutepopulation. | 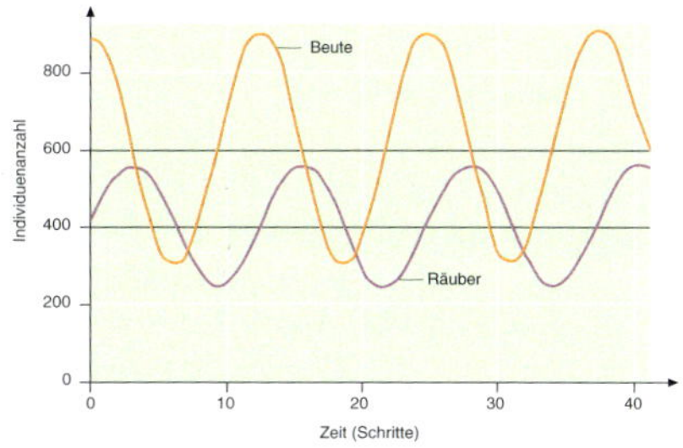 |
| **2. Lotka-Volterra-Regel** | Die beiden Populationsgrößen schwanken jeweils um einen Mittelwert, der bei unveränderten Bedingungen langfristig konstant bleibt. | Anmerkung: Lotka und Volterra gingen in ihrem Modell vom exponentiellen Wachstum aus. Die Räuberpopulation ist laut Modell nur von der Beutemenge abhängig, die Sterberate wird als konstant angesehen. Für die Sterberate der Beutepopulation gilt im Modell, dass sie nur von der Räuberpopulation abhängt, die Geburtenrate wird als konstant angesehen. |
| **3. Lotka-Volterra-Regel** | Nach starker Dezimierung beider Populationen erholt sich zuerst die Beutepopulation. Die Erholung der Räuberpopulation folgt zeitversetzt. | |



## Evolution

### Methoden der Altersbestimmung

| | | | |
|---|---|---|---|
| **Radiocarbonmethode**<br>C-14-Methode | $t = \ln\left(\frac{A_0}{A_F}\right) \cdot \frac{t_{\frac{1}{2}}}{\ln 2}$<br>Altersbestimmung kohlenstoffhaltiger organischer Proben | $t$ Alter des Fundes<br>$A_0$ ursprüngliche Aktivität<br>$A_F$ Aktivität der Probe des Fundes zum Zeitpunkt der Untersuchung<br>$t_{\frac{1}{2}}$ Halbwertszeit<br><br>Anmerkung: $1\,Bq = 1\,s^{-1}$, Einheit für die Zahl der Zerfälle pro Sekunde | a<br>Bq<br>Bq<br><br>s; min; h; a |

Beispiel: **Altersbestimmung der Gletschermumie aus den Ötztaler Alpen**

($A_0 = 0{,}27\,Bq \cdot g^{-1}$; $A_F \approx 0{,}55 \cdot A_0$; $t_{\frac{1}{2}} = 5730\,a$)

$$t = \ln\left(\frac{0{,}27}{0{,}55 \cdot 0{,}27}\right) \cdot \frac{5730\,a}{\ln 2} = 4941\,a$$

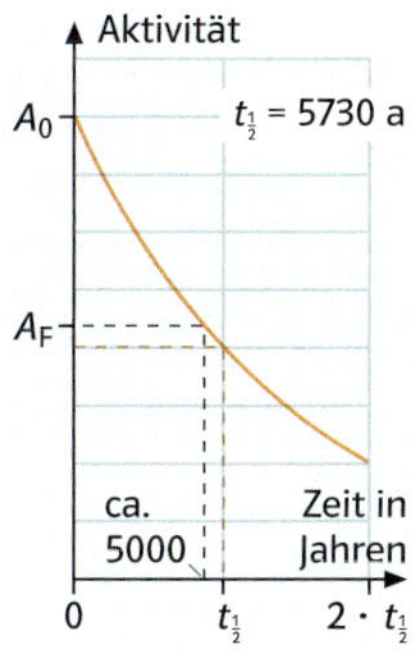


| | |
|---|---|
| **Kalium-Argon-Datierung**<br>Altersbestimmung von Gesteinen | Das radioaktive Isotop $^{40}K$ zerfällt mit $t_{\frac{1}{2}} = 1{,}25 \cdot 10^9\,a$ zu $^{40}Ar$ bzw. $^{40}Ca$. Durch Bestimmung des Verhältnisses von $^{40}Ar$ zu $^{40}K$ kann das Alter ermittelt werden.<br><br>Anmerkung: Diese Methode basiert genauso wie die C-14-Methode auf dem radioaktiven Zerfall von Isotopen. |

## Berechnung der Allelhäufigkeit in idealen Populationen

### Hardy-Weinberg-Gesetz

| | |
|---|---|
| **Ausgangspopulation** | $p + q = 100\,\% = 1$ |
| **Summe der Allelkombinationen** | $p^2 + 2pq + q^2 = 1$ |
| **Häufigkeit eines dominanten Allels in der Folgegeneration** | $p_N = p_E^2 + p_E q_E$ |
| **Allgemein gilt** | $p_E + q_E = 1$, also $q_E = 1 - p_E$<br>daraus ergibt sich:<br>$p_N = p_E^2 + p_E(1 - p_E)$<br>$= p_E^2 + p_E - p_E^2$<br>$= p_E$ |
| **Häufigkeit eines rezessiven Allels in der Folgegeneration** | $q_N = q_E$ |

| | | |
|---|---|---|
| $p$ | Häufigkeit des dominanten Allels A | Zahl |
| $q$ | Häufigkeit des rezessiven Allels a | Zahl |
| $p_E$; $q_E$ | Allelhäufigkeit in der Elterngeneration | Zahl |
| $p_N$; $q_N$ | Allelhäufigkeit in der Nachkommengeneration | Zahl |

**Die Häufigkeit der Genotypen ergeben sich aus den möglichen Kreuzungskombinationen**

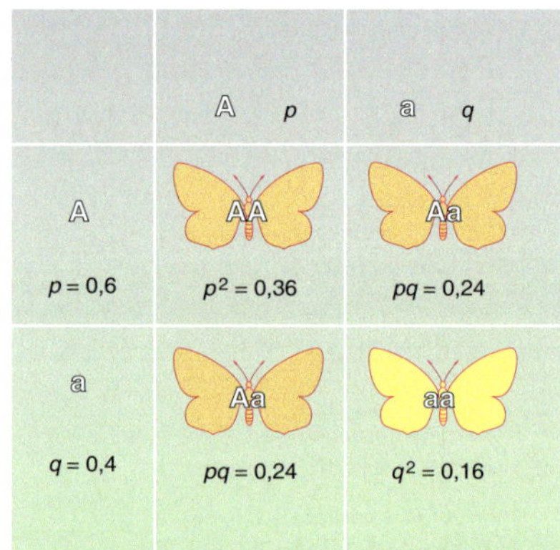


**Für die Berechnung wurde vorausgesetzt**

- keine Selektionsnachteile bestimmter Genotypen
- keine Mutationen
- keine Bevorzugung bestimmter Genotypen bei der Zeugung der Nachkommen
- Panmixie, also vollständige genetische Durchmischung in der Population
- keine Zufallseffekte, also Population so groß, dass die Häufigkeiten den Wahrscheinlichkeiten entsprechen
- keine Zu- oder Abwanderung

## Selektion

**relative Fitness *W***

individuelle Fitness

$$W = \frac{N_i}{N_{max}}$$

**Populationsfitness $\overline{W}$**

$$\overline{W} = x_1 \cdot W_1 + x_2 \cdot W_2 + \ldots + x_n \cdot W_n$$

Beispiel:
Population zusammengesetzt aus AA-, Aa- und aa-Individuen; Häufigkeit von A = $p$ = 0,8; von a = $q$ = 0,2

| Genotyp | Häufigkeit x | Fitness W |
|---|---|---|
| AA | $p^2$ = 0,64 | *1,0* |
| Aa | $2pq$ = 0,32 | *0,9* |
| aa | $q^2$ = 0,04 | *0,2* |

$$\overline{W} = 0{,}64 \cdot 1{,}0 + 0{,}32 \cdot 0{,}9 + 0{,}04 \cdot 0{,}2 = 0{,}936$$

**Genetische Last *L***

$$L = \frac{W_{max} - \overline{W}}{W_{max}}$$

**Selektionskoeffizient *s***

$$s = 1 - W$$

Beispiel:
Eine Beeinträchtigung der Fitness um 20% bedeutet $s$ = 0,2

| Größe | Bedeutung | Einheit |
|---|---|---|
| $W$ | relative Fitness, also Beitrag eines Genotyps zur nächsten Generation im Vergleich zu den Beiträgen alternativer *i*-ten Genotypen | Zahl |
| $N_i$ | Beitrag des betrachteten *i*-ten Genotyps | Zahl |
| $N_{max}$ | Genotyp mit dem größten Fortpflanzungserfolg, ist auf den Wert 1 festgelegt | Zahl |
| $W_{1, 2, \ldots n}$ | Individualfitness der jeweiligen Genotypen | Zahl |
| $x_{1, 2, \ldots n}$ | Häufigkeit der jeweiligen Genotypen | Zahl |
| $W_{max}$ | Fitness des besten Genotyps | Zahl |
| $\overline{W}$ | durchschnittliche Fitness der betrachteten Population | Zahl |
| $L$ | Genetische Last; Verringerung der mittleren Fitness einer Population aufgrund des Vorhandenseins von Genotypen, die eine geringere Fitness aufweisen als der Genotyp mit der größten Fitness | Zahl |
| $s$ | Selektionskoeffizient, Maß für den Nachteil im Fortpflanzungserfolg | Zahl |

**Selektion mit dem Hardy-Weinberg-Gesetz**

vor Selektion: $p^2 + 2pq + q^2 = 1$

nach Selektion (z. B. Benachteiligung von aa): $p^2 + 2pq + q^2 - sq^2 = 1 - sq^2$

Umrechnung auf 100% bzw. 1, da alle Genotypen betrachtet werden:

$$\frac{(p^2 + 2pq + q^2 - sq^2)}{(1 - sq^2)} = 1$$

bzw.:

$$\frac{p^2}{(1 - sq^2)} + \frac{2pq}{(1 - sq^2)} + \frac{(q^2 - sq^2)}{(1 - sq^2)} = 1$$

Die drei Summanden stellen die Genotypen-Häufigkeiten nach Selektion dar. Aus diesen lassen sich die Allelhäufigkeiten zurückrechnen.

**Verhalten des Systems über mehrere Generationen (Computersimulation)**

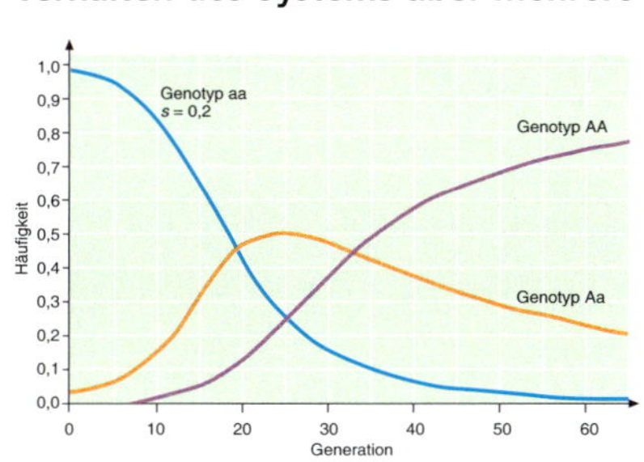

**Erdzeitalter**

| | Periode | Beginn vor Mio Jahren | Flora und Fauna | weitere Besonderheiten (Geographie, Klima, Sauerstoffgehalt ...) |
|---|---|---|---|---|
| ERDNEUZEIT (Neozoikum) | Quartär 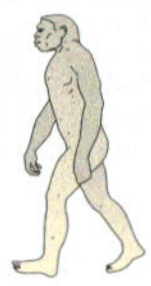 | 1,6 | Die Gattung *Homo* breitet sich aus. Im Eiszeitalter werden die subtropische Flora und Fauna vor allem auf der Nordhalbkugel verdrängt. An Kälte angepasste Tierarten wie das Mammut tauchen auf. Allmähliche Entwicklung der heutigen Vegetationsverhältnisse. | Das Klima ist geprägt durch Wechsel von Eis- und Warmzeiten. Nachhaltige Eingriffe in die Biosphäre durch den Menschen aufgrund von Bevölkerungswachstum und technischer Entwicklung. |
| | Tertiär  | 65 | Entwicklung vielfältiger Säugetier- und Vogelarten. Radiation der Säugetiere führt rasch zur Bildung neuer Ordnungen (Nagetiere, Primaten, Fledermäuse, Wale oder Robben). Pflanzliche Ablagerungen vertorfen, Bildung von Braunkohle. Blütenpflanzen entwickeln sich, Koevolution mit Insekten. | Die Lage der Kontinente nähert sich der heutigen an, Meeresströmungen ändern sich, der Meeresspiegel schwankt stark. Heutige Gebirge und Flusssysteme bilden sich. |
| ERDMITTELALTER (Mesozoikum) | Kreide  | 135 | Kalkhaltige, Riff bildende Meerestiere herrschen vor. Mehrere Tiergruppen (z. B. Ammoniten, Raubdinosaurier) bringen Riesenformen hervor. *Ammoniten, Belemniten, Dinosaurier und zahlreiche andere Reptiliengruppen sterben aus.* | Größte Katastrophe in der Geschichte der Organismen findet statt, vermutlich ausgelöst durch einen Meteoriteneinschlag. |
| | Jura  | 205 | Vorfahren der Vögel erscheinen (*Archaeopteryx*). Weiterhin vorherrschend: Reptilien. Neben Nadelbäumen tauchen erste Laubbäume auf. Im Meer leben Gehäuse-Tintenfische (Ammoniten, Belemniten), Knochenfische, Meeresreptilien. | Die Ozeane dehnen sich aus, überfluten große Teile des heutigen Eurasiens. |
| | Trias  | 250 | Reptilien beherrschen Wasser, Land und Luftraum, zum Teil sehr große Arten wie die Dinosaurier. *Trias endet mit einem Massenaussterben.* | |
| ERDALTERTUM (Paläzoikum) | Perm  | 290 | Reptilien<br>Samenpflanzen verdrängen Sporenpflanzen. Käfer, Schmetterlinge<br>*Eines der gewaltigsten Massenaussterben findet am Ende des Perm statt.* | Der Superkontinent Pangaea wird gebildet. |
| | Karbon  | 355 | Sumpfwälder aus baumhohen Farnen, Schachtelhalmen, Bärlappgewächsen, (die Reste sind heute als Steinkohle zu finden.) Riesenínsekten.<br>*Viele Arten sterben aus.* | Kollisionen der Großkontinente führen zur Gebirgsbildung, Gondwana vereist. |
| | Devon 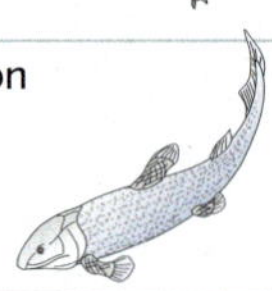 | 410 | Bärlappgewächse, Farne. Lungenfische, Quastenflosser als Ausgangsformen der Amphibien. | |
| | Silur 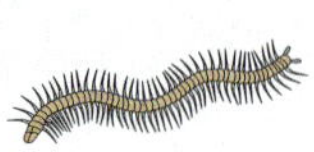 | 435 | Ausbreitung der Pflanzen auf dem Festland: einfach gebaute Nacktfarne (*Psilophyten*).<br>Erste Landlebewesen: Skorpione, Tausendfüßer.<br>Im Meer Entfaltung der Wirbeltiere in Form verschiedener Fischklassen. | |
| | Ordovicium 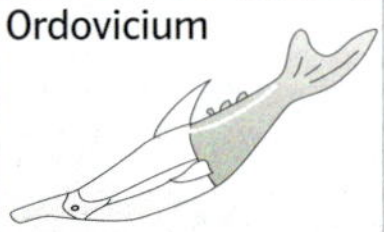 | 510 | pflanzliches Plankton (*Acritarchen*)<br>Leitfossilien aus dem Ordovicium: Conodonten, zahlreiche Weichtiere (Schnecken, Muscheln, Tintenfische) | Der heutige Sauerstoffgehalt der Atmosphäre mit 21% wird erreicht. |
| | Kambrium 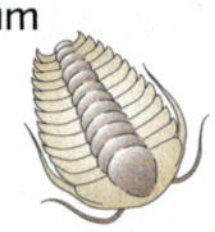 | 570 | Pflanzliches Leben ist fast nur durch Algen vertreten.<br>Im Meer leben Wirbellose wie Trilobiten, Stachelhäuter, Weichtiere, Chordatiere. | Südhalbkugel: Gondwana. Norden: kleinere Kontinente. Zu Beginn des Kambriums beträgt der Sauerstoffgehalt in der Erdatmosphäre ca. 10%. |
| ERDURZEIT (Präkambium) | Präkambrium | 3500 | Cyanobakterien, die *Stromatolithen*, bilden. Erste eukaryotische Einzeller (Planktonalgen) sind zu finden sowie präkambrische Vielzeller (*Ediacara-Fauna*). | Große Teile der Erdoberfläche sind von Eis bedeckt.<br>Beginnende Anreicherung der Atmosphäre mit Sauerstoff. |

# Informatik

## Objektmodellierung



## Ablaufmodellierung



## Funktionale Modellierung



## Datenmodellierung

## Objekte, Attribute, Werte

Elementare Einheiten (Komponenten, Bausteine) eines Systems bezeichnet man als ***Objekte***. Eigenschaften von Objekten heißen ***Attribute***. Diese haben einen eindeutigen Bezeichner; sie können im Lauf der Zeit verschiedene ***Werte*** annehmen.

Objektschreibweise am Beispiel eines Grafikdokuments:

Bezeichner des Objekts → Bezeichner des Attributs → Wert des Attributs

Schulhaus1.Füllfarbe = rot

Für mehrere Attribute desselben Objekts notiert man so:

Für Schulhaus2:
Füllfarbe = gelb;
Rahmenfarbe = schwarz;
Rahmenstärke = 1pt;

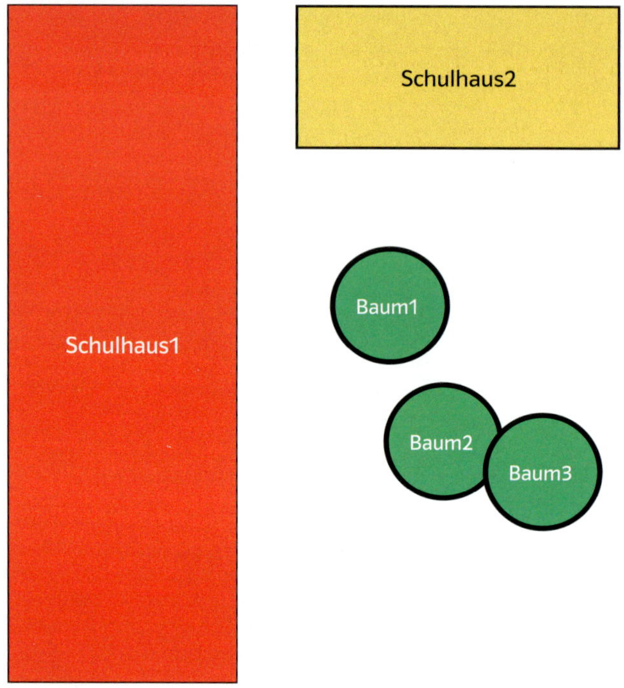


| Bezeichner des Attributs | Wert des Attributs |
|---|---|
| Füllfarbe | rot |
| Rahmenfarbe | schwarz |
| Rahmenstärke | 0,5 pt |
| Linienart | durchgezogen |
| LinkeObereEcke | (10 ; 10) |
| RechteUntereEcke | (30 ; 90) |

## Klassen und Methoden

Objekte, die genau dieselben Attribute besitzen, werden derselben ***Klasse*** zugeordnet.

Schreibweise:

Objektbezeichner → Klassenbezeichner

Schulhaus1:RECHTECK

Für mehrere Objekte von derselben Klasse notiert man so:
Baum1, Baum2, Baum3:KREIS

Um bestimmte Handlungen ausführen zu können, besitzen Objekte ***Methoden***. Damit können sie z. B. Werte ihrer Attribute ändern. Objekte von derselben Klasse besitzen dieselben Methoden.

Schreibweise für Methodenaufrufe:

Objektbezeichner → Methodenbezeichner → Parameter (ggf. leere Klammern)

Schulhaus1.FüllfarbeSetzen(blau)

### Klassen und Methoden

Methoden, Attribute und Attributwerte von Klassen bzw. Objekten werden in ***Klassen***- bzw. ***Objektkarten*** dargestellt. Objektkarten erkennt man an ihren abgerundeten Ecken. Außerdem werden darin auch Werte der Attribute notiert. Sind die Methoden der Klasse bekannt, braucht man sie in der Objektkarte nicht noch einmal notieren.

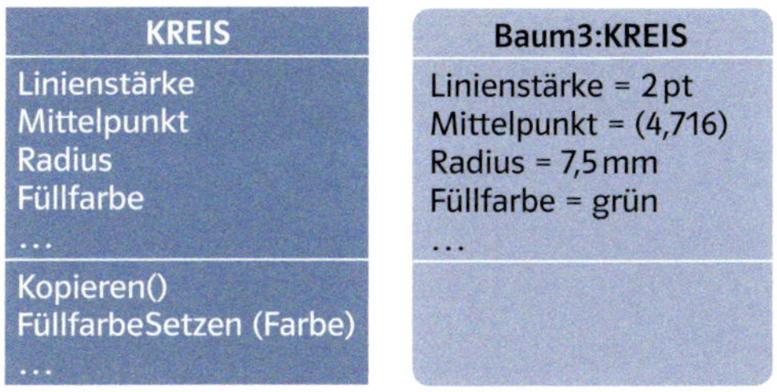


## Beziehungen

Die Zusammenhänge zwischen Objekten werden mithilfe von ***Beziehungen*** beschrieben.

Zum Beispiel enthält ein Objekt von der Klasse (TEXT-) DOKUMENT ein oder mehrere Objekte von der Klasse ABSATZ und diese wiederum jeweils ein oder mehrere Objekte von der Klasse ZEICHEN („enthält"- Beziehung).

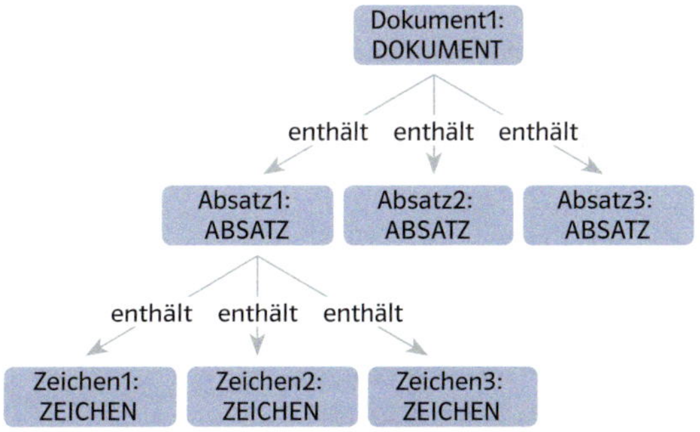


Beziehungen zwischen Objekten werden in ***Objektdiagrammen*** dargestellt. Die „enthält"- Beziehung erzeugt eine Struktur, die man als ***Baum*** bezeichnet.

Mögliche Beziehungen zwischen Objekten bestimmter Klassen werden in ***Klassendiagrammen*** dargestellt. Die Zeichen „<" und „>" geben die Leserichtung an. Der Punkt steht für „eines oder mehrere (oder auch keines)".

Die „verweist_auf"-Beziehung zwischen Objekten von der Klasse (HYPERTEXT-) DOKUMENT erzeugt eine Struktur, die man als ***Netz*** bezeichnet.

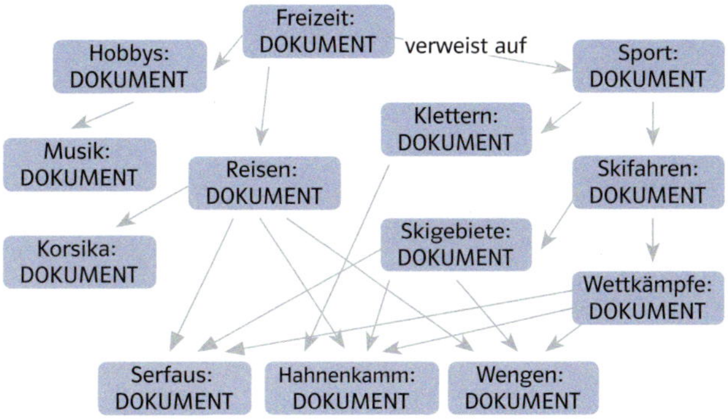


## Klassenhierarchie

Durch ***Spezialisierung*** bzw. ***Generalisierung*** erhält man ***Unter***- bzw. ***Oberklassen***. Eine Unterklasse hat alle Attribute und Methoden ihrer Oberklasse(n) (***Vererbung***) und eventuell noch weitere.
Eine gleichnamige Methode einer Unterklasse überdeckt die entsprechende Methode der Oberklasse. Diese ist zwar noch vorhanden, ausgeführt wird von Objekten der Unterklasse aber deren eigene Methode (***overriding***).

Jeder Kreis kann seinen Umfang wie eine Ellipse berechnen. Einfacher geht es mit der Kreisformel.

## Bausteine von Algorithmen

Abläufe (insbesondere die von Methoden) werden mithilfe von Algorithmen beschrieben. Ein ***Algorithmus*** ist eine endliche Folge aus elementaren, eindeutigen und ausführbaren Anweisungen. Jeder Algorithmus kann mithilfe einiger weniger Grundelemente (als Text oder grafisch) dargestellt werden.

| Element | Struktogramm | Programmiersprachliche Notation am Beispiel JAVA |
|---|---|---|
| **Anweisung** | *Anweisung* | Fett gedruckte Elemente sind unveränderlich, kursive vom konkreten Algorithmus abhängig. |
| **Sequenz**<br>Anweisungen werden in der angegebenen Reihenfolge nacheinander abgearbeitet | *Anweisung1*<br>*Anweisung2*<br>...<br>*AnweisungN* | **{** *Anweisung1*; *Anweisung2*; ... *AnweisungN* **}** |
| **Wiederholung mit fester Anzahl**<br>Sequenz wird mehrfach abgearbeitet; Anzahl der Durchläufe steht zu Beginn fest | **wiederhole** *n* **mal**<br>*Sequenz* | **for(int** *i* **= 1;** *i* **<=** *n***;** *i***++)**<br>*Sequenz* |
| **Bedingte Wiederholung**<br>Sequenz wird mehrfach abgearbeitet; Anzahl der Durchläufe hängt von der Bedingung ab | **solange** *Bedingung*<br>*Sequenz* | **while (***Bedingung***)**<br>*Sequenz* |
| **Bedingte Anweisung**<br>abhängig von der Bedingung wird entweder die eine oder die andere Sequenz abgearbeitet | *Bedingung*<br>**wahr** / **falsch**<br>*Sequenz1* / *Sequenz2* | **if (***Bedingung***)**<br>*Sequenz1*<br>**else**<br>*Sequenz2* |

Beispiel für eine Kombination dieser Bausteine: Der „Aschenputtelalgorithmus"

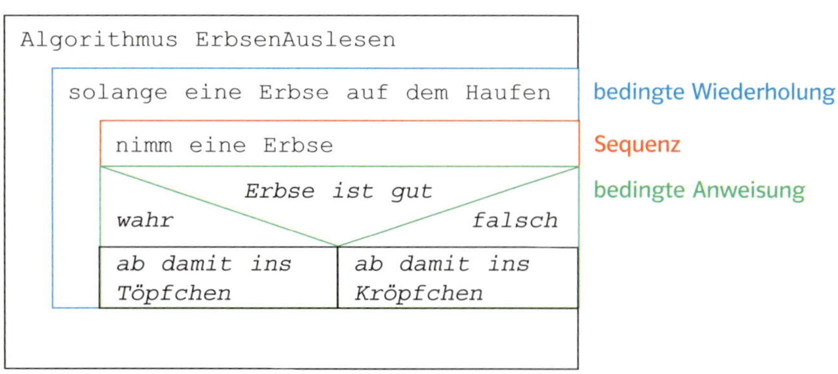

### Interaktion

Die Kommunikation zwischen Objekten bzw. Prozessen und die zeitliche Abstimmung (***Synchronisation***) ihres Verhaltens wird mithilfe von ***Sequenzdiagrammen*** veranschaulicht. Jedes Objekt bzw. jeder Prozess erhält dazu eine nach unten gerichtete Zeitachse. Interaktionen werden durch beschriftete Pfeile, Zeitabschnitte durch gestrichelte Linien dargestellt.

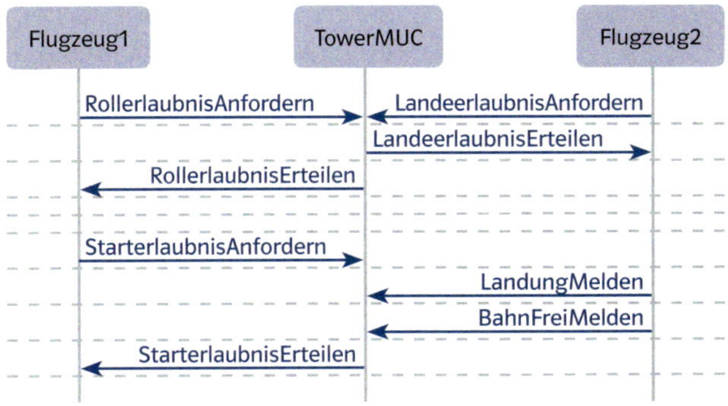


## Funktionale Modellierung

Eine ***Funktion*** ist eine informationsverarbeitende Einheit, die einem oder mehreren Eingabewerten (Argumenten) höchstens einen Ausgabewert (Funktionswert) zuordnet.

**Einstellige Funktionen**

Die Funktion „LÄNGE" ordnet einem Text die Anzahl seiner Zeichen zu.

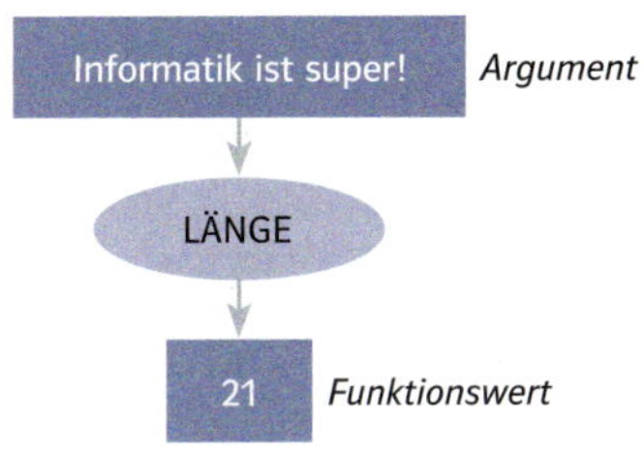


**Zweistellige Funktionen**

Für sie sind zwei verschiedene Schreibweisen gebräuchlich.

**Präfixschreibweise:**
POTENZ(a;b)
Der Funktionsbezeichner steht vor den Argumenten.
**Infixschreibweise:**
a ^ b
Das Rechenzeichen steht zwischen den Argumenten.

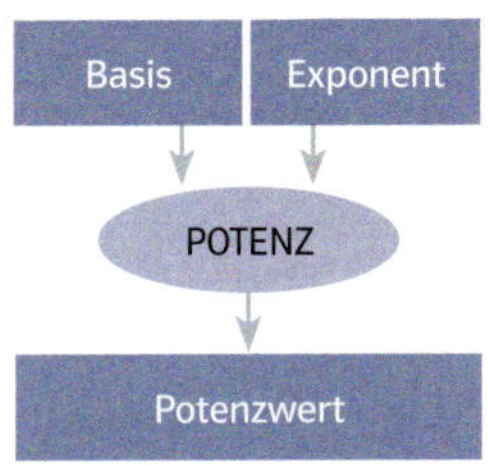


**Mehrstellige Funktionen**

Sie können zum Teil eine beliebige Anzahl von Argumenten verarbeiten.

Die Funktion „MITTELWERT" berechnet das arithmetische Mittel beliebig vieler Zahlen.

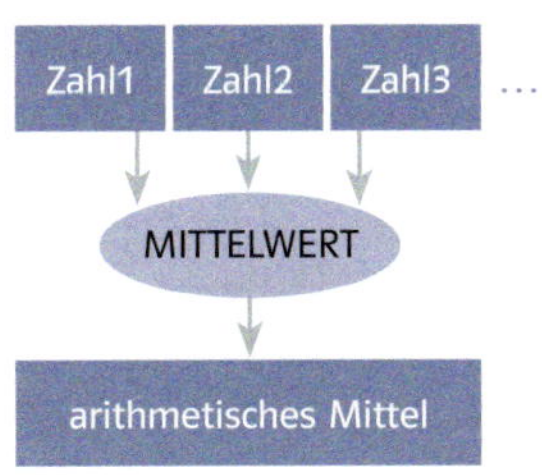

## Funktionale Modellierung

**WENN-Funktion**

In Abhängigkeit von einer Bedingung werden unterschiedliche Rechenverfahren auf dieselben Argumente angewandt.

Beispiel:
Der Absolutbetrag als Ergebnis eines bedingten Terms

WENN(0<=A; A; – A)

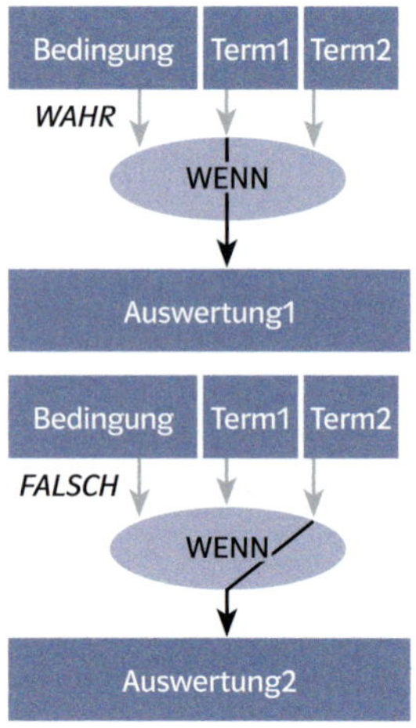


**Logische Funktionen**

Sie verwenden die Wahrheitswerte WAHR bzw. FALSCH als Argumente und zur Ausgabe.

Die Ergebnisse lassen sich in ***Wahrheitstafeln*** übersichtlich darstellen.

UND(A;B) hat genau dann den Wert WAHR, wenn beide Argumente den Wert WAHR haben.

ODER(A;B) hat genau dann den Wert WAHR, wenn mindestens ein Argument den Wert WAHR hat.

NICHT(A) verwandelt WAHR in FALSCH und umgekehrt.

| A | B | UND(A;B) | ODER(A;B) |
|---|---|---|---|
| WAHR | WAHR | WAHR | WAHR |
| WAHR | FALSCH | FALSCH | WAHR |
| FALSCH | WAHR | FALSCH | WAHR |
| FALSCH | FALSCH | FALSCH | FALSCH |

| A | NICHT(A) |
|---|---|
| WAHR | FALSCH |
| FALSCH | WAHR |

Die Verkettung von Funktionen, aber auch Verarbeitungs- und Transportvorgänge können in ***Datenflussdiagrammen*** dargestellt werden.
Diese können folgende Elemente und Symbole enthalten:

- Prozesse (Ellipsen), eventuell mit mehreren Ausgängen, dann keine Funktionen
- Ein- und Ausgabestellen (Rechtecke)
- Verteiler (kleine Kreise)
- Daten- oder Materialflüsse (Pfeile)
- Speicher- oder Lagereinheiten (doppelte Linie).

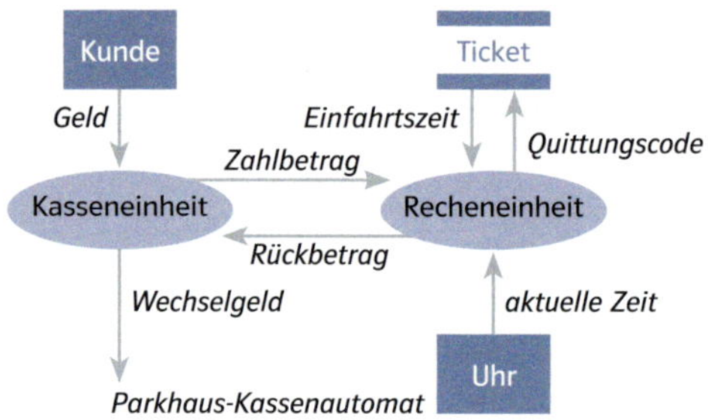

## Klassen-Beziehungs-Diagramm

Objekte mit gleichen Attributen legen eine ***Klasse*** fest. Ihre Attribute werden meist zusammen mit ihrem ***Datentyp*** in einer ***Klassenkarte*** aufgezählt. Die zur eindeutigen Identifikation eines Objekts notwendigen Attribute (unterstrichen) bilden den ***Primärschlüssel***.

***Beziehungstypen*** werden in ***Klassendiagrammen*** dargestellt. Die Pfeile symbolisieren die Leserichtung.

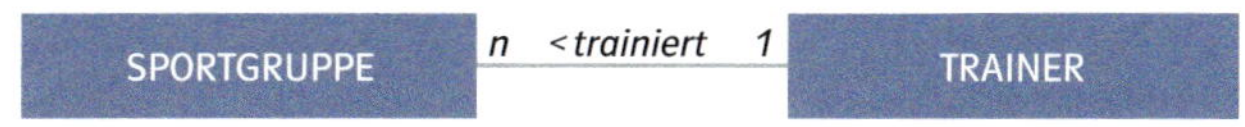


Ein Trainer trainiert unter Umständen mehrere Sportgruppen; eine Sportgruppe wird (in diesem Modell) von höchstens einem Trainer trainiert.

***Kardinalitäten*** geben an, mit wie vielen Objekten der in Leserichtung zweiten Klasse ein Objekt der anderen Klasse in Beziehung stehen kann.

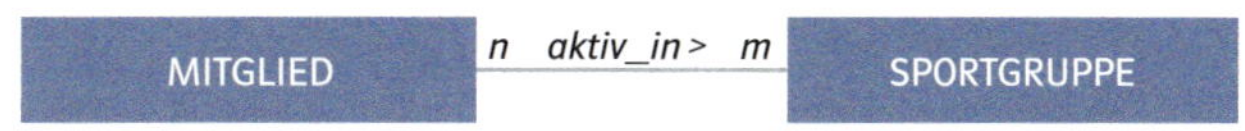


Ein Mitglied ist unter Umständen in mehreren Sportgruppen aktiv; in einer Sportgruppe sind üblicherweise mehrere Mitglieder aktiv.

Dabei bedeutet die ***Annotation***
1 „höchstens eines" und
n bzw. m „beliebig viele".

## ER-Diagramm

Klassen (***Entitätstypen***) werden durch Rechtecke, ihre Attribute durch Ellipsen dargestellt. Beziehungstypen (***Relationships***) werden durch Rauten symbolisiert. Hier können auch Beziehungen Attribute besitzen.

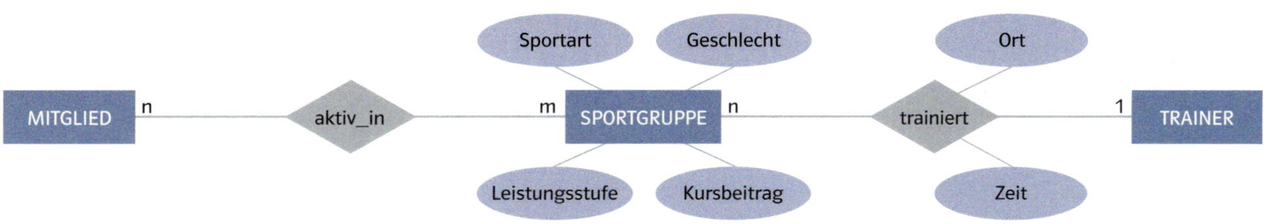


## Relationales Datenbankmodell

Jede Klasse wird als Tabelle gespeichert. Die Attributbezeichner sind auch Spaltenbezeichner der Tabelle. Jedes Objekt wird mithilfe seiner Attributwerte in einer Zeile repräsentiert.

**SPORTGRUPPE**

| <u>Sportart</u> | <u>Leistungsstufe</u> | <u>Geschlecht</u> | Kursbeitrag |
|---|---|---|---|
| Turnen | 1 | M | 3,00 € |
| Gymnastik | 1 | W | 3,00 € |
| Skigymnastik | 2 | – | 25,00 € |

Jede n:m-Beziehung wird ebenfalls in einer Tabelle gespeichert. Die Attribute sind mindestens die Primärschlüsselattribute der in Beziehung stehenden Klassen. Gegebenenfalls kommen Beziehungsattribute hinzu.
Zu 1:n-Beziehungen siehe das folgende ***Tabellenschema***.

**AKTIV_IN**

| <u>MitgliedsNr</u> | <u>Sportart</u> | <u>Leistungsstufe</u> | <u>Geschlecht</u> |
|---|---|---|---|
| 3467 | Turnen | 1 | M |
| 3467 | Skigymnastik | 2 | – |
| 1723 | Gymnastik | 1 | W |

### Relationales Datenbankmodell

**Klassen**
MITGLIED[*MitgliedsNr*:ZAHL; *Name*:TEXT; *Vorname*:TEXT; *Geschlecht*:ZEICHEN; *GebDatum*:DATUM]
TRAINER[*Name*:TEXT; *Vorname*:TEXT; *Beruf*:TEXT; *TelNr*:TEXT]

**n:m-Beziehungen**
AKTIV_IN[*MitgliedsNr*:ZAHL; *Sportart*:TEXT; *Leistungsstufe*:ZAHL; *Geschlecht*:ZEICHEN]

**1:n-Beziehungen**
Hier nimmt man die Primärschlüsselattribute der mit „1" annotierten Klasse als ***Fremdschlüsselattribute*** (gestrichelt unterstrichen) in das Schema der anderen Klasse auf:
SPORTGRUPPE[*Sportart*:TEXT; *Leistungsstufe*:ZAHL; *Geschlecht*:ZEICHEN; *Kursbeitrag*:WÄHRUNG; *Trainer_Name*:TEXT; *Trainer_Vorname*:TEXT]

## Abfragen

Abfragen und Anweisungen an Tabellen können in der universellen Abfragesprache ***SQL*** (structured query language) formuliert werden.

Die folgenden Beispiele beziehen sich auf das obige Tabellenschema.

| | |
|---|---|
| **Projektion**<br>Aufzählung sämtlicher Attributwerte einer oder mehrerer Spalten<br>Statt der Spalteninhalte können auch Werte von Funktionen (SUM, MIN, MAX, COUNT, AVG) ausgegeben werden. | Wie lauten Vor- und Nachname aller Trainer und Trainerinnen?<br><br>`SELECT Name, Vorname`<br>`FROM TRAINER`<br><br>Zur Vermeidung mehrfacher identischer Ergebnisse:<br>`SELECT DISTINCT Name, Vorname` |
| **Selektion**<br>Aufzählung sämtlicher Objekte, die mit ihren Attributwerten eine Bedingung erfüllen<br><br>`SELECT *` bedeutet „alle Attribute". | Welche Sportgruppen bestehen ausschließlich für weibliche Mitglieder?<br><br>`SELECT *`<br>`FROM SPORTGRUPPE`<br>`WHERE Geschlecht = 'W'` |
| **Verknüpfung** von Bedingungen mithilfe der logischen Funktionen AND und OR<br><br>Auch: Umkehrung mit NOT | Welche Sportgruppen werden nach Geschlechtern getrennt angeboten?<br><br>`SELECT *`<br>`FROM SPORTGRUPPE`<br>`WHERE (Geschlecht = 'W') OR (Geschlecht = 'M')` |
| **Sortierung** der ausgegebenen Objekte nach einem oder mehreren Attributen<br>`ORDER DESC` erzeugt eine absteigende Sortierung. | Sortiere die Telefonliste aller Trainer und Trainerinnen nach Namen.<br><br>`SELECT Name, Vorname, TelNr`<br>`FROM TRAINER`<br>`ORDER BY Name, Vorname` |

### Abfragen

**Zusammenfassung** von Objekten mit denselben Werten eines oder mehrerer Attribute, insbesondere bei Berechnungen
`COUNT (*)` zählt die Datensätze.

Wie viele Sportgruppen trainiert jeder Trainer und jede Trainerin?

```
SELECT Trainer_Name, Trainer_Vorname, COUNT(*)
FROM SPORTGRUPPE
GROUP BY Trainer_Name, Trainer_Vorname
```

**Join**
Auswahl sinnvoller Datensätze über Primär- und Fremdschlüssel, nachdem zunächst jeder Datensatz der ersten mit jedem der zweiten, dritten … Tabelle verknüpft wurde (***Kreuzprodukt***).

Welche Telefonnummer hat der Trainer bzw. die Trainerin jeder Sportgruppe?

```
SELECT
  Sportart, Leistungsstufe, Geschlecht, TelNr
FROM
  SPORTGRUPPE, TRAINER
WHERE
  (SPORTGRUPPE.Trainer_Name = TRAINER.Name)
  AND
  (SPORTGRUPPE.Trainer_Vorname = TRAINER.Vorname)
```

Wenn die Spaltenbezeichner eindeutig sind, können in der Bedingung die Tabellenbezeichner weggelassen werden. Möglich ist auch die Definition von Tabellenkurzbezeichnern:

```
FROM SPORTGRUPPE S, TRAINER T
WHERE (S.Trainer_Name = T.Name)
...
```

## Normalformen

Zur Vermeidung von ***Redundanz*** (mehrfache Speicherung derselben Daten) und ***Inkonsistenz*** (sich widersprechende Daten) unterzieht man ein relationales Datenbankmodell einer ***Normalisierung*** in drei Schritten.

### 1. Normalform

Sämtliche Attributwerte einer Tabelle sind ***atomar***, d.h. nicht aus mehreren Elementen zusammengesetzt.

**AKTIV_IN**

| MitgliedsNr | Sportart | Leistungsstufe | Geschlecht |
|---|---|---|---|
| 3467 | Turnen<br>Skigymnastik | 1<br>2 | M<br>– |
| 1723 | Gymnastik | 1 | W |

Es gibt nicht-atomare Attributwerte.

**Auflösung**

**AKTIV_IN**

| MitgliedsNr | Sportart | Leistungsstufe | Geschlecht |
|---|---|---|---|
| 3467 | Turnen | 1 | M |
| 3467 | Skigymnastik | 2 | – |
| 1723 | Gymnastik | 1 | W |

## Normalformen

### 2. Normalform

Die Tabelle ist in 1. Normalform und jedes nicht zum Primärschlüssel gehörende Attribut ist von diesem ***voll funktional abhängig***, d.h. zur eindeutigen Herleitung des Attributwerts sind sämtliche Primärschlüsselattribute notwendig.

| SPORTGRUPPE | | | |
|---|---|---|---|
| Sportart | Leistungsstufe | Geschlecht | Kursbeitrag |
| | | | |

Der Kursbeitrag ist zwar von der Sportart und der Leistungsstufe abhängig, laut Gesetz jedoch nicht vom Geschlecht.

**Auflösung**

| KURS | | |
|---|---|---|
| Sportart | Leistungsstufe | Geschlecht |
| | | |

| KURSGEBÜHR | | |
|---|---|---|
| Sportart | Leistungsstufe | Kursgebühr |
| | | |

### 3. Normalform

Die Tabelle ist in 2. Normalform und es existiert keine ***transitive Abhängigkeit***, d.h. kein Attribut lässt sich aus einem Nichtschlüsselattribut eindeutig herleiten.

| BEITRAGSKONTO | | | |
|---|---|---|---|
| MitgliedsNr | KontoNr | Bankleitzahl | Bankname |
| | | | |

Der Name der Bank lässt sich eindeutig aus der Bankleitzahl herleiten.

**Auflösung**

| BEITRAGSKONTO | | |
|---|---|---|
| MitgliedsNr | KontoNr | Bankleitzahl |
| | | |

| BANK | |
|---|---|
| Bankleitzahl | Bankname |
| | |

## Datendarstellung

Daten werden im Speicher als Folge von zwei „Zeichen" repräsentiert. Dabei handelt es sich um zwei unterschiedliche Werte einer physikalischen Größe (Magnetisierungrichtung, elektronischer Schalter ein/aus, …). Die kleinste Informationseinheit besteht aus einem solchen Zeichen und heißt ein ***Bit***. Acht Bit hintereinander ergeben ein ***Byte***.
Üblicherweise ordnet man den beiden Werten die Zeichen „0" bzw. „1" zu und erhält die Datendarstellung im ***Dualsystem*** mit den Stellenwerten $2^0 = 1$, $2^1 = 2$, $2^2 = 4$ usw.

Die Interpretation der Bitmuster hängt vom Datentyp ab.
- Natürliche Zahlen (Bereich z.B. 0 bis 255):
  Darstellung in ***binärer Codierung***
  $(10011011)_B =$
  $1 \cdot 128 + 0 \cdot 64 + 0 \cdot 32 + 1 \cdot 16 + 1 \cdot 8 + 0 \cdot 4 + 1 \cdot 2 + 1 \cdot 1 = 155$
- Ganze Zahlen im ***2-Komplement*** (Bereich z.B. −128 bis +127):
  0 als erstes Bit ergibt das Vorzeichen +. Die übrigen Bits werden wie oben ausgewertet.
  1 als erstes Bit ergibt das Vorzeichen −. Die übrigen Bits werden invertiert und wie oben ausgewertet. Zum Betrag wird 1 addiert.
  $(10011011)_B$ wird interpretiert als
  $-(1 \cdot 64 + 1 \cdot 32 + 0 \cdot 16 + 0 \cdot 8 + 1 \cdot 4 + 0 \cdot 2 + 0 \cdot 1 + \mathbf{1}) = -101$

## Datentypen

Ein Datentyp wird durch eine Datensorte und die darauf sinnvollen Operationen festgelegt.

| Einfache Sorten | Mögliche Operationen | Typvereinbarung in JAVA bzw. SQL |
|---|---|---|
| **Ganze Zahl**<br>je nach System z. B.<br>$-2^{31}$ bis $2^{31}-1$ | +, -, *, div (Ganzzahldivision), mod (Teilungsrest), abs (Absolutbetrag), Größenvergleich | `int` |
| **Gleitkommazahl**<br>je nach System z. B.<br>$-3.4 \cdot 10^{38}$ bis $+3.4 \cdot 10^{38}$ | +, -, *, / (übliche Division), abs, Größenvergleich, übliche mathematische Funktionen<br>Ergebnisse sind Näherungswerte! | `float` |
| **Zeichen**<br>Buchstabe, Ziffer, Satzzeichen, … | Zuordnung von Zeichen und dazugehöriger Zahl im ASCII-Code | `char` |
| **Zeichenkette** | Aneinanderreihung, Vergleich, Teilkette, Länge | `String` bzw. `varchar` |
| **Logischer Wert**<br>WAHR (true) bzw. FALSCH (false) | und (AND), oder (OR), logisches Gegenteil (NOT) | `boolean` bzw. `bool` |
| **Strukturierte Datentypen** | **Vereinbarung in JAVA** | **Typische Anwendungen** |
| **Feld**<br>Zusammenfassung von Daten desselben einfachen Typs;<br>ein- oder mehrdimensional | *Typ* [] *Feldname* =<br>**new** *Typ* [*Länge*]<br>bzw.<br>*Typ* [] [] *Feldname* =<br>**new** *Typ* [$Länge_1$] [$Länge_2$]<br>usw.<br>Elemente von 0 bis `Länge-1` durchnummeriert. | Listen fester Länge,<br>Vektorrechnung,<br>Matrizenrechnung z. B. bei linearen Gleichungssystemen |
| **Verbund**<br>Zusammenfassung von Daten unterschiedlichen Typs | Vereinbarung als Klasse mit Attributen vom benötigten Datentyp und gegebenenfalls Methoden.<br><br>Beispiel:<br>`public class SPORTGRUPPE`<br>`{`<br>`public String Sportart;`<br>`public int Leistungsstufe;`<br>`public char Geschlecht;`<br>`public int Kursbeitrag`<br>`}` | Datenblätter, Karteikarten o. Ä.<br><br>Durch Speicherung der Adressen benachbarter Verbünde entsteht z. B. eine (mehrfach) ***verkettete Liste***.<br>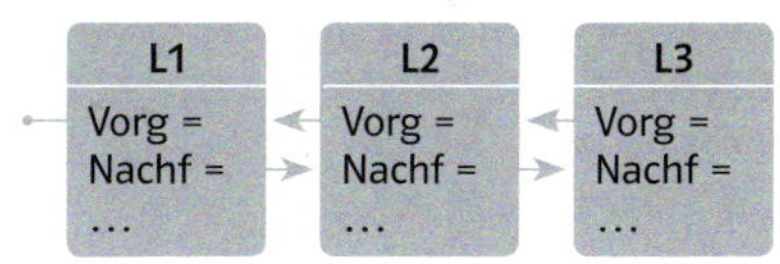 |

## Mathematik

## Physik

# Chemie

## Biologie

# Informatik

# Einheiten von Größen

**Länge**

1 km = 1000 m ⟶ 1 m = 0,001 km
1 m = 10 dm ⟶ 1 dm = 0,1 m
1 dm = 10 cm ⟶ 1 cm = 0,1 dm
1 cm = 10 mm ⟶ 1 mm = 0,1 cm

**Fläche**

1 $km^2$ = 100 ha ⟶ 1 ha = 0,01 $km^2$
1 ha = 100 a ⟶ 1 a = 0,01 ha
1 a = 100 $m^2$ ⟶ 1 $m^2$ = 0,01 a
1 $m^2$ = 100 $dm^2$ ⟶ 1 $dm^2$ = 0,01 $m^2$
1 $dm^2$ = 100 $cm^2$ ⟶ 1 $cm^2$ = 0,01 $dm^2$
1 $cm^2$ = 100 $mm^2$ ⟶ 1 $mm^2$ = 0,01 $cm^2$

**Rauminhalt oder Volumen**

1 $km^3$ = 1000 000 000 $m^3$ ⟶ 1 $m^3$ = 0,000 000 001 $km^3$
1 $m^3$ = 1000 $dm^3$ ⟶ 1 $dm^3$ = 0,001 $m^3$
1 $dm^3$ = 1000 $cm^3$ ⟶ 1 $cm^3$ = 0,001 $dm^3$
1 $cm^3$ = 1000 $mm^3$ ⟶ 1 $mm^3$ = 0,001 $cm^3$

**Besondere Raummaße**

1 Hektoliter = 100 Liter ⟶ 1 Liter = 0,01 Hektoliter
1 Liter = 1 $dm^3$ = 100 Zentiliter ⟶ 1 Zentiliter = 0,01 Liter
1 Zentiliter = 10 Milliliter = 10 $cm^3$ ⟶ 1 Milliliter = 0,1 Zentiliter = 1 $cm^3$

**Masse**

1 t = 1000 kg ⟶ 1 kg = 0,001 t
1 kg = 1000 g ⟶ 1 g = 0,001 kg
1 g = 1000 mg ⟶ 1 mg = 0,001 g

**Besondere Masseeinheiten**

1 Doppelzentner = 2 Zentner ⟶ 1 Zentner = 0,5 Doppelzentner
1 Zentner = 50 kg ⟶ 1 kg = 0,02 Zentner
1 Pfund = 0,5 kg ⟶ 1 kg = 2 Pfund

**Zeit**

1 Jahr = 365 Tage
1 Tag = 24 h ⟶ 1 h ≈ 0,0417 Tage
1 h = 60 min ⟶ 1 min ≈ 0,0167 h
1 min = 60 s ⟶ 1 s ≈ 0,0167 min

**Geschwindigkeit:**

$1\frac{m}{s} = 3{,}6\frac{km}{h} \longrightarrow 1\frac{km}{h} = \frac{5\,m}{18\,s} \approx 0{,}28\frac{m}{s}$

**Griechisches Alphabet**

| | | | | | | | | | | | |
|---|---|---|---|---|---|---|---|---|---|---|---|
| Α | α | Alpha | Ζ | ζ | Zeta | Ν | ν | Ny | Τ | τ | Tau |
| Β | β | Beta | Θ | ϑ | Theta | Ξ | ξ | Xi | Υ | υ | Ypsilon |
| Γ | γ | Gamma | Ι | ι | Jota | Ο | ο | Omikron | Φ | φ | Phi |
| Δ | δ | Delta | Κ | ϰ | Kappa | Π | π | Pi | Χ | χ | Chi |
| Ε | ε | Epsilon | Λ | λ | Lambda | Ρ | ϱ | Rho | Ψ | ψ | Psi |
| Η | η | Eta | Μ | μ | My | Σ | σ | Sigma | Ω | ω | Omega |

**Römische Zahlen**

| | | | | | |
|---|---|---|---|---|---|
| I = 1 | VIII = 8 | XV = 15 | XX = 20 | LXXX = 80 | DC = 600 |
| II = 2 | IX = 9 | XVI = 16 | XXV = 25 | XC = 90 | DCC = 700 |
| III = 3 | X = 10 | XVII = 17 | XXX = 30 | C = 100 | DCCC = 800 |
| IV = 4 | XI = 11 | XVIII = 18 | XL = 40 | CC = 200 | CM = 900 |
| V = 5 | XII = 12 | XIX = 19 | L = 50 | CCC = 300 | M = 1000 |
| VI = 6 | XIII = 13 | | LX = 60 | CD = 400 | |
| VII = 7 | XIV = 14 | | LXX = 70 | D = 500 | |

## Weitere Maße

**Längenmaße**

| Einheit | Abkürzung | Land | Umrechnungen | |
|---|---|---|---|---|
| inch (Zoll) | in oder ″ | GB, USA | 1 in = 2,54 cm; | 1 cm ≈ 0,3937 in |
| foot (Fuß) | ft oder ′ | GB, USA | 1 ft = 12 in = 30,48 cm; | 1 cm ≈ 0,03281 ft |
| yard | yd | GB, USA | 1 yd = 3 ft = 91,44 cm; | 1 m ≈ 1,0936 yd |
| miles (Meile) | m | International | 1 m = 1,609 km; | 1 km ≈ 0,622 m |
| Zoll (bei Rädern, Rohren) | ″ | International | 1″ = 25,4 mm; | 1 mm ≈ 0,03937″ |
| Seemeile | sm | International | 1 sm = 1 852 m | |
| geographische Meile | | D | 1 geographische Meile = 7421,5 m | |
| Lichtjahr | ly | International | 1 ly = $9{,}460730473 \cdot 10^{15}$ m | |
| Astronomische Einheit | AE | International | 1 AE = $1{,}496 \cdot 10^{8}$ km | |
| Parsec | pc | International | 1 pc = $3{,}08568 \cdot 10^{16}$ m | |
| Kiloparsec | kpc | International | 1 kpc = $3{,}08568 \cdot 10^{19}$ m | |

**Flächenmaße**

| Einheit | Abkürzung | Land | Umrechnungen |
|---|---|---|---|
| Tagwerk | | Bayern | 1 Tagwerk = 3407 $m^2$ = 34,07 a ≈ $\frac{1}{3}$ ha |
| Morgen | | Baden | 1 Morgen = 3600 $m^2$ = 36 a |
| Morgen | | Württemberg | 1 Morgen = 3152 $m^2$ = 31,52 a |
| Acker | | Sachsen | 1 Acker = 5534 $m^2$ = 55,34 a |
| acre | | GB | 1 acre = 20,47 a |

**Raummaße**

| Einheit | Abkürzung | Land | Umrechnungen |
|---|---|---|---|
| Ster (Holzmaß) | | D | 1 Ster = 1 $m^3$ |
| Klafter | | D | 1 Klafter = 3 Ster = 3 $m^3$ |
| Registertonne (Schiff) | RT | International | 1 RT = 2,832 $m^3$ |
| Quart | | USA | 1 Quart = 0,9464 Liter |
| Gallon (Gallone) | gal | USA | 1 gal = 4 Quarts = 3,7854 Liter |
| Barrel (Ölmaß) | barrel | USA | 1 Barrel = 158,98 Liter = 158,98 $dm^3$ |

**Masse**

| Einheit | Abkürzung | Land | Umrechnungen |
|---|---|---|---|
| Pound (engl. Pfund) | lbs | GB, USA | 1 lbs = 0,4536 kg |
| Ounces (Unze) | oz | GB, USA | 1 oz = 28,35 g |
| Karat | k | International | 1 k = 200 mg = 0,2 g |

**Temperatur**

Umrechnung von Celsius-Skala auf Fahrenheit-Skala: T(°F) = 1,8 T(°C) + 32 °F

| Celsius °C | −20 | −17,8 | −10 | 0 | 5 | 10 | 15 | 20 | 25 | 30 | 50 | 100 |
|---|---|---|---|---|---|---|---|---|---|---|---|---|
| Fahrenheit °F | −4 | 0 | 14 | 32 | 41 | 50 | 59 | 68 | 77 | 86 | 122 | 212 |

# Periodensystem der Elemente

mittlere Atommasse in u — 186,2
Ordnungszahl — 75 **Re** — Elementsymbol
Rhenium — Elementname

Metalle / Halbmetalle / Nichtmetalle

fest / gasförmig / flüssig

| | I (1) | II (2) | III A (3) | IV A (4) | V A (5) | VI A (6) | VII A (7) | VIII A (8/9/1 | |
|---|---|---|---|---|---|---|---|---|---|
| 1 | 1,0 1 **H** Wasserstoff | | | | | | | | |
| 2 | 6,9 3 **Li** Lithium | 9,0 4 **Be** Beryllium | | | | | | | |
| 3 | 23,0 11 **Na** Natrium | 24,3 12 **Mg** Magnesium | | | | | | | |
| 4 | 39,1 19 **K** Kalium | 40,1 20 **Ca** Calcium | 45,0 21 **Sc** Scandium | 47,9 22 **Ti** Titan | 50,9 23 **V** Vanadium | 52,0 24 **Cr** Chrom | 54,9 25 **Mn** Mangan | 55,8 26 **Fe** Eisen | 58,9 27 **Co** Cobalt |
| 5 | 85,5 37 **Rb** Rubidium | 87,6 38 **Sr** Strontium | 88,9 39 **Y** Yttrium | 91,2 40 **Zr** Zirconium | 92,9 41 **Nb** Niob | 95,9 42 **Mo** Molybdän | 98 43 **Tc** 4,2·10⁶ a Technetium | 101,1 44 **Ru** Ruthenium | 102,9 45 **Rh** Rhodium |
| 6 | 132,9 55 **Cs** Caesium | 137,3 56 **Ba** Barium | 57–71 Lanthanoide | 178,5 72 **Hf** Hafnium | 180,9 73 **Ta** Tantal | 183,8 74 **W** Wolfram | 186,2 75 **Re** Rhenium | 190,2 76 **Os** Osmium | 192,2 77 **Ir** Iridium |
| 7 | 223 87 **Fr** 22 min Francium | 226 88 **Ra** 1600 a Radium | 89–103 Actinoide | 267 104 **Rf** 78 min Rutherfordium | 268 105 **Db** 29 h Dubnium | 271 106 **Sg** 2 min Seaborgium | 270 107 **Bh** 61 s Bohrium | 270 108 **Hs** 23 s Hassium | 278 109 **Mt** 8 s Meitnerium |

| | | | | | | | |
|---|---|---|---|---|---|---|---|
| **Lanthanoide** | 138,9 57 **La** Lanthan | 140,1 58 **Ce** Cer | 140,9 59 **Pr** Praseodym | 144,2 60 **Nd** Neodym | 145 61 **Pm** 17,7 a Promethium | 150,4 62 **Sm** Samarium | 152,0 63 **Eu** Europium |
| **Actinoide** | 227 89 **Ac** 22 a Actinium | 232 90 **Th** $1{,}4 \cdot 10^{10}$ a Thorium | 231 91 **Pa** $3{,}3 \cdot 10^{4}$ a Protactinium | 238 92 **U** $4{,}5 \cdot 10^{9}$ a Uran | 237 93 **Np** $2{,}1 \cdot 10^{6}$ a Neptunium | 244 94 **Pu** $8{,}0 \cdot 10^{7}$ a Plutonium | 243 95 **Am** 7370 a Americium |